运动鞋功能设计原理与应用

顾耀东 等 著

科学出版社
北京

内 容 简 介

本书详细探讨了运动鞋的功能设计原理与应用,具体内容包括运动鞋具前沿科技进展、裸足运动原理对鞋具研发的启示与应用、跑鞋运动生物力学、篮球和足球运动生物力学与关联鞋具设计、儿童青少年运动功能与专项鞋具。每个章节都结合了最新的研究成果和实践案例,旨在为读者提供一手的科学信息和实用建议。本书具备较高的实用价值。期待广大读者朋友们提出宝贵意见与建议,共同推动运动鞋功能设计与应用领域不断进步。

本书适用于从事运动鞋研发与评估的专业人士,如运动装备设计师、运动生物力学研究人员、运动医学、康复等,亦可作为高等院校运动科学、产品设计及康复治疗等相关专业师生的教学与参考资料。同时可以为广大运动爱好者科学选择运动鞋具装备、改善运动体验提供借鉴。

图书在版编目(CIP)数据

运动鞋功能设计原理与应用 / 顾耀东等著. -- 北京:科学出版社,2025.6. -- ISBN 978-7-03-081865-2

Ⅰ. TS943.74

中国国家版本馆 CIP 数据核字第 2025SP8313 号

责任编辑:张佳仪　冯　楠 / 责任校对:谭宏宇
责任印制:黄晓鸣 / 封面设计:殷　靓

科 学 出 版 社 出版
北京东黄城根北街 16 号
邮政编码:100717
http://www.sciencep.com

南京文脉图文设计制作有限公司排版
广东虎彩云印刷有限公司印刷
科学出版社发行　各地新华书店经销

*

2025 年 6 月第 一 版　开本:B5(720×1000)
2025 年 6 月第一次印刷　印张:19
字数:347 000
定价:110.00 元
(如有印装质量问题,我社负责调换)

《运动鞋功能设计原理与应用》编写组

- 组　长　顾耀东

- 成　员　（按姓氏笔画排序）
  　　　　马正越　卢正惠　朱承远　全文静　孙　冬
  　　　　李峰平　杨晓巍　岑炫震　宋　杨　陆子龙
  　　　　邵世强　相亮亮　徐大涛　徐梓航　高自翔
  　　　　高顺翔　蔡嘉潮　戴　力

前言

随着全民健身热潮的兴起和运动科技的不断进步，人们对运动装备尤其是运动鞋的关注已不再局限于舒适与耐用，更加重视其在提高运动表现、降低运动损伤风险方面的功能性作用。运动鞋作为连接人体与地面的关键媒介，其设计理念与功能实现逐步走向科学化与个性化，成为生物力学、运动人体科学与材料工程等多学科交叉融合的重要研究对象。

运动鞋功能设计的科学本质，源于对人-鞋-地系统在运动中力学机制的深刻理解。近年来，借助运动捕捉、高速影像、足底压力测量、有限元建模等现代技术手段，运动鞋设计与评价研究已取得显著进展。生物力学作为支撑该领域发展的核心学科，为评估鞋类结构的功能效应、优化其力学性能提供了坚实的理论基础与实证路径。

本书聚焦于运动鞋功能设计的科学基础与工程应用，围绕足踝结构特性、力学响应机制与装备交互关系等关键议题展开论述。在整体架构上，结合现代生物力学理论与运动表现研究，系统呈现了跑鞋、篮球鞋、功能性鞋垫及儿童青少年专项鞋具等在结构设计与功能实现上的研究进展。内容兼顾基础理论探讨与专项装备分析，力图从力学原理、结构功能到实际需求，形成"结构—功能—应用"的逻辑主线。

全书内容编排参考了近年来国内外在该领域中的典型研究成果与技术发展趋势，并结合典型运动项目的生物力学特征与鞋具结构设计实践，形成较为完整的知识体系。通过对运动鞋中关键构造（如缓震系统、抗弯刚度结构、鞋钉配置等）所引发的力学变化进行系统分析，本书旨在为理解和优化人-鞋-地系统的交互机制提供理论支持与实践依据。

我们希望本书的出版，能够为从事运动鞋设计、运动装备研发、运动损伤预防及相关教学与科研工作的专业人员和青年学者提供参考。在此，谨向参与本书编写的专家、同道表示诚挚感谢。本书篇幅有限，内容若存在不足之处，敬请各位读者不吝赐教、指正。

顾耀东
2025 年 4 月 10 日

目 录

第一章　运动鞋具前沿科技进展 ·············· 001
　第一节　运动鞋具与运动表现研究 ·············· 002
　　一、运动鞋的生物力学原理与功能 ·············· 002
　　二、不同类型鞋具与运动表现 ·············· 004
　　三、运动鞋舒适性与运动表现的关系 ·············· 009
　第二节　先进跑鞋技术的研究进展 ·············· 010
　　一、先进跑鞋技术的概述与特征 ·············· 010
　　二、AFT 的设计优点 ·············· 013
　第三节　体育运动规律的深度探究对鞋具研发的启示 ·············· 016
　　一、三维个性化足踝模型的混合统计形态测量自由变形方法 ·············· 016
　　二、个体化足-鞋有限元建模及其在跖骨应力研究中的应用 ·············· 023
　　三、跑鞋碳板结构设计对跑步时前足着地冲击阶段的足部力学响应
　　　　特征影响 ·············· 033
　　四、长跑致足部黑踇趾损伤的生物力学机制研究 ·············· 041
　　五、弧形碳板鞋具相较平面碳板鞋具可进一步减轻跑步时的前足
　　　　负荷 ·············· 052
　本章参考文献 ·············· 059

第二章　裸足运动原理对鞋具研发的启示与应用 ·············· 061
　第一节　裸足运动与下肢生物力学的关联 ·············· 062
　　一、裸足运动的历史与文化背景 ·············· 062
　　二、裸足运动对下肢生物力学的影响 ·············· 063
　第二节　基于裸足特性的生物力学分析 ·············· 071
　　一、穿着极简鞋跑步时的冲击加速度和衰减：胫骨加速度的时域和
　　　　频域分析 ·············· 071
　　二、基于猫科动物运动特征的仿生鞋设计启示探究 ·············· 079
　第三节　基于裸足概念的仿生鞋设计研究 ·············· 085
　　一、仿生鞋对跑步时下肢肌肉功能的影响研究 ·············· 085
　　二、仿生鞋对跑步时足部应力分布的响应研究 ·············· 099
　本章参考文献 ·············· 110

第三章　跑鞋运动生物力学 ······ 111
第一节　动作控制跑鞋与长跑足姿态改变的生物力学 ······ 112
　　一、非牛顿流体材质中底鞋具对胫骨冲击和衰减的影响 ······ 112
　　二、长跑与动作控制跑鞋设计的研究进展 ······ 121
第二节　跖趾关节运动功能与鞋具抗弯刚度设计 ······ 141
　　一、跖趾关节功能相关研究 ······ 141
　　二、鞋具抗弯刚度设计对长跑跑者运动表现的影响——以碳板跑鞋为例 ······ 145
　　三、鞋具抗弯刚度设计对运动损伤的影响 ······ 148
　　四、前掌跑鞋设计对长跑生物力学表现的影响 ······ 153
第三节　长跑跑步经济性与跑鞋 ······ 157
　　一、跑步经济性的定义与基本概念 ······ 157
　　二、影响跑步经济性的生物力学因素 ······ 160
　　三、跑鞋设计对跑步经济性的影响 ······ 169
本章参考文献 ······ 179

第四章　篮球和足球运动生物力学与关联鞋具设计 ······ 181
第一节　篮球运动损伤研究进展 ······ 182
　　一、篮球运动膝关节运动损伤特征研究 ······ 182
　　二、篮球运动踝关节运动损伤生物力学特征 ······ 187
　　三、篮球运动损伤流行病学研究 ······ 191
第二节　篮球鞋核心技术的生物力学研究进展 ······ 193
　　一、篮球鞋缓震性能生物力学研究 ······ 194
　　二、篮球鞋侧向稳定性生物力学研究 ······ 202
　　三、不同位置篮球运动员的鞋具性能需求研究 ······ 209
　　四、篮球鞋质量特征生物力学研究 ······ 211
　　五、篮球鞋主观感受与舒适度研究 ······ 213
　　六、篮球鞋抗弯刚度生物力学研究 ······ 215
第三节　足球鞋构造的生物力学原理剖析 ······ 216
　　一、足球鞋生物力学研究进展 ······ 216
　　二、足球鞋生物力学研究方法 ······ 221
　　三、足球鞋生物力学研究结果 ······ 225
　　四、不同鞋钉构造足球鞋研究分析 ······ 234
本章参考文献 ······ 235

第五章　儿童青少年运动功能与专项鞋具 ········· 237

第一节　儿童青少年足形发育与生物力学功能 ········· 238
一、儿童青少年足形发育与生物力学功能的研究进展 ········· 238
二、儿童青少年足形发育与生物力学功能的研究方法 ········· 239
三、儿童青少年足形发育与生物力学功能的研究结果 ········· 241
四、儿童青少年足形发育与生物力学功能的结果评价 ········· 245
五、儿童青少年足形发育与生物力学功能的相互关系 ········· 265

第二节　青少年跑步运动表现与碳板跑鞋 ········· 271
一、青少年跑步运动表现与碳板跑鞋的研究进展 ········· 271
二、青少年跑步运动表现与碳板跑鞋的研究方法 ········· 272
三、青少年跑步运动表现与碳板跑鞋的研究结果 ········· 274
四、跑鞋纵向抗弯刚度调整对青少年下肢生物力学影响 ········· 279

第三节　青少年跳绳运动表现与专项鞋具 ········· 281
一、青少年跳绳运动表现与专项鞋具研究进展 ········· 281
二、青少年跳绳运动表现与专项鞋具研究方法 ········· 282
三、青少年跳绳运动表现与专项鞋具研究结果 ········· 285
四、不同跳绳方式对青少年下肢生物力学特征的影响 ········· 289

本章参考文献 ········· 291

第一章

运动鞋具前沿科技进展

•••• 引言

  随着运动科学与工程技术的深度融合,运动鞋具设计正经历前所未有的革新。从提升运动表现到预防损伤、增强舒适性,运动鞋已不再只是简单的脚部保护装置,而是集生物力学优化、材料创新与人体工学于一体的综合载体。本章围绕运动鞋具的前沿科技进展,系统梳理运动鞋与运动表现之间的相互关系,重点介绍先进跑鞋技术的发展历程与设计理念,深入分析碳板结构、个体化足-鞋耦合建模、三维足踝形态自由变形方法等关键技术的研究成果与实际应用。同时,结合多个典型案例,探讨鞋具结构对足部力学响应、应力分布及慢性损伤风险的影响机制,为后续运动鞋设计提供科学依据。通过这一系列前沿内容的展示,旨在帮助读者全面理解当前运动鞋具技术发展的趋势与挑战,推动运动装备科学研究和产业创新的协同发展。

第一节
运动鞋具与运动表现研究

一、运动鞋的生物力学原理与功能

鞋类的历史可追溯至 10 000 年前,当时最早的鞋类例子便是发现于俄勒冈州罗克堡洞穴遗址的原始鞋具。这些鞋子由编织的鼠尾草制成,设计简单,以平面结构配合带子固定在脚上。其最基本的功能仅在于保护足底免受地面粗糙表面的伤害。人类对于脚部保护的重视,在逐步发展中促成了现代运动鞋的产生。

(一)早期运动鞋的起源与发展

最早的现代跑鞋由 J. W. Foster and Sons 于 19 世纪 90 年代设计。Foster 设计的跑鞋在前脚掌部分装有钉鞋,成为最早带有加固功能的皮质运动鞋。Foster 的设计理念为后续运动鞋的发展提供了重要基础:不仅保护足部,更增强了运动表现的功能。随后,运动鞋的设计在 20 世纪初得到了进一步发展,运动鞋设计随着硫化橡胶技术的引入而迎来了一次变革。1917 年,Keds 公司推出了名为 Keds Champions 的鞋款,这是一款真正意义上的运动鞋。Keds Champions 鞋底采用了硫化橡胶,不仅大大提高了轻便性,还为鞋子带来了出色的抓地力,使其在运动领域广受青睐。这一设计标志着现代运动鞋迈向专业运动领域的开端。1925 年,阿迪达斯开始生产尖刺跑鞋,并基于不同足型进行定制。这种个性化设计首次考虑到每位运动员的不同需求和特点,为专业运动鞋的发展奠定了新思路。阿迪达斯的革新在跑鞋历史上意义重大,它表明运动鞋的功能不仅仅是保护与简单支撑,而是可以根据运动需求精确调节,从而提升运动表现。

尽管早期的运动鞋在一定程度上提供了足底保护与抓地力,但在 20 世纪中期以前,其结构依然相对简单,通常以平底和皮革鞋面为主,缺乏现代鞋所具备的高跟设计、足弓支撑、缓冲中底及坚固的后跟支撑。在这段时期,许多马拉松选手如 Frank Shorter、Bill Rodgers、Amby Burfoot 和 Ron Hill 穿着简易的跑鞋参加波士顿马拉松等赛事(图 1-1)。1963 年,Phil Knight 首次将带有缓冲后跟的 Asics Onitsuka Tiger 跑鞋引入美国市场，跑鞋的设计从此迈向了一个全新阶段。奈特的推广让缓冲功能开始引起人们的重视，这不仅让跑鞋更加舒适，还有效地减轻了运动过程中的冲击。1972 年，奈特成立了自己的品牌耐克(Nike)，并推出了 Nike Cortez，此标志着运动鞋功能上的又一次革新。Nike Cortez 鞋款增加了缓冲层，大幅提升了鞋子的减震效果，这使跑步体验得到了显著改善，也激励了其他品牌在技术上不断突破。

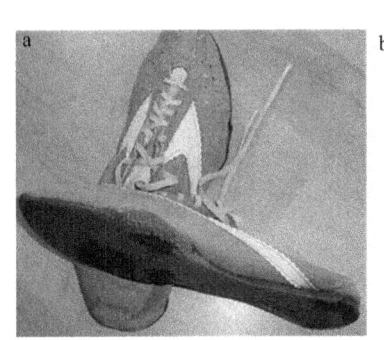

图 1-1　1970 年波士顿马拉松冠军 Ron Hill 的鞋子(a)；与现代市场上的极简鞋类(b)看起来类似，具有薄鞋底和柔软、灵活的鞋面

（二）现代跑鞋的功能性设计：缓震、支撑与运动控制

如今，跑鞋的设计已经发展到高度精细化的阶段。设计者们不再单纯考虑减震或支撑，而是通过多种创新设计要素的整合，力求全面提升运动员的表现、舒适度和安全性。跑步经济性(running economy，RE)是衡量跑步效率的重要指标，表示运动员在特定速度下的能量消耗。研究表明，鞋重对跑步经济性有显著影响——减轻鞋重可以有效降低能耗。轻量化设计通过使用轻质材料[如乙烯-乙酸乙烯共聚物(EVA)、热塑性聚氨酯(TPU)发泡材料]减轻鞋子整体重量，有助于减少跑步过程中的能量消耗，提高跑步效率。此外，鞋底纵向刚度，即鞋底在前后方向上的弯曲刚性，也被证明对跑步经济性有积极影响。增加鞋底纵向刚度可以减少足底的能量损耗，使运动员在每一步推动地面的过程中获得更高效的力反馈，从而提升跑步经济性。例如，碳板的应用有效提高了鞋底的刚度，在减少屈曲的同时储存并释放能量，从而让跑者在步伐转换时更轻松。随着时间的推移，跑鞋的设计逐渐趋向精细化与功能化，现代跑鞋不再仅仅是保护足部的工具，它们具备了双密度中底、足弓支撑、坚固的后跟结构等多种生物力学设计。这些功能性设计旨在通过精确的力学控制与支撑，减少运动中可能对足部和关节产生的伤害风险，提升运动表现和舒适度。穿着舒适性是跑鞋设计中不可忽视的重要指标。舒适的鞋面设计不仅可以减少足部与鞋子之间

的摩擦,还能提供足够的透气性,降低运动中的不适感。现代跑鞋常采用轻质、透气的织物或针织材质作为鞋面,同时在关键部位提供柔软的衬垫,既增强了贴合性又保证了透气性。此外,通过调整中底硬度,设计师可以在舒适性和支撑性之间取得平衡。中底硬度较低的鞋子可以带来柔软的感觉,减少落地冲击力并缓解肌肉疲劳;而对于中底硬度较高的鞋子,则可增强足部的支撑性和稳定性,帮助运动员更好地掌控步态和方向。适当的中底硬度可以减轻肌肉负荷,让运动员在长时间运动中维持良好的运动表现。后跟-前掌落差(heel-to-toe drop)也是跑鞋设计中的一个重要参数,指的是鞋后跟与前掌之间的高度差。较低的落差设计更接近自然步态,使得跑者在跑步中自然地过渡到前足着地(forefoot strike, FFS),有助于减少膝盖和髋关节的压力,降低受伤风险。许多长跑运动员和专业跑者选择较低落差甚至零落差设计的跑鞋,以期更接近自然步态的跑步体验。

(三) 运动鞋的生物力学

如今,跑鞋的设计结合了多种功能,专门为提升运动员的表现和舒适度而设计。例如,减轻鞋重和优化鞋底的纵向刚度被证明可以有效提升跑步经济性;通过调整鞋面结构和中底硬度,可以显著改善穿着的舒适性;此外,较薄的中底和更低的后跟-前掌落差被认为有助于降低受伤风险。这些设计要素已被实验证明能够为运动员带来多方面的生物力学优势。现代运动鞋的生物力学设计集减震、回弹、支撑与稳定性于一体,其核心目标是提升运动表现的同时,尽可能降低运动中的伤害风险。高回弹性材料赋予运动鞋出色的推动力,使运动员能够在步伐转换中获得更多动力,而缓震层则有效吸收落地时的冲击。可以说,现代运动鞋不仅是鞋类产品,它们通过生物力学原理不断优化,成为运动员保护健康、提升表现的辅助工具。运动鞋的发展是人类理解生物力学、探索人体极限和运动能力的结果,它们在现代体育运动中扮演着不可替代的角色。

二、不同类型鞋具与运动表现

(一) 跑鞋:跑步效率与减震技术的影响

基于功能特性,跑鞋被划分为多个类别,以满足不同的跑步需求和运动目标[如极简鞋(图 1-1b)、运动控制鞋、缓冲跑鞋等],从而构建了适用于各种目的的鞋类模型。它们分别针对不同的跑步风格、足部结构和运动目标设计,从而构建了适用于各类用途的鞋类模型,但其分类标准仍缺乏统一性。在定义和评价跑鞋特性时,不同研究和制造商通常依赖于各自的标准,而非基于独立且一致的评估方法。这种现状不仅导致鞋类描述的混乱,也增加了跑者在选择适合自身需求的鞋具时的难度。以下内容将探讨跑鞋类别、关键特性及其对跑步表现的影响。

在此背景下,Ramsey等系统性回顾了鞋类的定义和测量工具,指出跑鞋分类仍然缺乏统一的标准。当前大多数研究主要依赖制造商或用户的描述来定义鞋类,而非基于独立的、具体特征进行标准化评估。尽管如此,研究者在一些跑鞋特性方面达成了初步共识,包括以下两种重要工具:①Esculier等提出的"极简跑鞋指数"(minimalist index),用于界定那些模仿赤脚跑步风格的鞋型;②Ramsey等开发的"鞋类整体不对称评分工具",通过量化鞋子中底的中外侧控制特性,帮助跑者评估跑鞋的内外侧支撑效果。除了明确跑鞋定义,深入评估这些特征对跑步者的影响对于理解跑鞋在提升运动表现和降低受伤风险方面的作用也尤为重要。在此方面,Richards等发现,尽管传统观点推崇"内旋控制、高缓冲鞋跟"的鞋型适合长跑运动员,但这类鞋未能有效降低受伤风险或提升运动表现,表明该传统理念缺乏足够的证据支持。尽管跑鞋设计存在争议,美国运动医学学会仍然提供了基于保守标准的跑鞋选择建议,建议鞋跟到脚趾落差最小、没有运动控制或稳定组件、轻便且在鞋底磨损到显露底层时即应更换。随着跑鞋领域不断创新,如何评估相似功能构建的不同鞋型的需求愈加明显。例如,Squardrone等研究了极简鞋对后足着地(RFS)跑步者足部着地模式(FSP)的急性影响。研究发现,不同极简鞋模型中变化幅度不一,鞋跟下材料较少且缓冲减弱的鞋型最易使跑步者转变为中足着地(MFS)。此外,马拉松跑鞋在跑步经济性方面的影响则是另一个有力的例证。最近,作为"Breaking 2"项目的一部分,马拉松跑鞋的几项创新被引入市场,意图通过与普通鞋型的对比来提升跑步表现。鞋重、中底特性和纵向刚度是影响跑步经济性的关键因素。

为打破马拉松2小时的极限,Nike开发了Nike Vaporfly 4%(简称NV),在蒙扎帮助选手跑出了2小时25秒的成绩,这一突破引发了广泛的科学关注。该成就促使研究人员深入探讨NV跑鞋在提升跑步经济性方面的生物力学原理。Barnes和Kilding将NV与其他两款知名跑鞋进行了对比:一款是先前马拉松世界纪录中常用的阿迪达斯Adidas Boost 3(AB),另一款是专为长距离比赛设计的Nike Zoom Matumbo 3(NZ)钉鞋。实验显示,在14~18 km/h的速度范围内,NV较AB和NZ分别平均提高了4.20%±1.20%和2.60%±1.30%的跑步经济性[以$mLO_2/(kg \cdot min)$为单位]。另一项研究中,Hoogkamer等也在相似速度下对NV的跑步经济性进行了测试,但该研究使用了能量消耗(EC,单位为W/kg)来定义跑步经济性,该指标综合了代谢底物的使用情况。在这项研究中,Hoogkamer等将NV与AB及另一款耐克跑鞋Nike Zoom Streak 6(NS)进行比较,结果显示NV相较AB和NS的能量成本分别降低了4.16%和4.01%,表明NV在节省能量方面具有显著优势。Hunter等的研究进一步证实了 NV 的设计优势。他们认为 NV 的高效能主要归因于其高弹性泡棉和嵌入的碳板,这种结构不仅增加了能量回馈,还通过优化足底的纵向刚度,减少了能量损失。此外,NV 的特殊中底材料也能够更好地吸收和释放能量,使跑步者在每一步中受益,提升跑步效率。

  从运动鞋重量对能量消耗的影响来看,Hoogkamer 等研究了在 Nike Zoom Streak 5 跑鞋中增加不同重量的效果,发现每增加 100 g,能量消耗平均上升 1.11%,表现出与重量的线性关系。虽然重量增加对能量成本有负面影响,但研究表明,中底特性可能在降低能量消耗方面起到关键作用。例如,Dinato 等通过比较具有匹配重量的 Nike Free 2 和 Adidas Energy Boost 发现,后者的能量消耗减少了 2.4%,这突显了中底材质对跑步经济性的潜在优势。Warnes 等进一步验证了这一结论。他们比较了重量为 400 g 的传统跑鞋与重量仅为 150 g 的极简跑鞋,发现在 11 km/h 的跑步速度下两者在能量消耗方面差异无统计学意义。这表明中底性能和重量的结合影响了跑步经济性,而不仅仅是鞋子的重量。Barnes 和 Kilding 对比了轻量级的 Nike Vaporfly 马拉松跑鞋和传统的 Nike Zoom Matumbo 田径鞋,尽管 Nike Zoom Matumbo 比 Nike Vaporfly 轻 87 g,但其跑步经济性却降低了 2.6%[以 $mLO_2/(kg \cdot min)$ 为单位],显示 Nike Vaporfly 的中底特性和碳板可能更有利于节省能量,尤其是在 14～18 km/h 的速度范围内。碳板的加入旨在减少跖趾关节(metatarsophalangeal joint,MTPJ)的活动,从而降低机械能耗散。Ortega 等指出,这种设计还改变了踝关节的杠杆力矩,使踝关节角速度降低,从而优化足底屈肌的力-长度和力-速度表现。Cigoja 等进一步研究表明,这种调整有助于使三头肌肌肉单元在更有利的情况下工作,降低了代谢需求。然而,在增加纵向刚度对能源消耗的影响上,不同研究得出的结果差异较大(−3%～+3%),主要是由于跑步速度和跑步者特性不同。另外,Day 和 Haehn 通过制造正常(5.9 N·m/rad)、硬(10.5 N·m/rad)和极硬(17.0 N·m/rad)的鞋底刚度,研究了在 Nike Epic React Flyknit 跑鞋中插入不同刚度的碳板对跑步经济性的影响。研究发现,在更高的刚度下,跑步者的跑步经济性并未随着速度的增加而改善,表明提升刚度带来的效果可能与跑步者的肌肉力学特性和跑步速度有关。此外,运动鞋对抗疲劳的能力也备受关注。Vercruyssen 等评估了 13 名男性跑步者在穿着极简跑鞋(Salomon Sense)和传统跑鞋(Salomon XT Wings)完成 18.4 km 的越野跑后跑步经济性的变化,赛道中包含 2 000 m 的上坡和下坡。尽管极简跑鞋在赛道前后的跑步经济性值较低,但完成赛道后的跑步经济性恶化程度更大,表明极简跑鞋可能在长时间跑步中的疲劳抵抗能力上略逊于传统跑鞋。以上研究表明,运动鞋的重量、中底材质、碳板的应用、鞋底刚度及抗疲劳性能等设计因素都对跑步经济性产生了复杂的影响。理解这些因素之间的交互作用有助于进一步优化跑鞋设计,以满足不同跑者的需求和运动目标。

研究表明,跑鞋对能量消耗和跑步表现的影响随跑步距离的不同而变化。在较长距离的比赛中,中底材质对跑步经济性的提升尤为关键,而在短距离比赛中,鞋子的轻量化则成为更为重要的因素。例如,Dinato 等比较了 Adidas Energy Boost 和同等重量匹配的 Nike Free Run 2 极简跑鞋,发现 Adidas Energy Boost 的跑步经济性改善了 2.4%。尽管如此,在两种鞋进行的 3 km 计时赛中,最终时间无显著差异。研究者推测,这可能是因为中底的优势在更长距离(5 km 或更长)的比赛中才显现出来,由于长距离比赛中糖原消耗的限制,中底性能能帮助更有效地利用能量。类似地,Sinclair 等研究了在 13 km/h 的速度下,穿着 Vibram Five Fingers EL-X 极简跑鞋和相同重量的 Adidas Energy Boost 跑鞋的运动员的底物利用率,发现后者的碳水化合物利用率较低(3.5%),进一步支持了中底性能在节省糖原方面的作用。Vercruyssen 等研究了 Salomon Sense 和 Salomon XT Wings 越野跑鞋的表现,尽管 Salomon Sense 跑鞋在平地和上坡的跑步经济性分别改善了 4.83% 和 2.36%,但在 18.4 km 的越野赛总时间上,两种鞋型差异无统计学意义,可能是因为摄入了标准化的碳水化合物补给,从而抵消了极简跑鞋对跑步经济性的潜在优势。在短距离比赛中,重量对性能的影响更加显著。Hoogkamer 等在 Nike Zoom Streak 5 中分别增加了 100 g 和 300 g 的重量,发现 3 000 m 跑每增加 100 g 能量消耗上升 1.11%,完成时间也相应延长 0.78%。因此,对于短距离比赛,重量较轻的鞋通常比具有更好中底性能但重量稍重的鞋型更具优势。

综上所述,跑鞋对能量消耗和跑步表现的影响与跑步距离密切相关。对于长距离跑步,优质的中底性能(如更低的碳水化合物利用率)在降低能量消耗方面的优势更明显,有助于提升持久的跑步表现;而在短距离比赛中,减轻鞋子重量能够更直接地提高跑步速度。因此,不同距离的比赛可能需要不同类型的跑鞋设计以优化表现——长距离比赛偏向于中底性能的改善,而短距离比赛则更注重鞋子轻量化的特点。

(二) 篮球鞋:鞋面支撑与底面摩擦对跳跃、急停表现的作用

篮球作为全球流行的运动之一,要求运动员在比赛中频繁执行高强度动作,如加速、减速、跳跃和多方向快速移动。这些高强度的运动模式导致下肢承受显著的外部和内部负荷。因此,篮球运动员,尤其是青少年和职业选手,面临较高的脚踝和足部损伤风险。为了降低这种风险,篮球鞋的设计必须平衡伤害预防和运动表现的优化。篮球鞋的关键功能包括:①抵消侧向运动期间的过度内旋;②提供足够的后脚跟和前脚掌缓冲,以减震和提高舒适度;③中足区域的中等弯曲刚度与扭转柔韧性平衡;④优化鞋底牵引力以防止打滑。鞋子的结构与材料影响运动员在不同动作中的表现。例如，考虑到篮球中常见的踝关节扭伤，高领鞋设计有助于减少踝关节在切入和着陆动作中的过度旋后和内翻，增加踝关节的稳定性。研究表明，高领设计虽然增加了稳定性，但可能会限制踝关节的灵活性，进而影响敏捷性和跳跃表现。篮球鞋的设计还需要针对脚底和前脚掌的缓冲进行调整，以应对频繁的跳跃和落地产生的冲击力，并通过优化中底硬度与前脚掌弯曲刚度，平衡支撑与灵活性。脚跟反向支撑和中底材质的组合可以提供横向稳定性，有助于减少第五跖骨骨折的发生。此外，鞋底的材质和图案设计在防滑与灵活性之间取得平衡，以适应不同球场表面的需求。不仅鞋子的结构和材质会影响运动员的表现与受伤风险，运动员的个体偏好、体型及其比赛风格也会显著影响鞋子性能的实际发挥。Brauner等指出，个体的主观体验在鞋与脚的互动中同样重要，可能会改变其对篮球鞋设计的需求。因此，在开发篮球鞋时，基于个体差异和实际生物力学分析的证据支持的设计理念至关重要。

在篮球鞋的设计与开发过程中，冲击力是关键考量因素之一。这是因为篮球运动员在比赛中经常面临突发的高冲击力，而人体的软组织无法在极短的时间内有效缓解这些冲击。篮球鞋的缓冲性能和中底硬度是其核心特性，这些特性会直接影响冲击力的分布及其对运动员的作用。具体而言，中底硬度不仅影响鞋子的功能特性，还会改变运动员的负荷模式、感知体验及下肢的生物力学表现。此外，缓冲性能通常被视为鞋类设计中足部舒适度的核心指标。评估篮球鞋缓冲性能和中底硬度的常见测试变量包括峰值负载速率、胫骨冲击力及足底压力。研究表明，与非篮球鞋（如最低缓冲鞋）相比，篮球鞋在被动着陆场景下展现出更优异的缓冲性能，表现为较低的峰值地面反作用力（ground reaction force，GRF）和负载速率。在意外着陆场景中，这种缓冲性能也得到验证；然而，在自选落地条件下，鞋类的缓冲差异并不显著。这种矛盾可能源于肌肉预先激活水平的不同，尤其是在意外或被动运动中。这些差异为体育教练和球员提供了有价值的信息，特别是在比赛中经常发生的非预期情况，多数研究表明，在意外或被动着陆条件下，具有更佳缓冲性能或更柔软中底的鞋子能够显著减轻冲击负荷，表现为较低的峰值地面反作用力、负载速率及足底压力。类似效果在跑步、横向移动及上篮动作中同样显现。然而，需要注意的是，冲击负荷与胫骨冲击之间可能存在一个最佳的缓冲区间。过于柔软的中底可能会影响鞋子的结构稳定性。此外，部分研究指出，鞋类缓冲特性的机械变化未必会显著改变参与者所承受的冲击负荷，这与以往关于跑步的研究结果一致。此外，Lam等基于此前关于篮球运动中鞋内压力与剪切力的研究，设计了一款在前足内侧区域具有内置剪切缓冲结构的鞋子。这一设计通过在横向运动的制动阶段提供更大的材料与结构变形，减少了脚部的内部剪切力。研究结果表明，剪切缓冲结构与45°切割动作中更高的旋转变形、更佳的前脚掌感知及更高的冲量相关。这种结构可能通过允许更大的旋转变形，在制动阶段积蓄能量并在推进阶段释放能量，从而提高运动性能。这一发现表明，在不影响横向运动性能的前提下，未来篮球鞋设计可以进一步探索旋转剪切缓冲结构的潜力。

篮球鞋的设计不仅需要在鞋面支撑与底面摩擦之间实现平衡，还必须综合考虑缓冲性能、灵活性、重量等多方面因素。近年来，基于大数据和人工智能的个性化设计逐渐兴起，通过对运动员足部形态、生物力学特征和比赛风格的全面分析，生成定制化的鞋类设计方案。篮球鞋的鞋面支撑与底面摩擦在优化运动表现和预防伤害方面扮演了重要角色。基于现有的研究，未来的篮球鞋设计应更加注重个性化需求和多功能性，结合先进材料与智能技术，在保护运动员健康的同时，进一步提升其比赛表现。总体而言，篮球鞋设计是一门融合了运动科学、工程技术和人体工学的综合学科。随着科技的进步和对运动生物力学的深入理解，我们有理由相信，未来的篮球鞋将更加贴合运动员需求，为他们在场上的卓越表现提供坚实支撑。

三、运动鞋舒适性与运动表现的关系

舒适性是运动鞋设计中至关重要的考量因素之一，它不仅影响运动员的主观感受，还对运动表现和受伤风险产生显著影响。研究表明，舒适的运动鞋可以通过减少足部压力点、缓解肌肉疲劳、改善姿势稳定性等方式，间接提升运动表现。同时，鞋子的舒适性也与心理因素密切相关。当运动员感觉鞋子舒适时，他们的运动表现可能会因自信心和专注度的提升而得到改善。舒适性对运动表现的影响在长时间运动中尤为显著。例如，在长跑比赛中，鞋子的舒适性可以帮助运动员减轻脚部疼痛，避免出现水疱等皮肤损伤，从而更好地维持节奏与耐力。舒适性不足的鞋子可能导致运动员在无意识中改变步态模式，以减轻足部的不适感，而这种变化可能进一步增加肌肉和关节的负荷，最终影响运动表现。

鞋垫和内衬材料是影响运动鞋舒适性的关键组件。研究表明，不同材质和设计的鞋垫可以显著改变足底压力的分布，从而改善穿着舒适性并降低受伤风险。例如，使用记忆泡棉（memory foam）或高弹性聚氨酯（PU）材料制成的鞋垫可以有效吸收冲击力，减少足底的高压点，这在高冲击运动（如篮球和跑步）中尤为重要。鞋垫的形状和结构设计也对舒适性和运动表现有直接影响。具有足弓支撑的鞋垫可以改善足部对地面的接触角度，帮助维持足部稳定性并减少过度内旋或外旋的发生率。此外，动态鞋垫（如内置传感器的智能鞋垫）能够根据运动员的动作实时调整支撑力度,为不同动作需求提供更个性化的舒适体验。内衬材料的选择同样重要。现代运动鞋普遍采用轻量化、透气性强的织物或针织材料作为内衬,以提高舒适性和湿度管理效果。内衬材料的触感与贴合性会直接影响穿着的舒适感,特别是在长时间运动或高强度训练中,透气性和吸湿性能较好的内衬材料可以显著减少足部出汗引起的不适。

尽管提高舒适性是运动鞋设计的重要目标,但舒适性并非总是与运动表现成正比。一些研究发现,过于柔软的鞋垫或内衬材料可能在某些动作中降低了鞋子的支撑性和稳定性,从而影响运动表现。因此,运动鞋设计需要在舒适性与功能性之间找到平衡。例如,在跑鞋设计中,中底的硬度和鞋垫的弹性需要综合考虑跑步效率与足部疲劳的影响;而在篮球鞋设计中,鞋帮的贴合度与稳定性必须兼顾舒适性和防护性。通过结合传统生物力学研究与现代智能技术,运动鞋设计不仅可以进一步优化舒适性,还能为运动员的长时间高效运动提供有力保障。这一方向的发展将进一步推动运动鞋设计迈向智能化与个性化的新高度。

第二节
先进跑鞋技术的研究进展

一、先进跑鞋技术的概述与特征

(一) 先进跑鞋技术的概述

先进跑鞋技术(advanced footwear technology, AFT)最初应用于 Nike Vaporfly (NVF)鞋款。其开创了两个关键且协同作用的创新元素:一种高弹性、顺应性和轻质的中底泡沫,以及嵌入的刚性弯曲纵向结构(如碳板,见图 1-2)。尽管目前尚未完全解析这些元素如何独立贡献于跑步效益,但可以确定的是,它们的协同作用是将一款跑鞋归类为 AFT 的必要条件。

(二) AFT 的特征

1. 泡沫材料的创新性

现代跑鞋通常采用 EVA 泡沫,这是一种轻便、易于加工的材料,能提供 60%~75%的能量回馈。随着技术进步,诸如 Adidas Boost 泡沫等 TPU 材料

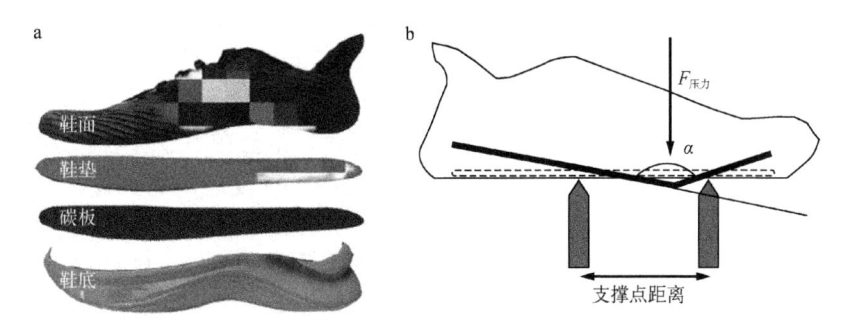

图 1-2 跑鞋立体解剖视图及碳板位置关系(a)与跑鞋纵向抗弯刚度(LBS)测量原理示意图(b)

问世,将能量回馈率提升至75%～79%,并对跑步经济性提供约1%的小幅提升。然而,NVF开创性地引入了聚醚块状酰胺(PEBA)泡沫。这种材料在滑雪靴和短跑钉鞋中早已被用作刚性塑料,而发泡后的PEBA则兼具高度顺应性(柔软性)、高弹性(能量回馈率达82%～87%)和低密度(轻便性)。

2. 弹性表现

Hoogkamer等比较了NVF使用的PEBA材料与标准跑鞋技术(standard foam technology,SFT)Nike Zoom Streak(NZS)中的EVA泡沫和Adidas Adios Boost(AAB)中的TPU泡沫的性能,发现NVF的弹性为87%,而NZS为66%,AAB为76%。我们也观察到NVF及其他使用PEBA(或类似)泡沫的AFT鞋款[包括Nike Alphafly(NAF)、Saucony Endorphin Pro、Asics Metaspeed Sky和Adidas Adizero Adios Pro]具有类似的弹性值(82%～84%)。此外,PEBA泡沫能够在典型跑步动态的压缩与回弹时间范围内有效地储存并释放能量,从而显著提高跑步效率。

3. 顺应性

除了提高回弹性,先进泡沫的第二个有利方面是其更高的顺应性——在给定负荷下的变形。NVF泡沫在2 000 N负荷下的变形量约为12 mm,是传统竞速鞋(约6 mm)的两倍。这种顺应性使其能够储存更多的机械能量,并通过高弹性高效地回馈能量。进一步研究表明,AFT鞋款的材料刚度(顺应性的倒数)显著低于传统跑鞋。例如,NVF的材料刚度为45 kN/m,而传统竞速鞋Asics Hyper Speed则达到96 kN/m。这验证了AFT泡沫的顺应性显著优于传统跑鞋,并且是提升能量回馈的重要因素。

4. 重量的优化

AFT泡沫的第三个显著特点是其低密度设计,这使其具有极高的轻便性。研究表明,跑步者的跑步经济性会随着鞋子重量的增加而下降,每额外增加

100 g 的重量,跑步经济性平均下降约 1%。据 Kram 估算,NVF 和 NAF 鞋款中使用的 PEBA 泡沫的密度仅为传统 EVA 泡沫的 1/4 左右,而 EVA 泡沫是 SFT 鞋底的主流材料。尽管减轻重量并非 AFT 性能提升的唯一原因,但低密度泡沫的特性为设计者提供了更大的自由度,使得跑鞋在不显著增加跑者负担的情况下,可以添加更多功能性泡沫材料。这种低密度泡沫的关键优势在于,它在保持轻量化的同时,显著优化了中底的弹性和顺应性。这意味着设计者可以通过增加泡沫体积来提升能量储存与回弹能力,而不会因为材料压缩过度而削弱缓冲性能。此外,低密度泡沫允许中底在达到临界应变(接近完全压缩的状态)之前,仍能保持理想的弹性响应。这种特性有助于防止鞋底出现"触底"现象,从而持续提供有效的缓冲和能量回馈,确保跑步者在整个步态周期内获得一致的生物力学优势。

5. 中底几何形状

AFT 鞋款的设计在中底厚度和重量之间进行了权衡。研究表明,35~40 mm 厚度的中底在提升跑步经济性和维持稳定性方面表现最佳。尽管某些研究发现,厚度达 60 mm 的中底在跑步经济性上略有提升,但考虑其额外重量后,其表现不如更轻的版本。未来研究应继续探索中底厚度与跑步效率之间的关系。

6. AFT 泡沫的耐久性

AFT 泡沫的耐久性作为关键性能之一,目前尚未得到全面表征。由于其低密度和轻量化设计,早期公众对其耐久性存有一定质疑。然而,作为 AFT 中广泛使用的聚合物材料,PEBA 泡沫凭借其嵌段共聚物的化学结构,通常表现出较高的材料强度,优于传统 SFT 中常见的随机共聚物材料(如 EVA 泡沫)。

在一项基于 NVF ZoomX PEBA 的研究中,实验比较了其未使用状态与经过 500 km 路跑后的材料性能。在垂直压缩测试中,观察到其滞后性仅从 84.5% 略微降低至 82.9%,而顺应性也仅从 42 kN/mm 轻微提升至 45 kN/mm。这些指标显著优于"全新"EVA 泡沫跑鞋,其能量回馈值仅为 65%~75%,顺应性则高达 70~110 kN/mm。此外,Rodrigo-Carranza 等的研究指出,PEBA 泡沫在 450 km 使用后的性能退化幅度仍小于 EVA 泡沫。然而,该研究采用位移控制的三点弯曲测试,这种方法虽然适用于评估前脚掌的纵向抗弯刚度(longitudinal bending stiffness, LBS),但无法全面反映中底在垂直压缩条件下的真实性能。值得注意的是,PEBA 泡沫和 EVA 泡沫在未使用时的初始能量回馈值接近(约 75%),但部分 AFT 模型中的 PEBA 泡沫表现更优,这表明不同型号的 PEBA 泡沫之间存在显著差异。

二、AFT 的设计优点

(一) AFT 的刚性纵向结构

AFT 跑鞋的显著特点在于其刚性、嵌入式和弯曲结构的创新性设计。以 NVF 为例,其嵌入的碳板位于跖趾关节下方,具有凸曲率的形态。这一设计不仅增强了鞋子的 LBS,还显著改善了跑步经济性。Roy 和 Stefanyshyn 的研究最早指出,使用中等刚度的板材可以使跑步经济性提高约 1%。然而,后续研究未能完全证实 LBS 的增加对跑步经济性的直接提升作用。

NVF 的设计中,碳板在跖趾关节下方呈现弧度形态。这种弧度被认为能够减少跖趾关节在背屈过程中产生的能量损失,同时减轻踝关节的负担,从而提高有效刚度和整体跑步效率。然而,修改后的 NVF 实验(如跑步机上的侧切割测试)显示,尽管碳板的 LBS 和假定的能量优化作用有所降低,但对踝关节的力学表现和跑步经济性未产生显著影响。这一结果对碳板功能的原始假设提出了挑战,尤其是关于减少跖趾关节负向和保留踝关节能量的观点。

研究提出了碳板的两种独特功能:首先,它被认为类似于杠杆系统——"跷跷板"效应。在跑步后期,鞋子的前掌区域(即前脚)由于跖屈动作施加的向下力,导致鞋后部(即鞋跟)产生向上的力,从而增强前推力。然而,Healey 和 Hoogkamer 的研究表明,通过侧切割去除杠杆功能的 NVF,并未显著改变跑步经济性的效果,这表明该机制的作用可能较为有限。其次,碳板可能通过将鞋底泡沫由"点弹性"转变为"区域弹性"结构,优化压力分布。在碳板下方,点压压力被更均匀地分散,从而降低应力和相应的应变。泡沫材料在高应力和应变条件下通常表现出非线性弹性,这种状态下变形会显著增加刚度(即降低顺应性)。如果发生"点弹性"压缩,可能会在给定载荷下产生更高的应力,导致更大的应变,从而削弱能量储存与回弹性能,并可能引发"底部碰撞"现象。而"区域弹性"能够减小泡沫的应力负荷,降低应变,使其在较低应变下保持较低的刚度(即较大的顺应性)。

实验台材料测试进一步验证了这一概念。研究通过将碳板从 NVF 的鞋跟处切除,使用 50 mm 直径的圆柱形冲头(模拟人体脚跟),在 350 kPa(约 700 N)的单轴载荷下测试完整的和去除碳板的 NVF 鞋跟。测试结果表明,两种条件下的载荷-变形曲线几乎一致,说明碳板未显著改变泡沫在压缩条件下的性能。然而,该实验是在单轴压缩条件下进行的,模拟的是脚跟着地时的钝性压缩。若"区域弹性"功能确实存在,可能在动态三维压缩过程中表现得更为显著,尤其是在鞋底各区域的能量储存与释放分布方面影响更大。

（二）足底压力分布的改变

实验还表明，穿戴 AFT 跑鞋的跑者表现出独特的足底压力模式（图1-3）。压力峰值有所降低，尤其是在前脚区域，这可能是由于较大的泡沫体积和"区域弹性"效应的共同作用。此外，板材还通过引导重心（COP）沿纵向轴线移动，使跑者在鞋子内的受力更为均匀。进一步研究动态压力分布和重心推进规律，将有助于深入理解板材对跑步力学的全面影响。

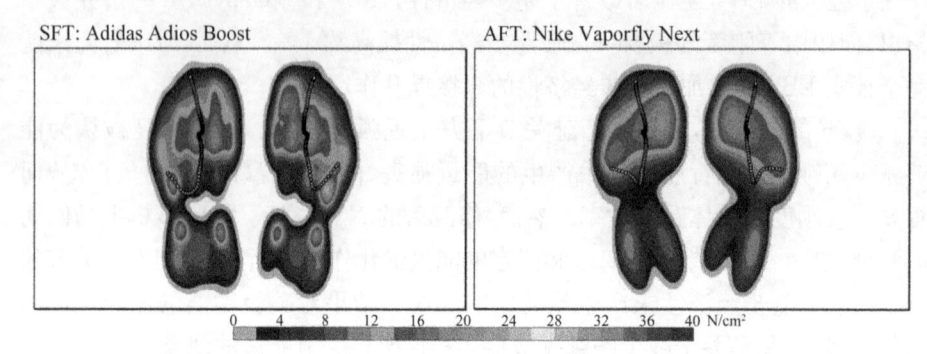

图1-3 一名采用前足着地跑姿的跑者在速度为 19.6 km/h 时分别穿着 SFT 和 AFT 跑鞋进行跑步，其足底压力分布模式通过内置压力平台的跑步机记录

（三）运动表现的提升

1. 缓解肌肉损伤

在关于 AFT 跑鞋的主观反馈中，跑者普遍提到其对腿部具有保护作用，使他们在长距离跑步后感到疲劳减少，并报告恢复速度更快。尽管 AFT 在改善跑步经济性方面获得了广泛研究和验证，但与其在肌肉保护和恢复方面的作用相比，相关科学研究相对较少。然而，这种主观感受在跑者中十分普遍，值得进一步探讨。

耐克运动研究实验室的一次会议报告提供了关键的实验数据支持。报告显示，穿着 NVF 鞋款的跑者在完成马拉松后，其血清中的肌肉损伤和炎症标志物水平显著降低，包括乳酸脱氢酶（LDH）、白介素-6（IL-6）和白细胞计数。此外，穿着 NVF 鞋款的跑者主观报告的股四头肌疼痛感明显减轻，恢复速度较穿着传统跑鞋（如 Nike Pegasus 36）的跑者更快。

进一步的研究通过下坡跑步实验诱发肌肉损伤，测试跑者在损伤前后2天内的跑步经济性。结果表明，穿着采用 AFT 类似高顺应性、高弹性泡沫的鞋子与采用传统 SFT 泡沫的对照鞋相比，跑步经济性的改善差异无统计学意义。这提示泡沫本身的特性在肌肉损伤后的恢复中未表现出额外的优势，至少在与未受损状态相比时如此。

然而,当前研究存在局限性。实验中所使用的鞋款是否严格符合AFT的技术标准尚未明确。如果符合,是否可以将这些发现外推至疲劳状态(如"损伤性"跑步后的即时反应)或长时间比赛和训练中引发的肌肉创伤,仍有待进一步验证。这一领域的深入研究对于理解AFT的全面生物力学效益具有重要意义。

2. 提高比赛表现

关于上述实验室中跑步经济性改进如何转化为跑者实际比赛表现的提升,仍在进一步研究中。Hoogkamer等表明,在实验室中通过改变跑者的亚最大跑步经济性(在12.6 km/h的速度下测量),可以预测3 km计时赛表现的变化(平均速度为17.3 km/h),其中跑步经济性每降低1.0%,表现会下降0.7%。Kipp等研究证明,速度与摄氧量吸收之间的固有曲线关系,再加上在较高速度下克服空气阻力的非线性成本,导致速度与跑步经济性改进关系转化为速度与运动表现改进之间的非线性关系。他们的模型支持了Hoogkamer等的实验室与计时赛结果,并进一步预测,在精英马拉松跑者的比赛中,跑步经济性提高4.0%将带来2.6%的速度提升,即从2小时4分的马拉松时间缩短到2小时48秒。

在生态比赛环境中,这种表现转化一直颇具挑战。业余跑者在穿着AFT与轻量化SFT跑鞋比较下,3 km计时赛的表现提高了1.8%(13秒),而在实验室中的跑步经济性改进在较低速度下为1.0%~1.7%。Barnes和Kilding报告称,一些跑者在比赛中从传统的跑道钉鞋切换到NVF后,3 km和5 km的比赛表现分别提高了1.9%。在实验室测量中,NVF相比钉鞋的跑步经济性改进为2.6%。尽管这些结果可能受到切换鞋款期间跑者体能提升的影响,但它们与之前的模型预测和观察结果一致。几项研究回顾性地分析了AFT推广前(2017年之前)和推广后(2017年之后)的一些比赛结果。Senefeld等在2010~2019年间对伦敦、东京、波士顿和纽约四大马拉松的精英选手进行了研究,发现穿着AFT跑鞋的精英跑者,男子比赛成绩比以前快了2.0%,女子则提高了2.6%。Bermon等也观察到,2012~2019年全球公路赛成绩显著下降,2016~2019年,男子前100名马拉松成绩下降了1.2%,女子则下降了2.0%,其中包括了未穿AFT跑鞋的运动员。在全球排名前20的马拉松选手中,穿着AFT跑鞋的男性比未穿AFT跑鞋的选手快了0.8%(1分3秒),女性则快了1.7%(2分10秒)。在2016~2019年间转换为AFT的一部分运动员,其平均表现分别比以前快了1.4%(1分43秒)和2.1%(3分1秒)。Rodrigo-Carranza等进行了类似的研究,回顾了2016~2019年每年排名前100的男子马拉松选手的鞋款。他们发现,穿着AFT跑鞋的运动员比穿着传统鞋的运动员快了74秒(1.0%)。此外,从2015年(AFT推广前)到2019年(AFT广泛推广后),马拉松成绩提高了 1.5%。他们还观察到,在采用 AFT 后的重复表现中,运动员的马拉松成绩提高了 0.7%。

虽然这些分析对理解趋势非常重要,但它们可能并未完全呈现鞋款的真实表现。仅仅是马拉松成绩的变化,可能会受到未穿 AFT 的跑鞋运动员的影响,特别是在 2017~2019 年期间,因为几个知名鞋企直到 2020 年才推出自己的 AFT 鞋款。此外,马拉松成绩的变化也可能受到全球反兴奋剂努力增强的反向影响,尤其是在东非,分析中大多数顶尖运动员来自该地区。此外,对于那些穿着 AFT 的运动员,成绩轨迹可能存在偏差,因为他们可能是在体能较差时更换鞋款,而不是在 SFT 鞋款的观察期内。因此,像 Hébert-Losier 等所使用的重复计时赛,仍然是最准确的指标,能够反映 AFT 对绝对表现的益处。

第三节
体育运动规律的深度探究对鞋具研发的启示

一、三维个性化足踝模型的混合统计形态测量自由变形方法

(一)混合统计形态测量自由变形研究进展

足部包含 26 块骨骼,由 33 个关节相互连接,是由 100 多条肌肉、肌腱和韧带组成的网络支撑。通过有限元(FE)分析等技术,个性化的足部生物力学模型有助于了解足部的形态功能关系。足部几何特征通常从医学影像中获得,医学影像被认为是黄金标准,主要是计算机体层扫描(CT)和磁共振成像(MRI)。足部表面扫描的成本较低且省时,还可在步态实验室和医院外方便地使用。该研究方法已广泛应用于步态实验室和鞋类制造。然而,足部扫描的数据仅限于足部表面,忽略了内部解剖结构。

统计形状建模(SSM)是生物工程和生物力学中的一种统计方法,用于基于点坐标注册、形状变形和拟合及降维等方法重建解剖形状。SSM 可以捕捉人群中基于证据的预期变异谱,从而根据有限的数据点集将模型按比例放大到单个受试者。

下肢生物力学分析的常见方法是根据通用模型缩放建立肌肉骨骼模型。然而,由于个体差异,结果可能不够准确。近年来,生物力学领域对基于 SSM 的特定个人肌肉骨骼模型的兴趣激增。SSM 已被用于足部研究,包括足部表面

和内部骨骼,但并非全部。它有助于了解不同人群的足部形状差异,并能利用稀疏的解剖数据重建足部模型。自由形态变形(FFD)是一种几何变形技术,通过对包围物体的网格进行变形,然后在网格内对物体进行变换,从而使刚性物体发生变形。基于 FFD 技术,主网格拟合变体用于定制几何变换,包括欧几里得和阿芬运算。

个性化足踝关节模型在医学影像收集和数据处理方面非常耗时。Grant 等利用 MRI 数据开发了用于重建足部骨骼的 SSM,并取得了可喜的成果。三维光学足部扫描技术已被证明是分析三维足部形状偏差和变形的可靠方法。然而,生成骨间关系在该领域仍具有相当大的挑战性。一个全面的足部模型通常需要将 CT 或 MRI 扫描中的足部组织和骨骼几何信息输入 SSM。

目前,研究文献中还没有一种方法能完全通过基于表面的足部扫描生成完整的足部模型(包括皮肤表面和所有底层骨骼)。在这一新颖的框架中,将 SSM 与 FFD 相结合,可将内部骨骼结构与个性化的足部外部几何形状精确对齐,同时仅利用皮肤测量来进行 SSM。这种方法可以通过 SSM 进行详细的表面建模,并通过 FFD 进行适应性内部骨骼重建,从而确保足部表面及其骨骼结构的协调和个性化呈现。因此,本节旨在开发和评估一个框架,用于仅根据皮肤测量得出的 SSM 重建全面的三维脚踝模型,包括内部骨骼。

(二) 混合统计形态测量自由变形研究方法

1. 参与者和形状扫描采集

招募了 50 名男性参与者[年龄(24±3.8)岁;身高(1.75±0.06)m;体重(67.6±7.8)kg;身体质量指数(body mass index,BMI)(22.2±2.1)kg/m²]。通过使用 Easy-Foot-Scan 机器(OrthoBaltic,立陶宛)进行负重扫描,获得三维足部表面形状。按照之前制订的方案,参与者被要求双脚分开、与肩同宽站立不动,将右脚(优势侧)放在扫描仪表面。所有参与者在过去 6 个月内均未受过下肢损伤,且无扁平足、高足弓或足部畸形。

2. 统计形状建模

个性化三维足部模型生成管道是利用从 50 名男性参与者的扫描结果中得出的基于表面的 SSM 开发的,在 GIAS2 软件包中实现,如图 1-4 所示。在进行刚性和非刚性注册后,使用广义普鲁克分析法(GPA)通过迭代确定平均形状,使其与训练集中所有形状的距离最小。

根据形状模型和主成分(PC)拟合,进行基于模型的形状重建,以生成脚面几何形状。通过优化基于马哈拉诺比斯(Mahalanobis)距离(又称马氏距离)的惩罚权重对脚部形状进行微调,马氏距离是一种评估样本点与分布之间相似性的度量。该优化使用了占总变异 85% 的前十个 PC 进行。刚体转换也被用于

形状重建。优化目标函数为

$$E = E_c(R, P_w) + WD_m(P_w) \quad (1-1)$$

式中，R 为刚体平移和旋转参数；P_w 为来自 PC 的权重；E_c 为节点坐标注册误差；D_m 为马氏距离；W 为标量权重系数。$E_c(R, P_w)$ 表示 E_c 是 R 和 P_w 的函数，即注册误差依赖于刚体变换和权重参数。

3. 主机网格自由形态变形

在 SSM 生成的个性化足部外部几何图形的基础上，本部分重点介绍应用宿主网格 FFD 重建内部骨骼网格的方法。图 1-4 中生成的 SSM 足部表面与内部骨骼的宿主网格 FFD 相结合。图 1-5 展示了这一耦合框架。使用 SSM-FFD 混合模型对一般的脚和骨骼网格（图 1-5a）进行变形。首先，SSM 变形皮肤（图 1-5b）用于驱动主网格变换（图 1-5c～d）。其次，该变形图用于为内部骨骼的 FFD 提供信息（图 1-5e～f）。结果脚部结构突出显示（图 1-5g）。

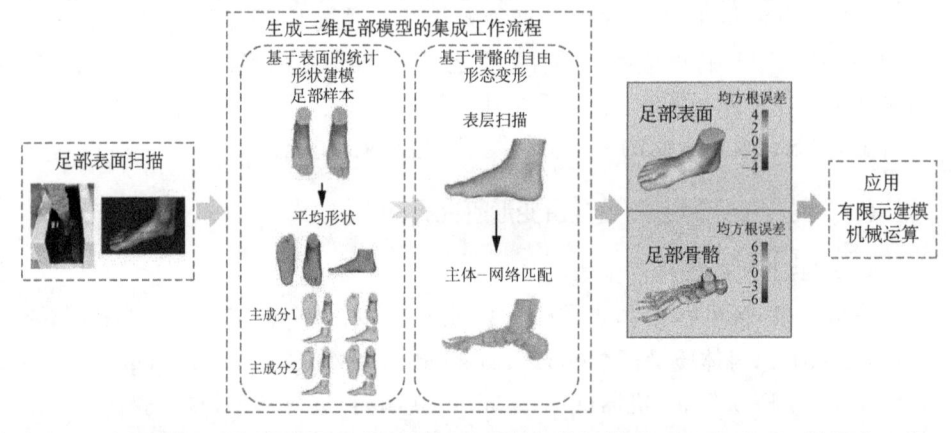

图 1-4　个性化三维足部模型生成流程图（从足部光学扫描到 SSM 再到 FFD 的顺序工作流程）

通用足部模型源自 MRI 扫描，包括软组织和 28 块骨骼的全面分割，确保从解剖学角度准确呈现足部的骨骼结构。其中包括小腿骨（胫骨和腓骨）；跗骨，包括距骨、跟骨、足舟骨、骰骨和 3 块楔骨（外侧、中间和内侧）；所有 5 块跖骨；以及每个脚趾的全套趾骨，包括近端、中间（第 2～5 个脚趾）和远端的趾骨。

足部图像保存为 DICOM 文件，并在 Mimics v21.0 中进一步分割和平滑。有了个性化的表面模型，我们就可以使用 FFD 重建内部骨骼网格。首先，使用几何对齐算法（ICP）将通用模型中的足部皮肤与 SSM 的平均形状模型大致对齐。使用仿射变换矩阵对骨骼坐标进行变换。通过最小化宿主节点与隶属节点的近邻节点之间的最小平方距离，将宿主足部表面与目标皮肤进行注册和非

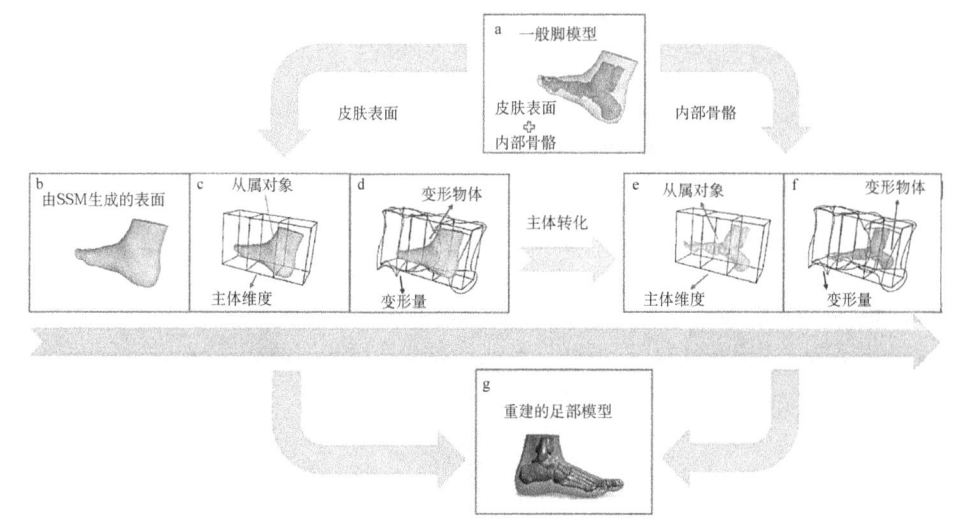

图 1-5 耦合 SSM-FFD 足部变形框架图

使用 FFD 对一般脚(a)的皮肤表面(c~d)和内部骨骼(e~f)进行变形,最终形成新的个性化几何形状(g)

等向缩放。通过使用目标函数 $F(u_n)$ 寻找最佳参数 u_n,在最小二乘意义上最小化了宿主网格和目标网格之间的欧氏距离

$$F(u_n) = \sum_{d=1}^{n} W_d \parallel u_d - t_d \parallel^2 + F_s(u_n, \delta_i) \qquad (1-2)$$

式中,u_d 为主机网格框内插值的通用皮肤节点集;t_d 为特定对象目标皮肤中相应结点的集合;W_d 为每个控制点 d 的权重;d 为控制点索引(第 d 个节点或对应点)。$F_s(u_n, \delta_i)$ 表示三维平滑约束的索伯列夫(Sobolev)惩罚函数,其特定参数 $\delta_i \in [0, 1]$ 用于定义网格体积、表面积项及元素坐标中的曲率和弧长。

4. 评估

三名男性受试者[年龄(24.3±2.5)岁;身高(1.75±0.03)m;体重(66±2)kg;BMI(21.5±0.1)kg/m^2]仰卧位时使用 Optima CT520 扫描仪(GE Healthcare,芝加哥)扫描右脚,切片厚度设置为 1.25 mm。然后,用 Mimics v21.0 对输入的 DICOM 文件进行分割。首先使用基于主成分分析(PCA)的 SSM 对软组织进行建模,然后根据软组织的几何形状通过主机网格 FFD 对内部骨骼进行详细重建。

通过将三个重建的足部模型与相应的皮肤和骨骼几何图形进行比较,确定了模型的准确性,这些几何图形是人工分割的,不属于原始训练集(图 1-6)。计

算生成的网格 t_d 与分割网格（地面实况）u_d 之间每个节点坐标及其最近点的表面到表面均方根误差（RMSE）距离，以评估准确性。

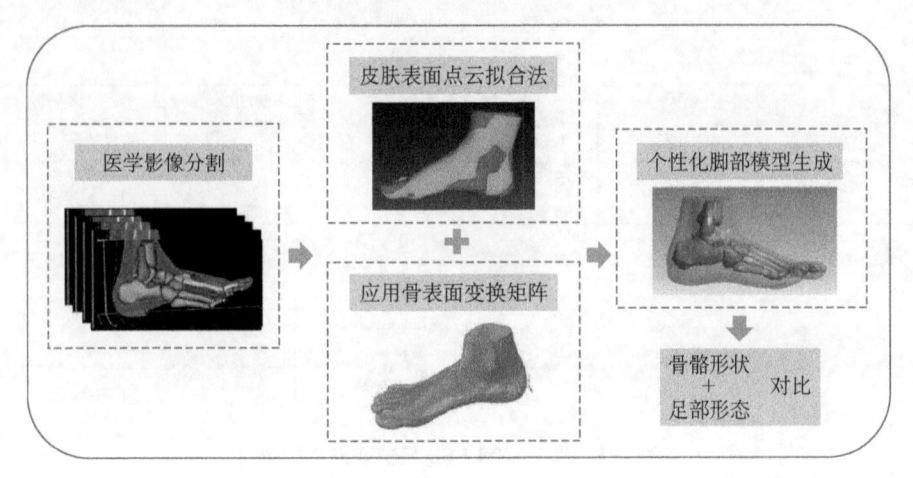

图 1-6 评估工作流程将三个重建的足部模型与根据同一足部的 MRI 分割的相应皮肤和骨骼网格进行比较

$$\mathrm{RMSE}=\sqrt{\frac{\sum_{d=1}^{N}\parallel u_d-t_d\parallel^2}{N}} \qquad (1-3)$$

戴斯相似性系数（Dice similarity coefficient，DSC，0~1）按照以下公式进行评估：

$$\mathrm{DSC}=\frac{2|u_d\cap t_d|}{|u_d|+|t_d|}=\frac{2\mathrm{TP}}{\mathrm{FP}+2\mathrm{TP}+\mathrm{FN}} \qquad (1-4)$$

式中，TP 为真阳性；FP 为假阳性；FN 为假阴性。

（三）混合统计形态测量自由变形研究结果

1. 统计形状建模（SSM）

前十位 PC 的贡献率约占 SSM 排名从高到低总体变化的 84%，具体如下：36.34%、13.27%、9.34%、8.01%、4.27%、3.81%、3.02%、2.49%、2.19% 和 1.37%。形状变化的模式（前三个 PC 特征向量）与平均形状进行了比较，并通过图 1-7 中的表面距离彩色图显示出来。具体来说，第一个 PC（PC1）与脚的大小变化有关。第二个 PC（PC2）主要与踝围、足弓和足背的变化有关。脚长和脚宽的差异体现在第三个 PC（PC3）中。

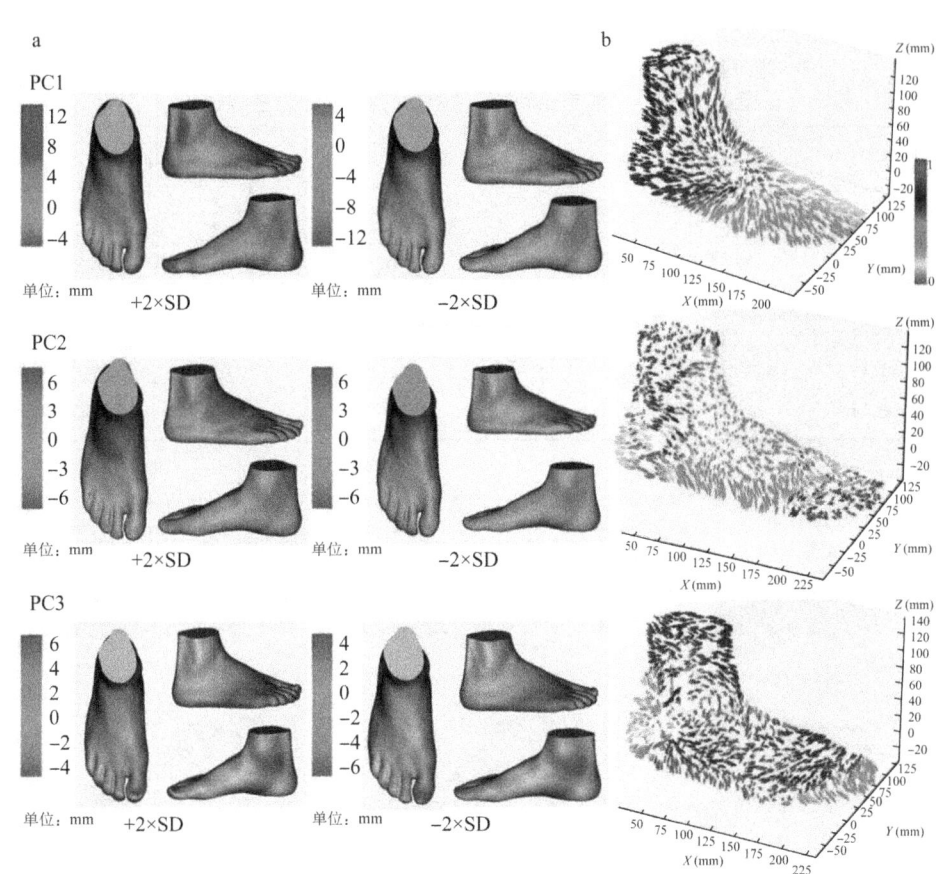

图 1-7 与平均形状相比,前三个 PC 特征向量[均数±2×标准差(SD)]的形状变形(均方根误差)可视化图(a),以及显示平均形状与按均数+2×SD 缩放的前三个 PC 之间变形大小和方向的欧氏矢量图(b)

b 图中色带 0~1 是标准化后的形变误差

2. 评估结果

表 1-1 列出了三名参与者的详细评估结果。通过表面距离彩色图(图 1-8),可以直观地比较医学影像分割的地面实况与 SSM 和宿主网格拟合方法重建的骨骼与软组织。在评估重建模型时,软组织的绝对和相对豪斯多夫(Hausdorff)距离及 RMSE 分别为(2.2±0.19)mm、0.72%±0.06%、(2.95±0.23)mm 和 0.97%±0.07%;骨骼的绝对和相对豪斯多夫距离及 RMSE 分别为(1.83±0.1)mm、0.66%±0.02%、(2.36±0.12)mm 和 0.84%±0.02%。组织和骨骼的 DSC 分别为 0.92±0.01 和 0.84±0.03。

表 1-1　评估用于生成脚模型的 SSM 和主机网格拟合

结构名称	绝对豪斯多夫距离(mm)	绝对均方根误差(mm)	相对豪斯多夫距离(%)	相对均方根误差(%)	DSC
软组织面					
参与者 1	2.37	3.12	0.76	1	0.91
参与者 2	2.2	3.05	0.75	1.03	0.92
参与者 3	2	2.69	0.66	0.89	0.93
骨骼层面					
参与者 1	1.90	2.43	0.66	0.84	0.88
参与者 2	1.72	2.22	0.64	0.83	0.83
参与者 3	1.87	2.43	0.67	0.86	0.82

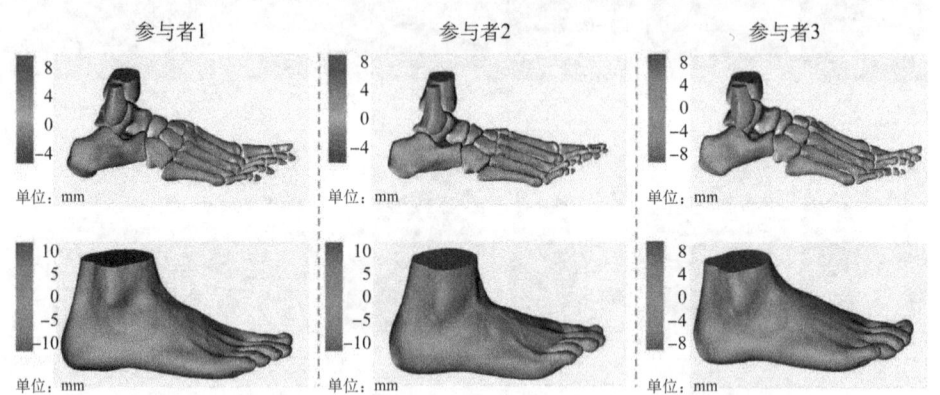

图 1-8　三名参与者的骨骼和软组织的地面实况与重建结果之间的均方根误差比较

(四) 个性化足踝模型生物力学原理与讨论

本节提出了一种从单个足部表面扫描重建包括内部骨骼在内的三维个性化足踝模型的方法。具体来说,基于 PCA 的 SSM 与 FFD 相结合,可用于重建包裹的皮肤组织和内部骨骼。我们发现,利用快速表面扫描可以重建三维个性化足部模型,软组织成分的 RMSE 为 (2.95 ± 0.23) mm,骨骼的 RMSE 为 (2.36 ± 0.12) mm。这种方法具有节省时间的潜力,可以替代传统成本高且可能产生辐射的精确骨骼几何重建法。所提出的处理流程为快速个性化足部几何形状提供了一种有效的方法,在有限元建模和刚体建模软件(如 OpenSim)中具有潜在的应用价值。

尽管本次调查中介绍的方法有很多优点,但脚的训练是基于静态站立姿势的扫描。通过加入随时间变化的四维(4D)足部扫描,可以进一步提高预测的准确性。我们的训练集包括无足部病变的健康男性,主要以传统足弓结构为特征。我们认识到在训练集中包含各种足部形状和状况对开发真正针对患者的模型非常重要。因此,我们必须承认,目前的 SSM 模型是针对这一特定人群开发的,可能无法完全代表普通人群中多种多样的足部形状,包括扁平足和穴状足等变异,以及患有足部疾病的个体。此外,该模型目前仅限于男性参与者,没有考虑到性别差异,而性别差异可能是影响足部形态和病理的重要因素。不过,这项研究为今后的工作奠定了重要基础:①扩展训练集,以涵盖更多种类的足部形状和状况,从而提高模型的适用性和准确性,以针对特定患者建模;②生成用于足踝应力模拟的特定受试者有限元模型(finite element model,FEM),并利用从拟议管道重建的特定受试者刚体模型进行肌肉骨骼模拟。

这项研究的结果与之前一项研究的结果一致,即 SSM 可以解释足部形状的变化。根据 SSM 重建的软组织显示出较高的准确性,DSC 为 0.92 ± 0.01,RMSE 为 (2.95 ± 0.23) mm,可与之前的方法相媲美。不同的技术方法采用数据驱动算法获取足部表面,可使建议的工作流程更易于使用。

Grant 等开发了足部不同骨节的统计形状模型,根据完整的分段重建骨骼的 RMSE 为 1.03 mm,根据稀疏的解剖数据重建骨骼的 RMSE 为 1.44 mm。然而,足部骨骼的 SSM 依赖于 CT 或 MRI 扫描,只有通过烦琐的全面分割才能达到较高的重建精度。重建对包含软组织和内部生物结构的足部模型要求很高,这意味着需要采用基于形状建模的方法进行自动分割。这进一步凸显了我们的技术在节省时间和成本方面的优势。

用于宿主网格拟合的 FFD 技术此前已通过评估,可有效构建特定人的骨骼、肌肉、软骨和组织。在本方法中,我们根据 SSM 数据驱动 FFD 技术,从而重建骨骼。在本节中,内部重建骨骼的平均豪斯多夫距离误差为 (1.83 ± 0.1) mm,RMSE 为 (2.36 ± 0.12) mm。不过,在跟骨和距骨中观察到的误差稍大,这可能是由于我们的 SSM 模型是在站立姿势的脚上进行训练的,但却被用来对仰卧姿势的脚进行变形。总体而言,我们的重建精确度较高,可与之前的足部 SSM 研究相媲美。此外,利用稀疏解剖地标从 SSM 重建下肢功能节段的方法已在文献中得到量化验证,其 RMSE 小于 4 mm,表明精度达到了相当高的水平。使用所提出的方法,可以很好地利用有限的数据重现几何图形。

二、个体化足-鞋有限元建模及其在跖骨应力研究中的应用

(一)个体化足-鞋有限元建模的研究进展

足部作为人体下肢与外界环境接触的始端,在日常运动中发挥着重要作用。同时,足部也是运动过程中最常见的损伤部位之一。鞋具作为足部的延

伸,是运动过程中足部最直接、最有效的防护装备。随着材料和结构工程学的不断发展进步,运动鞋也从单一的足部防护工具逐步成为具备缓冲减震、能量回弹及后跟控制等功能的综合运动装备。一双功能优异的运动鞋不仅能够起到足部防护作用,还能够显著地提升运动表现。例如,前期研究表明,Nike Vaporfly 4%跑鞋在提升马拉松跑者跑步经济性上的优异表现可能与其在材料和结构上的创新有一定关联。关于运动鞋性能的优化升级一直以来都是相关研究的重要主题,其中"足-鞋-地"系统中的力学传递机制及鞋底材料选取与缓冲回弹功效等问题是主要研究热点。

鞋具功能的每一次优化升级都与生物力学研究息息相关,任何结构和技术上的突破创新也必然要遵循最基本的生物力学机制。传统的生物力学研究方法虽然能够较为全面地探究鞋具相关特性对足部乃至下肢运动表现的影响,但却无法进一步洞悉鞋具参数变化对足-鞋内部力学状态改变的影响,大大地限制了足部运动损伤内在机制的挖掘。随着FEM在量化足部损伤疾病内在力学特征中的应用,近年来众多专家学者也针对足-鞋交互作用的有限元模拟分析展开了一定探索。然而,目前足-鞋模型的搭建主要是在足部模型的基础上通过三维建模所得,并不能较为真实地还原运动鞋的功能结构。值得注意的是,部分研究在模拟过程中对模型进一步简化处理,仅聚焦于鞋底的作用而忽略了鞋面对足部运动功能影响的重要性。为解决上述问题,刘姣姣等应用三维扫描技术对着鞋状态的足部进行了逆向重建,但是其采用的足-鞋绑定耦合方式造成了鞋腔内部不规则的凹凸结构进而导致其模拟效果偏差较大。

基于前期探索,首要目的在于构建更为真实完整的个体化三维足-鞋FEM。与此同时,现存的足-鞋模型多数仅采用足跟压力作为实测验证的单一参考指标,却忽略了足底其他区域及鞋底区域压力变化的验证。将对足底和鞋底区域展开进一步划分以更加全面地验证模型的有效性。此外,本研究将应用模型模拟分析裸足/着鞋状态及鞋底材料参数变化对人体静态站立工况下跖骨区域应力变化影响,旨在为后期的足-鞋生物力学研究奠定基础,为运动鞋功能验证提供可视化平台。

(二) 个体化足-鞋有限元建模的研究方法

1. 研究对象

本次研究招募了1名男性业余跑者(年龄27岁;身高175 cm;体重70 kg)作为实验受试者,其跑姿为后足着地,有5年户外/室内跑台跑步经验,每周跑量约25 km。受试者无任何下肢畸形或心血管疾病且测试前半年内无运动损伤。测试前,受试者详细了解了测试研究内容并自愿签署了知情同意书。

2. 有限元模型重建

通过采用计算机断层扫描 CT 设备（Optima CT540，GE Healthcare，芝加哥）对受试者右足着鞋状态下进行横断面扫描，扫描前通过矫正支具使足踝关节处于正中位。将获得的 DICOM 格式影像数据导入 Mimics 21.0 软件（Materialise，比利时鲁汶）中进行足部骨骼、软组织及运动鞋的三维几何逆向建模。在保证运动鞋整体轮廓及其各部位厚度的基础上，进一步手动删除足与鞋之间的噪声像素，实现足-鞋非完全接触，建立有内部腔隙的运动鞋模型。此外，为提升模拟运算效率，通过对模型进行部分简化：第二至五远节趾骨与其相应近节趾骨融合；运动袜与软组织融合；运动鞋分为鞋面和鞋底两部分。通过 Geomagic Wrap 2017 软件（3D Systems，美国南卡罗来纳州）对上述逆向建模获得的模型进行表面光滑处理并导入 Solidworks 2020 软件（Dassault Systèmes，法国）中做进一步实体化处理。

为实现足骨的相互连接和相对运动，根据足踝解剖结构对足部主要软骨、韧带及足底筋膜进行逆向建模，其中软骨定义为实体模型而韧带和足底筋膜为线体模型。如图 1-9 所示，足部 FEM 共由 20 块足骨、20 块软骨、1 块软组织、66 条韧带及 5 条足底筋膜组成。随后，将整体足-鞋实体模型导入 ANSYS Workbench 2021 软件（ANSYS，Inc.，宾夕法尼亚州卡农斯堡）的 Mechanical Model 模块进行网格划分。韧带和足底筋膜采用两节点线体单元模拟。除支撑板采用六面体单元外，其余实体模型均采用四面体单元进行网格处理。其中，软组织、运动鞋及支撑板网格单元为 5 mm，骨骼为 3.5 mm，软骨为 2 mm，最终模型共计 358 322 个节点及 208 225 个网格单元。

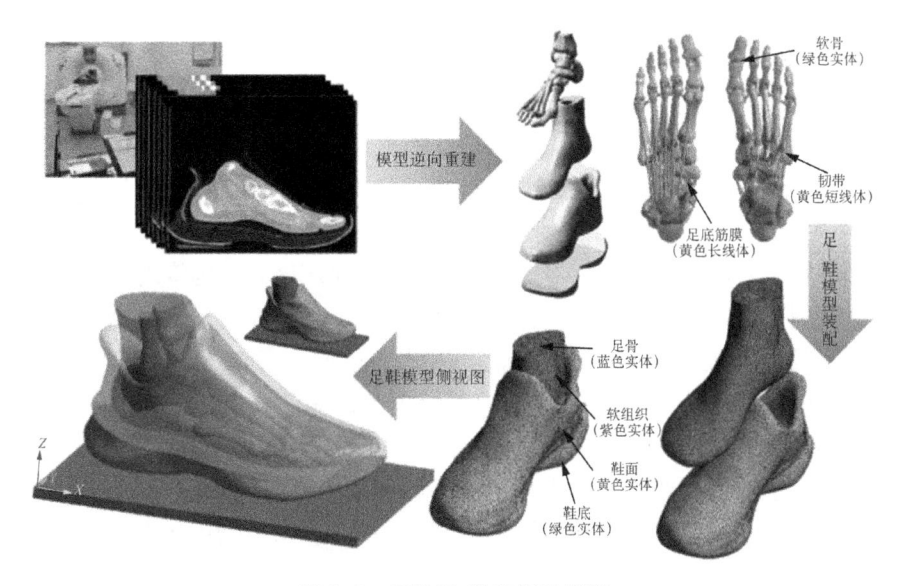

图 1-9　三维足-鞋有限元模型

3. 有限元模型材料属性

足-鞋模型的所有组织模块均设定为单一各向同性的线弹性材料,并通过杨氏模量和泊松比来定义其材料属性。其中,根据皮质骨与松质骨所占体积比定义足骨的材料力学参数,软骨、韧带、软组织、运动鞋及支撑板的材料参数也分别取自前期有限元研究中,具体见表1-2。此外,为进一步明确所需鞋底材料参数并探究不同鞋底材料对跖骨区域应力的影响,其杨氏模量参数在现有基础上作±10%、±20%处理,即 2.490 MPa(0%),2.739 MPa(+10%),2.241 MPa(−10%),2.988 MPa(+20%),1.992 MPa(−20%)。

表1-2 足-运动鞋有限元模型材料参数

部位	杨氏模量 E(MPa)	泊松比 ν	横截面积(mm^2)	密度 ρ(kg/m^3)
鞋面	11.76	0.35	—	9 400
鞋底	2.49	0.35	—	2 300
骨骼	7 300	0.30	—	1 500
软骨	1	0.40	—	1 050
韧带	260	0.40	18.4	937
足底筋膜	350	0.40	58.6	937
软组织	1.15	0.49	—	937
支撑板	17 000	0.10	—	5 000

4. 有限元模型加载及边界条件

鉴于模拟过程中足底压力的变化与足部在三维平面内的相对角度具有一定相关性,采用8摄像头的 Vicon 三维动作捕捉系统(Oxford Metrics Ltd.,英国牛津)记录受试者静态站立时足部反光标记点的位置参数,并通过足部刚体坐标系在空间坐标系上的投影向量进一步计算足部在空间矢状面和冠状面的朝向角($\alpha=-4.73°$;$\beta=-1.15°$)。实验测试过程中要求受试者静态站立,双脚自然分开与肩同宽,脚尖朝前,目视前方。如图1-10a所示,足跟骨下缘中心点定义为刚体坐标系原点,X轴指向第一跖骨与第五趾骨连线中点,Z轴垂直于X轴并竖直向上,Y轴垂直于X、Z轴所在平面。该方法也将用于后期动态模拟过程中足部转动载荷边界条件的确定。AMTI三维测力台(AMTI,美国马萨诸塞州沃特敦)与 Vicon 动作捕捉系统同步进行,用于采集受试者静态站立时垂直地面反作用力(343.00 N),并根据力的等效互换原理将其施加在支撑板底面中心位置,方向垂直向上。前期研究显示,人体在双足静态平衡站立时,下肢小腿三头肌的作用力约为足部载荷的一半。因此,本研究于跟骨节点处竖直向上以集中载荷的形式施加 171.50 N 的作用力用于模拟三头肌作用力。

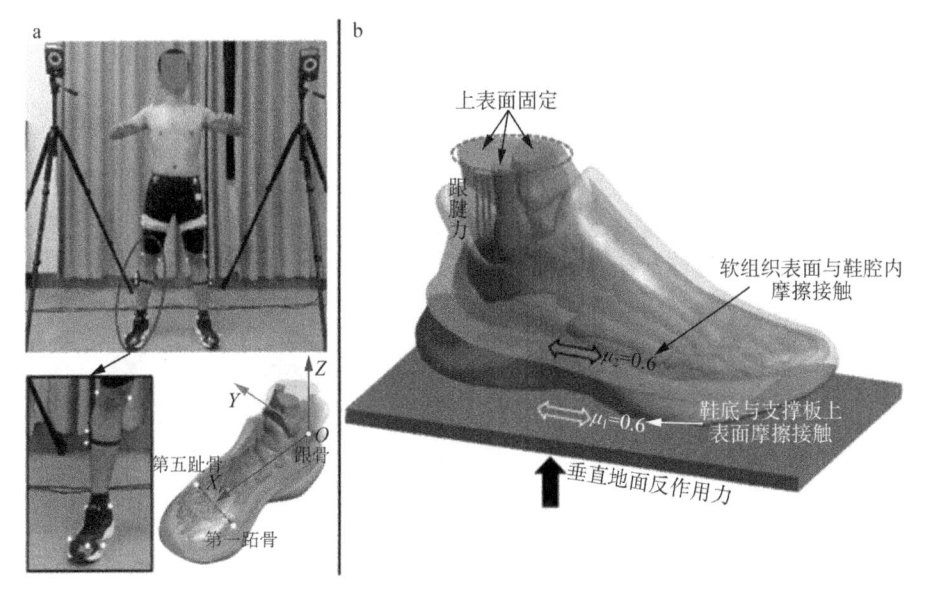

图 1-10　足-运动鞋有限元模型加载及边界条件

模型边界条件设置如图 1-10b 所示，其中软组织、胫骨及腓骨的上表面设定为完全固定；支撑板设定为仅可上下移动，其他方向则被完全约束。软组织表面与鞋腔内及鞋底与支撑板上表面之间均定义为摩擦接触，摩擦系数 μ 为 0.6。

5. 有限元模型验证

Pedar 鞋垫式压力传感系统和 Emed 压力平板（Novel GmbH，德国慕尼黑）分别用于采集受试者静态站立时足底和鞋底的压力分布，测试频率均设定为 100 Hz 并经过实验室空载标定，将测量值与有限元模拟得到的压力云图进行对比分析，从而验证上述足-鞋 FEM 的有效性。其中，鞋垫根据足部解剖结构被分为前足内侧区、前足外侧区、中足区及足跟区，鞋底根据其结构特征被分为前内侧区、前外侧区、后内侧区及后外侧区，以更加全面地将有限元模拟值与实测值匹配验证。此外，对实验测试和模拟分析的压力值进行数据一致性分析（bland-altman analysis）、相关性分析（pearson correlation analysis）及配对样本 t 检验（pair-samples t test），以进一步评估有限元模拟结果的可靠性和有效性。其中，采用 MedCalc19.7.2 软件（MedCalc，比利时奥斯坦德）进行一致性分析，采用 SPSS 17.0 软件进行相关性及配对样本 t 检验分析；相关性系数定义为 $|r| \leqslant 0.35$ 为弱相关，$0.36 \leqslant |r| \leqslant 0.67$ 为中等相关，$0.68 \leqslant |r| \leqslant 1.00$ 为强相关；显著性水平设定为 $P < 0.05$。

(三) 个体化足-鞋有限元建模的研究结果

1. 模型验证结果

如图 1-11 所示,通过对比有限元模拟和实验测试的压力云图发现,两种方法所测得的足底及鞋底压力分布基本相同。其中,足底压力集中于足跟区,其次为前足内侧、前足外侧及中足区;鞋底压力集中于内侧区域,即前内侧区和后内侧区,其次为前外侧区和后外侧区。

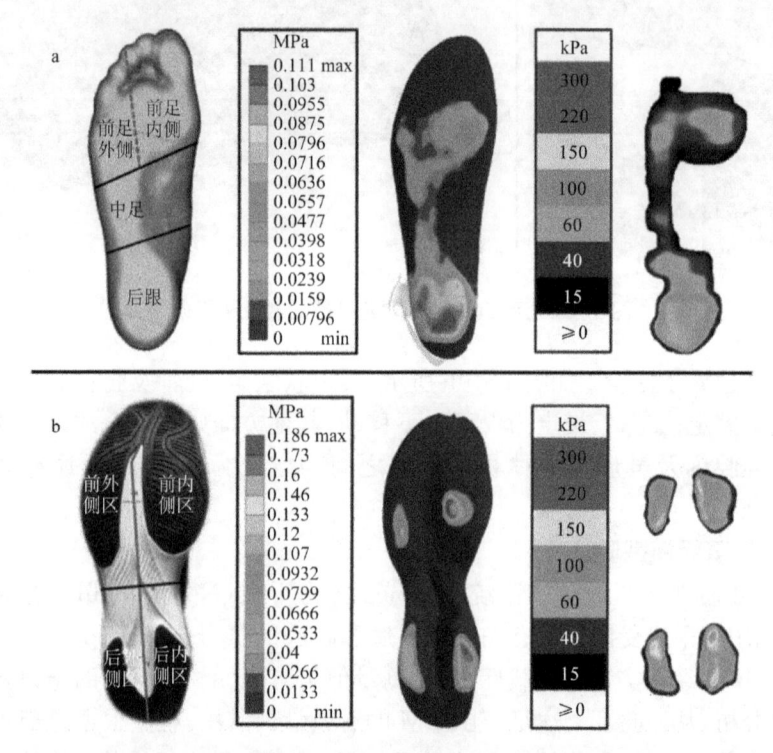

图 1-11 区域划分及有限元模拟和实验测试压力云图对比

a. 足底压力;b. 鞋底压力

对比分析各区域压力峰值发现,足底中足区和后跟区有限元模拟结果与实验测试数据的相近度较好,且压力峰值的相对误差均小于 10%;然而,前足内外侧有限元模拟结果与实验测试数据的相近度相对较弱,其中前足内侧区的压力峰值相对误差为 −29.07%,前足外侧区的压力峰值相对误差为 −32.21%,最终足底压力峰值平均误差为 17.89%(表 1-3)。鞋底有限元模拟结果与实验测试数据如表 1-4 所示,综合相对误差和平均误差结果发现,鞋底材料参数为 2.739 MPa(+10%)时模拟结果与实验测试数据的相近度最高。

表1-3　有限元模拟和实验测试足底各分区压力峰值

足底	实验测试(MPa)	有限元模拟(MPa)	相对误差(%)
前足内侧区	0.086	0.061	−29.07
前足外侧区	0.065	0.044	−32.21
中足区	0.047	0.043	−8.51
后跟区	0.113	0.111	−1.77
平均误差(%)			$\sum_{n=1}^{4}\mid P_i\mid =17.89$

表1-4　有限元模拟和实验测试鞋底各分区压力峰值

名称	实验测试(MPa)	有限元模拟(MPa)	相对误差(%)
鞋底 0%			
前内侧区	0.182	0.186	2.20
前外侧区	0.120	0.112	−6.67
后内侧区	0.189	0.173	−8.47
后外侧区	0.154	0.142	−7.79
平均误差(%)			$\sum_{n=1}^{4}\mid P_i\mid =6.28$
鞋底 +10%			
前内侧区	0.182	0.198	8.79
前外侧区	0.120	0.117	−2.50
后内侧区	0.189	0.182	−3.70
后外侧区	0.154	0.150	−2.60
平均误差(%)			$\sum_{n=1}^{4}\mid P_i\mid =4.40$
鞋底 −10%			
前内侧区	0.182	0.176	−3.30
前外侧区	0.120	0.108	−10.00
后内侧区	0.189	0.165	−12.70
后外侧区	0.154	0.136	−11.69
平均误差(%)			$\sum_{n=1}^{4}\mid P_i\mid =9.42$
鞋底 +20%			
前内侧区	0.182	0.207	13.74

(续表)

名称	实验测试(MPa)	有限元模拟(MPa)	相对误差(%)
前外侧区	0.120	0.120	0.00
后内侧区	0.189	0.190	0.53
后外侧区	0.154	0.155	0.65
平均误差(%)			$\sum_{n=1}^{4}\|P_i\| = 3.73$
鞋底-20%			
前内侧区	0.182	0.166	-8.79
前外侧区	0.120	0.104	-13.33
后内侧区	0.189	0.157	-16.93
后外侧区	0.154	0.131	-14.94
平均误差(%)			$\sum_{n=1}^{4}\|P_i\| = 13.50$

对实验测试和模拟分析的足底及鞋底压力峰值做进一步统计分析后发现，两种方法具有显著相关性($r=0.986$；$P<0.001$)，两种方法的压力差值平均值(0.006 MPa)接近于0，所有压力差值点均处于95%置信区间(limits of agreement)范围内，且数据差异无统计学意义($P=0.202$)。上述结果表明本项研究两种方法的一致性及模拟仿真的有效性均较好。

2. 跖骨应力结果

图1-12a～b为裸足和着鞋状态及不同鞋底材料参数下跖骨应力分布云图。通过观察看出，静态站立工况下应力集中分布在第二、三跖骨体，其中第三跖骨所受的应力最大。与裸足状态下相比，着鞋站立时跖骨区应力峰值(2.876 MPa)明显下降，然而随着鞋底材料刚度的增加，跖骨区应力峰值也逐渐上升，但均小于裸足时应力峰值(5.096 MPa)。

此外，通过进一步分析各跖骨应力峰值发现(图1-12c，表1-5)，与裸足状态下相比，着鞋站立时各跖骨应力峰值差异较小，然而随着鞋底材料刚度的增加，第一、四、五跖骨应力峰值逐渐下降，第二、三跖骨应力峰值逐渐上升，跖骨间应力峰值差异增大，应力趋向集中，但仍小于裸足时跖骨间应力峰值差异。

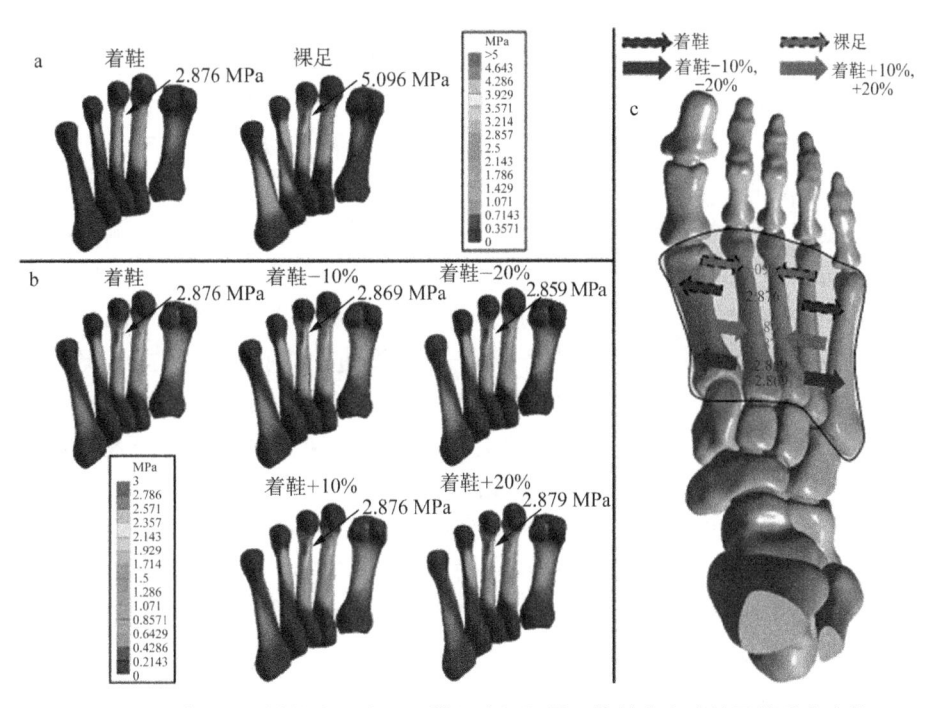

图 1-12 裸足/着鞋状态下有限元模拟分析跖骨区等效应力峰值及其分布变化

表 1-5　裸足/着鞋状态下有限元分析各跖骨等效应力峰值

名称	裸足 (MPa)	着鞋 +0%	着鞋 −10%	着鞋 +10%	着鞋 −20%	着鞋 +20%
第一跖骨	1.133	1.163	1.163	1.160	1.165	1.159
第二跖骨	3.720	2.543	2.536	2.543	2.529	2.547
第三跖骨	5.096	2.876	2.869	2.876	2.859	2.879
第四跖骨	3.080	1.332	1.349	1.317	1.369	1.302
第五跖骨	1.385	0.576	0.598	0.559	0.627	0.541

（四）个体化足-鞋有限元建模的生物力学原理与讨论

足-鞋有限元模拟分析的价值在于它能够较为真实地揭示各种工况下足与鞋的生物力学相互作用，进而为鞋具材料性能测试、整体结构优化及足部损伤预防提供科学依据。基于足-鞋实际 CT 扫描影像，对足部骨骼、组织及运动鞋几何外形进行高度还原，通过三维建模软件对足部主要软骨、韧带及足底筋膜进行优化模拟，结合运动生物力学三维空间参数对模型加载和边界条件进行量化定义，实现了个体化足-运动鞋非完全接触三维复合 FEM 的构建。

模型验证是模型建立后最重要的步骤之一,通过将模拟计算值与实验测试值进行对比,分析两种方法的一致性,以期实现模拟仿真最大限度地接近现实运动特征。足跟区压力峰值是前期足部 FEM 验证最常用的参数指标。本节中模拟足跟区压力峰值与实验测量值基本一致,相对误差仅为 -1.77%,初步表明该模型有效性较好。然而,通过对足底和鞋底压力区域做进一步划分验证发现,尽管鞋底各区域及足底中足和后足区相对误差均较小,前足内外侧模拟和测试压力值的差异却相对较大,通过分析推测其主要原因如下。其一,通过采用 ANSYS 静力结构进行有限元模拟分析,固定胫腓骨及软组织上表面,通过在支撑板底面施加反向作用载荷挤压足-鞋模型进而模拟静态站立工况。然而,模拟过程中前足部位出现的纵向应变可能间接抵消了该区域的部分载荷,进而降低了模拟的足底压力。后期研究在通过静力结构模拟足部静态站立工况时应考虑在前足区上表面添加约束条件以降低压力误差。其二,本研究旨在建立非完全接触足-鞋 FEM,因此建模过程手动删除的足与鞋腔之间的噪声像素过多可能会增大内部腔隙,导致内部接触存在不足并降低了模拟的足底压力。最后,基于前期相关研究结论,本研究在模拟时仅考虑小腿三头肌的作用力,而忽略了其他足部肌群的影响。然而,可以预见,跟骨结节处集中载荷的增大能够帮助减少前足的纵向应变,进而降低此区域的压力误差。尽管如此,本研究采用数据一致性分析、相关性分析及配对样本 t 检验进一步综合验证了该足-鞋模型有限元模拟结果的可靠性和有效性。

　　跖骨作为中前足的主要组成部分之一,对于足部的应力传导及承重缓冲有着至关重要的作用。近年来,裸足跑步运动不断兴起。与着鞋跑相比,裸足跑最大的特点在于其"回归自然"的前足着地跑步姿态。跑步时 FSP 的转变能够有效地降低裸足跑过程中地面的冲击力进而减少跑步对下肢及足部的损伤。然而,前足着地的跑步姿态或将显著加剧着地过程中前足跖骨关节的应力,潜在增加该区域损伤的风险。Morales-Orcajo 等针对裸足状态下不同着地方式对足部应力分布的影响展开了有限元模拟分析,研究结果证实了前足着地方式将显著增加跖骨区应力。李蜀东等针对裸足状态下足前掌在不同着地角度下跖骨区应力变化的有限元模拟分析进一步表明,随着前足着地角度增大其跖骨关节应力集中现象将越发明显,跖骨应力骨折风险也将越大。本研究结果表明,即使在静态站立工况下,裸足的外侧跖骨应力(第三至五跖骨)也高达着鞋状态的 2 倍。换言之,通过鞋底的缓冲作用,运动鞋能够在一定程度上有效降低跖骨应力,降低其潜在损伤风险。

　　目前,专业跑鞋鞋底多采用全掌碳板结构增加其抗弯刚度,旨在进一步提高其鞋底回弹效率,进而提升跑步经济性。然而,研究发现随着鞋底材料刚度的增加,第二、三跖骨应力峰值逐渐上升,而第一、四、五跖骨应力峰值逐渐下降,跖骨区域应力趋向集中。本研究前期针对猫科动物足掌的缓震特性也展开了有限元模拟分析,研究结果发现猫的足垫能够帮助优化其趾骨区的应力分布,避免过多的应力集中。基于此,认为在进行跑鞋设计研发时可考虑在前足跖骨区域添加"仿生足垫"结构进而优化跖骨应力分布,或可协助降低由于长时间重复载荷刺激而引发的跖骨损伤的潜在可能性。然而,需要考虑的一点是,目前本研究仅对静态站立工况下的足-鞋相互作用进行了探究,下一步应将细化该足-鞋模型,完善足部肌肉载荷,对不同鞋底厚度、不同跑速及裸足/着鞋跑步条件下前足着地时跖骨应力变化进行有限元模拟分析,进一步验证本研究论点并为跑鞋设计优化及跖骨损伤预防提供精确指导。

三、跑鞋碳板结构设计对跑步时前足着地冲击阶段的足部力学响应特征影响

(一) 碳板结构设计对足部力学响应特征研究进展

跑鞋 LBS 是鞋具设计的重要参数之一。2019 年 10 月 12 日,马拉松世界纪录保持者埃鲁德·基普乔格(Eliud Kipchoge)以 1 小时 59 分 40 秒的成绩成功实现了马拉松跑步历史性的"破 2"壮举,成为首位取得这一成就的人类运动员。除了他自身的内在素质,这一成功还得益于鞋具科技的加持。其中,通过添加碳板结构来调整跑鞋的 LBS 并进而改变运动表现已经成为当下生物力学领域的热点话题之一。

就碳板的设计特征参数而言,其自身厚度和嵌入跑鞋的位置均被证实与跑步的运动表现密切相关。碳板嵌入跑鞋的位置主要有三种,包括鞋垫底部(high-loaded location,HL)、中底中部(middle-loaded location,ML)及外底上部(low-loaded location,LL)。Flores 和一些专家探究了 HL 和 ML 两种碳板结构对跑步下肢生物力学的影响,结果发现 HL 跑鞋显著降低了跑步过程中下肢关节力矩和膝关节做功,在一定程度上有助于提升跑步经济性。然而,Beck 等针对跑步经济性的实证研究结果否定了上述论点,即 HL 跑鞋并不能实现跑步经济性的提升。类似的结果也出现在了不同碳板厚度对跑步运动表现影响的研究中。Hoogkamer 和 McLeod 的研究均发现,高厚度碳板即高 LBS 能够显著提升跑步经济性,但 Flores 的研究结果则未表现出差异性,甚至 Day 报道了恰恰相反的结果。以上研究表明,虽然总体上碳板跑鞋或能够帮助优化跑步经济性,但不同的碳板设计特征对跑步运动表现的影响却不尽相同。

鞋具功能的优化升级需要符合人体运动需求,任何结构和技术上的突破创新要建立在其不增加额外运动损伤风险的基础上作为人体动力链与外界环境接触的始端,足部是跑步过程中最常见的损伤部位之一。前期研究发现,长距

离的跑步会导致足部动态稳定性显著下降,出现足弓塌陷和足外翻等形态姿态上的改变并进而造成足底局部超负荷现象,引起足底疼痛甚至严重情况下诱发足内部组织的劳损。例如,足底筋膜炎,又称跑者足(runner's heel),是跑步运动中第三大常见的足内部组织损伤,发病率高达 10%。尽管目前病因尚不明确,但多项研究通过对其病理学、解剖学特点及风险因素研究推断,足底筋膜反复牵拉与过度受力是该损伤产生的主要原因。值得一提的是,碳板跑鞋在设计理念上旨在与前足着地跑步方式相匹配,从而为跑者提供更好的支撑和稳定性,减少能量损失,提高跑步效率。然而,与后足着地跑步相比,Chen 的研究发现前足着地跑步时足弓被进一步收紧,足底筋膜应力增加了 18.28%~200.11%,足底筋膜炎损伤发生的概率显著增加。因此,在探究如何通过碳板跑鞋提升运动表现的同时有必要量化分析不同碳板结构设计对前足着地跑步过程中足底乃至足底筋膜力学响应特征的影响,从而揭示其对足部运动损伤的潜在作用。

综上,基于已搭建的三维足-鞋 FEM 平台,模拟分析不同碳板设计条件下的前足着地跑步工况,求解足底压力和足底筋膜应力应变的变化,旨在为跑步足部损伤预防和跑鞋结构优化提供科学的理论依据。

(二) 碳板结构设计对足部力学响应特征研究方法

1. 研究对象

本研究筛选了 1 名男性跑者(年龄 28 岁;身高 175 cm;体重 70 kg;鞋码 41 欧码)作为实验受试者,该跑者有碳板跑鞋竞速经历,适应前掌跑法,跑步经验 5 年,每周跑步距离不少于 25 km,全程马拉松最佳成绩为 2 小时 40 分。受试者身体机能状态良好,无任何肢体畸形或心血管疾病且测试前 30 天内无下肢运动损伤。正式测试前,受试者详细了解了这次实验的目的及测试内容步骤并自愿签署了知情同意书。

2. 模型构建及跑鞋设计

所采用的足-鞋三维模型已在前期研究中搭建,简要介绍如下。足部主要包括 20 块骨骼、1 块软组织、66 条韧带。为提升模拟运算效率,建模过程中将第二至五近节趾骨与其相应远节趾骨进行融合处理并采用无摩擦接触算法模拟软骨功能。此外,为探究碳板跑鞋对足底筋膜响应的影响,根据足踝解剖结构对足底筋膜做进一步三维实体化逆向建模处理(图 1-13)。

跑鞋主要分为鞋面和鞋底两大部分。基于前期研究对碳板的构建方法,本研究在原跑鞋模型的基础上通过 SolidWorks 软件(Dassault Systèmes,法国巴黎)在鞋底进一步添加了不同厚度与嵌入位置的碳板,其中厚度分别设置为 1 mm、2 mm 及 3 mm,位置分别设置为鞋垫底部(HL)、中底中部(ML)及外底

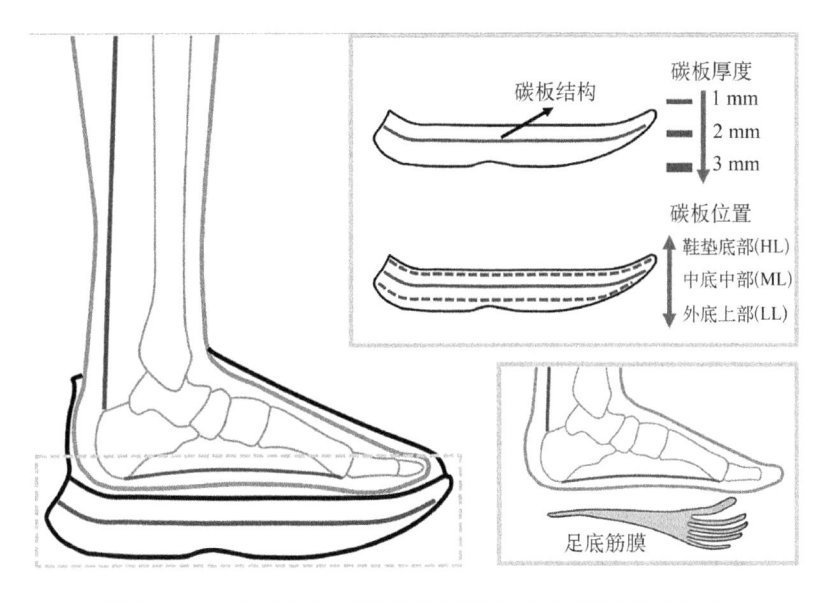

图 1-13　足-跑鞋结构侧面剖视图及不同碳板厚度与位置设置

上部(LL),共计如下 9 种情况:HL1(1 mm,HL)、HL2(2 mm,HL)、HL3(3 mm,HL)、ML1(1 mm,ML)、ML2(2 mm,ML)、ML3(3 mm,ML)、LL1(1 mm,LL)、LL2(2 mm,LL)及 LL3(3 mm,LL)(图 1-13)。为保证碳板结构的合理性与真实性,建模过程在跑鞋设计专家的指导下进行。

足-鞋模型中的所有组织模块均采用各向同性且均质的线弹性材料,杨氏模量(E)、泊松比(ν)、横截面积及密度(ρ)等参数值均取自前期有限元研究中。最终,通过 ANSYS Workbench 软件进行网格划分并获得三维足-鞋 FEM。除支撑板与碳板结构采用六面体单元之外,其余模块均采用四面体单元进行网格处理,韧带采用两节点线体单元模拟。其中,软组织、跑鞋及支撑板网格单元为 5 mm,骨骼与足底筋膜为 3.5 mm。此外,对足-鞋模型在前足着地跑步与地面接触的区域进行局部网格细化和敏感性分析以进一步提升模型预测的精确度。具体模型材料参数及单元类型见表 1-6。

表 1-6　足-鞋有限元模型材料参数及单元类型

模型	单元类型	杨氏模量 E(MPa)	泊松比 ν	横截面积 (mm^2)	密度 ρ(kg/m^3)
鞋面	tetrahedral solid	11.76	0.35	—	9 400
鞋底	tetrahedral solid	2.49	0.35	—	2 300
碳板	hexahedral solid	33 000	0.40	—	1 100

（续表）

模型	单元类型	杨氏模量 E(MPa)	泊松比 v	横截面积 (mm^2)	密度 ρ(kg/m^3)
骨骼	tetrahedral solid	7 300	0.30	—	1 500
韧带	tension-only truss	260	0.40	18.4	937
足底筋膜	tetrahedral solid	350	0.45	—	937
软组织	tetrahedral solid	1.15	0.49	—	937
支撑板	hexahedral solid	17 000	0.10	—	5 000

注：tetrahedral solid，四面体单元；hexahedral solid，六面体单元；tension-only truss，仅受拉桁架单元。

3. 模型加载及边界条件

通过选取前足着地跑步触地冲击峰值时刻进行模拟计算。基于前期研究论述，前足着地触地冲击峰值时刻对应中足着地跑步垂直地面反作用力的第一峰值时刻，即在此时刻跑者身体的动能迅速被地面反作用力吸收，足部必须被动应对高度动态负荷，因此分析这一关键点能够揭示前足在面对落地最大冲击时的表现，这对于设计碳板结构以减轻跑步冲击、为足部提供合适的支撑与保护至关重要。前足着地跑步落地过程的力-时间曲线不会产生明显的冲击瞬变，因此依据前期研究设计，通过跑者进行相同速度中足着地跑步的垂直地面反作用力第一峰值时刻来确定前足着地跑步触地冲击峰值时刻。

本研究采用实验室三维步态测试所得到的足部生物力学数据作为边界加载条件驱动模型运动。实验测试开始后，38 个反光点分别粘贴于受试者骨性关节点，通过 Vicon 三维动作捕捉系统同步 AMTI 三维测力台采集受试者穿着原型跑鞋进行中足着地和前足着地跑步测试(3.3 m/s)过程中一个完整支撑期内足部的运动轨迹和地面反作用力。随后，将数据导入 OpenSim 软件进行逆向运动学、动力学处理，计算获取触地冲击峰值时刻的足-地角度(矢)、踝关节力矩(矢)、跟腱作用力、跖趾关节接触力及垂直地面反作用力用于有限元模拟仿真。其中，跟腱作用力通过踝关节力矩除以相应时刻跟腱力臂计算获得。

模型加载及边界条件设置如图 1-14 所示，具体参数值见表 1-7。首先，设定软组织、胫骨、腓骨及鞋舌处上表面完全固定，支撑板仅能上下移动；其次，转动足-鞋模型使其与支撑板之间形成前足着地跑步触地峰值时刻的足-地角度；最后，将跟腱作用力于跟骨节点处沿跟腱向上施加，将跖趾关节接触力于跖骨近端处垂直向下施加用于模拟前足着地跑步落地的惯性力。此外，基于前期足-鞋有限元模拟分析的设定，中足骨与软组织及碳板结构和鞋底之间定义为绑定接触，而软组织表面与鞋腔内及鞋底和支撑板上表面之间定义为摩擦接触，摩擦系数设定为 0.6。

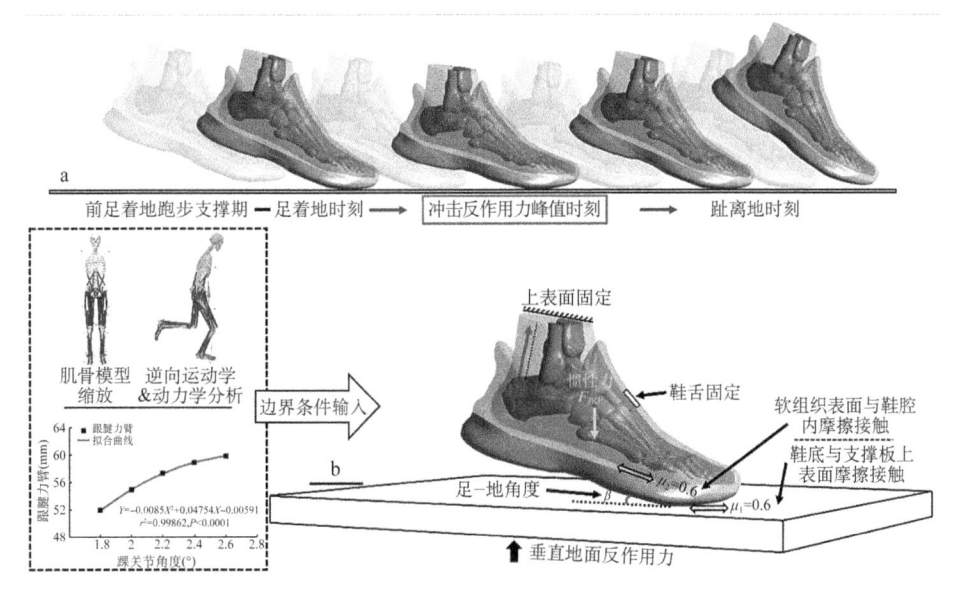

图 1-14　足-鞋有限元模型加载及边界条件

表 1-7　实验室跑步测试的足部生物力学数据

实验参数	数值	实验参数	数值
跑速(m/s)	3.30	踝关节力矩(N·m)	68.05
足-地角度(°)	7.11	跟腱力臂(m)	0.039
垂直地面冲击力峰值(N)	712.06	跟腱作用力(N)	1 744.87
跖趾关节接触力(N)	548.90		

4. 模型验证

此次采用的足-鞋模型已在前期研究中得到验证。通过比较静态站立及前足着地触地冲击峰值时刻的实验测试压力峰值数据和有限元模拟数值发现，两种方法所测得的足底及鞋底压力误差较小。此外，Bland-Altman（压力差值为 2.4 kPa，$P=0.71$）和组内相关系数(ICC)统计分析($ICC=0.97$，$P<0.001$)结果也均表明有限元模拟和实验测试两种方法的一致性较好。

(三)碳板结构设计对足部力学响应特征研究结果

1. 足底压力结果

图 1-15 所示为不同碳板厚度与嵌入位置条件下足底压力峰值变化及其分布云图。与对照跑鞋（No CFP，NC）相比，随着碳板厚度的增加，压力峰值均得到了明显的降低（图 1-15a）。与此同时，通过观察压力分布云图发现

(图1-15b),随着碳板厚度的增加,前足跖骨区压力逐渐向脚趾和中足外侧分布且压力集中现象明显减弱。然而,不同碳板嵌入位置对足底压力峰值的影响却有所不同。HL和ML位置对压力峰值的影响随着碳板厚度的变化呈现不同状态。与NC相比,HL1和ML1情况下的压力峰值分别增加了3.84%和4.31%(NC:302.80 kPa;HL1:314.42 kPa;ML1:315.84 kPa),但是随着碳板厚度的增加,HL和ML情况下的压力峰值逐渐减小并低于NC。LL降低足底压力的效果最为明显,与NC相比压力峰值最大降低了29.56%(NC:302.8 kPa;LL3:213.28 kPa)。

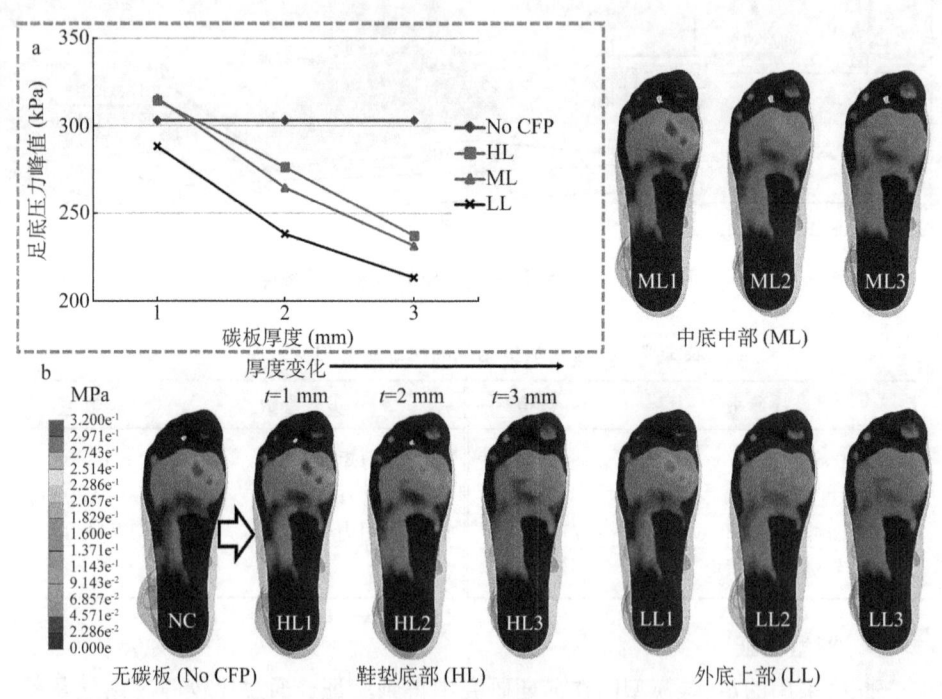

图1-15 足底压力变化分析

a. 不同碳板厚度与嵌入位置条件下压力峰值变化曲线;b. 不同碳板厚度与嵌入位置条件下压力分布变化云图

2. 足底筋膜应力、应变结果

图1-16所示为不同碳板厚度与嵌入位置条件下足底筋膜等效应力与应变峰值变化。与对照跑鞋相比,随着碳板厚度的增加,足底筋膜应力、应变峰值均得到了明显的降低(图1-16a~c)。然而,不同碳板嵌入位置对足底筋膜应力与应变峰值的影响却有所不同。与HL和ML相比,LL降低足底筋膜应力与应变的效果相对较弱。其中,与对照跑鞋相比,LL1情况下近端足底筋膜的应力与应变峰值更是分别增加了2.66%(NC:13.142 kPa;LL1:13.492 kPa)和

3.19%(NC：3.76%；LL1：3.88%)(图1-16a)。尽管如此,随着碳板厚度增加至 3 mm,三种碳板位置下的足底筋膜应力与应变峰值均明显低于对照跑鞋且基本一致。

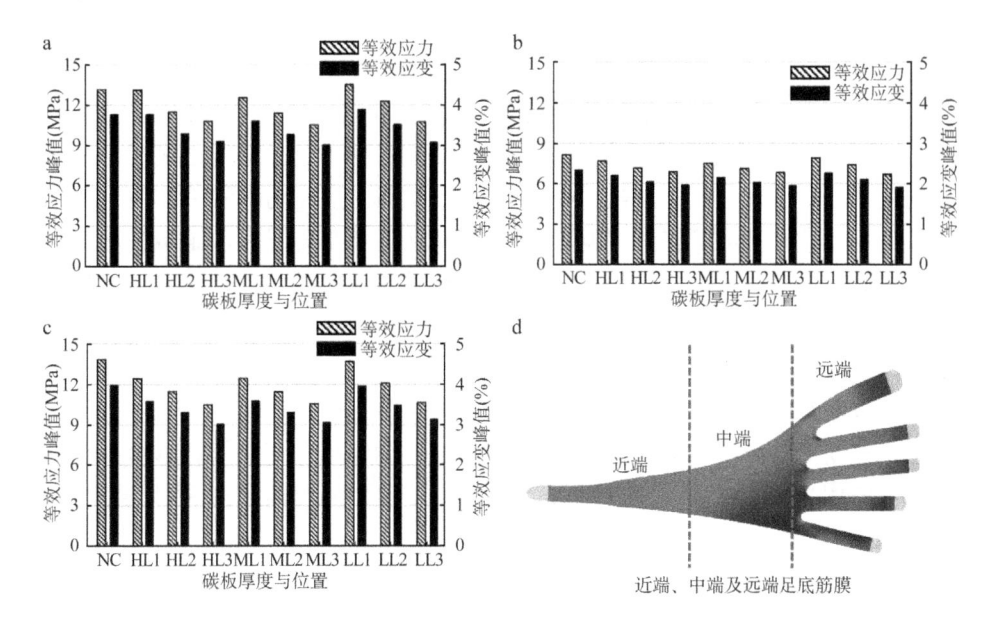

图 1-16　足底筋膜等效应力、应变峰值变化分析

a. 不同碳板厚度与嵌入位置条件下近端足底筋膜等效应力、应变峰值变化;b. 不同碳板厚度与嵌入位置条件下中端足底筋膜等效应力、应变峰值变化;c. 不同碳板厚度与嵌入位置条件下远端足底筋膜等效应力、应变峰值变化;d. 近端、中端及远端足底筋膜示意图

(四) 碳板结构设计对足部力学响应特征的探究与讨论

碳板跑鞋对跑步运动表现的影响是近年运动生物力学领域的热点研究问题,但关于碳板对跑步过程中足内部的力学作用效果却鲜有研究。基于此,对足-跑鞋模型进行三维逆向还原,通过建模软件构建碳板并实现其厚度与嵌入位置的组合设计,结合运动生物力学参数对模型加载和边界条件进行量化定义,模拟分析不同碳板结构设计对前足着地跑步落地冲击时足底压力和足底筋膜应力、应变的影响,进而为跑步足部损伤预防和跑鞋结构优化提供科学的理论依据。

跑步会对足底产生周期性的应力冲击,而长时间足底压力过载可能导致足部关节组织的不适甚至发展为慢性损伤。研究发现,随着碳板厚度增加,前足着地跑步落地冲击时的前足足底压力峰值较对照跑鞋呈现逐步下降的趋势,其中以 LL3 情况下最为明显,压力峰值显著降低了 29.56%,表明嵌入 LL 的高厚度碳板对于降低足底压力更为有效。Zwaferink 针对糖尿病足患者的实测研究也得出了相似的结论,并且表示上述碳板设计有效提升了患者的步态舒适度。与此同时,还发现随着碳板厚度增加,前足跖骨区域的压力逐渐向脚趾和中足外侧分布,足底压力集中现象得到明显改善。上述结果表明碳板结构在降低足底压力方面似乎取得了与鞋垫等同的效果。Chen 等通过有限元模拟探究了不同鞋垫厚度对于调节前足足底压力的作用,他们认为高厚度鞋垫能够通过"软接触"(soft contact)的方式增加足底与鞋垫的接触面积进而减小足底压力峰值并均化其分布情况。然而,本研究认为碳板结构对足底压力的调节作用主要在于其自身转移并消散了较多的地面反作用力,从而使得传导到前足足底的压力明显降低。值得一提的是,关于足底压力变化的发现与部分前期研究结果趋势似乎相反,推测原因可能是在调整 LBS 方法上的差异。刘姣姣通过整体上改变中底的材料属性进而调整跑鞋的 LBS,结果发现随着 LBS 的增加足底压力峰值呈现逐步上升趋势,而本研究通过嵌入碳板结构来调节跑鞋的 LBS,这种方法在一定程度上保留了跑鞋中底自身的缓冲特性,同时可利用碳板转移消散部分地面反作用力,进而实现了降低足底压力的效果。此外,通过调查还发现,HL1 和 ML1 情况下足底压力峰值较对照跑鞋均产生了轻微幅度的增加但 LL1 情况下相对降低,这进一步证实了碳板结构上方缓冲材料对调节足底负荷的潜在作用。Flores 在其研究中也提出了相似的观点,即尽管嵌入 HL 的碳板能够在一定程度上提升跑鞋经济性,但却可能增加前足足底压力并降低跑者的舒适性。因此,当 LBS 相对较低时,碳板嵌入的位置或将对足底压力变化产生更为重要的作用。

  足底筋膜重复异常受力是造成运动时足底筋膜炎发生的直接原因之一。研究结果发现,与足底压力模拟结果一致,随着碳板厚度的增加,各部分足底筋膜的应力峰值较对照跑鞋均呈现明显的下降趋势。碳板厚度的改变会引起鞋底 LBS 的改变,厚度越大 LBS 越大。前期相关研究指出,在相同地面反作用力的作用下,增大 LBS 能够对跖趾关节的运动起到一定限制作用。然后随着碳板厚度增加而逐渐降低的足底筋膜应变峰值也间接证实了上述论点。由于足底筋膜介于跟骨与跖骨之间,因此减小的跖趾关节屈伸运动幅度能够缓解足底筋膜的紧张程度,从而在一定程度上降低其由于长时间过度牵拉产生慢性劳损并诱发炎症的风险。Chen 关于足部步态有限元研究的结果同样发现,足底筋膜的张力会随着跖趾关节角度的减小而降低。另一方面,不同碳板嵌入位置对足底筋膜力学响应的影响也有所差异。最终发现,LL1 情况下近端足底筋膜的应力峰值较对照跑鞋产生了轻微幅度的增加,分析其原因可能是该组合的碳板不足以限制跖趾关节运动,足底筋膜的应变峰值也随之增加。当碳板厚度逐渐增加至 3 mm(LL3)时,其降低足底筋膜应力的作用也随之复现。因此,在碳板厚度较小的情况下,也应进一步考虑其在鞋底的嵌入位置以避免增加跑步时足底筋膜的受力情况。综合模拟结果,认为嵌入LL的高厚度碳板或能有效降低足底负荷并减轻足底筋膜在跑步过程中被牵拉的程度。然而需要考虑的一点是,上述压力与应力峰值变化程度是否会对跑步过程中足部损伤风险产生重大影响仍旧不得而知,并且后续研究还应进一步权衡碳板结构在提升运动表现和降低足部损伤中的作用。

足底负荷改变或在一定程度上能够反映足内部的力学变化特征。正如本研究结果显示,随着碳板厚度的增加,足底压力峰值和足底筋膜应力较对照跑鞋均出现了明显的下降趋势。然而,同时发现当碳板厚度较低(1 mm)时,不同嵌入位置的碳板引起的足底负荷与足底筋膜力学特征变化趋势并不一致。例如,相较于其他嵌入位置,LL1情况下足底压力峰值明显下降但足底筋膜应力应变峰值却反而增加。值得一提的是,上述发现或间接证实了Ellison和Matijevich研究的观点,即人体外部组织承受的负荷变化并不能准确地反映其内部结构的力学变化特征。Ribeiro对比分析了罹患足底筋膜炎的业余跑者与健康跑者在足底压力分布上的差异,研究结果显示无论是压力峰值还是接触面积两组受试者之间差异均无统计学意义。因此,未来研究在探索人体肌骨运动损伤机制时不能仅依据外在负荷变化特征(如足底压力)进行推算,而应对人体内部结构作进一步力学定量分析从而为损伤预防提供更为精确的参考依据。

本研究针对跑鞋碳板结构设计对跑步过程中足部力学响应特征的影响进行了首次探索,在模型搭建和研究设计上尚存在一定的局限性,具体如下:①为了节约计算成本并降低建模的复杂性,在模型的建立过程中对于足部结构及跑鞋进行了一定的简化,未来研究应细化该足-鞋模型,进一步补充论证本研究的结论;②跑步是一个连续的动态过程,足部的力学特性会在整个着地周期内发生变化,本研究仅对前足着地跑步触地冲击峰值这一关键时刻进行了模拟分析,后续研究应进一步使用准静态计算方法剖析足底压力分布和筋膜应力在支撑期更多时刻点的变化,从而为跑步足部损伤预防和跑鞋结构优化提供更加全面科学的理论依据;③前期研究报道不同的碳板结构设计对跑步足部生物力学的影响或有所差异但仍未有一致定论,故本研究均采用了统一的模型加载及边界条件,研究结果可能与实际情况存在一定偏差,后续应进一步结合实测生物力学研究来辩证地解读本研究的结论。

四、长跑致足部黑趾损伤的生物力学机制研究

(一)黑趾损伤的生物力学机制研究进展

近年来,随着《"健康中国2030"规划纲要》的颁布和实施,大众的运动参与

热情和对健康的重视程度空前高涨。跑步运动由于对环境依赖小、投入成本低、受众广泛等特点普及迅速。相关数据显示,近年来国内马拉松赛事呈指数增长趋势,我国各类马拉松赛事从2013年的46场增长到2023年的699场,2023年全年参赛达605.2万人次。然而,随着跑步人数的增长,随之而来的跑步相关损伤(running-related injuries,RRI)也随之增加。研究表明,跑步初学者的损伤发生率为14.9%(范围为9.4%~94.9%,随访时间从6周到18个月不等),而跑步爱好者的损伤发生率高达26.1%(范围为17.9%~79.3%,随访时间从1个月到24个月不等)。因此,长跑引发的运动损伤原因及其预防措施具有深远研究意义和高度研究价值。

长跑导致的运动损伤,一直以来都是运动生物力学研究的热点问题。作为人体动力链与外部环境接触的始端,足是跑步过程中最易损伤的部位之一,常见损伤类型包括足底筋膜炎、跖骨痛、应力性骨折等。而除了上述常见损伤外,足末端环节的损伤比例也日趋升高。黑𧿥趾(bruised toenail),近年来成为一种十分常见的末端环节损伤。它是指由于跑步造成的趾甲淤青和淤血堆积,常见于𧿥趾或第二脚趾,常呈现黑色或者蓝紫色,在马拉松比赛日的发生率高达14%,严重影响跑者的跑步体验。如果相关致病源进入受损的趾甲末端,经过毛细血管可能引发脚趾感染,不仅会危及趾甲,还可能导致整个脚趾区域出现发红、肿胀、剧烈疼痛及流脓等现象,严重者可能导致跑步生涯的提前终止。有学者将黑𧿥趾损伤发生的直接原因归咎于脚趾在长跑过程中由于内在(下肢及足部生物力学变化等)和外在(运动鞋具不适配等)因素导致的与鞋头反复过度挤压摩擦。然而,纵观国内外相关文献,当前研究仅对黑𧿥趾损伤进行了描述性案例统计,缺乏定量方法揭示该类损伤发生的力学与生物学机制,并且有关长跑中足部生物力学的变化特征对黑𧿥趾损伤的潜在影响也是鲜有报道。

跑鞋作为足部的自然延伸,是跑步过程中足与地面产生相互作用的唯一媒介。一双结构与功能适应人体力学特性的跑鞋,对于预防跑步运动中的各类足部损伤具有至关重要的作用。现阶段相关研究发现黑𧿥趾损伤发生的直接原因可能是脚趾在长时间跑步过程中与鞋头的反复挤压摩擦。因此,深入探究长跑前后足部生物力学变化特征对黑𧿥趾损伤风险的影响,进一步探讨跑鞋结构优化设计的潜在作用,以评估其能否有效降低黑𧿥趾损伤风险,不仅能为跑步足部损伤预防提供重要的理论支撑,同时也能为防护跑鞋设计提供有力的参考依据。

基于前期探索,提出如下假设:①长跑后足部形态学(足弓下沉和局部围度减小)和热力学(足温上升)的改变将进一步增加𧿥趾与鞋头相对位移和接触力,增加黑𧿥趾损伤风险;②基于黑𧿥趾预防理念的防护跑鞋设计能够在一定程度上降低𧿥趾区域的局部压力,减少足-鞋之间的相互挤压和摩擦,对预防长跑引发的黑趾损伤能够起到积极作用。

(二) 黑趾损伤的生物力学机制研究方法

1. 研究对象

本研究通过采用世界大师协会年龄分级表(world masters association age grading performance tables)评分<60%及跑者自述水平进行受试者筛选，最终从当地长跑协会筛选出10名健康成年男性半职业马拉松跑者作为受试者[年龄(26±3)岁;身高(1.72±0.04)m;体重(64.73±5.68)kg]，鞋码均为41欧码，优势侧均为右侧。纳入的受试者均具有长期长跑经历[(4.25±1.81)年]，每周跑步距离不少于50 km[跑步频率(3±1)次/周，跑步距离(58.70±8.21)km/周]，全程马拉松完赛成绩在3.0小时以内。所有受试者身体机能状态良好，实验前30天无任何下肢运动损伤，实验前24 h内无任何剧烈活动。测试前所有受试者均了解研究目的、实验要求及具体步骤，自愿参与本次测试，并签署知情同意书。

2. 跑鞋设计

通过选取某品牌普通跑鞋作为原型跑鞋。该款跑鞋鞋底由EVA中底和橡胶外底组成，掌跟落差为8 mm且无足弓支撑结构，如图1-17a所示。为避免其他冗杂因素影响，实验过程中由同一位研究人员系带并固定鞋带鞋舌。黑趾产生的直接原因可能是趾在跑步过程中与鞋头反复挤压摩擦，因此在原型跑鞋的基础上对鞋头结构进行了单一变量调整，在原型跑鞋的基础上改造黑趾损伤防护跑鞋(下文统一称防护跑鞋)，如图1-17b所示。由于足部具有绞盘机制(windlass mechanism)，当跑步落地前和蹬地时，足底肌发力收缩使趾相对

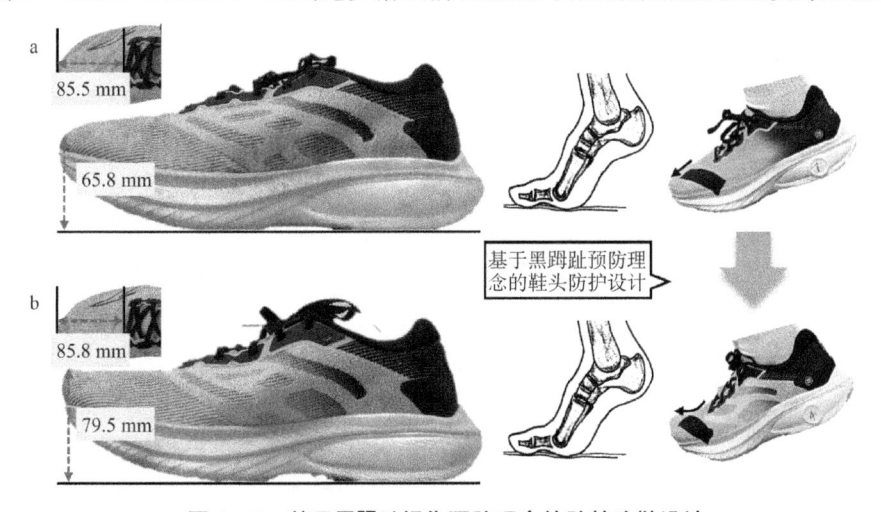

图 1-17 基于黑趾损伤预防理念的防护跑鞋设计

脚掌呈现背屈状态，因此区别于前期研究提出的直接加长跑鞋整体尺寸，对鞋头进行抬高设计以使鞋具在矢状面上保持与踇趾运动的相对一致性，旨在保证足-鞋适配的前提下，实现降低黑踇趾损伤发生风险的效果。其中，原型跑鞋（无鞋头防护设计）的鞋头高度为 65.8 mm，鞋头长度为 85.5 mm；防护跑鞋的鞋头高度为 79.5 mm，鞋头长度为 85.8 mm。

3. 实验流程

本次实验流程分为两部分执行。

第一部分探究长跑前后足部生物力学特征变化对黑踇趾损伤发生风险的潜在影响，采用了涉及 3 个时间点的单因素重复测量实验设计。实验开始前，受试者穿着原型跑鞋以 8 km/h 的速度在跑步机上进行充分的热身准备活动和环境适应。随后，受试者穿着原型跑鞋在跑步机上以 14 km/h 的跑速进行总计 10 km 的跑步干预测试，并分别在跑前、5 km 跑后即刻及 10 km 跑后即刻进行相应的生物力学测试，包括足部形态、足部温度、踇趾主观感受及踇趾与鞋头在矢状面的水平距离。

第二部分探究基于黑踇趾损伤预防概念设计的防护跑鞋相较于原型跑鞋是否有助于降低黑脚趾损伤发生风险。该部分采用了涉及两个组别的对照实验设计。受试者分别穿着实验原型跑鞋和防护跑鞋在跑步机上以 14 km/h 的配速进行 5 分钟跑步测试，并先后采集跑者穿着两款跑鞋条件下踇趾主观感受和踇趾单点接触力。同时，通过三维有限元模拟仿真计算两款跑鞋条件下踇趾与鞋头之间的接触应力大小及分布变化。

4. 数据采集与处理

踇趾主观舒适度通过视觉模拟评分（visual analogue scale，VAS）进行采集，其中量表采用 10 cm 量制且"0"和"10"分端分别表示无痛和难以忍受的疼痛。针对两双跑鞋舒适度的对比，其中"0"和"10"分端分别表示舒适和极为不舒适。

采用 Easy-Foot-Scan 系统（OrthoBaltic，立陶宛）进行足形扫描，获取三维足面数据及二维足底图片（图 1-18a）。其中，仪器的扫描速度、灵敏度、分辨率及平滑系数等参数分别设置为快速、正常、1.0 mm 及 30 mm。受试者双脚与肩同宽自然站立，左脚踩在足形扫描仪的扫描区域，右脚落于等高支撑平台。采集的参数主要如下：①足长（foot length）；②足弓长（arch length）；③跟骨到第五趾长（heel to fifth toe length）；④足掌中线到后跟长（mid-ball to heel length）；⑤足掌宽（ball width）；⑥最大后跟宽（maximal heel width）；⑦最大后跟位置（maximal heel location）；⑧足背高（dorsal height）；⑨足弓高（arch height）；⑩足掌围（ball girth）；⑪足背围（instep girth）；⑫跟围度（short heel girth）。

采用红外热像仪（Magnity Electronics Co. Ltd.，中国上海）分别对足底和

图 1-18　实验环境设置

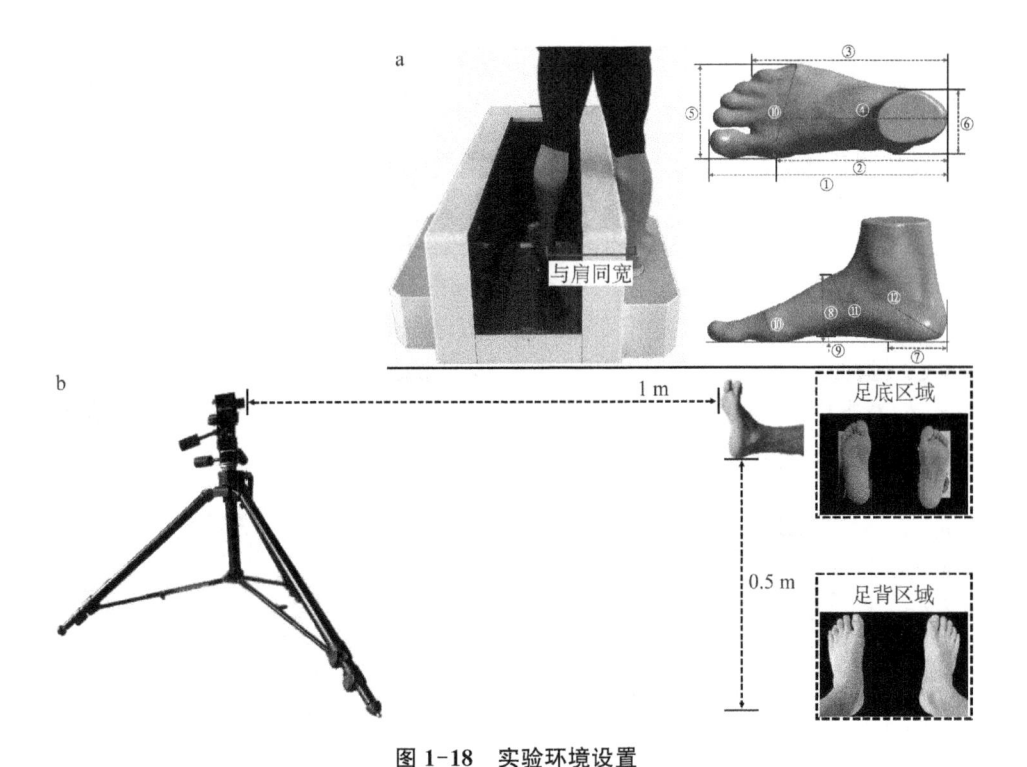

a. 足部形态学测量；b. 足部热力学测量

足背温度变化进行记录分析(图 1-18b)。其中,仪器的分辨率、测量误差及噪声等效温差(noise equivalent temperature difference,NETD)分别设置为 384 像素×288 像素、±2℃及小于 0.06℃。依据前期研究设置,针对足底区域温度的采集,要求受试者呈坐立姿态并保持膝关节屈曲 0°与红外热像仪于 1 m 位置垂直,将吸光板放置在足部后面以减少周围环境温度对测试的影响;针对足背区域温度的采集,受试者双脚与肩同宽自然站立在吸光板上并将红外热像仪垂直放置在距离板上 1 m 位置。室内温度控制在 20℃,受试者在进行跑前测试时需提前裸足 10 分钟以适应室温。根据足部解剖位置将前足划分为以下区域：①踇趾区(hallux);②其他脚趾区(other toes);③内侧跖骨(medial metatarsal);④中间跖骨(central metatarsal);⑤外侧跖骨(lateral metatarsal);⑥踇趾足背区(dorsal area of hallux);⑦其他脚趾足背区(dorsal area of other toes);⑧跖骨足背区(dorsal area of metatarsal)。

采用单点式压力传感器(Novel GmbH,德国慕尼黑)以 100 Hz 的采集频率测量受试者在跑步过程中踇趾与鞋头之间的相互作用力。将传感器粘贴于踇趾趾甲末端皮肤软组织处并通过系统软件采集步态支撑期内接触力和力-时间积分的变化。最后,采用高速双平面荧光透视成像系统(dual fluoroscopic imaging system,DFIS)以 30 Hz 的拍摄频率进行足部在体运动过程中动态 X 线图像的拍摄,并进一步计算跗趾远节趾骨与鞋头在矢状面的水平距离作为足-鞋相对运动距离。DFIS 由两组荧光透视成像系统组成,分别为产生 X 线的荧光发射器和接受 X 线并成像的影增组成(图 1-19)。首先,基于前期研究设定方法对该系统进行测试前的拍摄范围确定、空间标定及图像畸变矫正。每位受试者在运动干预前后的三个时刻点以相同的速度在跑台上跑步并采集到完整的步态。当受试者以稳定速度在目标采集区域跑步时,启动 DFIS,完成图像采集。随后通过系统分析软件截取跑步支撑期时刻点[触地即刻(initial contact)、支撑中期(midstance)及蹬离即刻(toe-off)]并进一步计算跗趾与鞋面的相对距离。

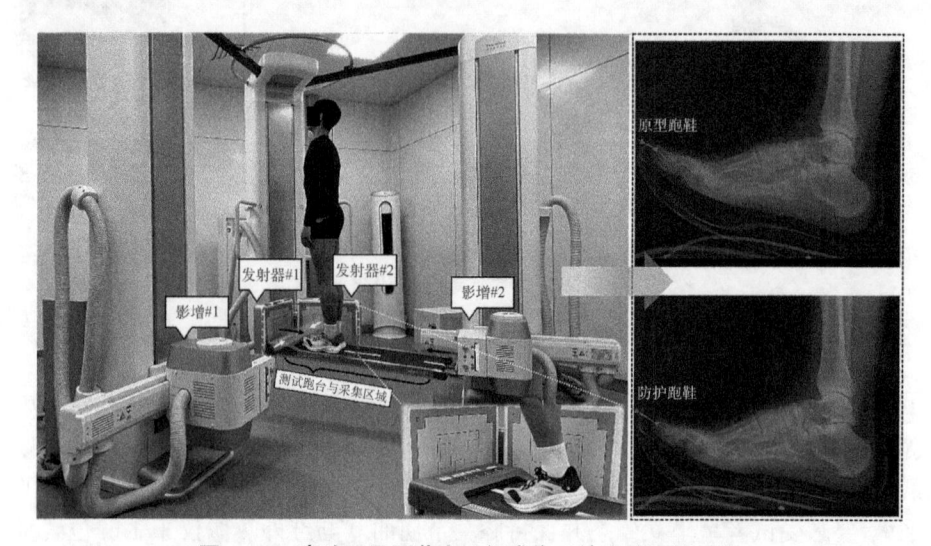

图 1-19　高速双平面荧光透视成像系统实验环境设置

采用三维有限元模拟仿真分析不同跑鞋条件下的跑步数据,计算跗趾接触压力的变化。所采用的足-鞋模型已在前期研究中搭建完成,简要介绍如下。足部主要包括 26 块骨骼、1 块软组织、66 条韧带;跑鞋主要分为鞋面和鞋底两大部分。通过 ANSYS Workbench 软件平台进行网格划分以获取三维足-鞋 FEM,各个模块材料属性均定义为单一各向同性的线弹性材料。选取后足着地跑步的蹬离时刻进行模拟计算,边界加载条件均来自实验室三维步态测试所得到的足部生物力学数据。首先,设定软组织、胫骨、腓骨及鞋舌处上表面完全固定,支撑板仅能上下移动;其次,转动足-鞋模型使其与支撑板之间形成跑步蹬离时刻的足-地角度,并且将跟腱力于跟骨节点处沿跟腱向上施加;最后,将跑步蹬离时刻的地面反作用力向上施加于支撑板底面中心位置。此外,本部分中足骨与软组织及鞋面与鞋底之间定义为绑定接触,而软组织表面与鞋腔内及鞋底与支撑板上表面之间定义为摩擦接触,摩擦系数设定为0.6(图1-20)。

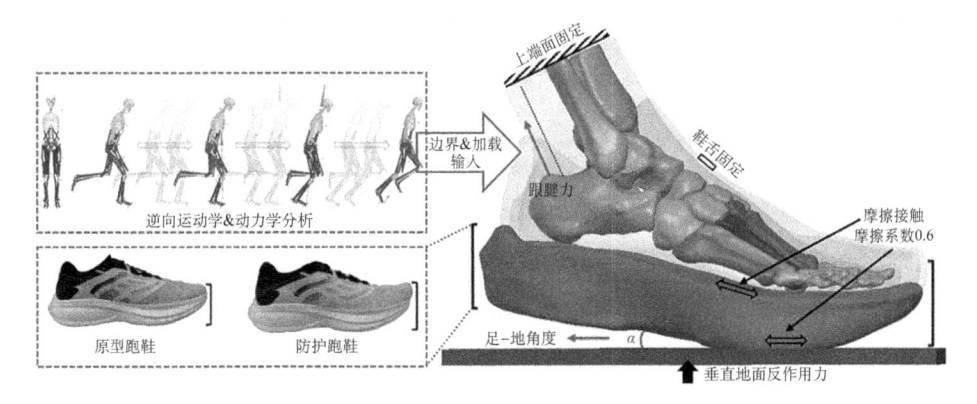

图1-20 足-鞋有限元模型加载及边界条件

5. 统计学分析

本研究的数理统计分析均通过MATLAB软件平台(The MathWorks,美国马萨诸塞州纳蒂克)实现。所有参数均采用均值±标准差表示,Shapiro-Wilk检验结果显示所有数据均符合正态分布。针对第一部分研究内容,通过单因素重复测量方差分析(analysis of variance,ANOVA)和Bonferroni事后两两比较统计分析受试者在跑前、5 km跑后即刻及10 km跑后即刻三个时间节点的足部形态学、足部温度、主观感受与足-鞋相对运动距离等相关参数的差异;针对第二部分研究内容,通过独立样本t检验分析不同跑鞋对受试者主观感受和作用力的影响;通过一维统计参数图(statistical parametric mapping,SPM)分析踇趾区域压力变化,所有显著性水平均设定$P<0.05$。

(三) 黑踇趾损伤的生物力学机制研究结果

1. 长跑引发黑踇趾损伤的形态学与力学机制

如图1-21a所示,足部形态学方面仅有足弓高度($P<0.001$)和足掌宽度($P=0.002$)差异有统计学意义。具体而言,10 km跑后即刻的足弓高度较5 km($P=0.001$)及跑前($P=0.002$)显著降低,从(13.12±2.58)mm降低至(12.20±2.34)mm。与此同时,10 km跑后即刻的足掌宽度[(107.82±6.63)mm]较跑前[(106.39±6.55)mm]也呈现显著下降状态($P=0.039$)。关于足部温度变化,图1-21b显示前足所有区域温度均呈现明显下降趋势。与跑前相比,5 km与10 km跑均使得足部温度显著上升($P<0.001$),温度最高高达(37.26±1.34)℃(内侧跖骨区)。此外,10 km跑后即刻的踇趾足背区($P=$

0.04)、内侧跖骨($P=0.043$)及跖骨足背区($P=0.014$)温度进一步上升,与 5 km 跑后即刻差异有统计学意义。

跑者跑前跑后的姆趾主观舒适度存在明显差异($P<0.001$)。与跑前状态相比,跑后的姆趾主观舒适度显著降低(5 km 跑后即刻,$1.6±0.84$,$P=0.001$;10 km 跑后即刻,$2.10±0.99$,$P<0.001$),但 5 km 与 10 km 跑之间不存在显著性差异($P>0.05$)。关于足-鞋相对运动距离的变化(图 1-21c),一个步态周期内触地即刻对应的足-鞋相对距离在 10 km 跑后即刻较 5 km 跑后即刻显著增加($P=0.018$),而增加的距离在支撑中期较跑前及 5 km 跑后即刻又显著降低,达到最小值[($29.28±6.81$)mm,$P<0.001$]。

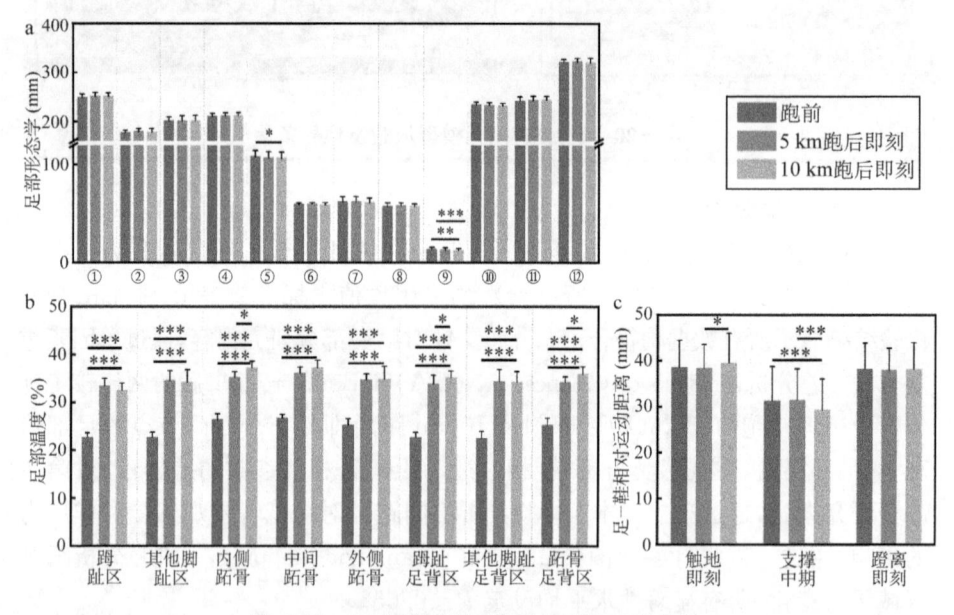

图 1-21 长跑前后相关参数的统计对比分析

①足长;②足弓长;③跟骨到第五趾长;④足掌中线到后跟长;⑤足掌宽;⑥最大后跟宽;⑦最大后跟位置;⑧足背高;⑨足弓高;⑩足掌围;⑪足背围;⑫跟背围度。* 表示 $P<0.05$;** 表示 $P<0.01$;*** 表示 $P<0.001$

2. 跑鞋防护设计对黑姆趾损伤预防的影响

受试者穿着两款跑鞋的即刻,姆趾主观舒适度差异有统计学意义。与原型跑鞋相比,防护跑鞋的舒适度有一定程度的提升但差异无统计学意义(原型跑鞋,$7.9±1.3$;防护跑鞋,$8.7±0.7$,$P>0.05$)。关于姆趾与鞋头之间的接触力,如图 1-22a 所示,穿着两款跑鞋在接触力开始出现时刻就产生了显著性差异,原型跑鞋所引起的作用力在接触期的 0%~80% 均大于防护跑鞋,直至接触后期才逐渐趋于一致。接触力的显著性差异进一步导致穿着两双跑鞋在力-时间积分上也出现明显不同,即防护跑鞋的力-时间积分较原型跑鞋显著降低 28.10%(图 1-22b)。与此同时,两双跑鞋情况下的姆趾压力分布及相应的峰值也存在明显的差异。通过观察有限元压力分布云图发现(图 1-22c),防护跑鞋使得姆趾压力逐渐向脚趾内外侧分布且远端压力集中现象明显减弱,压力峰值为 0.137 MPa,小于原型跑鞋的 0.157 MPa。

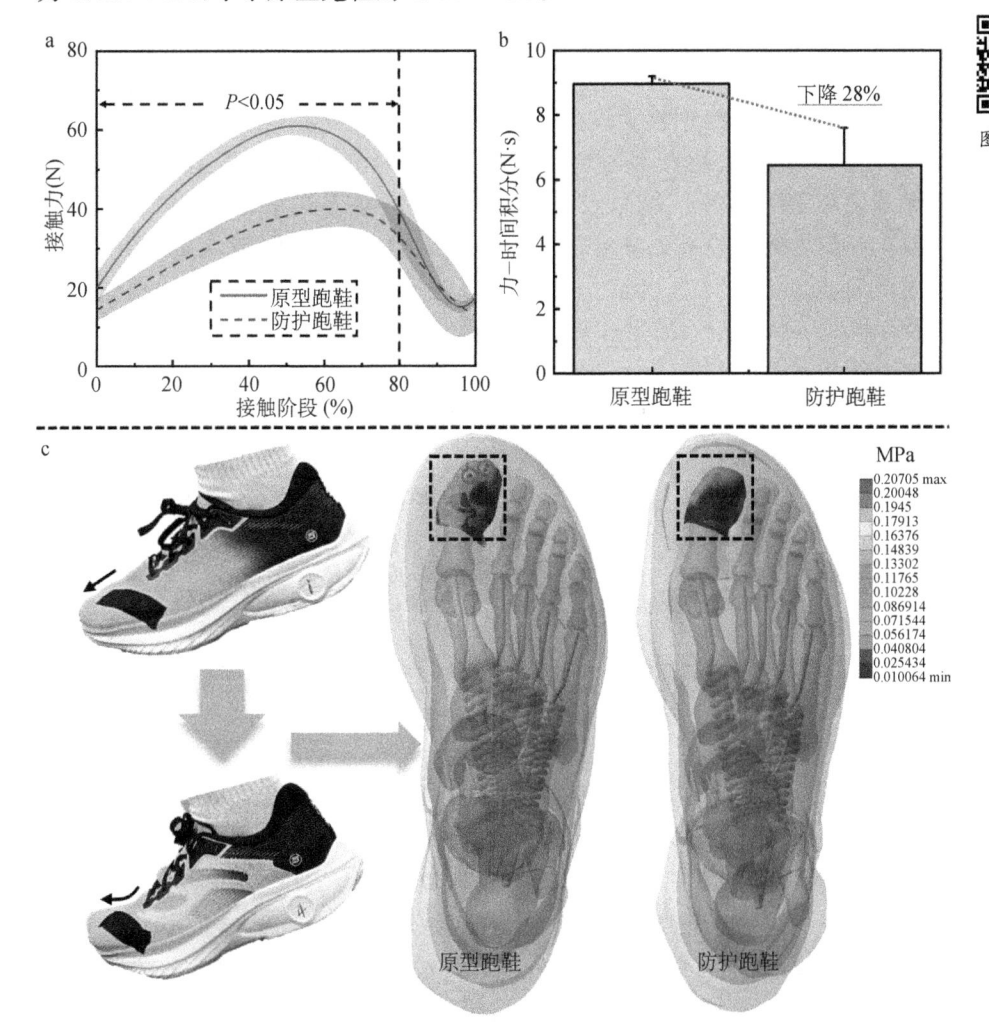

图 1-22 原型跑鞋与防护跑鞋的姆趾内外部应力对比分析

(四) 黑姆趾损伤的生物力学原理与讨论

近年来,随着长跑和马拉松运动热潮的兴起,黑姆趾逐渐成为一种常见的跑步运动损伤,发生率仅次于足底筋膜炎和膝关节相关损伤。尽管它作为一种局部伤病未能引起科研医务人员和跑者的足够重视,但某些情况下可能引发脚趾感染,严重制约跑者的运动体验。因此,着眼足部运动生物力学特征,首次针对长跑前后足部的形态、温度、应力等多维度特征对黑𧿹趾损伤的力学和生物学机制展开探究,旨在揭示长跑致黑𧿹趾损伤的生物力学机制并为相关防护跑鞋研发提供参考。

综合前期研究发现,足部形态学变化和足部热力学改变都可能成为引发黑𧿹趾损伤的潜在风险因素。足部形态特征并非固定不变的,与研究假设一致,本研究结果发现,相较于跑前,10 km 的中长跑显著降低了跑者的足前掌宽度。Mei 等的研究也发现了相似结果,研究对比分析了跑者 20 km 跑步前后足部形态学变化特征,结果表明 20 km 跑后足前掌宽度及足部整体围度显著减小。前足宽度的减小将进一步增加鞋头的横向空间,造成足-鞋不适配程度增加,同时引起足趾与鞋头相对摩擦增多。与此同时还发现,相较于跑前及 5 km、10 km 跑后的足弓高度显著降低,足弓高度降低或将进一步改变足与鞋的相对运动方式,对跑步过程中足与鞋之间的交互产生影响。具体而言,足弓降低可能导致足与鞋相对空间发生变化,进而影响鞋对足部的包裹性。上述变化可能引起足在鞋腔内产生不正常的位移和扭曲,降低足在鞋腔内的稳定性,增加足部受到非正常挤压和摩擦的可能性。值得注意的是,10 km 跑后受试者𧿹趾舒适度显著下降,足-鞋在整个跑步步态支撑期内的矢状面相对位移显著增加,表明长跑后黑𧿹趾损伤风险有随足部形态改变而上升的趋势。

跑步过程中足部不断接触冲击地面,会产生大量机械能,而部分能量则会以热能的形式消散,因此对比分析了长跑前后足部的温度变化,结果发现,随着跑步距离增加,前足所有区域的温度都呈现明显的递增趋势,其中内侧跖骨区域的温度上升最快且变化程度最高。前期研究表明足部温度的变化与该区域所承受的力学负荷大小关系密切。因此,内侧跖骨区域温度上升也预示了长跑后该区域的力学负荷显著增加,前期相关研究也有力支撑了该论点。同时,还发现 10 km 跑后的𧿹趾足背区温度较 5 km 跑后进一步上升,表明该区域的外部力学负荷增加,上述结果进一步佐证解释了受试者𧿹趾区域主观舒适度下降的原因。足部汗腺密度高,血管走向错综复杂,由于鞋腔内部相对密闭的环境,长跑后鞋腔内温度的进一步升高,可能引起汗液分泌增加,导致足-鞋相对摩擦降低,足-鞋相对位移增大,从而增加黑𧿹趾损伤风险。此外,足部汗液分泌的增加可能也从另一视角解释了足前掌围度降低的机制。综上所述,长跑后足部形态和力学功能的改变可能是黑𧿹趾损伤发生的潜在生物力学机制。

鞋具作为足部的延伸,是运动过程中对足部最直接、最有效的防护装备。

有学者提出不合适或不适配的鞋具是跑步运动过程中前足与鞋头发生挤压摩擦进而导致黑䟛趾损伤发生的直接因素。基于此项调查,进一步对跑鞋结构进行了改良设计并通过主客观相结合的方法对其损伤预防效果进行验证,此举旨在为鞋具的针对性改良设计提供理论支撑和实践依据,以期更加有效地降低黑䟛趾损伤风险。长跑后足部形态学与热力学的改变会导致足-鞋不适配程度增大,增加足-鞋之间的相对位移,进而潜在增加黑䟛趾损伤风险。因此,与前期研究提出的直接增加跑鞋整体尺寸的方案不同,对鞋头进行了抬高设计,该结构设计旨在确保鞋头在矢状面上与䟛趾运动保持相对一致性,同时不破坏鞋具的包裹性。跑者主观反馈与足-鞋接触力的研究结果证实了本研究的假设,即结构改良后的鞋具能够有效降低䟛趾区域的局部应力。与此同时,基于逆向重建的足-鞋三维有限元数值模型进一步直观地揭示了足在鞋内部的相对运动状态,发现足在防护设计跑鞋内进行相对运动过程中䟛趾的接触应力分布更为均匀,䟛趾应力集中现象得到显著改善,研究结果表明,这种符合䟛趾运动规律的鞋具优化设计,能够在一定程度上减轻摩擦和冲击,进而降低跑步黑䟛趾损伤的风险。

  针对长跑前后足部形态学、热力学、生物力学多维度变化影响黑䟛趾损伤的机制,以及相应损伤防护鞋具的研发进行了多视角的量化分析,厘清了黑䟛趾损伤的潜在生物力学机制,并开发了能够有效降低跑步黑䟛趾损伤的防护跑鞋,但在研究设计上仍存在一定局限性,具体如下:①本节属于该主题的探索性、实验性研究,在样本量和跑者性别等方面仍存在一定的局限性,为进一步验证本研究的结论,后续研究应进一步增加样本数量并同时考虑性别和跑者水平等因素的影响。②为定量分析足部形态与功能特征对黑䟛趾损伤风险的潜在影响,对跑步距离、跑速、跑步界面、跑步时 FSP 及鞋具等变量进行了严格的实验控制。然而,这些外部因素也可能在一定程度上影响黑䟛趾损伤的发生,后续研究可进一步探讨上述变量,以便更加全面地揭示黑䟛趾损伤的生物力学机制。③受试者在测试期间及测试前后均未出现黑䟛趾损伤,但有 8 名跑者在 10 km 跑后报告䟛趾疼痛,通过测试分析与数值模拟得到的结果仅可作为长跑致黑䟛趾损伤的一种可能解释。后续研究团队将在此基础上进行长期跟踪测试,以确定与黑䟛趾损伤的直接相关参数。④根据黑䟛趾损伤发生的力学因素,对鞋头结构进行了局部调整,并从多视角进行了损伤预防效果的验证。然而,研究尚未对鞋头调整进行梯度化设计,在后续研究中,应结合长跑前后的足部生物力学变化及鞋头的优化设计,进行多梯度的探索,以寻求最优解决方案。尽管如此,作为长跑致黑䟛趾损伤机制的实验性定量探索,仍可在一定程度上为鞋具优化设计提供指导,从而有效降低黑䟛趾损伤风险。

五、弧形碳板鞋具相较平面碳板鞋具可进一步减轻跑步时的前足负荷

(一) 不同形态碳板鞋具对于跑步时减轻前足负荷的研究进展

与其他鞋类特征(如中底缓冲)相比,鞋的 LBS 是较少受到关注的鞋类特征。然而,由于 LBS 在提高跑步性能方面的潜力已得到公认,因此这一话题现在受到了更多关注。一般来说,这种改善是通过使用沿中底长度方向插入的碳板来实现的,据报道,这种碳板能够优化跖趾能量学、改变肌肉收缩的成本并重新分配下肢关节的工作。最近的一项系统综述和荟萃分析表明,在谨慎控制鞋类质量的情况下,使用碳板增加 LBS 可显著提高跑步经济性,最高可达 3.15%。

有充分的证据表明,长期的跑步活动会因周期性的亚极限负荷而导致组织损伤和材料退化。如果不加以解决,这些问题最终可能会导致足部损伤和疼痛。为了降低与跑步相关的足部损伤风险,必须考虑跑鞋的设计特点,以改变组织损伤的累积。有人提出了一种潜在的解决方案,即使用碳板鞋,通过减轻前脚掌部位的负担,帮助缓解该部位的疼痛综合征。然而,碳板鞋的效果可能因其设计特点而异。例如,Flores 等认为,位于鞋垫下方的高负荷碳板可能会导致舒适感降低和前脚掌足底压力增加。为了进一步研究这个问题,我们之前的研究考察了不同改良方式的碳板对足底组织和跖骨负荷变化的影响。结果与 Flores 的假设完全吻合,而且我们还发现,与高负载碳板相比,低负载条件(位于外底上方)可有效降低前脚掌足底压力,并且随着硬度的增加,跖骨应力峰值也会逐渐降低。综合这些发现,我们必须强调,错误选择碳板设计可能会增加跑步过程中足部受伤的风险。

在 2019 年进行的一项研究中,Farina 和他的同事评估了碳板形状,包括平坦、中等曲线和极端曲线,对跖趾关节生物力学的影响。他们的研究结果表明,碳板的缺失导致跖趾关节的能量消耗最高,而弧形碳板(CCFP)的能量损失最低。随后,罗德里戈-卡兰扎等在其综述中得出结论,使用 CCFP 增加 LBS 的鞋提高了跑步经济性(3.45%),而使用平面碳板(FCFP)的研究略微提高了跑步经济性(0.19%)。迄今为止,大多数研究都集中在 FCFP 上,但上述证据表明,与 FCFP 相比,在长跑跑步中使用 CCFP 可能提供显著的代谢和性能益处。另外,据了解,还没有研究探索碳板形状对跑步过程中足内力学的影响。当最佳跑步性能是目标时,首先发现与使用碳板鞋相关的潜在伤害风险是至关重要的。

肌肉骨骼模型和模拟的使用在制鞋业已变得至关重要,因为它可以快速预测跑者的组织负荷如何对特定的鞋类功能修改做出反应。在本节中,我们旨在利用已建立的三维足-鞋 FEM,进一步确定碳板刚度和形状对前足底压力、跖骨应力分布及前足着地跑步过程中冲击峰处跖趾关节力传递的影响。根据我们之前的模拟结果,我们假设与其他条件相比,最硬的 CCFP 可以导致最低的前足负荷。

(二) 不同形态碳板鞋具对于跑步时减轻前足负荷的研究方法

1. 研究对象

参与者(男性,年龄 28 岁,身高 175 cm,体重 70 kg,跑步经验 5 年)自愿参加本项研究,已完全了解实验程序,并提供了书面同意书。本研究包括两个主要部分。首先,参与者接受 CT,收集足部和鞋的医学图像,然后用于重建三维实体模型。其次,参与者在实验室进行步态实验,以获得用于有限元分析的加载条件,并验证模拟结果。

2. 跑鞋模型

在本次模拟中,我们采用了之前研究中生成的三维解剖足-鞋模型。该足部模型由 20 块不同的骨节、66 条韧带和 5 块足底筋膜组成,并嵌入一定体积的足部软组织中。跑鞋模型包括所使用跑鞋的鞋面和鞋底部件。鞋码为 41 欧码,跟趾间距为 8 mm。

使用计算机辅助设计软件进一步制作了 FCFP 和 CCFP 跑鞋模型。对于 FCFP,我们将碳板置于鞋的中底和外底之间,使其远离脚部。我们之前的研究证明,与无碳板(NCFP)鞋相比,碳板位于鞋底内可以有效减少前脚掌压力,同时不会增加跖骨应力。对于 CCFP,我们在保持原型跑鞋中底结构的前提下,使其靠近跖趾关节处的弧度最大化。CCFP 的其他特征与 FCFP 相同。为了研究碳板刚度对足部生物力学的影响,我们使用了三种不同的碳板厚度,也就是把原来的碳板厚度(1 mm)增加到 2 mm 和 3 mm,分别代表较硬和最硬的情况。同时,为了保持两种形状的 LBS 一致,我们采用 Fu 等的方法对 CCFP 的厚度进行了小幅调整。如图 1-23a 所示,有限元仿真总共包含 7 种不同的设计组合。

3. 边界和加载条件

模拟的重点是足底着地跑步时的着地冲击峰值瞬间。在后足着地跑步过程中,可以在地面反作用力曲线上观察到明显的第一个峰值,可将其作为冲击峰值瞬间。这个相对于站立百分比的时间点可用来定位相对于前足着地的地面反作用力曲线上的同一时间点,我们在模拟中使用了该时间点(图 1-23b)。实验中,受试者穿着对照跑鞋,在跑道上以 3.33 m/s 的速度完成了 5 次前足着

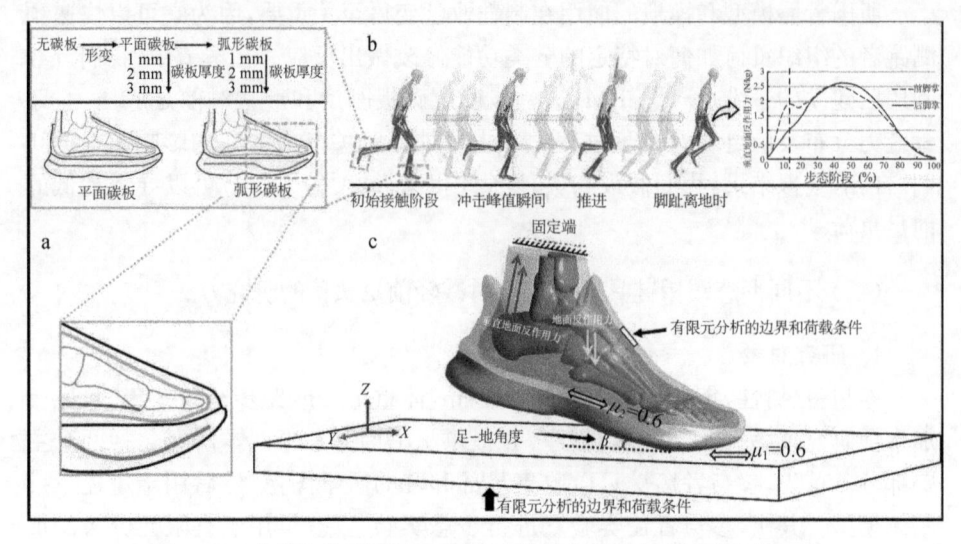

图 1-23　个体化足-鞋耦合有限元建模及在跖骨应力研究中的应用

a. 不同碳板形状和厚度的配置,包括无碳板(NCFP,刚度 2.19 N/mm)、1 mm 平面碳板(FCFP1,刚度 6.25 N/mm)、2 mm 平面碳板(FCFP2,刚度 16.36 N/mm)、3 mm 平面碳板(FCFP3,刚度 46.25 N/mm)、1 mm 弧形碳板(CCFP1,刚度 6.25 N/mm)、2 mm 弧形碳板(CCFP2,刚度 16.36 N/mm)、3 mm 弧形碳板(CCFP3,刚度 46.25 N/mm);b. 特定肌肉骨骼模型和前足跑步态模拟;c. 有限元分析的边界和载荷条件通过模拟屈曲力学试验,计算出该板的 LBS

地试验。选择最接近目标速度且步幅落在受力板区域内的试验进行进一步分析。

如图 1-23c 所示,腓骨、胫骨和大块软组织的近端横截面及鞋舌被固定。为了模拟撞击峰值瞬间,我们将底板旋转到矢状面上相应的足-地角度(7.11°),并限制其只能在垂直方向上移动。我们将步态分析中测得的垂直地面反作用力(712 N)和 OpenSim 中计算的肌肉骨骼模型中估算的跟腱力(1 744 N)和跖趾关节接触力(548 N)作为有限元模拟中的测量变量。

模拟计算在 Ansys Workbench 中使用标准静态求解器进行。结果包括足底压力和跖骨应力,以及通过跖趾关节的接触力传递(以体重的倍数计),该传递分为负荷传递的内侧(前三条射线)和外侧路径(后两条射线),对 7 种情况下的结果变量峰值进行了定量比较。

足-鞋模型的材料属性是根据先前的模拟设置确定的。FEM 材料属性的详细信息见表 1-8。网格划分策略为底板采用六面体固体元素,所有其他组件采用四面体固体元素。通常情况下,骨结构采用 3.5 mm 的全局元素尺寸,而软组织、鞋和底板组件则采用 5.0 mm 的尺寸。为了提高网格质量,采用虚拟拓扑技术对每个组件的表面网格进行了适应和细化。此外,还在几何结构复杂的区域实施了局部网格细化,以提高分析精度。此外,在前脚掌足底压力的引导下,还进行了网格收敛分析,以在模型精度和计算资源优化之间取得平衡。

表 1-8 模型组件的元素类型和材料属性

模型组件	元素类型	杨氏模量 E(MPa)	泊松比 v
骨	四面体固体	7 300	0.30
软组织	四面体固体	1.15	0.49
韧带	仅张力弹簧	—	—
足底筋膜	仅张力弹簧	—	—
鞋面	四面体固体	11.76	0.35
鞋底	四面体固体	2.739	0.35
碳板	四面体固体	33 000	0.40
接地板	六面体固体	17 000	0.10

(三) 不同形态碳板鞋具对于跑步时减轻前足负荷的研究结果

1. 足底压力

所有模型的足底压力峰值都位于前脚掌内侧区域(第二、三跖骨轴)下方,而由于碳板的硬度增加,高压"峰点"逐渐消失(图 1-24a)。图 1-24b 显示,与 NCFP 相比,FCFP 模型的足底压力峰值分别降低了 3.64%(FCFP1)、21.84%(FCFP2)和 31.93%(FCFP3);CCFP 模型的足底压力峰值分别降低了 15.80%(CCFP1)、26.15%(CCFP2)和 35.73%(CCFP3)。在比较不同碳板形状对跖骨压力的影响时,CCFP 模型的压力峰值比 FCFP 模型分别降低了 12.62%(CCFP1)、5.51%(CCFP2)和 5.58%(CCFP3)。总体而言,在 CCFP3 条件下,压力峰值最大降低了 35.73%。

2. 骨骼应力

如表 1-9 所示,与 NCFP 条件相比,FCFP 条件下第一、四、五跖骨的应力峰值逐渐减小,最大值分别减小了 11.55%、36.19% 和 42.64%,CCFP 条件下分别减小了 9.69%、34.62% 和 43.15%。第二、三跖骨的应力峰值明显大于其他跖骨,但并未因使用碳板而受到明显影响,只有 FCFP1 的情况例外,即第二跖骨的应力峰值略微增加了 4.51%,而第三跖骨的应力峰值则减少了 8.52%。

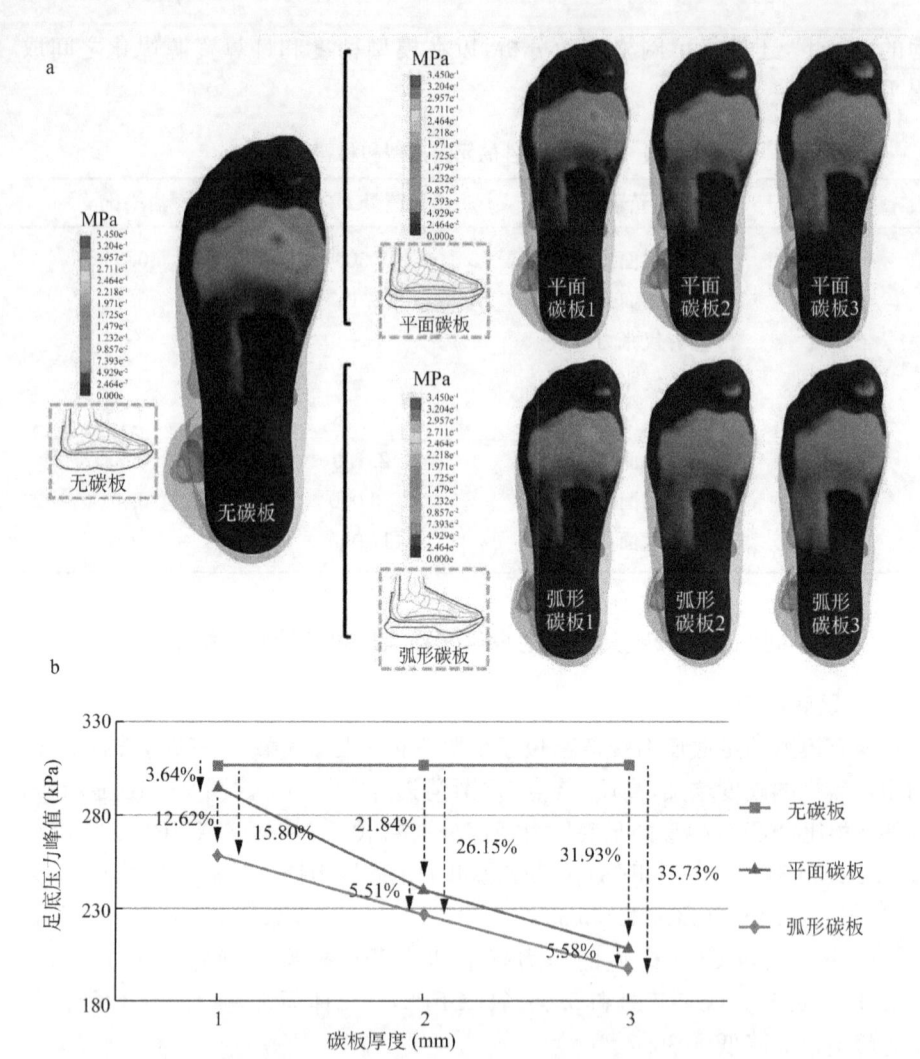

图 1-24 在前足着地奔跑过程中,不同碳板形状和刚度的足-鞋模型在冲击峰值瞬间的足底压力比较

a. 有限元分析的结果;b. 各种条件下的足底压力峰值

表 1-9 在前足着地跑过程中,不同碳板形状和刚度的足-鞋模型在冲击峰值瞬间的跖骨应力峰值及变化幅度

单位:MPa

变量		NCFP 型	FCFP1 型	FCFP2 型	FCFP3 型	CCFP1 型	CCFP2 型	CCFP3 型
第一跖骨	峰值	4.85	5.26	4.57	4.29	4.77	4.57	4.38
	变化幅度		8.45%(↑)	5.77%(↓)	11.55%(↓)	1.65%(—)	5.77%(↓)	9.69%(↓)

(续表)

变量		NCFP 型	FCFP1 型	FCFP2 型	FCFP3 型	CCFP1 型	CCFP2 型	CCFP3 型
第二跖骨	峰值	8.87	9.27	8.99	8.81	9.09	8.97	8.94
	变化幅度		4.51%(↑)	1.35%(—)	0.68%(—)	2.48%(—)	1.13%(—)	0.79%(—)
第三跖骨	峰值	8.92	8.16	9.17	8.85	8.67	9.07	9.07
	变化幅度		8.52%(↓)	2.80%(—)	0.78%(—)	2.80%(—)	1.68%(—)	1.68%(—)
第四跖骨	峰值	5.72	5.62	4.37	3.65	5.01	4.30	3.74
	变化幅度		1.75%(—)	23.60%(↓)	36.19%(↓)	12.41%(↓)	24.83%(↓)	34.62%(↓)
第五跖骨	峰值	3.87	3.97	2.82	2.22	3.51	2.77	2.20
	变化幅度		2.58%(—)	27.13%(↓)	42.64%(↓)	9.30%(↓)	28.42%(↓)	43.15%(↓)

注：(↑)表示相对于 NCFP 条件，不同鞋子条件下的峰值应力增加；(↓)表示相对于 NCFP 条件，不同鞋子条件下的峰值应力减少；(—)表示相对于 NCFP 条件，不同鞋子条件下的峰值应力变化不明显。

3. 接触力传递

通过跖趾关节传递的力随着碳板刚度的增加而减少，这是一个普遍趋势。如图 1-25a 所示，在 NCFP 条件下，通过内侧路径传递的力约为 $0.373 \times BW$（BW 为体重倍数），而在 FCFP3 和 CCFP3 条件下，则分别降至 $0.333 \times BW$ 和 $0.335 \times BW$。同样，与 NCFP 条件（$0.061 \times BW$）相比，FCFP3 和 CCFP3 条件下通过外侧路径传递的力分别降至 $0.055 \times BW$ 和 $0.056 \times BW$。此外，需要注意的是足部力学模型之间的一个小偏差。与 NCFP 模型相比，FCFP1 模型在内侧和外侧的力传递分别增加到 $0.4 \times BW$ 和 $0.066 \times BW$。

(四) 不同形态碳板鞋具对于前足负荷的生物力学影响原理与讨论

以降低受伤风险为目标来改变鞋类 LBS 的势头越来越大。此次调查利用已建立的足-鞋 FEM 进行敏感性分析。通过这项分析，我们确定了碳板的几何变化（包括刚度和形状）对前足下峰值足底压力、跖骨内的应力状态及跖趾关节处的力传递的影响。

足底压力是生物力学实践中广泛使用的工具，因为它可以提供运动过程中足底内部负荷的信息。与我们之前的研究一致，当碳板刚度增加时，前脚掌下的足底压力峰值持续下降，最终使压力分布更加均匀，前脚掌足底表面没有明显的高压"峰点"（图 1-25a）。值得注意的是，当同时考虑碳板的形状变化时，足底压力的降低更为明显。我们的结果显示，与 FCFP 模型相比，CCFP 模型的压力进一步降低了 5.51%～12.62%（图 1-25b），这清楚地表明了曲率在碳板设计中的作用。此前从相关报道了解到，长距离跑步后，前脚掌下的压力会大

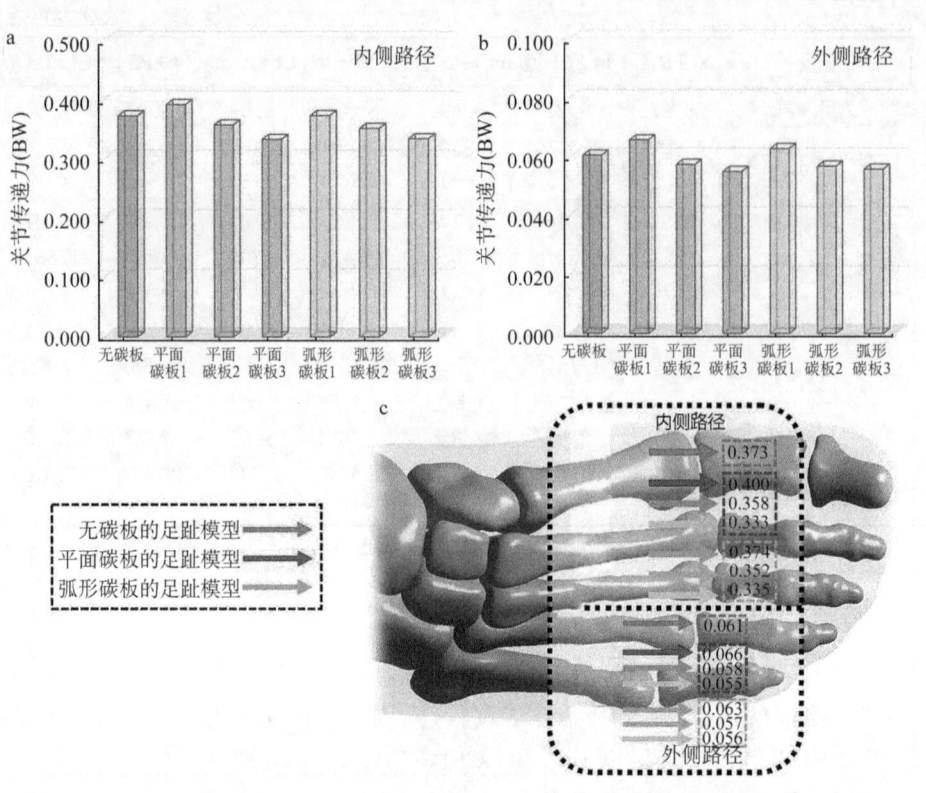

图 1-25　在前足着地跑步过程中，不同碳板形状和刚度的足-鞋模型在冲击峰值瞬间的跖趾关节传递力比较

a. 跖趾关节传递力的内侧路径；b. 跖趾关节传递力的外侧路径；c. 跖趾关节传递力的解剖示意图。蓝色箭头表示无碳板的足趾模型，红色箭头表示带 FCFP 的足趾模型，绿色箭头表示带 CCFP 的足趾模型。颜色的渐变代表碳板厚度的变化。具体来说，颜色越浅，碳板的厚度越大

大增加。正如之前的研究，在这方面本研究结果表明，跑鞋中的 CCFP 有可能进一步改变组织负荷的大小，从而降低过度运动损伤的风险。关于采用最佳碳板设计以最大限度减少压力的基本原理，先前的研究表明，FCFP 主要通过分散冲击力和限制跖趾关节运动来减少前脚掌压力，从而使前脚掌与地面进行平整而广泛的接触。因此，所观察到的足底压力峰值的进一步降低表明，CCFP 在上述两个方面可能有更好的效果。与相应的 FCFP 条件相比，所观察到的接触压力更加均匀也证实了这一点（图 1-25a）。尽管如此，由于缺乏直接比较不同碳板形状跑鞋足底压力的生物力学研究，因此有必要对这些理论分析进行确认。

第二、三跖骨易发生应力性骨折，其中第二跖骨骨折在跑步者中尤为常见并且难以处理。在我们的研究中，与其他跖骨相比，这两块骨头表现出明显更高的应力峰值（表 1-9），这与它们的临床脆弱性相符。然而，FCFP 和 CCFP 设计似乎对这两块骨头的应力状态影响有限。这表明，通过使用最佳碳板为足底

组织提供的压力缓解对足部内部负荷的影响可能并不像之前假设的那样明显。这一发现在一定程度上与 Chen 等的研究结果一致,他们在治疗鞋垫和跖垫设计中观察到了类似的效果。这也支持了外力不应自动代表内部负荷的观点。然而,我们确实在第一、四、五跖骨中观察到了应力峰值逐渐减轻的趋势(表1-9),这表明碳板结构对减轻跖骨负荷仍有一定的影响。此外,我们的接触力分析显示,沿内侧路径的负荷转移变化更明显,使用碳板后,负荷转移进一步下降。总体而言,这种情况可能表明,负荷传递路径向更均匀的力传递转变,从而有可能减少跑步时内侧柱的足部疼痛。不过,所有这些发现都应通过纵向流行病学证据来进一步验证。

本研究主要是对新型碳板鞋的足内力学和相关损伤风险的初步探索,但必须承认其固有的局限性。之前有报道称,最佳鞋类 LBS 取决于各种因素,如跑步速度和体重。因此,本研究的单例设计可能会限制我们的研究结果在更广泛人群中推广。此外,我们的模型还做了一些假设,包括简化足部骨骼和韧带的结构表述,使用各向同性线性弹性材料特性,以及在所有鞋类条件下对有限元模拟进行统一的生物力学输入。鉴于这一局限性,分析结果旨在从理论角度对碳板的生物力学效应提供定性的见解,而不是对这种特定类型的鞋进行精确地表述。另一个局限与鞋类设计本身有关。由于原型跑鞋的中底厚度和结构设计的限制,我们没有对不同曲率的碳板结构(如中等曲率和极端曲率碳板)进行梯度模拟分析。与此同时,弗雷德里克最近提出了 AFT 的概念,具体指的是一种性能增强型鞋类技术,该技术结合了轻质、有弹性的中底泡沫、刚性调节器和明显的鞋底摇摆轮廓。因此,进一步研究这些 AFT 组件对跑步相关伤害风险的交互影响也很有价值,可为鞋类设计和优化提供全面指导。

本章参考文献

第二章

裸足运动原理对鞋具研发的启示与应用

••• 引言

　　跑步作为一种便捷高效的健身方式,广受各年龄段人群的喜爱,其对身体的益处毋庸置疑。然而,跑步过程中频繁出现的运动损伤却成为许多跑步爱好者的困扰。近年来,回归原始状态的裸足运动及模拟裸足运动成为运动生物力学领域的研究热点。研究表明,裸足跑步能够增强足部肌肉组织,提高下肢及足部的肌肉力量和本体感觉系统的调节能力。更强健的足部肌肉可以为骨骼和关节提供有力支撑,从而降低损伤风险。随着裸足运动逐渐进入大众视野并受到越来越多的关注,研究鞋跑和裸足跑在运动学及动力学特征方面的异同,能够为裸足跑者及受跑步损伤困扰的人群提供更好的康复指导和建议。

第一节
裸足运动与下肢生物力学的关联

一、裸足运动的历史与文化背景

裸足跑步的历史可以追溯到人类早期的运动与生存实践。古希腊的运动员和战士通常在竞技和战斗中光脚奔跑,裸足不仅是生活方式的一部分,还象征着力量和耐力。同样,在古罗马的竞技场中,裸足也很普遍,强调了身体对运动的适应性要求。跑步作为一种简单、易行且参与广泛的身体活动,备受关注。其原因之一是从人类进化的角度来看,长距离跑步对生存和适应至关重要,而裸足跑步被认为能够降低足部或下肢损伤的风险。此外,在现代运动鞋问世前的20世纪70年代,人们通常赤脚或穿着无缓冲垫的平底鞋跑步。Lieberman指出,习惯裸足(HB)跑步与习惯着鞋(HS)跑步的人之间存在显著差异:前者通常采用前足着地,偶尔使用中足着地,而后足着地情况较少见;后者则多数采用后足着地,这主要归因于现代运动鞋的后跟缓冲设计。FSP的判定包括:①通过视觉观察足部接触地面的部位(前足、中足或后足);②利用测力板确定压力中心(COP),根据其在前掌至足跟之间的位置划分(0%~100%:足跟末端至前足顶端);③分析踝关节在矢状面内的运动学数据,以静态站立时为基准,测量足部着地角度(FSA),从而判定FSP。研究表明,不同FSP对足部负荷的影响各异。前足着地跑步能够有效减轻足部与地面接触时的冲击力,从而预防距骨和胫骨应力性骨折、髌骨疼痛及足底筋膜炎等损伤。近年来,研究也证实,裸足跑步能够降低着地时的地面冲击力,增强本体感觉系统的调节能力和下肢及足部肌肉力量,从而有助于预防运动损伤。

由于上述原因,裸足跑步引起了媒体、学者、跑者和运动鞋制造商的广泛关注。学者们纷纷开展研究,对裸足跑步与着鞋跑步进行对比分析;许多跑者也尝试裸足跑步,希望减少损伤。受此趋势影响,运动鞋制造商推出了各种裸足跑步鞋,如Vibram 五趾鞋、New Balance Minimus、Nike Free等系列,旨在为跑者提供接近裸足跑步的体验及其潜在益处。同时,大量研究也表明,HB跑者在裸足跑步时展现出独特的技术特点。对于HS跑者而言,在尝试裸足或穿极简跑鞋时,不仅FSP不同,还需要通过一段时间的学习来掌握裸足跑步的技巧。

研究还指出,由于前足着地时踝关节处于跖屈状态,HB 跑者的下肢肌肉、跟腱及其他组织会发生变化,且足部会出现角质化。此外,跑步环境的多样性可能对足部造成创伤,这也是裸足跑步时需要考虑的重要因素。同时,关于"是否着鞋与 FSP 相比,哪个更重要"的讨论也引发了研究兴趣。结果显示,无论是穿常规跑鞋还是极简跑鞋,都难以完全复制裸足跑步的效果,尤其对于 HS 跑者来说,足部及下肢的负荷增加明显,从而使损伤风险更大。

研究表明,不同地理区域的人群在足部形态上存在显著差异,特别是在前掌和脚趾区,这与足部特定区域的功能密切相关。本研究选择了两组受试者,一组为 18 名 HB 跑者,另一组为 20 名 HS 跑者。两组受试者在跑步时的 FSP 不同:HB 跑者采用前足着地,而 HS 跑者则采用后足着地。两组受试者的足部形态存在显著差异,前足着地跑者的踇趾与其他脚趾的分离距离较大。本章旨在结合这些足部形态学差异,对 HS 跑者和 HB 跑者在裸足与着鞋条件下的时空参数、运动学和动力学指标,以及足底压力特征进行比较分析,探讨他们在两种条件下的运动生物力学特征,并假设两组受试者的脚趾区形态学差异与足部功能相关。

二、裸足运动对下肢生物力学的影响

(一) 研究对象

本研究选取了 18 名男性 HB 跑者[年龄(23±1.2)岁;身高(1.65±0.12)m;体重(65±6.9)kg;BMI(23.88±0.93)kg/m^2],这些跑者均来自印度西南部的喀拉拉邦(Kerala),目前为宁波大学的留学生。另选取 20 名男性 HS 跑者[年龄(24±2.1)岁;身高(1.72±0.16)m;体重(66±6.5)kg;BMI(22.31±1.97)kg/m^2],这些跑者为宁波大学的中国在读学生。所有受试者均了解实验步骤和目的,并签署了知情同意书,且所有受试者右腿为优势腿,鞋码为 41 欧码,并具备跑步历史,在实验前半年内未发生下肢损伤。

在跑步测试实验前,所有受试者均使用立陶宛考纳斯市(Kaunas)生产的便携式足部扫描系统(easy-foot-scan 三维足形扫描系统)进行了三维足形扫描(图 2-1),获取了三维足部数据和二维足底图像。扫描时,受试者双脚与肩同宽自然站立,右脚置于扫描区域,左脚置于与扫描区域等高的支撑平台上。easy-foot-scan 三维足形扫描系统的扫描速度、灵敏度和分辨率分别设置为快速、正常和 1.0 mm。获取的二维足底图像通过计算机辅助设计软件测量踇趾与第二趾之间的最小距离(图 2-2)。对两组受试者的最小距离进行独立样本 t 检验,结果显示 $\alpha=0.000<0.05$, $t=-16.15$。

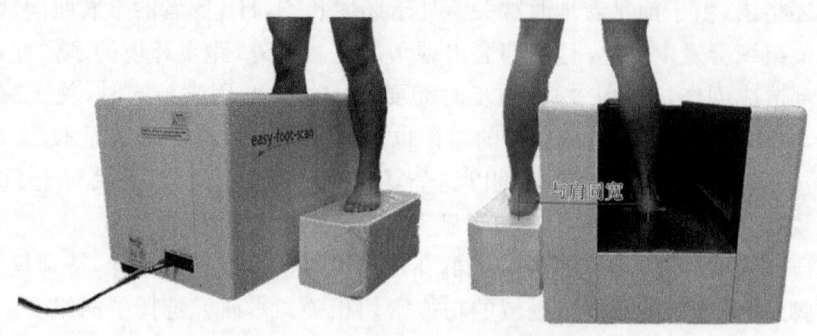

图 2-1　easy-foot-scan 三维足形扫描

资料来源：梅齐昌，顾耀东，李建设，2015. 基于足部形态特征的跑步生物力学分析[J]. 体育科学，35(6)：33-40.

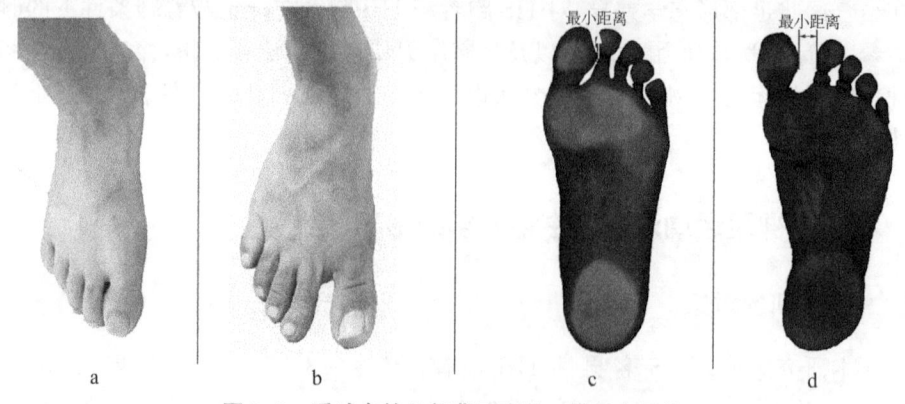

图 2-2　受试者的足部背面观及二维足底图片

资料来源：梅齐昌，顾耀东，李建设，2015. 基于足部形态特征的跑步生物力学分析[J]. 体育科学，35(6)：34-40.

（二）研究方法

本研究使用了英国牛津光学有限公司生产的 Vicon 三维红外动作捕捉系统，该系统配备了内置的 Nexus Plug-in Gait 模型，并在左右侧髂前上棘、左右侧髂后上棘、左右大腿外侧、左右膝关节中心点外侧、左右小腿外侧、左右外踝尖、左右足跟及左右侧第二跖骨头等 16 个位置粘贴了直径 14 mm 的反光标记点。系统的测试频率设定为 200 Hz，用于采集参数及运动学相关数据。此外，还使用了瑞士生产的 Kistler 三维测力台，该测力台与 Vicon 三维红外动作捕捉系统同步工作，并固定在跑道中央，受试者在测试过程中调整好步幅，使右脚落在测力台上，测力台以 1 000 Hz 的频率采集受试者右腿的地面反作用力数据。

为了采集跑步过程中的足底压力数据,使用了德国 Novel 公司生产的鞋垫式足底压力测量系统(Novel Pedar-X System)。在裸足跑步时,HB 跑者将压力测量系统连同袜子固定在足底;在穿鞋跑步时,将鞋垫平整地放置在鞋内。鞋垫根据足部解剖结构分为 8 个区域[足跟内侧(MR)区、足跟外侧(LR)区、中足内侧(MM)区、中足外侧(LM)区、前足内侧(MF)区、前足外侧(LF)区、踇趾(H)区及其他脚趾(OT)区],以便更精确地分析足底受力特征。通过分析峰值压强、接触面积及压强-时间积分等参数,评估 HB 跑者和 HS 跑者在一个步态周期中右腿支撑期的足底压力特征。步态周期的划分从右足着地的瞬间开始,直至下一次着地前的瞬间结束。

(三) 实验步骤及数据采集

通过秒表和节拍器控制受试者的跑步节奏,将速度控制在(3.0 ± 0.2)m/s,受试者在实验室内 10 m 长的跑道上熟悉实验场地适应跑步节奏和速度且调整好步点,以右足落在跑道中间的 Kistler 三维测力台上为准。实验过程中,两组受试者按照随机顺序进行跑步测试,为确保跑步步态的稳定性和减少实验数据的误差,两组受试者均进行 6 次跑步测试。运动学、动力学及足底压力测试需要同步进行。

(四) 统计学分析

在裸足(HB 跑者)及着鞋(HS 跑者)条件下,两组受试者均进行 6 次跑步实验。为降低实验误差,数据统计时采用平均值。使用 SPSS 17.0 统计软件进行数据分析,采用最小差异分析法(least significant difference, LSD)和独立样本 t 检验分析 HB 跑者裸足跑及 HS 跑者着鞋跑的时空参数、运动学及动力学的差异性,显著性水平设定在 0.05。

(五) 实验结果

研究将右足着地(落于 Kistler 三维测力台)即刻至下一次着地的瞬间定义为一个步态周期,将 6 次实验的数据标准化后进行平均以保证实验数据准确地反映受试者的步态特征,动力学的垂直地面反作用力及足底压力等数据同样选取该步态周期中的数据。

1. 时空参数及运动学结果

后期实验数据将采用 Vicon 三维红外动作捕捉系统的 Nexus 软件包对时空参数及下肢各关节角度进行处理,并分析 HB 跑者与 HS 跑者一个步态周期的步长(stride length, SL)、步幅时间(stride time, ST)及右足与地面接触时间的差异性(表 2-1)。

表 2-1　时空参数表(18 名 HB 跑者及 20 名 HS 跑者)

参数		HB 跑者	HS 跑者
步长(m)	均值	2.16*	2.48
	标准差	0.11	0.11
步幅时间(s)	均值	0.72&	0.828
	标准差	0.037	0.032
接触时间(s)	均值	0.202+	0.311
	标准差	0.022	0.019

资料来源:梅齐昌,顾耀东,李建设,2015.基于足部形态特征的跑步生物力学分析[J].体育科学,35(6):34-40.

*、& 和+分别表示习惯裸足跑者裸足跑步与习惯着鞋跑者着鞋跑步时步周长、步幅时间及接触时间差异有统计学意义(显著性水平 $P<0.05$)。

后足着地和前足着地在一个步态周期中下肢踝、膝及髋 3 个关节角度变化曲线如图 2-3～图 2-5 所示。为将运动学数据与动力学数据结合进行分析,关节角度变化主要集中分析右足在支撑期的数据特点。根据两组受试者跑步时与地面的接触时间占总步幅时间的比例,HS 跑者与 HB 跑者的支撑期分别占各自步态周期的 37.2%±0.3%(SP)和 28.5%±0.5%(SP′),SP 表示 HS 跑者的支撑期,SP′表示 HB 跑者的支撑期。

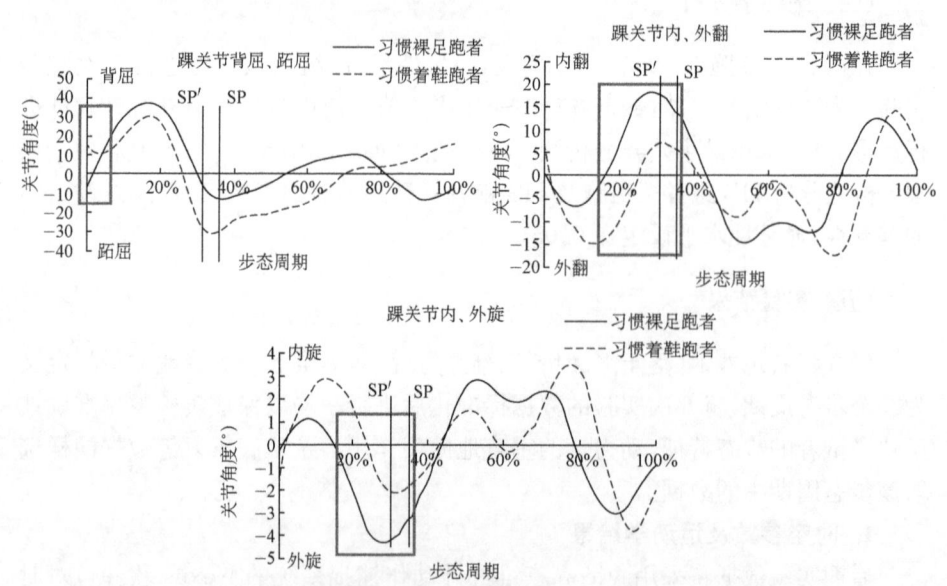

图 2-3　后足着地和前足着地在一个步态周期中踝关节角度变化曲线

方框内为存在显著性差异区域

资料来源:梅齐昌,顾耀东,李建设,2015.基于足部形态特征的跑步生物力学分析[J].体育科学,35(6):34-40.

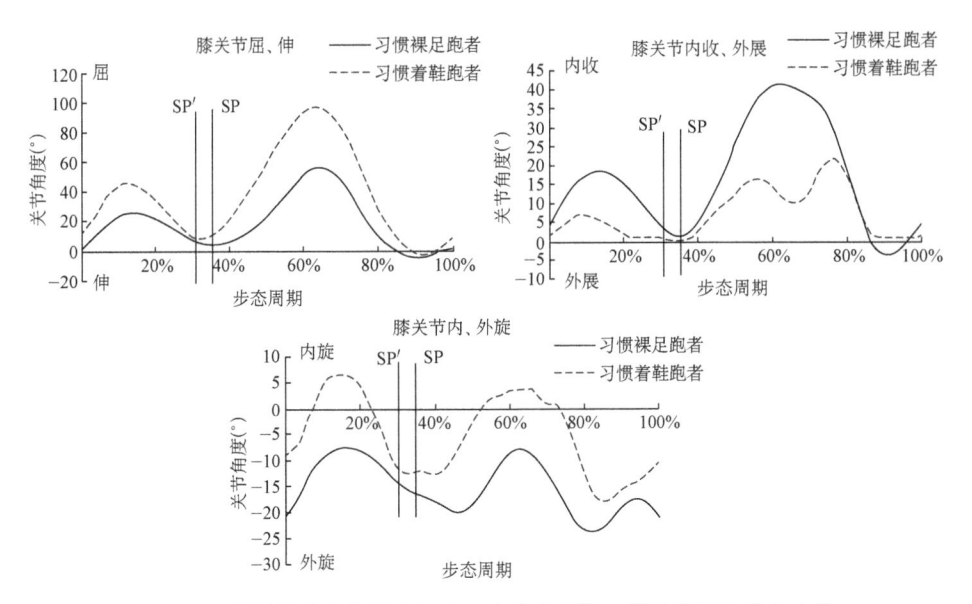

图 2-4　后足着地和前足着地在一个步态周期中膝关节角度变化曲线

资料来源：梅齐昌,顾耀东,李建设,2015.基于足部形态特征的跑步生物力学分析[J].体育科学,35(6):34-40.

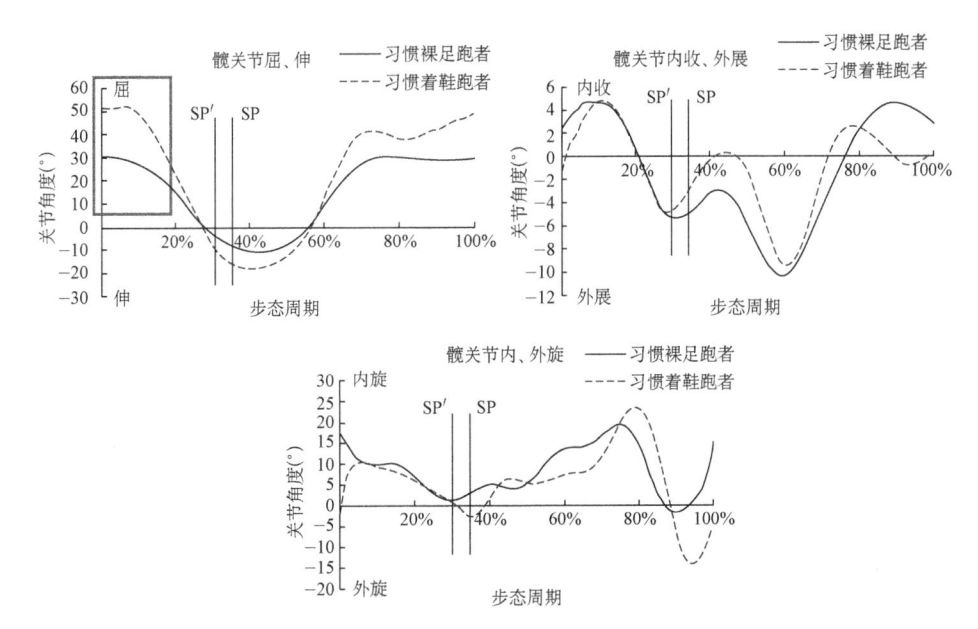

图 2-5　后足着地和前足着地在一个步态周期中髋关节角度变化曲线

方框内为存在显著性差异区域

资料来源：梅齐昌,顾耀东,李建设,2015.基于足部形态特征的跑步生物力学分析[J].体育科学,35(6):34-40.

2. 垂直地面反作用力与足底压力结果

所有受试者的垂直地面反作用力均通过 BW 进行标准化,得到两组受试者的垂直地面反作用力相对体重值。在跑步测试中,由于 FSP 的不同,两组受试者的垂直地面反作用力特征也存在差异。HS 跑者着鞋跑时,垂直地面反作用力曲线显示出两个波峰,第一个波峰(Ⅰ)为受试者后足着地时产生被动冲击力峰值,第二个波峰(Ⅱ)为受试者前足蹬离地面时产生的主动冲击力峰值;而 HB 跑者在裸足跑与着鞋跑时,均保持前足着地(Ⅰ′),只产生一个前足蹬地时刻的波峰(Ⅱ′),如图 2-6 所示。

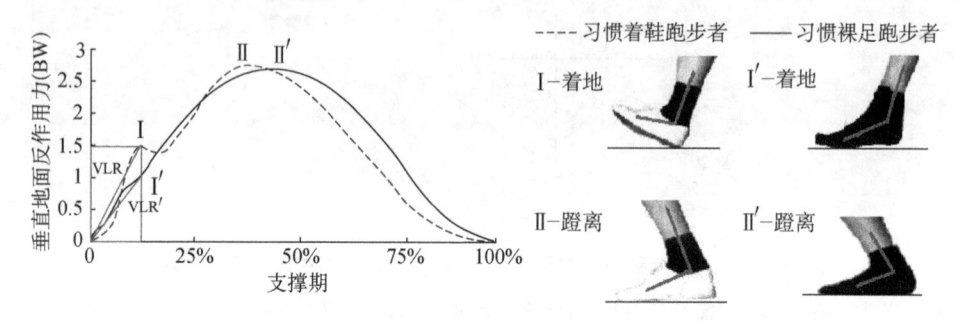

图 2-6　HS 跑者着鞋跑与 HB 跑者裸足跑时的垂直地面反作用力

资料来源:梅齐昌,顾耀东,李建设,2015. 基于足部形态特征的跑步生物力学分析[J]. 体育科学,35(6):34-40.

垂直负荷增长率(vertical loading rate,VLR)是指垂直地面反作用力除以相应的时间(force/time)。两组受试者 FSP 不同,对 HB 跑者及 HS 跑者的 VLR 进行比较,如图 2-6 所示,HS 跑者在着鞋跑时的 VLR 显著高于 HB 跑者在裸足跑时的 VLR(此时记为 VLR′)。通过鞋垫式足底压力测量系统测得的两组受试者跑步时各区域的峰值压强、接触面积及压强时间积分的特点见图 2-7~图 2-9("*"表示 $P<0.05$)。本研究主要比较分析两组受试者跑步测试时支撑期内足底相应解剖区域的足底压力特点。

HS 跑者与 HB 跑者进行跑步测试时,足底 8 个分区的峰值压强均存在一定差异,其中 MR 区、LR 区、LF 区及 H 区的差异性较显著(图 2-7),HB 跑步者在 MR 区、LR 区及 H 区等区域的峰值压强显著低于 HS 跑步者($P<0.05$)。如图 2-9 所示,HS 跑者与 HB 跑者跑步测试时足底各区域的压强时间积分也存在一定的差异性,主要集中于 MR 区、LR 区、LF 区和 H 区等区域。HB 跑者跑步测试时 MR 区、LR 区及 H 区的压强时间积分低于 HS 跑者,而 LF 区则相反。

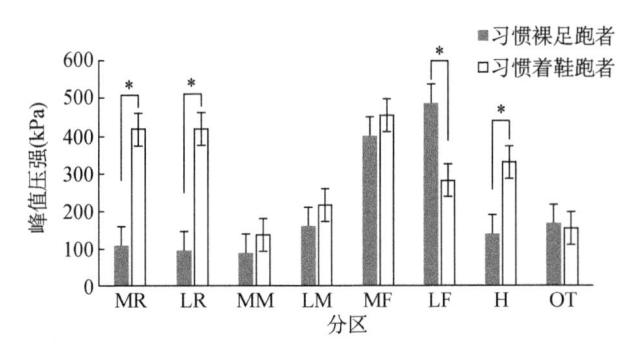

图 2-7　着鞋跑及裸足跑的足底各区域峰值压强

资料来源：梅齐昌，顾耀东，李建设，2015. 基于足部形态特征的跑步生物力学分析[J]. 体育科学，35(6)：34-40.

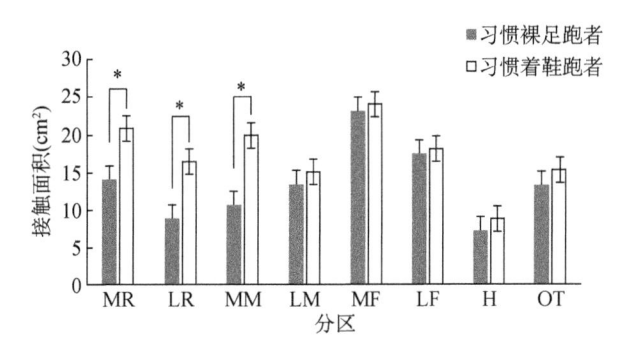

图 2-8　着鞋跑及裸足跑的足底各区域接触面积

资料来源：梅齐昌，顾耀东，李建设，2015. 基于足部形态特征的跑步生物力学分析[J]. 体育科学，35(6)：34-40.

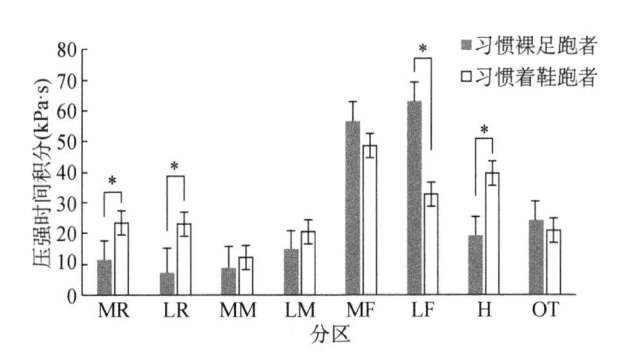

图 2-9　着鞋及裸足跑的足底各区域压强时间积分

资料来源：梅齐昌，顾耀东，李建设，2015. 基于足部形态特征的跑步生物力学分析[J]. 体育科学，35(6)：34-40.

(六) 着鞋跑及裸足跑的生物力学差异与分析

研究基于 HS 跑者与 HB 跑者之间的显著足部形态差异，探讨了这两类具有不同跑步 FSP 的群体在相同跑步速度下的运动表现。通过对两组受试者在跑步过程中下肢运动学、动力学及足底压力特征的分析，研究了 HB 跑者与 HS 跑者足部特定形态结构相关联的功能特点。

裸足跑步的益处已经得到了广泛宣传，并且被应用于运动员的日常训练、休闲健身及康复训练中。为模拟裸足跑步对人体的刺激和感觉，并预防皮肤损伤或其他急性损伤，市面上出现了多款"裸足鞋"。关于不同 FSP 及着鞋或裸足条件下的跑步生物力学分析越来越受到重视，并不断有新的研究成果。

对 HB 跑者和 HS 跑者的时空参数及运动学参数进行比较分析，结果显示，两组在步长、步幅时间及接触时间方面差异有统计学意义。HB 跑者在测试中的步长明显小于 HS 跑者，这与大量裸足跑研究的结果一致。跑步过程中，步长与跑步速度和步幅时间的关系为"步长＝跑步速度×步幅时间"，在控制速度为 $(3±0.2)$ m/s 的前提下，HB 跑者的步幅时间也显著小于 HS 跑者。此外，HS 跑者在采用后足着地跑步时，支撑期内踝关节经历背屈到跖屈的变化；而 HB 跑者采用前足着地，减少了踝关节的跖屈和背屈运动，从而缩短了足部接触地面的时间。

通过鞋垫分区分析足部各区域的负荷，结果显示，由于 HS 跑者采用后足着地，其 MR 区和 LR 区的峰值压强及压强时间积分显著高于 HB 跑者，且 HS 跑者的 MM 区接触面积也较大，这可能是由于鞋帮和鞋面的作用使鞋底更加贴合 MM 区。HB 跑者的 LF 区峰值压强及 MF 区、LF 区的压强时间积分大于 HS 跑者，特别是在 LF 区较为明显。由于 HS 跑者在着鞋情况下，鞋底缓冲减轻了 LF 区的峰值压强，而 HB 跑者缺乏鞋底缓冲垫，仅依靠踝关节的跖屈运动来减缓冲击，导致下肢，尤其是小腿（胫骨）应力性骨折和跖骨区域疲劳性损伤的风险增加。

结合上述时空参数与运动学及动力学的讨论，裸足跑者较小的步长、较短的步幅时间及接触时间，反映了跑者适应裸足跑步时进行的调整，以减少直接冲击，从而降低损伤的风险。裸足跑步带来的生物力学变化，主要源于 FSP 的不同，而非是否着鞋。此外，掌握正确的足部着地技术需要一定的学习和适应时间。

本研究中，HB 跑者与 HS 跑者足部形态的最大差异集中在 H 区。三维足部形态扫描的结果显示，HB 跑者的 H 区与 OT 区间的最小距离显著大于 HS 跑者，表明 HB 跑者的 H 区呈外展形态，而 HS 跑者的 H 区呈内收形态。结合脚趾在跑步过程中蹬地功能的分析，H 区的支撑作用不仅能降低前足负荷，还能通过特定训练提升 H 区的抓地功能，从而提高运动表现。

总体而言，HB 跑者与 HS 跑者在跑步测试中的时空参数、运动学、动力学及足底压力表现出显著差异。动力学研究结果表明，HS 跑者相较 HB 跑者具有更高的 VLR，这与下肢及足部损伤风险的增加密切相关。尽管裸足跑步被广泛认为具有降低损伤风险的益处，但由于前掌区域的负荷增加，盲目尝试可能带来伤害风险。因此，HS 跑者需正确理解裸足跑步的特点，并谨慎对待。通过对 HS 跑者与 HB 跑者的运动生物力学分析，可以得出结论，两组受试者足部形态的差异与特定运动功能密切相关，适当的训练可以提高运动表现并降低损伤风险。

第二节 基于裸足特性的生物力学分析

一、穿着极简鞋跑步时的冲击加速度和衰减：胫骨加速度的时域和频域分析

（一）关于人体穿着极简鞋跑步时下肢生物力学的研究现状

极简鞋（minimalist shoes，MINs）旨在促进脚部的自然运动，让跑步时获得类似赤脚的生物力学益处，同时避免出现如水疱和瘀伤等伤害（Altman et al.，2016）。MINs 的特点包括高度灵活性、轻量设计、较低的中底堆叠高度，以及没有使用运动控制和稳定性技术的零跟趾落差。穿着 MINs 跑步有助于增强足部功能，并提升内在足部肌肉的力量。然而，穿着 MINs 以后脚跟先着地的跑步方式可能会提高冲击负荷率，从而增加胫骨和小腿受伤的风险（Hannigan et al.，2020）。与传统鞋（conventional shoes，CONs）相比，MINs 在瞬时和平均负荷率方面表现得更加显著。

厚底鞋（maximalist shoes，MAXs）的特点是中底堆叠高度较高（通常超过 30 mm），并具备优异的冲击吸收性能。近年来，这类鞋因为其增强的缓震功能，能够保护跑步者免受潜在的跑步相关损伤而备受宣传。穿着 MAXs 的跑步者可能比穿着 MINs 的跑步者产生更小的垂直瞬时负荷率（vertical instantaneous load rate，VILR）。然而，近期的研究提出了一些争议。一项研究发现，穿着 MAXs 跑步 5 km 后，冲击负荷有所增加。此外，MAXs 可能无法显著降低冲击负荷指标。尽管如此,关于MAXs与MINs之间胫骨加速度的研究仍然较少。

跑步过程中的冲击加速和衰减特性可能受到多种因素的影响。习惯性后足着地跑步者的峰值胫骨加速度在时域和频域中显著增加,而后足着地跑步者在低频和高频范围内也显示出显著的冲击衰减效应。随着步幅的增加,下肢冲击衰减也有所提高。减少步频会导致胫骨冲击加速度和信号功率谱密度(power spectral density,PSD)增加。研究还发现,长时间跑步后,峰值胫骨加速度增加,但冲击衰减与之前的研究结果相比没有发生变化。在跑步过程中,时域和频域中的冲击加速特性反映了鞋类在下肢冲击负荷和衰减功能方面的表现。

Sinclair等证明了穿着MINs的跑步者胫骨加速度比穿着MAXs的跑步者更高。然而,目前尚无确凿证据表明在时域和频域中胫骨冲击加速度存在显著差异,以及胫骨冲击衰减在MAXs和MINs之间的变化情况。此外,业余跑步者常常受到下肢损伤的困扰,特别是在胫骨周围,因为胫骨承受了大部分的冲击加速度。因此,该研究旨在探讨MAXs、CONs和MINs之间的胫骨冲击加速和衰减情况,研究假设:①与CONs相比,MINs会在时域中增加峰值冲击,而MAXs则会减少峰值冲击;②由于MINs跑步呈现出更自然的赤脚跑步步态模式,从进化角度来看,在远端胫骨处会展现出更大的功率谱幅度,因此穿着MINs跑步会表现出显著的冲击衰减效应。

(二) 穿着极致主义鞋跑步时的冲击加速度和衰减的研究方法

1. 研究对象

在本研究中,为了确保统计功效(power=0.8)、效应量(effect size,ES=0.25)和显著性水平($\alpha=0.05$),至少需要21名参与者。因此,我们招募了24名男性业余跑步者。他们的基本信息如下:年龄(28.3 ± 1.1)岁,身高(1.76 ± 0.04)m,体重(65.8 ± 2.2)kg,BMI(21.3 ± 0.3)kg/m^2。这些参与者均来自大学和当地跑步俱乐部。考虑到男女跑步力学的差异,本研究仅包括男性参与者。

参与者的纳入标准包括:业余水平跑步者、右腿为主导的跑步者、习惯性后足着地跑步者,以及之前从未穿着MINs或MAXs跑步的人。我们将业余跑步者定义为每周跑步2~4次,每周跑步里程不少于20 km,并且根据过去6个月的年龄和比赛表现计算的年龄分级得分低于第60百分位数者(Liu et al.,2020)。后足着地模式通过使用Footscan®压力板[Rsscan International,Olen(奥伦),Belgium(比利时)]进行定义,即初始接触时压力中心位于脚长的0%~33%范围内。所有测试均在参与者穿着CONs时进行。

排除标准包括:BMI超出18~25 kg/m^{2}的范围、神经或心血管疾病、扁平足或高弓足,以及在参与本研究前 6 个月内出现下肢肌肉骨骼损伤。所有参与者在测试过程中可随时退出实验,每位参与者在测试前均签署了书面知情同意书。

2. 研究方案

为确保脚部着地模式在测试期间保持一致,以避免对研究结果产生影响,我们指导参与者在测试时保持一致的脚部着地模式。每位参与者在跑步机(Quasar,h/p cosmos®,GmbH,德国)上以 8 km/h 的速度跑步 10 分钟,用于热身,并熟悉不同鞋子的感受和实验设置。在测试期间,所有跑步者都穿着短跑装。

三轴加速度计(IMeasureU V1,新西兰奥克兰;尺寸 40 cm×28 cm×15 cm,重量 12 g,分辨率 16 位)通过带子固定在每位参与者主导腿的近端和远端前内侧胫骨上,垂直轴与胫骨对齐(图 2-10a)。所有参与者在跑步机上以 $(10.8±0.5)$ km/h 的速度跑步 6 分钟,每种鞋类条件下进行测试,速度根据 Froude 公式计算。为了确保步态稳定,每位参与者先跑 5 分钟,最后 1 分钟的数据被记录下来。

鞋类选择的顺序是随机分配的,每次测试之间至少休息 10 分钟(最长可达 30 分钟),以避免疲劳效应。在 MINs、MAXs 和 CONs 之间评估极简指数,分别为 86%、26% 和 36%(欧洲尺码:41~43 欧码);每种鞋子的详细信息见图 2-10b。极简指数评分从 0 到 5 分,按照 Esculier 等的专家共识评估,通过将所有子分数相加后乘以 0.04 来计算。

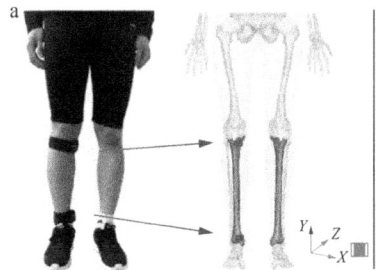

图 2-10　传感器位置(a)和每个项目的极简指数与分项得分(b)

资料来源:Xiang L, Gu Y, Rong M, et al., 2022. Shock acceleration and attenuation during running with minimalist and maximalist shoes: a time-and frequency-domain analysis of tibial acceleration[J]. Bioengineering, 9(7):322.

3. 数据收集和处理

三轴加速度信号(图 2-11a)以 500 Hz 采样,并使用截止频率为 60 Hz 的二阶低通零滞后巴特沃斯滤波器进行滤波,信号数据处理过程根据频谱分析去除噪声。由此产生的加速度计算为$\sqrt{x^2+y^2+z^2}$（图 2-11b、c）。我们根据先前建立并经过验证的方法，从每隔 10 秒钟的一分钟加速度数据中选取四个稳定步态周期，而初始足部接触是在胫骨远端加速度峰值产生结果之前 75 毫秒内的局部最小值。因此，每种鞋类条件都会产生 24 个姿态阶段，用于时域和频域分析。本研究中加速度信号的所有参数都是通过自定义 Python 程序（v3.8，Python 软件基金会，美国北卡罗来纳州威尔明顿）计算得出的。

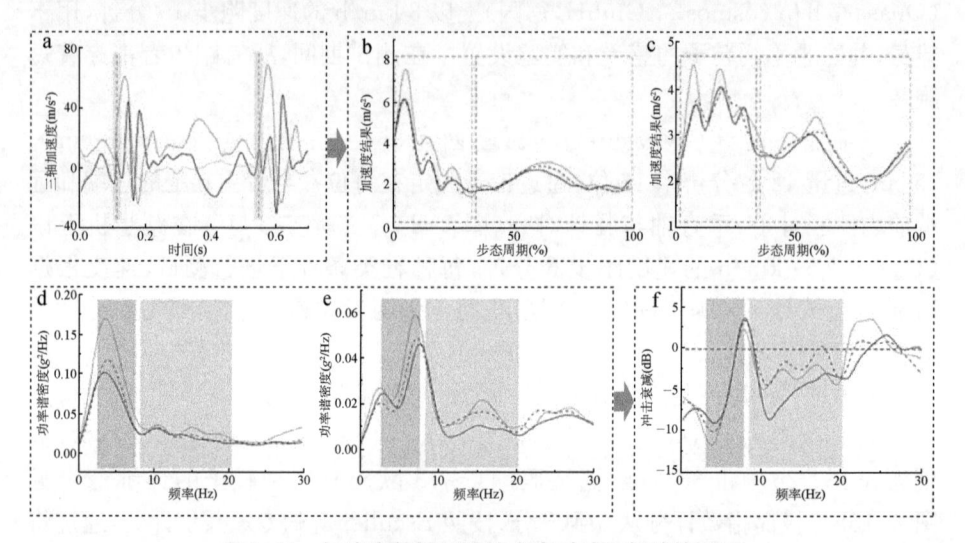

图 2-11　加速度数据处理技术在时域和频域的图示

图中包括原始时间序列三轴加速度数据(a)；胫骨远端(b)和近端(c)的加速度结果；胫骨远端(d)和近端(e)的功率谱密度；胫骨远端到胫骨近端的冲击衰减(f)。坐标系中黑色实线表示厚底鞋，灰色实线表示极简鞋，虚线表示传统鞋。

资料来源：Xiang L, Gu Y, Rong M, et al., 2022. Shock acceleration and attenuation during running with minimalist and maximalist shoes: a time-and frequency-domain analysis of tibial acceleration[J]. Bioengineering, 9(7): 322.

使用离散快速傅里叶变换（fast Fourier transform，FFT）将时域转换为频域，对功率谱进行分析。从原始数据信号中减去一条最小二乘最佳拟合线，从而去除线性趋势。根据 FFT 的要求（2 的倍数），在每个加速度数据的末尾进行零填充，直到数据点总数达到 1 024 个。通过使用矩形窗口计算 PSD，评估了频域（从 0 到奈奎斯特频率）中姿态相位的功率（图 2-11d、e）。此外，功率和频率均归一化为 1 Hz 区间。采用传递函数（Shorten & Winslow, 1992）来评估每个频率间隔内胫骨远端和近端之间的冲击衰减或增益，单位为 dB，公式如下：

$$\text{transfer function} = 10\log_{10}(\text{PSD}_{p\_tibia}/\text{PSD}_{d\_tibia}) \quad (2-1)$$

式中，PSD_{p_tibia} 和 PSD_{d_tibia} 分别为胫骨近端和远端的功率谱密度。传递函数的正值表示每个频率的信号强度增加，负值表示冲击力从胫骨近端转移到远端时信号功率衰减(图 2-11f)。

因此,本研究分析的时域参数包括产生加速度峰值和从初始足部接触到产生加速度峰值的时间,频域参数包括低频率(3～8 Hz)和高频率(9～20 Hz)PSD 和冲击衰减。

4. 统计分析

在进行分析之前,使用 Kolmogorov-Smirnov 检验来检查数据的正态分布,并使用 Levene 方差齐性检验来评估数据的同质性。如果数据违反了 Mauchly 的球形检验,则报告 Greenhouse-Geisser 校正结果。为确定 MAXs、CONs 和 MINs 在时域和频域上的差异,进行了单因子重复测量方差分析(ANOVA),显著性水平为 $P<0.05$。采用 Bonferroni 校正进行事后配对比较,调整后的显著性水平为 $P<0.017$。使用偏等方值(η_p^2)对效应(ES)大小进行评估,以统计量化效应大小,并将效应大小分为小($0.01<ES\leq0.06$)、中($0.06<ES\leq0.14$)和大($ES>0.14$)(Cohen,2013)。所有统计分析均使用 SPSS v25(IBM SPSS inc.,芝加哥)和 GraphPad Prism 9.3.0(圣迭戈)统计软件进行。

(三) 研究结果

达到峰值加速度的时间没有差异(表 2-2)。ANOVA 显示,三种鞋具条件下胫骨远端和近端产生的峰值加速度差异有统计学意义($P<0.01$,$\eta_p^2=0.4$ 和 $P=0.01$,$\eta_p^2=0.2$)。与 CONs 和 MAXs 条件相比,MINs 胫骨远端峰值加速度显著增加($P=0.01$ 和 $P<0.01$)(图 2-12a)。与 MAXs 条件相比,MINs 胫骨近端峰值加速度也显著增加[(5.7 ± 1.35)g vs. (5.02 ± 0.9)g,$P<0.01$](图 2-12b)。

表 2-2 不同跑鞋的时域和频域胫骨加速度[数据以平均值(标度)表示]

时域和频域	极简鞋	传统鞋时域和频域	厚底鞋	F	η_p^2	P
时域						
胫骨远端达到加速度峰值时间(s)	0.01 (0.00)	0.01 (0.00)	0.01 (0.01)	1.18	0.05	0.31
加速度峰值结果(g)	8.52 (1.75)	7.13 (1.37)	6.58 (0.91)	15.27	0.4	<0.01
胫骨近端达到加速度峰值时间(s)	0.03 (0.03)	0.05 (0.04)	0.06 (0.06)	2.01	0.08	0.15
加速度峰值结果(g)	5.7 (1.35)	5.32 (1.10)	5.02 (0.90)	5.73	0.2	0.01

(续表)

时域和频域	极简鞋	传统鞋时域和频域	厚底鞋	F	η_p^2	P
频域						
胫骨远端						
3~8 Hz 功率谱密度 (g^2/Hz)	0.68 (0.14)	0.48 (0.18)	0.42 (0.14)	18.99	0.45	<0.01
9~20 Hz 功率谱密度 (g^2/Hz)	0.32 (0.14)	0.26 (0.14)	0.25 (0.10)	2.89	0.11	0.07
胫骨近端						
3~8 Hz 功率谱密度 (g^2/Hz)	0.23 (0.12)	0.19 (0.10)	0.18 (0.10)	4.30	0.16	0.02
9~20 Hz 功率谱密度 (g^2/Hz)	0.17 (0.10)	0.16 (0.08)	0.12 (0.07)	6.83	0.23	<0.01
冲击衰减						
3~8 Hz 幅度(dB)	−32.36 (21.28)	−28.12 (23.12)	−24.61 (23.76)	1.98	0.08	0.15
9~20 Hz 幅度(dB)	−38.27 (45.03)	−23.53 (42.64)	−54.72 (37.49)	5.40	0.19	0.01

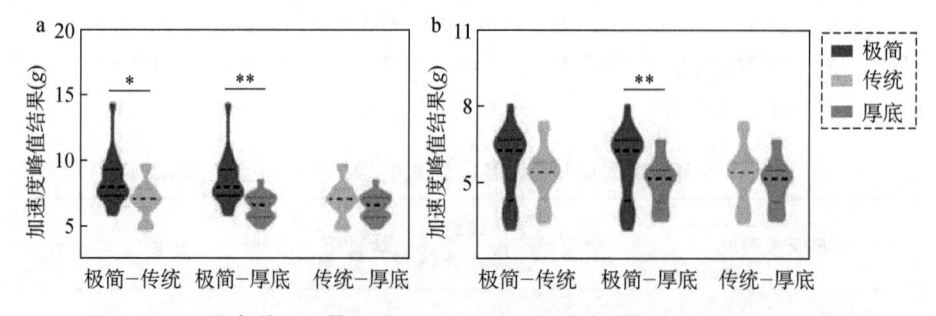

图 2-12 不同条件下胫骨远端(a)和近端(b)加速度峰值的 Bonferroni 比较图

* 表示 $P<0.05$；** 表示 $P<0.01$。黑色虚线代表中位数，上下灰色虚线代表第三和第一四分位数

资料来源：Xiang L, Gu Y, Rong M, et al., 2022. Shock acceleration and attenuation during running with minimalist and maximalist shoes: a time-and frequency-domain analysis of tibial acceleration[J]. Bioengineering, 9(7): 322.

在胫骨远端，低频(3~8 Hz)的 PSD 在三种情况下差异有统计学意义($\eta_p^2=0.45$，$P<0.01$)(表 2-2)，MINs 情况下的 PSD 大于 CONs($P<0.01$)和 MAXs($P<0.01$)(图 2-13a)。在胫骨近端，与 MINs 情况相比，MAXs 降低了

较低($P=0.03$)和较高($P<0.01$)频率范围内的PSD(图2-13b、c)。高频组的PSD也低于CONs组[(0.12 ± 0.07) g²/Hz vs. (0.16 ± 0.08) g²/Hz，$P=0.02$]。与MINs条件相比，低频的冲击衰减没有差异，但高频($9\sim20$ Hz)的MAXs更大[(-54.72 ± 37.49) dB vs. (-38.27 ± 45.03) dB，$P<0.01$)。

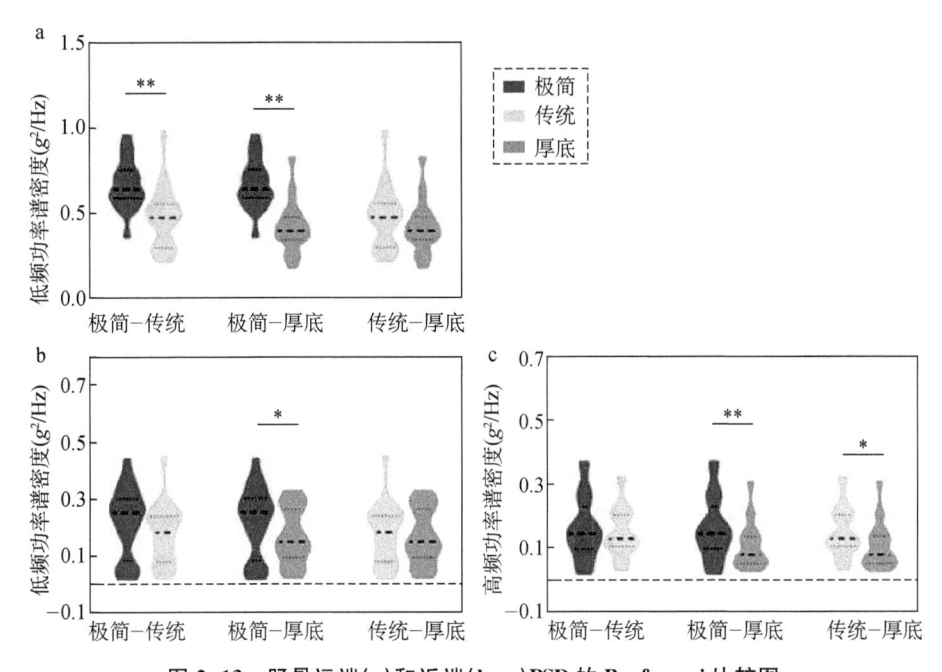

图2-13 胫骨远端(a)和近端(b、c)PSD的Bonferroni比较图

* 表示 $P<0.05$；** 表示 $P<0.01$。黑色虚线代表中位数，上下灰色虚线代表第三和第一四分位数

资料来源：Xiang L, Gu Y, Rong M, et al., 2022. Shock acceleration and attenuation during running with minimalist and maximalist shoes: a time-and frequency-domain analysis of tibial acceleration[J]. Bioengineering, 9(7): 322.

(四) 讨论与分析

本研究探讨了MINs、MAXs和CONs在时域和频域特征方面的表现。结果显示，不同鞋类条件下的胫骨冲击加速度在时域上表现出差异，而在频域上则影响了PSD和冲击衰减。具体而言，MINs增加了胫骨远端的峰值加速度，但在胫骨近端的峰值加速度方面差异无统计学意义。此外，MINs在较低频率下导致胫骨远端的PSD增加；而MAXs则在胫骨近端($9\sim20$ Hz)的PSD表现出降低。值得注意的是，在胫骨近端的低频和高频范围内，以及在胫骨远端的低频范围内，MINs的PSD明显高于MAXs。

冲击加速度的时间和频率特征对于理解冲击负荷至关重要。研究表明，鞋类选择和长时间跑步都与峰值加速度的变化相关。与时域变量相比,冲击负荷的频率成分和冲击加速度的衰减方式被认为对理解损伤机制及预防潜在损伤更为重要。FSP、步长和步频是跑步过程中导致 PSD 差异的潜在因素。本研究揭示了 MINs 和 MAXs 在频率特性上的差异。此外,MINs 缺乏缓冲功能,而 MAXs 在降低时域冲击负荷指标方面的效果则一直存在争议。我们发现,除了在胫骨近端较高频率的 PSD 外,MAXs 在时域和频域上都没有显著降低冲击加速度,这与我们的假设相反。

Sinclair 对冲击衰减进行了评估,结果显示,与 MAXs 和 CONs 条件相比,MINs 的冲击衰减较小。不过,这些评估是从时间维度上对整个下肢进行量化的。在与跑步相关的损伤中,胫骨和膝关节损伤最为常见,如髌骨股骨痛和骨应力损伤。因此,探究冲击负荷从踝关节和胫骨远端向胫骨近端及膝关节的传递过程至关重要。

研究表明,缓冲功能会影响加速度峰值的时间表现:在 MINs 条件中,胫骨近端的缓冲功能较弱,而在 MAXs 条件中,缓冲功能增强,但这种影响并不显著。因此,MINs 可能会导致冲击负荷率增加,而 MAXs 则可能会降低冲击负荷率。MINs 中的胫骨近端峰值加速度更高,其次是 CONs,这与之前的发现一致。先前的文献综述也提供了病理力学证据,表明这种增强的冲量可能会增加长跑运动员发生骨应力性损伤的风险。

在胫骨远端和近端,不同鞋类在冲击加速度方面表现出差异,这可能是导致骨应力性骨折的因素之一。MINs 在胫骨反应初期的峰值加速度大于 CONs,但当冲击加速度到达膝关节时,这一差异不再显著,这与低频频率分量的特征一致。因此,鞋类在时域上的缓冲作用从踝关节到胫骨远端更加明显,而在胫骨近端逐渐减弱。这些发现揭示了不同鞋类条件下胫骨的减震机制。

Busa 等的先前研究建议将低频信号定义为站立的主动阶段,将高频内容定义为冲击阶段。然而,傅里叶变换丢失了所有时域信息,因此未能将冲击相位和主动相位明确划分为这些特定范围。

此外,本研究中从胫骨远端到近端的 PSD 差异和冲击衰减特征表明,量化胫骨处的冲击衰减对于理解不同鞋类条件下加速度和冲击吸收在时域与频域上的差异至关重要。因为从膝部开始,冲击负荷的幅度保持相对一致。冲击衰减越大,胫骨在站立阶段消散的冲击负荷就越多。

在支持我们假设的结果中,MINs 在高频域中比 CONs 表现出更强的冲击衰减效果。然而,只有 MAXs 显示出了显著的冲击衰减增加。这与我们最初的预期相悖,原本预计 MINs 相比于 CONs 和 MAXs 会表现出更显著的冲击衰减。这意味着,MAXs 在频率内容方面的缓冲功能确实起到了显著的吸收冲击作用,这一功能与鞋类制造商的宣传相符,而不仅仅是广告噱头。

通过对 MAXs 的时间和频率内容进行调查，不仅有助于理解跑步过程中的时域冲击负荷，也有助于深入了解频率内容中的冲击加速度。这些发现具有潜在的临床意义，特别是在使用可穿戴传感器预防休闲男性跑步者的胫骨应力损伤方面。

(五) 研究结论

本研究及时补充了关于男性休闲跑步者在 MINs、MAXs 和 CONs 鞋类条件下胫骨远端和近端时域冲击及频域冲击衰减的相关文献。研究发现，在跑步过程中，穿着 MINs 时胫骨远端的峰值加速度和 PSD 显著高于穿着 CONs 时，但这种差异在冲击负荷转移至胫骨近端时消失。此外，MINs 并未表现出显著的冲击衰减效果。这些研究结果为跑鞋选择和胫骨应力损伤的预防提供了重要的参考信息。建议跑步新手和有胫骨应力性骨折病史的休闲跑者在日常跑步中谨慎选择 MINs。

二、基于猫科动物运动特征的仿生鞋设计启示探究

(一) 基于猫科动物的运动特征探讨仿生鞋的设计与研究

在哺乳动物的进化过程中，肢体形态和姿势的进化旨在提高其在跑步等活动中的表现。这些进化包括肢体远端部分比例的增加，以及数字化姿态的变化，提供了更长的有效肢体长度，从而增加步幅或保持较高速度下的持续时间。猫科动物作为典型的数字化哺乳动物，它们的腕骨和跖骨近端离地升高，伴随跖屈腕关节的存在，使其具备卓越的地面冲击缓冲能力。这种缓冲能力使它们能够吸收两到三倍于自身重量的负荷，表现出优异的生物力学特性，即使它们的小爪子在承受巨大压力时，也不会表现出明显的机械对立。

这种卓越的缓冲能力吸引了科学界的广泛关注。研究发现，猫科动物的爪垫结构对其出色的缓冲能力至关重要。爪垫由三层组成，表皮、真皮和皮下组织，柔软的皮下组织是主要的能量吸收层。皮下组织中含有弹性胶原纤维束，这些纤维束构成了多尺度交叉网络，形成了许多单一的脂肪隔间，能够有效地消散能量。此外，猫科动物的远端关节，包括指骨弓段，与掌指关节之间的刚性连接，通过优化力的传递来稳定不同的肢体远端关节。

这些发现为仿生鞋的设计提供了重要启示。仿生鞋可以通过模拟猫科动物的爪垫结构和远端关节的生物力学特性，来优化缓冲性能，减轻由于地面冲击力导致的下肢关节损伤。例如，设计类似于猫爪垫的分层结构，应用在鞋底中，可以提高能量吸收效率，并提供更好的足部保护。

为了验证这些设计理念，本研究建立了健康猫爪的 FEM，用于预测在平衡

站立状态下,指骨的内应力分布,包括近端、中端、远端和后跖部分。研究结果不仅有助于理解猫科动物远端关节的生物力学特征,还为仿生鞋的设计提供了理论支持。未来,仿生鞋的研发将进一步借鉴猫科动物的运动特征,为人类足部功能的保护与优化提供新的可能性。

(二)猫科动物远端前肢的生物力学特征:有限元研究

1. 研究对象

一只 2 岁的英国短毛公猫(体重 4.7 kg)作为实验对象,为本研究提供了数据。这只猫无任何疾病或四肢肌肉骨骼损伤的病史。在实际采集脚掌压力数据时,猫须保持完全放松状态,并维持自然姿势。由于猫在陌生环境中通常难以响应指令,研究团队将其带入实验室环境中进行适应,每天 2 小时,持续 2 天,以便其能够遵循指令。

2. 三维有限元模型开发

全身冠状位 CT 图像在空载位下采集,间隔为 0.5 mm。本实验仅对猫爪左前肢进行了分析。23 块骨骼的结构,包括 1 块桡骨、1 块尺骨、7 块腕骨、5 块跖骨和 9 块指骨及其封装体积,均使用 Mimics 16.0(Materialise,比利时鲁汶)软件进行分割。首先,对这些骨骼进行了平滑处理,并以 STL 格式分别导出每根骨骼。随后,这些 STL 文件被导入特定软件(Geomagic, Inc.,美国北卡罗来纳州)进行后处理,步骤包括降噪、去除多余部分及生成实体。最后,所有骨骼的文件被导出为 Step 格式。接着,使用 SolidWorks 将这些分别转换为实体部件。为了模拟猫爪的真实结构,研究团队对关节软骨的实体体积进行了塑形,最终根据猫爪的解剖结构制作了 18 块软骨。此外,通过对所有骨骼和软骨进行配准并将其转换为固体形式,构建了封装的软组织。随后,根据解剖特征生成了韧带。爪子包括 23 块骨骼、18 块软骨、30 条韧带和 1 块包裹的软组织,均被分别分割并进入网格化处理过程。爪子的每个部分的网格是由 HyperMesh(Altair HyperMesh 16.0)创建的。在此过程中,骨骼、软骨和封装的软组织等不规则几何形状上使用了四节点线性四面体元素。在前期阶段,对整个爪模型进行了详细的网格灵敏度测试,旨在确定一个基于收敛性的最优有限元分析 FEM 网格。在这一过程中,逐步降低网格密度,直到两个网格之间预测的应力峰值差异在 3%以内。最终,骨性结构的网格尺寸被设置为 0.2 mm,软骨部分为 0.1 mm,而封装的软组织为 0.2 mm。实心骨、软骨和封装部位的四面体单元总数为 19 986 个。

3. 材料属性

猫爪及相关部位的不同结构通过多种材料属性进行了近似。除了被包裹的软组织外,爪子的其他组织均被理想化为线性弹性各向同性材料。骨组织的杨氏模量和泊松比分别定义为 15 000 MPa 和 0.3。软骨与人类足部软骨的材料相同(杨氏模量＝1 MPa,泊松比＝0.4)。为了模拟混凝土地面的支撑,创建并赋予了板材弹性属性(杨氏模量＝17 000 MPa,泊松比＝0.1)。在最近发表的一篇研究猫爪垫生物力学的论文中,爪垫被描述为类似于聚合物的非线性黏弹性材料。因此,采用了二阶多项式应变能势的超弹性材料模型来模拟猫爪被包裹的软组织。爪软组织的数值通过 ANSYS Workbench 18.0 根据已发表研究中获取的单轴应力-应变数据计算得出,数据是在 3 个加载频率(0.11 Hz、1.1 Hz、11 Hz)下获得的。这是因为超弹性材料行为通常通过单轴测试、双轴测试和剪切测试来表征。工程应力-应变数据直接导入 ANSYS Workbench 18.0 的处理器中。骨骼、软骨、韧带和板材的材料属性列于表 2-3 中。

表 2-3 猫爪模型部件的材料属性

成分	杨氏模量 E(MPa)	泊松比 v
骨	15 000	0.3
软骨	1	0.4
韧带	260	0.4
板材	17 000	0.4

在该研究中,爪子的模型被设定为静态条件。模型中被包裹的固体部分、远端胫骨和远端腓骨的上表面被固定。足部与地面的相互作用被模拟为足部-板系统,这是一种在人体足部生物力学建模中常用的方法。板材被赋予了弹性属性,以模拟混凝土地面支撑,并允许其在垂直方向上自由移动。在板材下方施加了一个垂直的地面反作用力,相当于体重的四分之一,该力与爪子之间产生了摩擦接触(摩擦系数 μ＝0.6)。图 2-14 展示了构建解剖结构进行模拟分析的基本方法。

4. 模型验证

参考了人足的数值模型,足部 FEM 通过足底压力分布进行了验证。因此,本研究也从压力平台测量系统(Novel GmbH,德国慕尼黑)中提取了猫爪的接触压力和接触面积分布,以便与模拟结果进行对比(图 2-15a、b)。实验压力数据是在静态站立条件下收集的。

(三) 研究结果

本研究开发了一个几何上准确的基于 FEM 的猫爪模型。为了验证该 FEM,研究人员将数值预测的爪压力分布与实验获得的爪压力分布进行了比较。结果表明,数值预测的左前爪压力分布与实验数据相符良好。无论是 FEM 结果还是实验结果,爪子的压力主要集中在掌垫上(图 2-15c)。数值模型预测的接触面积约为 68 cm², 而实验测得的接触面积为 54 cm², 显示出 26% 的过度预测。尽管如此, 实验测量的压力值与 FEM 结果的关联良好, 其中 FEM 中的最大压力位于掌垫上。FEM 预测的压力峰值为 0.217 MPa, 而通过压力平台测得的实验结果为 0.2 MPa, 两者之间的差异仅为 7.8%。在所有模拟条件下, 最大范式等效应力集中在掌骨段。预测的最高范式等效应力为第三掌骨的 0.771 MPa, 其次是第二、四和五近节趾骨。由于第一近节趾骨相对于其他

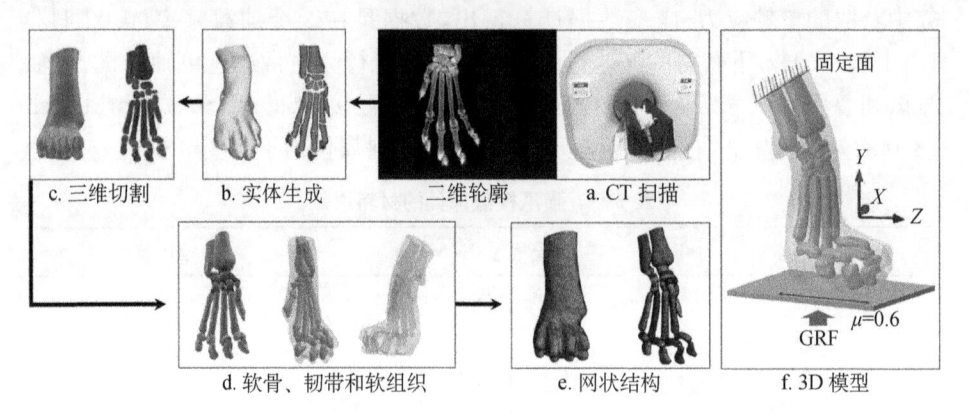

图 2-14　从 CT 图像创建 FEM 到 ANSYS Workbench 分析的过程

资料来源：Wang M, Song Y, Baker J S, et al., 2021. The biomechanical characteristics of a feline distal forelimb: a finite element analysis study[J]. Computers in Biology and Medicine, 129: 104174.

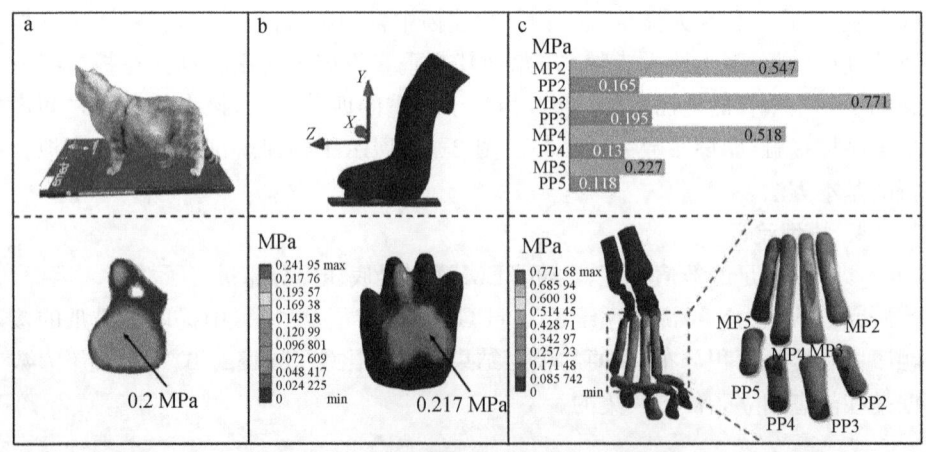

图 2-15　实验测量与预测的爪压分布比较

a. 猫在压力板上静态站立姿势; b. 采用有限元方法模拟的左前爪; c. 显示掌骨和近节趾骨段的范式等效应力。MP, 掌骨; PP, 近节趾骨

资料来源：Wang M, Song Y, Baker J S, et al., 2021. The biomechanical characteristics of a feline distal forelimb: a finite element analysis study[J]. Computers in Biology and Medicine, 129: 104174.

掌骨位置较高,其应力最低。研究还发现,指骨段的应力分布不均,近端部分的应力高于中部或远端部分。近节趾骨的应力范围为 0.118~0.195 MPa。图 2-15c 展示了左前远端肢体中范式等效应力的详细分布情况。

(四) 讨论与分析

在本研究中,将数值预测的爪压力分布和接触面积与实验测量进行了比较,如以前在人体足部研究中所述或与动物相关的研究(图 2-15a、b)。可以得出结论,爪的压力数值结果与实验测试一致,但 FEM 显示的接触面积高于实验数据。这一差异可以归因于前爪模型中的简化。尽管 FEM 结果中发现的指骨部分(包括近端、中部和远端)应力较小,指骨段却是主要的支撑结构。根据猫爪的解剖结构,远端关节被厚厚的基底组织包裹,其中包括爪垫。爪垫由指垫和掌垫组成,分别位于远端指间关节和掌指关节下方。这一结构在有效减小和传递地面反作用力方面发挥了关键作用,从而保护远端肢体关节免受运动中冲击力引起的肌肉骨骼损伤。此外,爪垫还能优化内部骨结构的力分布。值得注意的是,动物爪垫的优良缓冲性能引起了许多研究者的关注。研究表明,掌垫呈现出一种柱状结构,表面积比指垫大,因此在分配或吸收机械力方面起着主导作用。以前对猫爪的组织学分析显示,掌垫由脂肪组织隔室组成,周围有密集的胶原纤维和弹性纤维,提供了缓冲效果。最近的研究基于详细的有限元分析指出,爪垫中的黏弹性特性和多层结构有助于分散冲击力。总之,鉴于趾行类哺乳动物的特征,不足为奇的是,爪垫作为远端关节下的基本支撑元素,在减轻冲击和最小化内部骨结构应力方面发挥了重要作用。

图 2-15c 显示,最大内部应力集中在掌骨段。掌骨是远端肢体中最长的骨骼结构,离地面较高,连接了两个重要的远端关节,即掌指关节和腕关节。已有研究指出,在行走过程中腕关节的运动受到限制。然而,作为腕关节一部分的腕骨显示出比铰链关节更多的自由度。为了应对腕关节在运动中的多维度运动,掌指关节的运动也可能受到限制,以维持下肢的稳定性。因此,掌骨段可能在掌指关节和腕关节之间创建一个刚性连接,以维持稳定性。掌指关节的运动学变化少且难以检测,因为其尺寸较小且结构复杂,但其强大的支撑功能值得进一步实验研究。以前的研究表明,典型的跑步动物前肢关节活动性较小,或仅在单一平面内移动。此外,远端关节如腕关节和掌指关节的有限活动性可能防止了从趾行步态过渡到掌行步态的可能性,使猫能够在趾行步态下行走或跑步而不至于关节崩溃。当前肢承受较高冲击力(如从高处跳落或坠落)时,猫的前肢会被迫转为掌行步态。在这种情况下,腕关节作为支撑机制,增加了与地面的接触面积,从而减轻了地面反作用力。在远端关节的稳定性创造中,必须配合肌肉、韧带和肌腱的作用。远端关节的肌肉激活模式已被广泛研究。肌电

图信号显示,长掌屈肌在整个站立阶段通过掌指关节作用于远节趾骨底部,同时尺侧腕伸肌也参与其中。此外,浅指屈肌腱分别延伸至第二、三和四指,与前肢肌肉连接,为远端关节提供支持。然而,本研究中的 FEM 未研究远端关节的肌肉和肌腱,这也是研究结果的一个限制。总的来说,本研究为基于猫爪机械分析的仿生鞋或运动设备的开发提供了基础结果。

(五)基于猫科动物的运动特征仿生鞋设计的启示

在本研究中,采用 FEM 对猫的远端前肢及爪部进行了详细建模和分析。这一完整的 FEM 首次涵盖了猫爪的骨骼结构、包裹的软组织、主要的软骨和韧带,揭示了猫爪在承受和传递冲击力方面的优异性能。通过将模型的预测结果与实验数据进行比较,验证了 FEM 的有效性。研究表明,最大应力集中在掌骨段,第三掌骨处的应力水平最高,而指骨部分的应力则较小。这些发现表明,抬高的掌骨段在猫爪左前远端关节的稳定和冲击力传递中发挥了关键作用。

这些研究成果不仅加深了对猫爪生物力学行为的理解,还为仿生鞋设计提供了宝贵的启示。猫爪的优异缓冲性能表明,通过模仿其结构,可以在设计运动鞋时显著改善冲击力的吸收能力,降低对跖趾关节的损伤风险。例如,可以在鞋底设计中加入类似猫爪的厚垫,以增强跑鞋的冲击吸收功能。此外,在鞋垫或鞋底的内侧加入硬质材料,可能会加强对脚部的支撑力,从而提高运动表现和舒适性。未来的研究可以进一步探讨结合肌肉和肌腱影响的 FEM,以优化仿生鞋的设计,并考虑不同姿势下的应力分布,以提升鞋子的整体性能。预期的仿生鞋设计见图 2-16。这些都是基于猫远端肢体 FEM 结果的推测,我们将在未来的研究中进一步探讨和验证。

此外,最新研究在"受猫爪垫启发的分层泰森多边形结构大大增强了着陆冲击能量耗散"中的发现,进一步深化了对猫科动物运动特征的理解,并将其应用于仿生鞋设计中。在该研究中,研究团队通过有限元分析,揭示了猫爪垫在应对冲击时的独特变形和吸能特性。泰森多边形结构的分层配置与内部脂肪隔室之间的协同作用,使得在压缩载荷下的力学响应和变形达到最佳,这一发现为仿生鞋底的设计提供了关键参考。

在此基础上,该研究团队将猫爪垫的结构特征嵌入鞋底设计,特别是在跖骨、跟骨和趾骨对应的位置,成功提升了鞋底的抗冲击性能,同时减轻了重量,避免对脚部产生额外负担。这种仿生设计充分利用了泰森多边形结构的能量耗散能力,通过优化形状、材料厚度和隔室布局,使得鞋底的缓冲性能能够灵活适应不同的应用场景。

通过将这些发现应用于实际产品设计,研究不仅验证了仿生鞋底在抗冲击方面的有效性,也提出了进一步优化设计的可能性,尤其是在确保缓冲功能与

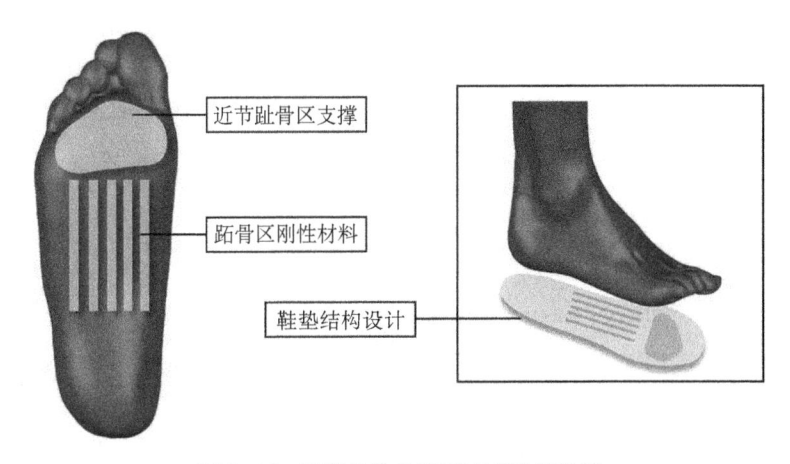

图 2-16　预期的仿生鞋鞋底或鞋垫设计

资料来源：Wang M，Song Y，Baker J S，et al.，2021. The biomechanical characteristics of a feline distal forelimb: a finite element analysis study[J]. Computers in Biology and Medicine，129：104174.

人体自然调节机制的平衡方面。未来的研究将继续探索更多仿生结构的潜力，以提升鞋底在不同环境下的性能和舒适度。

第三节　基于裸足概念的仿生鞋设计研究

一、仿生鞋对跑步时下肢肌肉功能的影响研究

（一）仿生鞋的相关研究

鞋子的基本功能是保护人的脚，同时在日常工作中提供姿势稳定性。然而，一部分研究人员已经证明，传统鞋的功能可能会导致人们的过度保护。根据对早期人类进化的考虑，有强有力的证据表明赤脚行走发生在人类生命的早期阶段。即使是现在，许多土著群体也赤脚行走或跑步，没有任何鞋子。这意味着，从必要的角度来看，鞋子不是人类生存所必需的，也没有被视为优先事项。目前，研究表明，普通鞋对下肢功能有影响，导致其逐渐退化，如下肢肌力丧失、下肢平衡能力丧失、下肢损伤增加等。例如，这种过度保护可能会削弱肌肉力量。Nigg 和 Sousa 等还表明，这种过度保护可能在执行活动时导致潜在伤害。

随着人类的进化和多年来鞋子的使用，脚的角质层已经不能使人类回到赤脚走路的状态。因此，反射控制（RC）鞋和马赛赤脚技术（MBT）鞋引发了基于不稳定鞋的关注的重大研究兴趣。根据以往的研究，不稳定鞋的主要功能可以概括为：①利用不稳定鞋底的机制被动激活肌肉，使更多的肌肉参与运动；②下肢肌肉得到加强；③增加下肢消散地面反作用力冲击的能力；④肌肉控制能力增强，运动能力提升。然而，Nigg 的研究证明，穿着普通鞋和 MBT 鞋训练 6 周后，穿着 MBT 鞋时在平衡方面没有显著的进步。MBT 鞋结构的不稳定条件接近踝关节背屈和跖屈的不稳定。这些不稳定的鞋子实际上并没有反映出人类真实的不稳定状态。基于这一考虑，研究结合真实的赤脚条件和鞋的保护功能创造了仿生鞋。仿生鞋与其他不稳定鞋的主要区别在于其不稳定性完全是基于人体在跑步或行走时的姿势或运动状态而产生的。而研究中的仿生鞋则结合了这些优势，并融入了赤脚的形式，更准确地反映和恢复了赤脚跑步或行走的状态。

近年来，跑步作为一种休闲活动越来越受欢迎。每年有高达 79% 的跑者会遭遇肌肉骨骼损伤，这些损伤的病因涉及多个因素。鉴于大量的跑步相关伤害，医疗专业人员和学者正在集中精力研究如何治疗和预防。因此，一些科学研究已经研究了修改鞋型对跑步风格的影响，因为大多数人在跑步时都会穿跑鞋。根据几个证据来源（如足底压力分布更均匀），赤脚群体的足部结构与习惯穿鞋群体不同。不得不承认，生物力学参数实际上可以反映下肢的变化，以便研究人员更好地了解什么类型的潜在损伤可能会影响运动员。然而，问题是这些方法是否足以用于临床判断。基于这些考虑，更深层次的研究方法也引起了研究者的关注，如肌力法和多足模型法等，以反映跖趾的变化情况。

踝关节扭伤是涉及短跑和跳跃运动（如篮球和足球）最常见的损伤。研究表明，高达 40% 的踝关节扭伤患者在初次受伤后长达 7 年的时间内继续经历残余损伤。Freeman 发明了"功能性踝关节不稳定"这个术语，用来描述一系列踝关节扭伤后，主观上感受到的关节不稳定或无力感。导致功能性踝关节不稳定的因素多种多样，包括感觉、机械和肌肉缺陷。根据以前的研究，可以通过分析肌肉力量来了解损伤的潜在机制，从而确定预防措施并制订训练策略。Rachel 总结称，内侧腓肠肌（MG）、外侧腓肠肌（LG）和比目鱼肌（S）的主要功能之一是在背屈和跖屈时辅助踝关节。至于胫骨前肌（TA）、腓骨长肌（PL）和腓骨短肌（PB），这三块肌肉对踝关节的稳定性或活动范围至关重要。因此，这 6 块肌肉是评估踝关节稳定性功能的重要参数之一。最近，机器学习和多变量分析已被证明是发现跑步表现机械趋势的有效方法。例如，主成分分析（PCA）和支持向量机（SVM）已用于识别步态模式差异。因此，通过使用机器学习和多变量分析,可以识别在穿着普通鞋和仿生鞋时产生的步态肌肉力的差异。通过这种方法,可以更有效地了解其内在机制,帮助运动员避免损伤,尽可能地提高下肢功能。探讨仿生鞋是否能够帮助提高在跑步期间踝关节的稳定性,这有利于帮助大众跑者、运动员及体育从业人员更好地了解踝关节生物力学特征,为运动装备开发研究提供重要启示。

(二) 研究方法

1. 研究对象

本研究共招募 40 个健康的男性业余跑步者进行测试,样本量是根据 G*Power3.1(Franz Faul Christian-Albrechts-Universität Kiel,德国基尔)软件计算得出。具体人体测量学信息如表 2-4 所示。在本试验前 6 个月内,没有发现手术损伤,也没有受试者患有可能影响研究结果的任何下肢疾病。所有参与者在被告知研究目的和进行研究的情况后签署了书面知情同意书。

表 2-4　招募受试者人体测量学信息(均数±标准差)

信息	总和	信息	总和
人数	40	体重*(kg)	66.83±9.91
年龄*(岁)	22.3±3.01	BMI*(kg/m^2)	21.43±2.57
身高*(cm)	174.67±7.11		

*数据以均数±标准差表示。

2. 鞋具

实验中使用了两种类型的鞋,如图 2-17a 所示。使用足部扫描仪(VAS-39,Orthobaltic,立陶宛)扫描个体足部形状,然后使用 3D 打印机[Dragon(L)3D 打印机,广州市文博智能科技有限公司,中国]进行打印。基于足部扫描仪的数据,开发了一种塑料足部模型。然后将该扫描数据提供给鞋厂(宁波飞步领雁体育用品有限公司,中国宁波),该公司开发了鞋楦,进而制造了鞋子。仿生鞋和普通鞋的材料与刚度完全相同。表 2-5 包含有关鞋的信息。

表 2-5　仿生鞋与普通鞋的比较

	普通鞋	仿生鞋
重量(g)	271.0±2.0	294.5±2.3
鞋跟高度(mm)	23.0±1.0	27.0±1.0
弯曲刚度(N/mm)	14.2±0.5	13.6±0.4
鞋底硬度(Asker C)	50.0±0.9	49.6±0.6

(续表)

	普通鞋	仿生鞋
鞋面材料	PVC	PVC
鞋底材料	EVA	EVA

注：PVC，尼龙（聚酰胺）聚氯乙烯；EVA，乙烯-乙酸乙烯酯共聚物；表中数据以均数±标准差表示。

3. 实验方案及过程

本研究的所有实验均在生物力学实验室进行。Vicon 动作捕捉系统（Oxford Realmware Ltd.，英国牛津）和测力平台（Kistler，瑞士）用于收集运动学和动力学数据。分别在 200 Hz 和 1 000 Hz 的频率下捕获运动学和动力学数据。使用频率设置为 1 000 Hz 的肌电图（EMG）系统（Delsys，美国波士顿）收集表面肌电信号（包括内侧腓肠肌、外侧腓肠肌、股内侧肌、股外侧肌、股直肌和胫骨前肌）(图 2-17a)。所有设备的数据都是同步采集的。要求所有参与者在每次测试时都穿着紧身短裤和裤子。39 个（直径 12.5 mm）反射标记固定在每个参与者身上。图 2-17b 显示了每个标记的位置。

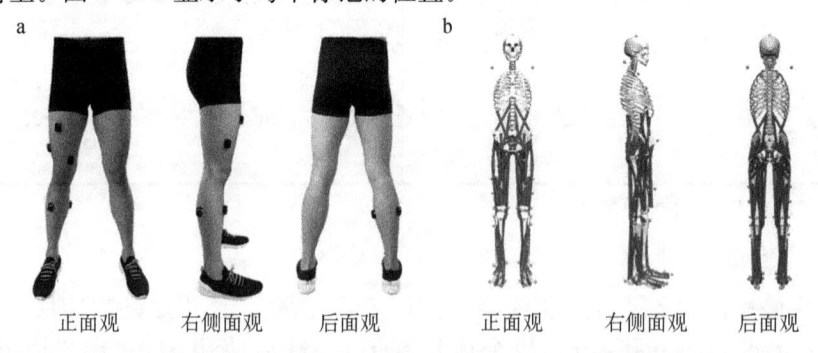

图 2-17 EMG 传感器在三个不同侧的放置图示(a)；标记在三个不同侧的位置图示(b)

资料来源：Zhou H, Xu D, Quan W, et al., 2021. A pilot study of muscle force between normal shoes and bionic shoes during men walking and running stance phase using opensim[J]. Actuators, 10(10)：274.

在热身过程中，参与者需完成以下任务：在跑步机上以 8 km/h 的速度慢跑 10 分钟，随后进行下肢的伸展运动。在正式实验前，所有参与者均需进行三次实验，以熟悉测试动作。为减少皮肤与电极之间的接触阻抗，测试区域的毛发被移除，并通过皮肤打磨和乙醇洗涤进行处理。参与者熟悉方法和实验设置后，他们被装备上标记和传感器，以记录每个目标肌肉的最大自主收缩（MVC）。参与者被要求站在测力平台上，并记录 MVC 后获取静态坐标。静态坐标通过要求参与者站在力平台的 Y 轴上、双臂交叉于肩前、目视前方的姿势获得。参与者以自选速度沿 10 m 路径进行跑步练习，以收集动态数据。数据仅从参与者的踢球首选腿采集。

4. 实验数据收集和处理

实验中使用 Vicon Nexus 软件创建 c3d 文件,用以检测运动学和地面反作用力数据,并利用 MATLAB R2019a(The MathWorks,美国马萨诸塞州纳蒂克)对运动学和地面反作用力数据进行低通滤波和数据提取。具体流程包括:①根据运动学数据,将所得坐标系转换为 OpenSim 使用的坐标系,即人体向前的方向为 X 轴正方向,垂直于地面的方向为 Y 轴正方向,人体向右的方向为 Z 轴正方向;②采用低通 Butterworth 滤波器在 6 Hz 和 30 Hz 下对标记物和地面反作用力运动轨迹的生物力学数据进行滤波;③利用 OpenSim 仿真软件,采集跑步阶段的运动学和地面反作用力数据,并将其转化为 trc(标记轨迹)和 mot(力板数据)格式。

肌电图数据用于验证肌肉力量和激活的有效性。首先使用 4 阶带通滤波器在 10 Hz 和 500 Hz 之间对肌电数据进行滤波,再使用频率为 10 Hz 的低通滤波器对其进行平滑处理(图 2-18)。图 2-18 还显示了肌电数据与肌肉骨骼模型在肌肉激活方面的对比。

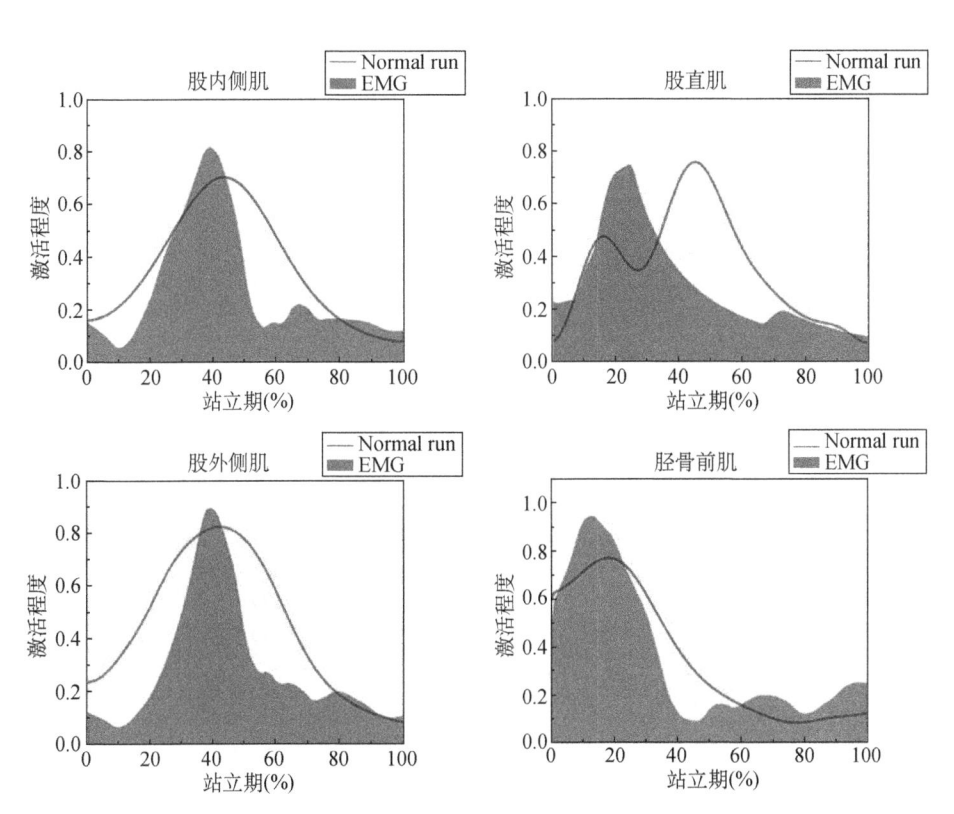

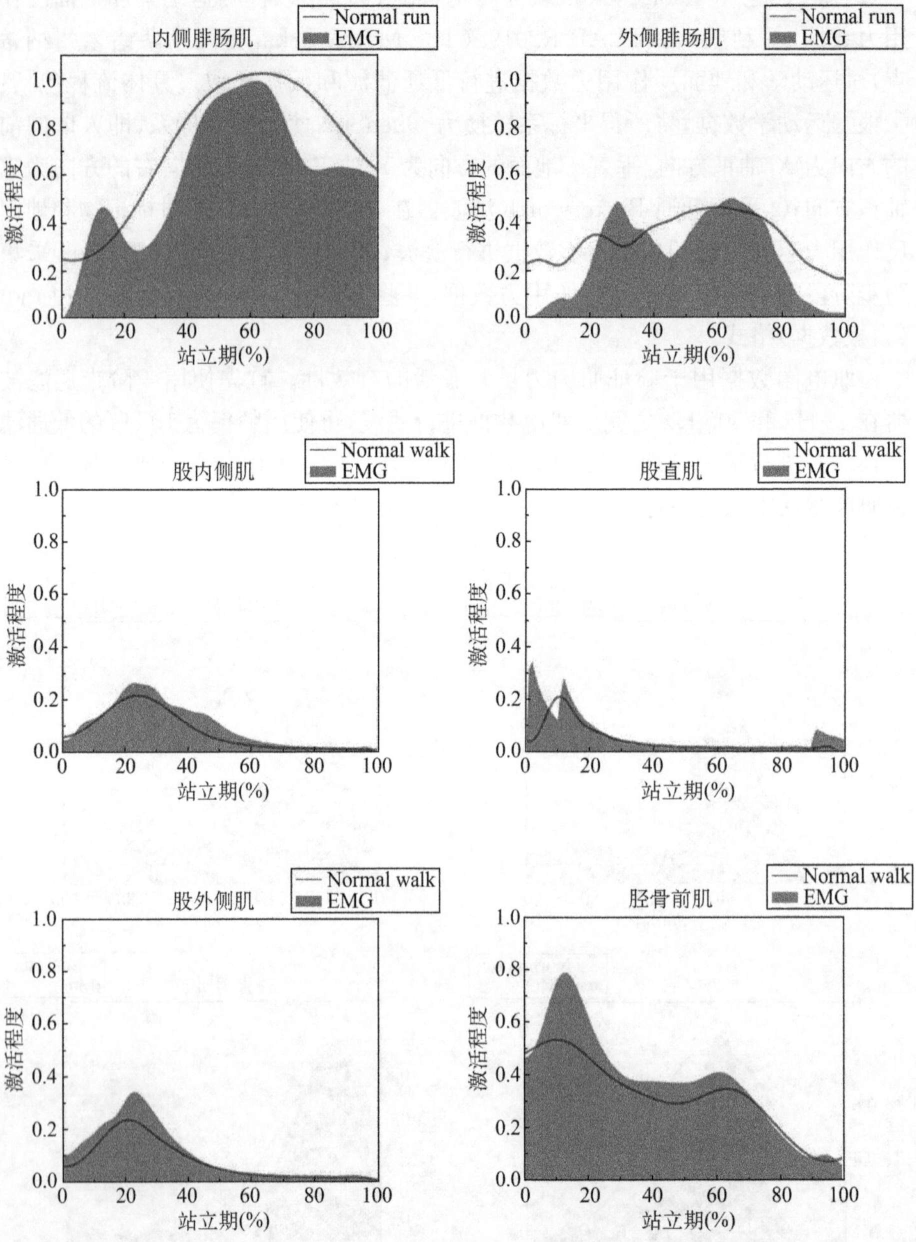
内侧腓肠肌
Normal run
EMG
激活程度
站立期(%)
外侧腓肠肌
Normal run
EMG
激活程度
站立期(%)
股内侧肌
Normal walk
EMG
激活程度
站立期(%)
股直肌
Normal walk
EMG
激活程度
站立期(%)
股外侧肌
Normal walk
EMG
激活程度
站立期(%)
胫骨前肌
Normal walk
EMG
激活程度
站立期(%)

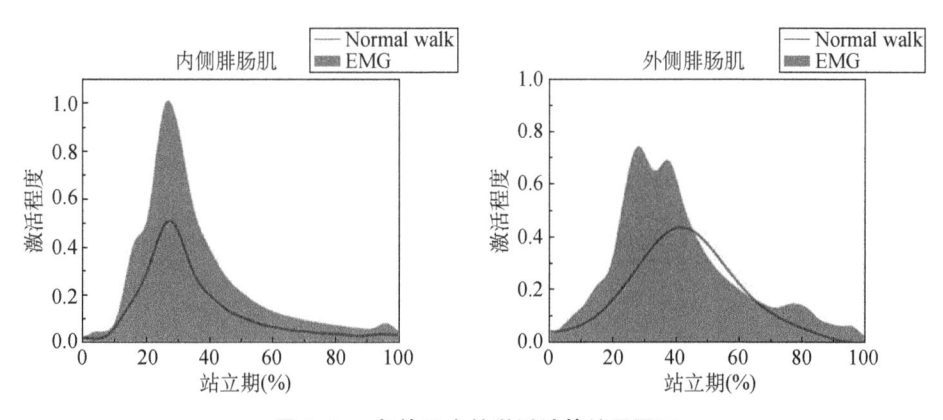

图 2-18 每块肌肉的激活计算结果图示

Normal walk,行走状态下肌肉骨骼模型计算结果;Normal run,跑步状态下肌肉骨骼模型计算结果;EMG,肌电激活计算结果

资料来源:Zhou H, Xu D, Quan W, et al., 2021. A pilot study of muscle force between normal shoes and bionic shoes during men walking and running stance phase using opensim[J]. Actuators, 10(10): 274.

本研究使用 OpenSim 来处理和计算生物力学参数,采用的肌肉骨骼模型(gait 2392 模型)包含 10 个刚体、23 个自由度和 92 个肌腱驱动器)。建模步骤如下:①使用 OpenSim 4.2 导入静态对象的模型,并利用比例工具得到每个参与者的个体尺寸模型;②通过逆运动学(IK)和逆动力学(ID)工具计算运动学与动力学数据;③应用残差约简算法(RRA)和计算肌肉控制(CMC)工具,对最终测试数据进行平滑处理,并计算肌力和激活程度。

5. 数据分析

在进行统计分析前,对数据集进行了 Shapiro-Wilk 正态性检验。配对 t 检验用于比较两种鞋子在跑步姿势阶段的差异,结果显示差异无统计学意义。行走和跑步阶段的所有数据均通过自定义 MATLAB 脚本处理为 101 个数据点的时间序列曲线,并使用开源 SPM 1D 软件进行配对样本 t 检验。显著性阈值 P 值设定为 0.05。

(三) 研究结果

1. 运动学和动力学分析

图 2-19、图 2-20 显示了使用配对 t 检验的统计参数映射(SPM)分析,其中使用不同的鞋行走和跑步。图 2-19 显示,在行走站立阶段,普通鞋和仿生鞋之间的髋关节伸展与屈曲差异有统计学意义(21.23%~28.24%;$P=0.040$)(84.47%~100%;$P=0.017$)。图 2-20 显示,在跑步站立阶段差异无统计学意义。

图 2-19 的彩图

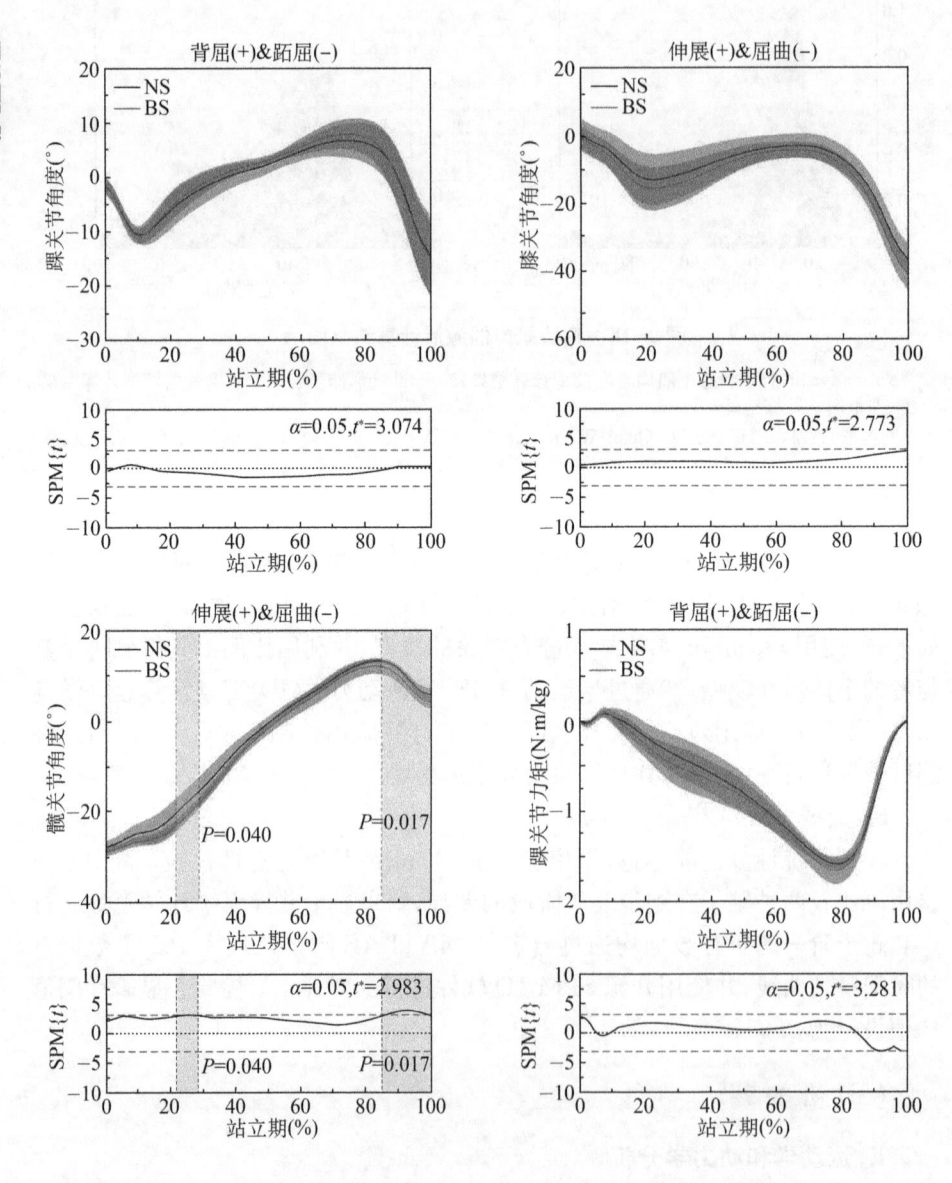

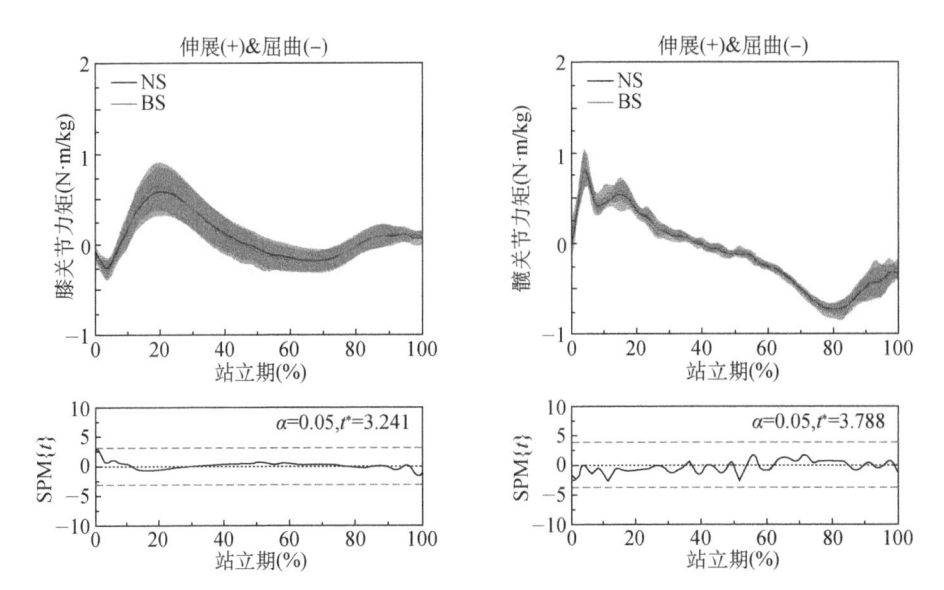

图 2-19　普通鞋和仿生鞋下肢之间的结果图示,显示了行走站立阶段踝关节、膝关节和髋关节的角度和力矩的 SPM 输出

t^* 的值显示在每个图像的右侧。灰色阴影表示所有参与者的 SPM 的显著差异和 t 值(事后结果;红色虚线表示 $P=0.05$ 时的结果)。NS,普通鞋;BS,仿生鞋

资料来源:Zhou H, Xu D, Quan W, et al., 2021. A pilot study of muscle force between normal shoes and bionic shoes during men walking and running stance phase using opensim[J]. Actuators, 10(10):274.

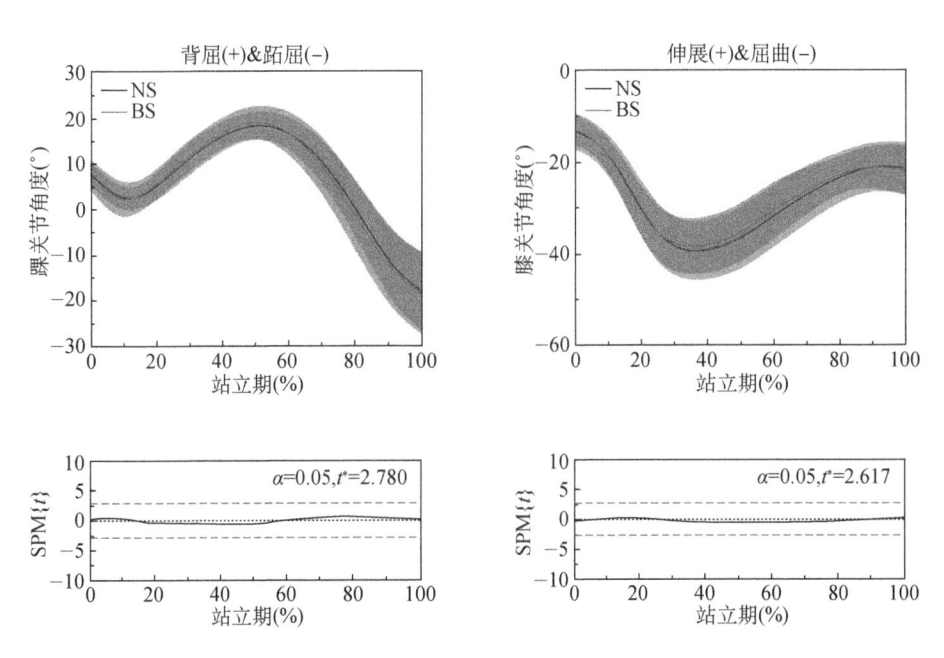

图 2-20 的彩图

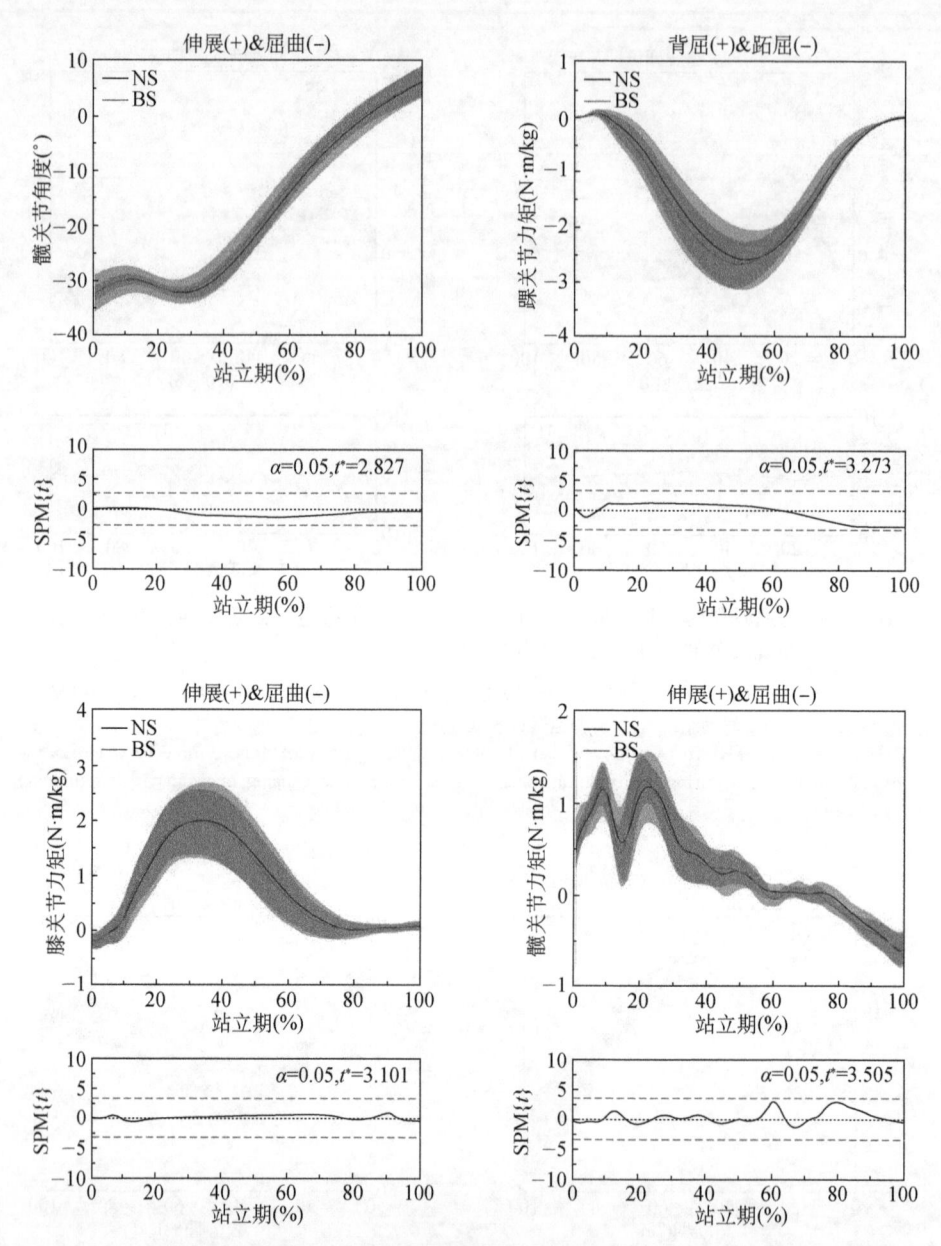

图 2-20 普通鞋和仿生鞋下肢之间的结果图示,显示了跑步站立阶段踝关节、膝关节和髋关节的角度和力矩的 SPM 输出

t^* 的值显示在每个图像的右侧。灰色阴影表示所有参与者 SPM 的显著差异和 t 值(事后结果;红色虚线表示 $P=0.05$ 水平的结果)。NS,普通鞋;BS,仿生鞋

资料来源:Zhou H, Xu D, Quan W, et al., 2021. A pilot study of muscle force between normal shoes and bionic shoes during men walking and running stance phase using opensim[J]. Actuators, 10(10): 274.

2. 肌力分析

图 2-21、图 2-22 显示了使用配对 t 检验的 SPM 分析,其中使用不同的鞋行走和跑步。图 2-21 显示,在行走站立阶段,普通鞋和仿生鞋之间的股直肌(5.29%～6.21%；$P=0.047$)、胫骨前肌(14.37%～16.40%；$P=0.038$)和内侧腓肠肌(25.55%～46.86%；$P<0.001$)的肌力差异有统计学意义。图 2-22 显示,在股直肌中发现了显著差异[12.83%～13.10%(由于范围太小,在图 2-22 中仅显示为一条虚线),$P=0.049$；15.89%～80.19%,$P<$

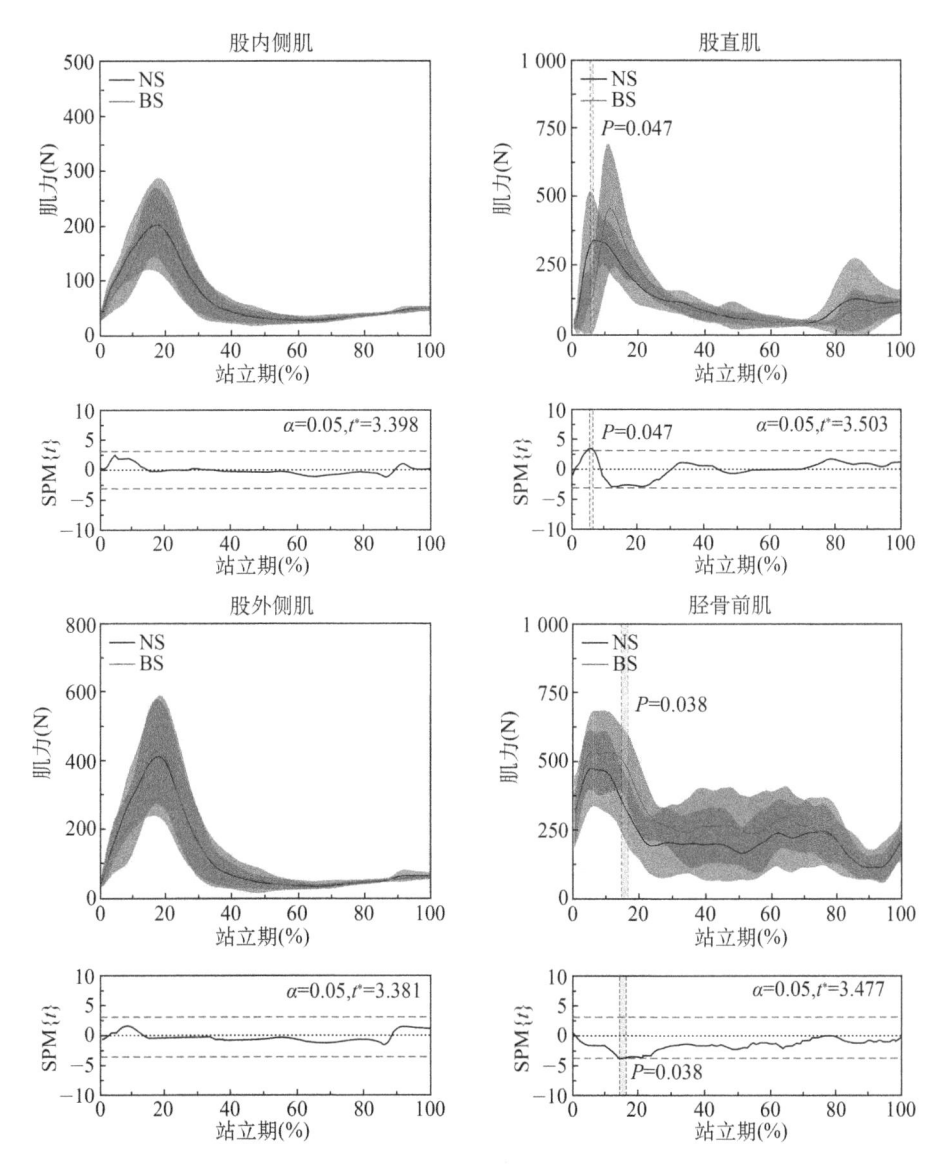

图 2-21 的彩图

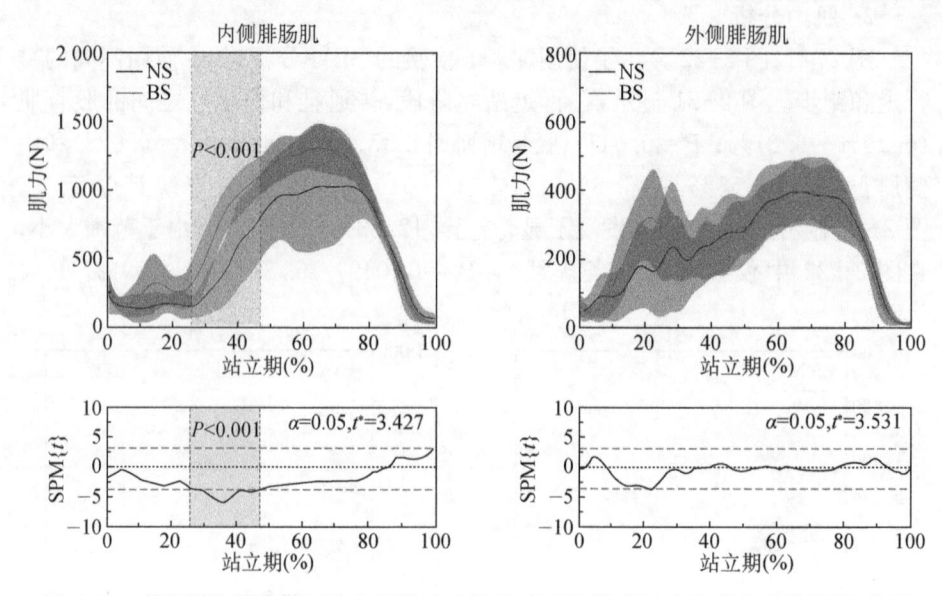

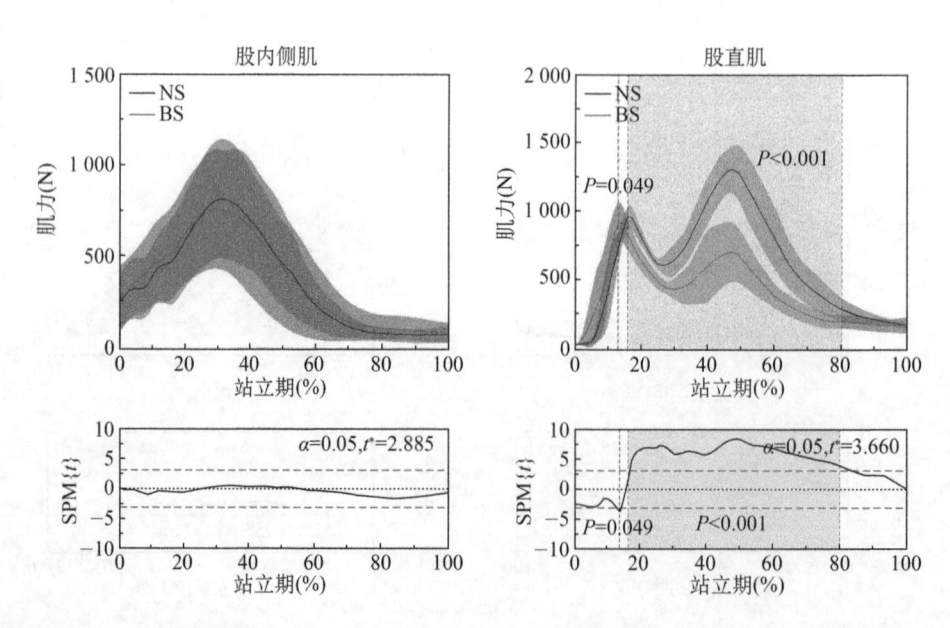

图 2-21 普通鞋和仿生鞋下肢之间的结果图示,显示了步行站立阶段内侧腓肠肌、外侧腓肠肌、股内侧肌、股外侧肌、股直肌和胫骨前肌的 SPM 输出

t^* 的值显示在每张图像的右侧。灰色阴影表示所有参与者的 SPM 的显著差异和 t 值(事后结果;红色虚线表示 $P=0.05$ 水平的结果)。NS,普通鞋;BS,仿生鞋

资料来源:Zhou H, Xu D, Quan W, et al., 2021. A pilot study of muscle force between normal shoes and bionic shoes during men walking and running stance phase using opensim[J]. Actuators, 10(10):274.

图 2-22 的彩图

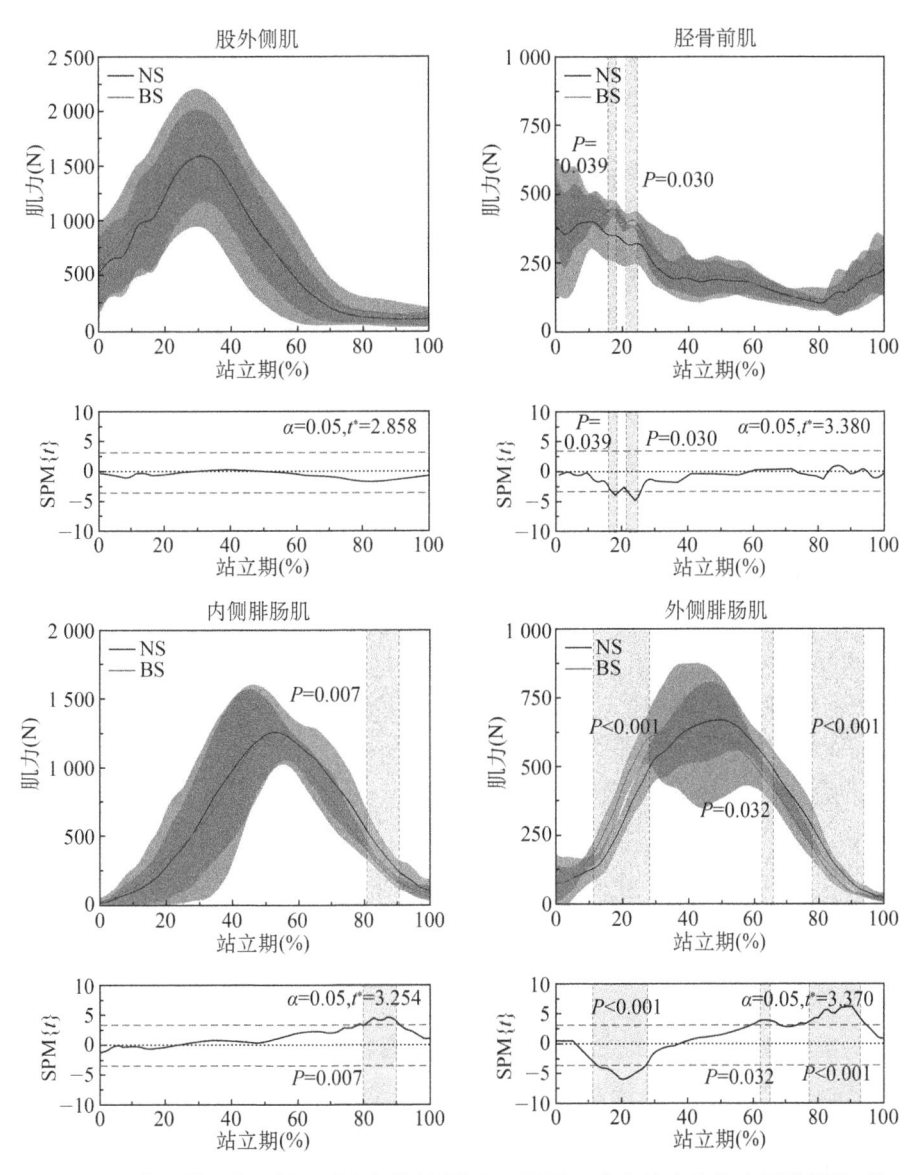

图 2-22 普通鞋和仿生鞋下肢之间的结果图示,显示了跑步站立阶段内侧腓肠肌、外侧腓肠肌、股内侧肌、股外侧肌、股直肌和胫骨前肌的 SPM 输出

t^* 的值显示在每张图像的右侧。灰色阴影表示所有参与者的 SPM 的显著差异和 t 值(事后结果;红色虚线表示 $P=0.05$ 水平的结果)。NS,普通鞋;BS,仿生鞋

资料来源:Zhou H, Xu D, Quan W, et al., 2021. A pilot study of muscle force between normal shoes and bionic shoes during men walking and running stance phase using opensim[J]. Actuators, 10(10):274.

0.001]、胫骨前肌(15.85%～18.31%, $P=0.039$; 21.14%～24.71%, $P=0.030$)、内侧腓肠肌(80.70%～90.44%; $P=0.007$)和外侧腓肠肌(11.16%～27.93%, $P<0.001$; 62.20%～65.63%, $P=0.032$; 77.56%～93.45%, $P<0.001$)。

(四) 普通鞋与仿生鞋在步行和跑步阶段对下肢生物力学的影响

本部分旨在研究在步行和跑步的站立阶段,普通鞋和仿生鞋之间的差异及跑步时仿生鞋对于下肢踝关节稳定性的影响。研究者假设,在步行和跑步的站立阶段,穿仿生鞋者的肌力将大于穿普通鞋者的肌力。他们进一步假设,在脚趾离地阶段,穿仿生鞋者的肌力将大于穿普通鞋者的肌力。研究结果部分验证了这一假设。根据此前的研究,类似的不稳定鞋,如 MBT 鞋,在步行站立阶段具有更大的膝关节屈曲角和更大的踝关节角度活动范围。从另一个角度来看,不稳定的鞋子会降低踝关节角度的运动范围,这与当前研究的结果不一致。研究显示,在跑步站立阶段,穿着仿生鞋确实改变了踝关节角度的运动学,但在关节活动度(range of motion, ROM)的变化方面差异无统计学意义。可能是由于不稳定鞋的设计接近踝关节的跖屈和背屈,从而改变了下肢的运动学和动力学。需要探讨这种强制性的变化是否符合原始状态下的解剖学适应条件。本研究中的仿生鞋确实对鞋子的原始状态进行了调整,这种调整更接近于人脚的自然不稳定状态。Ewald 的研究比较了儿童和成人足底压力分布的差异,发现中足的足底压力分布比例较小,这样的压力分布不会显著影响踝关节的跖屈和背屈。

本研究的结果表明,在步行站立阶段,仿生鞋比普通鞋对胫骨前肌和内侧腓肠肌的肌力有更大的影响。然而,目前尚未有研究专门探讨使用仿生鞋时肌力的变化,这使得对具体原因的讨论较为困难。根据之前对不稳定鞋的研究,有一些可能的解释。Nigg 和 Zhou 的研究表明,不稳定鞋的远端支点会导致下肢的运动学和动力学增大或减小。虽然这些变化看似微小,但如果从不同的角度来思考,解释将更为直接。例如,当支撑点靠近躯干时,运动学和动力学的变化较小;而当支撑点远离躯干时,即使是微小的变化也会产生显著的效果。这可能解释了即使在下肢运动学和动力学变化不显著的情况下,肌力的变化仍然显著。需要注意的是,这些变化可能存在于额状面上。在支撑期中,这种肌力的增加对于肌力和康复训练非常有帮助。

在跑步站立阶段,普通鞋对胫骨前肌、外侧腓肠肌和内侧腓肠肌的肌力比仿生鞋更强。根据前人的研究,这可能与跑步时脚尖离地阶段地面反作用力的增加有关,地面反作用力的增加意味着脚尖离地阶段的力也在增加。受试者可能已经习惯于在普通鞋设计中脚尖离地,并通过腓肠肌的力量将力传导至动力链上，进而增强股直肌的力量。因此，普通鞋可以利用更多的肌力来击打地面，以提高跑步的经济性和速度。相比之下，仿生鞋的不稳定性可能比普通鞋更有助于肌肉控制。从控制和康复的角度来看，过多的肌力未必有益，因为过大的肌力可能会增加肌肉撕裂的风险。对于刚受伤的人群而言，肌肉控制比单纯的肌力更为重要。研究发现仿生鞋在步行站立阶段能够提高胫骨前肌和内侧腓肠肌的肌力，但在跑步站立阶段，普通鞋的肌力表现优于仿生鞋。仿生鞋的设计可能比其他不稳定鞋更接近真实的足底情况，并且更适合于下肢肌肉控制和康复训练。尽管仿生鞋能够增加步态的支持和康复训练的效果，但需要警惕肌力过大带来的潜在风险。未来研究应进一步探讨仿生鞋在不同运动模式下对肌力和关节力的影响，以更全面地理解其在运动学和动力学方面的应用。

综上所述，仿生鞋可能比其他不稳定鞋更接近真实的足底状态。仿生鞋的设计能够更好地支持下肢肌肉的控制和康复训练。然而，本研究也存在一些局限性。首先，本研究仅选择男性作为参与者；而已有研究表明，由于女性骨盆结构的不同，她们可能更容易遭受下肢损伤。其次，研究未探索两种鞋在额状面行走和跑步过程中的差异，额状面的运动学和动力学参数难以在踝关节内翻和外翻时准确评估肌力变化。最后，研究未检测到步行和跑步阶段两种鞋之间的关节力变化。因此，未来的研究应探讨这些局限性。

(五) 研究结论

研究调查了在跑步站立阶段使用普通鞋和仿生鞋对踝关节影响的差异。研究结果显示，仿生鞋相比其他不稳定鞋，甚至普通鞋，更符合人类的自然条件。此外，研究表明，仿生鞋在减少跑步过程中踝关节损伤方面具有重要作用。通过在不稳定条件下增加肌肉的参与，仿生鞋能够更有效地恢复人类最原始的足部不稳定状态。

二、仿生鞋对跑步时足部应力分布的响应研究

(一) 足部应力分布的相关研究

日常鞋的主要目的是保持和增强人体的稳定性与姿势控制能力，特别是在运动过程中的脚。由于鞋类研究和开发的持续进步，运动鞋在 20 世纪 70 年代被开发出来，其设计目标包括提高运动表现和降低运动损伤。鞋类的功能逐渐从传统的足部保护和减震转变为满足各种运动需求的专门设计。为了迎合消费者的需求，当代企业和市场将设计理念集中在减震、运动控制和足底压力分布调整上，以提供在提高性能的同时降低受伤风险的训练装备。

从人类进化的角度看，这些发展是合理的，因为早期人类普遍习惯于赤脚

行走。至今，某些土著群体仍有许多人赤脚行走或跑步，这表明鞋类并非人类生存的必需品，早期人类并不认为其对生活至关重要。基于这一理解，本研究设计了仿生鞋，结合了赤脚的好处与穿鞋的安全性。与其他不稳定鞋相比，仿生鞋设计为仅在穿着者改变姿势或运动时才会失去平衡。先前的研究指出，影响稳定性的关键因素可能更多来自不稳定结构的差异，而非姿势的不同。仿生鞋通过更准确地模拟赤脚的体验，试图再现赤脚跑步和行走的状态。

基于对 MBT 鞋的生物力学运动学研究，与传统鞋相比，MBT 鞋在行走过程中显著增加了矢状面关节角度和运动范围。这种变化在踝关节、膝关节和髋关节均有观察到，表明 MBT 鞋底的圆形结构在前后方向上需要调整关节角度，从而影响运动范围。一个潜在的优点是关节角度的增加可以增强下肢关节的缓冲效果，从而减少这些关节受到的冲击。然而，从运动学的角度看，MBT 鞋的适用性可能仅限于特定场景或个体，并非普遍适用。相比之下，在行走和跑步过程中，下肢运动学变化最显著的为额状面，这与其结构的赤脚相似性及对生物力学结果的间接影响有关。通过恢复赤脚时的不稳定性，仿生鞋能够提高下肢和足部功能的稳定性。一些研究人员在单腿着陆实验中发现，使用仿生鞋能够显著增加膝关节和髋关节的屈曲角度，从而改善着陆时的缓冲机制。Zhou 等指出，这一现象可归因于生物体在准备阶段感知到固有的不稳定性，从而表现出类似于预激活的情况。这些发现表明，内外侧不稳定鞋对矢状位运动有一定影响，并且这种关节角度的改变在某种程度上是有利的。

人类足部由 26 块骨头、33 个关节及大量的肌肉、肌腱、韧带、软骨和其他组织组成，是一个极其复杂且坚固的机械结构。在静态站立和动态跑步、跳跃过程中，足部是人体内部动力链与外部运动环境之间的首个接触点（Hicks，1954）。足部通常分为足跟（距骨和跟骨）、足中部（足舟骨、骰骨和楔骨）和前足（跖骨和趾骨），不同区域具有不同的功能。因此，许多研究通过将足底划分为不同的分区来分析足底压力。然而，目前关于不稳定鞋的研究多认为鞋底应为整体结构。鉴于足部被分为三个部分且在分析期间需要探索多个区域，问题随之而来：为何将不稳定鞋底结构设计为整体式？

正常的生物力学测试程序无法准确代表足部状态的变化，有限元分析技术被认为是验证生物系统在复杂载荷环境下机械响应的最佳方法。有限元分析可用于预测内部应力和应变，以及足部不同组成部分的载荷分布。此外，有限元分析还可对鞋底设计和材料研究进行参数评估，这对于预测足部功能至关重要。然而，在有限元分析后比较各种模型的应力特性时，仍存在一些局限。这种比较通常基于应力分布趋势和最大应力值，这可能带有一定偶然性。先前的研究利用 F 检验技术分析了每个骨节点的应力水平。尽管这种方法在防止最大应力值出现方面有所帮助，但它未能充分考虑应力分布特性。因此，在生物力学中,在不增加应力极值风险的情况下,分析有限元后处理过程中骨骼的应力分布特征依然具有挑战。

本研究的目的是利用有限元法比较和研究仿生鞋与普通鞋在跑步时前足着地模式之间的差异。此外,研究进一步细分前脚掌区域,以创造小而独立的不稳定区域,探讨其对运动稳定性和生物力学表现的影响。

(二) 研究方法

1. 实验流程

这项研究可以分为三个部分。首先,为了确定肌力,实验将从 Vicon 动作捕捉系统(Oxford Metrics Ltd.,英国牛津)获得的数据导入到模拟软件 OpenSim。其次,研究获得足部 MRI 和 CT 图像,然后将层扫描上传到建模程序中。通过应用平滑函数并对图像进行相应的修改,提高了图像质量。最后,将前两部分的结果添加在一起,并输入肌力数据,以便使用有限元建模计算最终结果。

2. 参与者

实验招募了一名中国血统的成年男性进行本研究(年龄 26 岁,身高 185 cm,体重 82 kg)。参与者每周运动 3 次,每次至少 1 小时,在实验前的 12 个月内没有遭受任何可能影响研究结果的手术伤害。在简要介绍了研究的性质及其目的后,参与者均签署了书面知情同意书。

3. 鞋子

在这项研究中,使用足部扫描仪(VAS-39,Orthobaltic,立陶宛)和 3D 打印机[Dragon(L)3D 打印机,广州市文博智能科技有限公司,中国]收集了每个参与者足部的个体特征。使用从足部扫描仪获得的数据建立塑料足部模型。宁波飞步领雁体育用品有限公司,利用扫描数据构建鞋楦,然后最终制造出仿生鞋。图 2-23 描述了用于创建仿生鞋的过程。

4. 生物力学变量的采集与处理

生物力学实验室(宁波大学大健康研究院)作为所有测试的场所。一个测力板和一个八摄像机的 Vicon 动作捕捉系统用于收集动力学和运动学数据(Kistler,瑞士)。分别在 200 Hz 和 1 000 Hz 下采集运动学和动力学数据。在 1 000 Hz 的频率下,利用 EMG 设备(Delsys,美国波士顿)记录来自比目鱼肌、腓肠肌、腓骨长肌、腓骨短肌和胫骨前肌的激活。同时从每台设备收集数据。39 个标记的位置如图 2-23a 所示。

受试者以自己的步速沿着 10 m 的跑道跑步,以收集动态数据(图 2-23b)。首次接触定义为垂直地面反作用力超过 10 N 时。参与者在自选的跑步速度下记录了 10 次数据试验。为了进行额外的数据分析,计算了 10 次试验的平均值。FEM 的边界条件通过合并 10 个收集数据集的平均值来确定。从 EMG 信

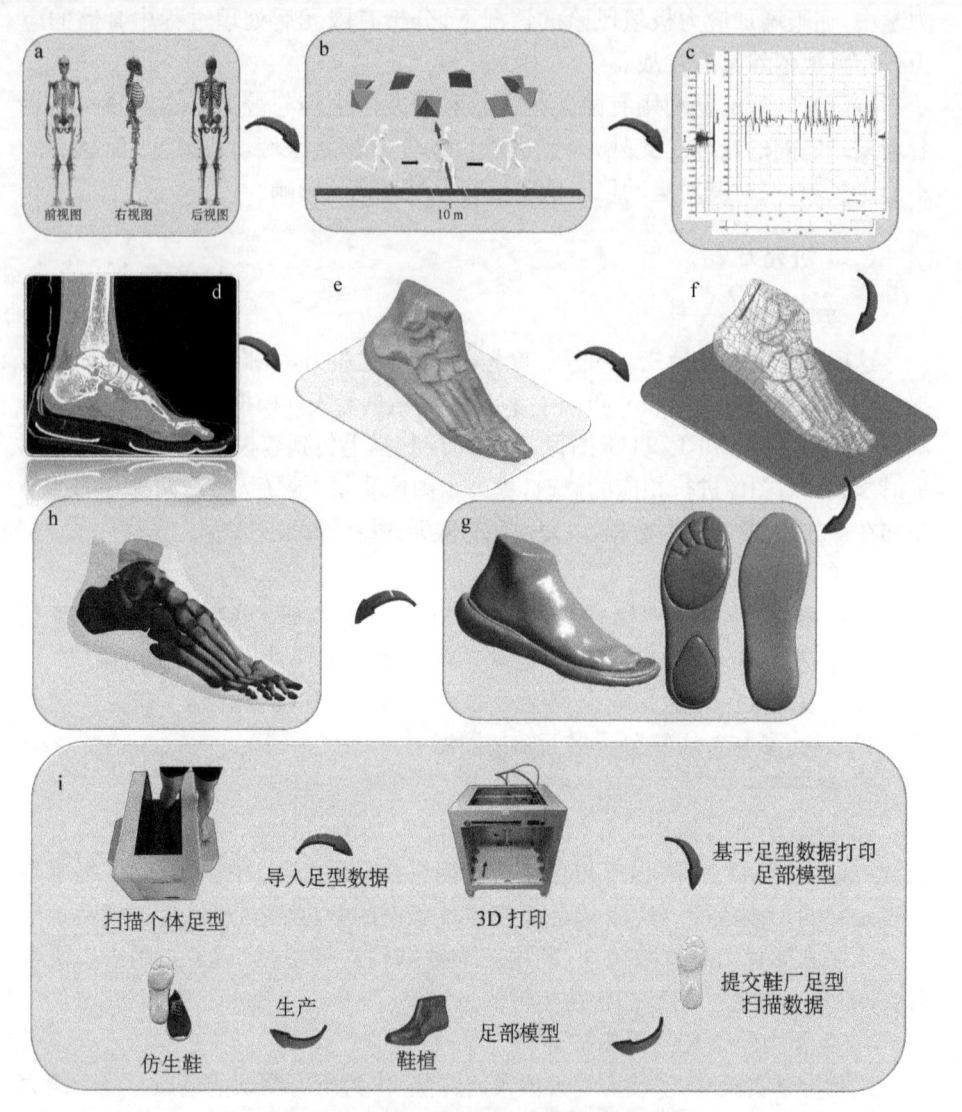

图 2-23　用于研究的生物力学步骤的图示

a. 显示放置在下肢关节和下肢节段上的回射标记；b. 设计用于收集动力学和运动学数据的实验装置的描述；c. 肌肉力量的结果；d. CT 和 MRI 扫描；e. 骨骼和软骨的图示；f. 肌肉和韧带的图示；g. 两种不同类型鞋的图示；h. 模拟最终输出的图示；i. 描述创建仿生鞋所涉及步骤的图示。

资料来源：Zhou H, Xu D, Quan W, et al., 2024. Can the entire function of the foot be concentrated in the forefoot area during the running stance phase? A finite element study of different shoe soles[J]. Journal of Human Kinetics, 92：5.

号中获取的肌肉激活数据集用于创建肌力数据集。当比较肌肉激活时，EMG 数据和肌肉骨骼模型之间没有明显的变化（图 2-24f）。

OpenSim 用于探索和计算生物力学变量。在以前的研究中，这些技术被用于收集关于肌力和肌肉激活输出的信息。检索了跑步阶段的数据,并使用定制的MATLAB 脚本将站立阶段的数据拉伸成具有 101 个数据点的时间序列曲线。通过采用这种方法,可以将与跑步站立阶段有关的数据合并到连贯的数据集中,并且随后将其标准化为范围 0~101 的统一尺度。这确保了垂直地面反作用力和肌力的精确值被整合到 FEM 中。

将峰值垂直地面反作用力输入 FEM,并将相同时间节点的肌肉力数据导入模型。使用鞋底与地面之间的角度来确定 FEM 的位置和角度,如图 2-24g 和 h(接触角和垂直地面反作用力)及图 2-24a~e(肌力)所示。

5. 有限元分析

当穿戴仿生鞋并将脚定位在指定的角度(鞋底和地面角度)时,以 2 mm 的间隔采集参与者右脚的 CT 和 MRI 图像。使用 Mimics v21.0(Materialise,比利时鲁汶)分割二维图像,并使用 Geomagic Studio 2021 创建和微调骨骼、韧带、跟腱、大块软组织和仿生鞋的三维模型(Geomagic, Inc.,美国北卡罗来纳州)。当组件准备好变成实体时,将其导入 SolidWorks 2017(SolidWorks Corporation,美国马萨诸塞州)。通过在两块骨的接触面之间建立实体,模拟软骨的结构。为了模拟普通鞋,使用 SolidWorks 移除仿生鞋外底,然后在中底顶部添加相同厚度的材料。

使用 ANSYS Workbench 2021 对这两个模型的接触区域进行了网格划分和设置。大块软组织、骨骼、鞋子和软骨的网格尺寸分别为 3 mm、2 mm、2 mm 和 0.5 mm。网格细化考虑了接触区的几何形状,Workbench 为各组件提供了自动接触检测。通过基于表面接近度的算法生成可能的接触配对。骨表面与软骨的无摩擦接触界面被用于模拟骨与软骨之间的相互作用。所有骨与软骨均被锚定在包裹的软组织上。模拟脚、鞋和地面之间的相互作用时,接触面使用了摩擦系数为 0.6 的设定。鞋子的每个组成部分及剩余的结构都被设置为绑定。

6. 边界和载荷条件

收集数据中的垂直地面反作用力(图 2-24h)用于计算峰值垂直地面反作用力的力值,该力值均匀地施加到地面上。胫骨和腓骨之间的界面被黏合(图 2-25a)。将五块肌肉的肌力计算结果添加到该模型的肌肉连接部位(图 2-24a~e)。

除了被包裹的软组织外,所有材料都被认为是各向同性的线性弹性材料,并且它们的特性来自过去的研究。选择杨氏模量(E)和泊松比(ν)两个材料常数来表示弹性。采用 Moonley Rivlin 模型将被包裹的软组织描述为非线性超弹性材料。每个组件的材料性能列于表 2-6 中。

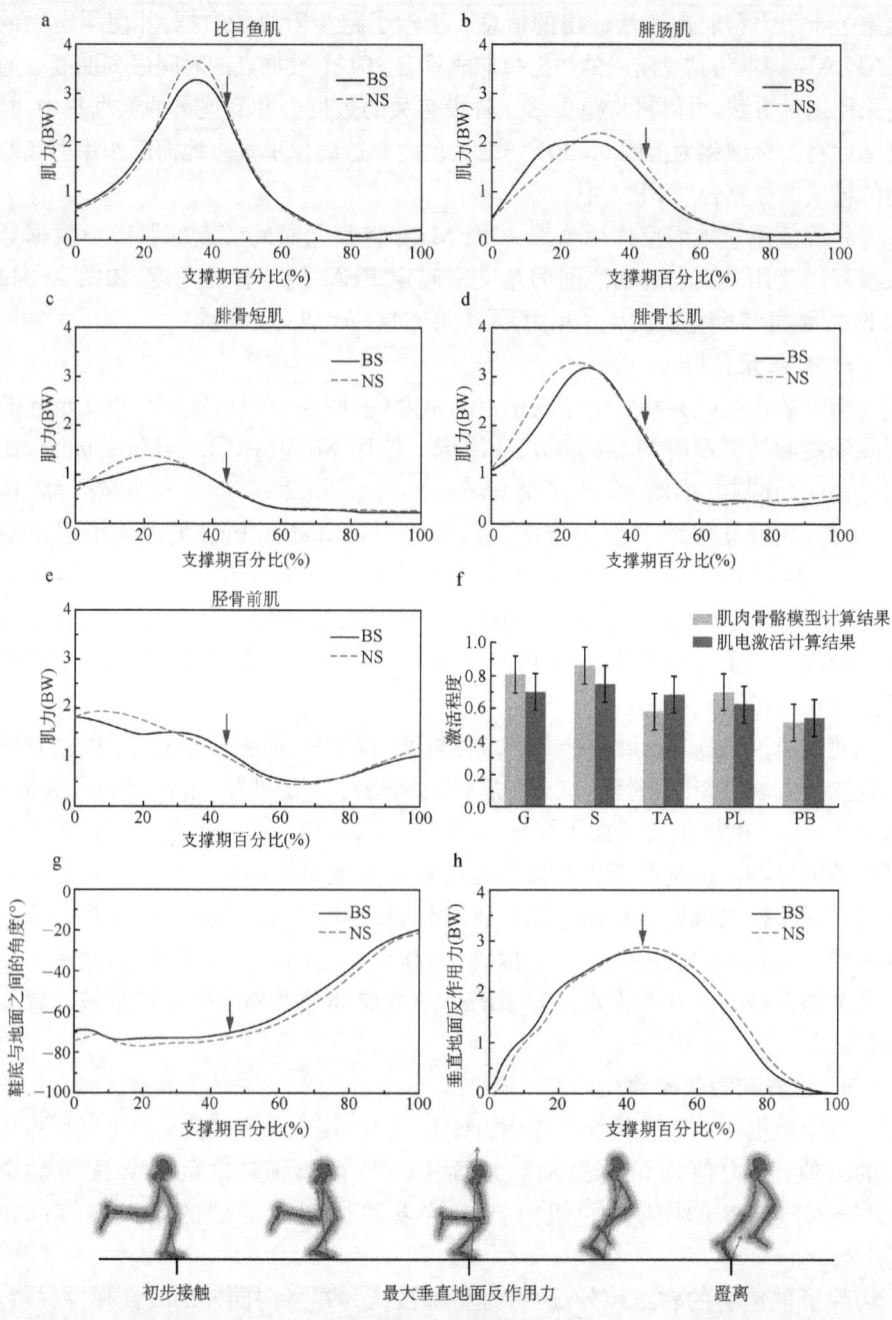

图2-24 每个肌肉力量的图示(蓝色箭头：模型中的数值)(a～e)；每个肌肉的激活程度计算结果的图示(f)，图中左侧刻度为0(无活动)～1(完全活动)；鞋底与地面的夹角(g)；垂直地面反作用力的图示(h)

资料来源：Zhou H, Xu D, Quan W, et al., 2024. Can the entire function of the foot be concentrated in the forefoot area during the running stance phase? A finite element study of different shoe soles[J]. Journal of Human Kinetics, 92: 5.

表 2-6　有限元模型中组件的材料属性

组件	弹性模量(MPa)	泊松比 ν
软组织	二阶多项式应变超弹性模型(设置参数：C10=0.855 6,C01=0.058 41, C20=0.039 00, C11=0.023 19, C02=0.008 51, D1=3.652 73)	/
骨头	7 300	0.3
软骨	1	0.4
韧带	260	0.4
足底筋膜	350	0.4
跟腱	816	0.3
内鞋垫	1.98	0.35
中鞋底	2.49	0.35
外鞋底	3.85	0.4
碳板	17 000	0.4

7. 有限元模型的验证

为了验证足部 FEM，模拟了前足运动状态，并与实验记录的舟骨变形进行了比较。在临床意义上，足舟骨的位移可作为足部变形指数的代表。在手动测量中，内侧足舟骨结节处的节点通常用作参考点。计算在整个身体重量支撑下，该节点的垂直位移。测量的足舟骨变形与有限元模拟结果的比较如图 2-25b 所示。

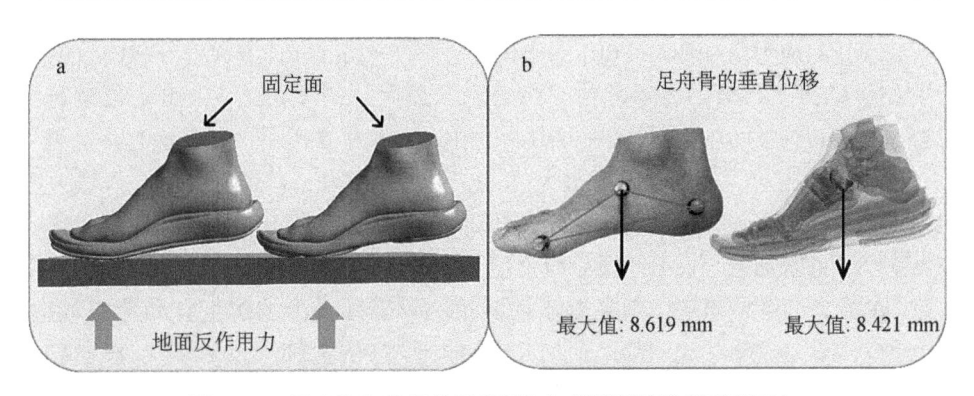

图 2-25　固定和加载条件示意图(a)；模型垂直位移验证(b)

资料来源：Zhou H，Xu D，Quan W, et al., 2024. Can the entire function of the foot be concentrated in the forefoot area during the running stance phase? A finite element study of different shoe soles[J]. Journal of Human Kinetics，92：5.

8. 骨应力分布特征分类与识别

选取第一至五跖骨(MT1、MT2、MT3、MT4、MT5)和第一至五近节趾骨(PP1、PP2、PP3、PP4、PP5)共 10 块骨进行应力分布特征分类和识别。将每块骨应力数据分为 5 种情况：①对应于所有节点的应力值；②对应于前 50% 节点的应力值；③对应于前 20% 节点的应力值；④对应于前 10% 节点的应力值；⑤对应于前 5% 节点的应力值。将总共 50 个（10 块骨中的 5 个病例）数据集代入分类和识别算法模型。本研究选择了 K 近邻算法（KNN）、支持向量机（SVM）和人工神经网络（ANN）作为特征识别与分类模型。

对于 KNN，欧几里得距离 k 被设置为 5。对于 SVM，使用线性核函数将输入特征的数据转换到更高维的空间，使用软边界思想应对错误分类的可能性，并且将正则化常数 C 设置为 1。对于 ANN，在本研究中，输入层、隐藏层和输出层均被设置为 1，批量大小被设置为 25，最大历元被设置为 1 000。使用 S 型激活函数来获得神经网络输出。根据输入特征的数量确定输入层的节点，根据输入数据的组数确定隐藏层的节点，并且基于类的数量确定输出层的节点。所有分类模型均采用 10 倍交叉验证。

（三）研究结果

1. 应力分布

在图 2-26 中，报告了前足跑步期间第一至五近节趾骨上的仿生鞋和普通鞋应力分布。PP1 骨的平均（仿生鞋：5.05 MPa；普通鞋：5.00 MPa）和最大（仿生鞋：16.73 MPa；普通鞋：16.09 MPa）应力值见图 2-26a1、f1。PP2 骨的平均（仿生鞋：5.28 MPa；普通鞋：5.13 MPa）和最大（仿生鞋：17.13 MPa；普通鞋：16.21 MPa）应力值如图 2-26b1、g1 所示。图 2-26c1、h1 显示了 PP3 骨的平均（仿生鞋：4.52 MPa；普通鞋：4.71 MPa）和最大（仿生鞋：14.51 MPa；普通鞋：14.69 MPa）应力值。在图 2-26d1、i1 中，显示了 PP4 骨的平均（仿生鞋：3.80 MPa；普通鞋：4.22 MPa）和最大（仿生鞋：13.85 MPa；普通鞋：14.84 MPa）应力值。PP5 骨的平均（仿生鞋：3.52 MPa；普通鞋：4.06 MPa）和最大（仿生鞋：14.03 MPa；普通鞋：16.12 MPa）应力值见图 2-26e1、j1。

在图 2-26 中，报告了前足跑步期间第一至五跖骨上的仿生鞋和普通鞋应力分布。图 2-26a2、f2 显示了 MT1 骨的平均（仿生鞋：4.95 MPa；普通鞋：5.59 MPa）和最大（仿生鞋：19.34 MPa；普通鞋：21.88 MPa）应力值。图 2-26b2、g2 显示了 MT2 骨的平均（仿生鞋：5.95 MPa；普通鞋：6.80 MPa）和最大（仿生鞋：25.81 MPa；普通鞋：28.72 MPa）应力值。MT3 骨的平均值（仿生鞋：3.77 MPa；普通鞋：4.36 MPa）和最大（仿生鞋：19.22 MPa；普通鞋：21.65 MPa）应力值见图 2-26c2、h2。在图 2-26d2、i2 中，显示了 MT4 骨的平均（仿生鞋：3.46 MPa；普通鞋：4.05 MPa）和最大（仿生鞋：17.91 MPa；普通鞋：20.18 MPa）应力值，而图 2-26e2、j2 显示了 MT5 骨的平均（仿生鞋：3.46 MPa；普通鞋：4.16 MPa）和最大（仿生鞋：14.81 MPa；普通鞋：17.64 MPa）应力值。

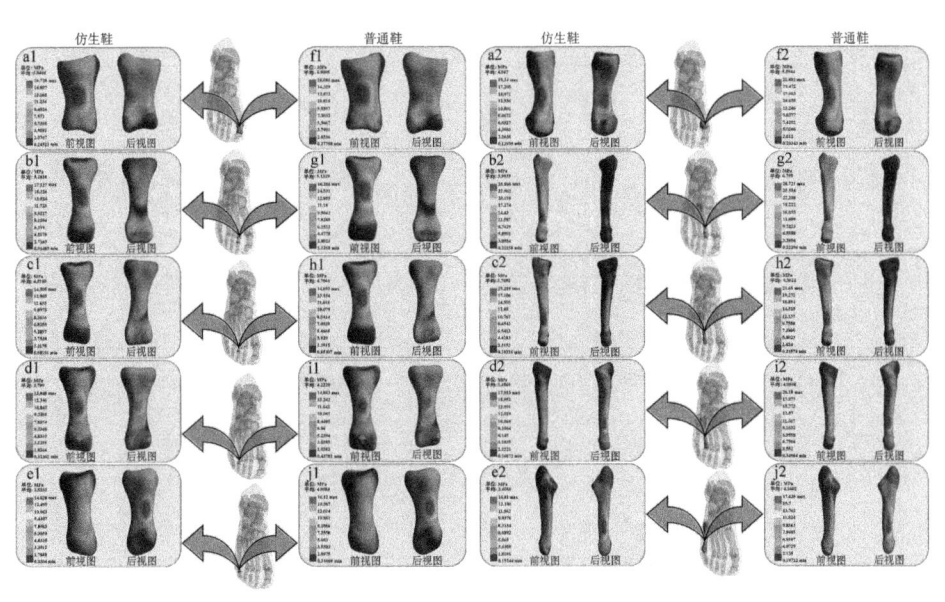

图 2-26 前足跑步过程中，仿生鞋和普通鞋之间第一至五近节趾骨和跖骨的应力分布图

资料来源：Zhou H，Xu D，Quan W，et al.，2024. Can the entire function of the foot be concentrated in the forefoot area during the running stance phase? A finite element study of different shoe soles[J]. Journal of Human Kinetics，92：5.

2. 骨应力分布特征分类与识别

图 2-27a～j 中显示了三种不同分类算法模型关于特征分类的骨应力和每种对比情况下的识别准确率。其中，MT2、MT3 和 MT5 的骨应力分类特征和识别准确率在前 5%、10%、20% 和 50% 的节点处均高于其他足骨。

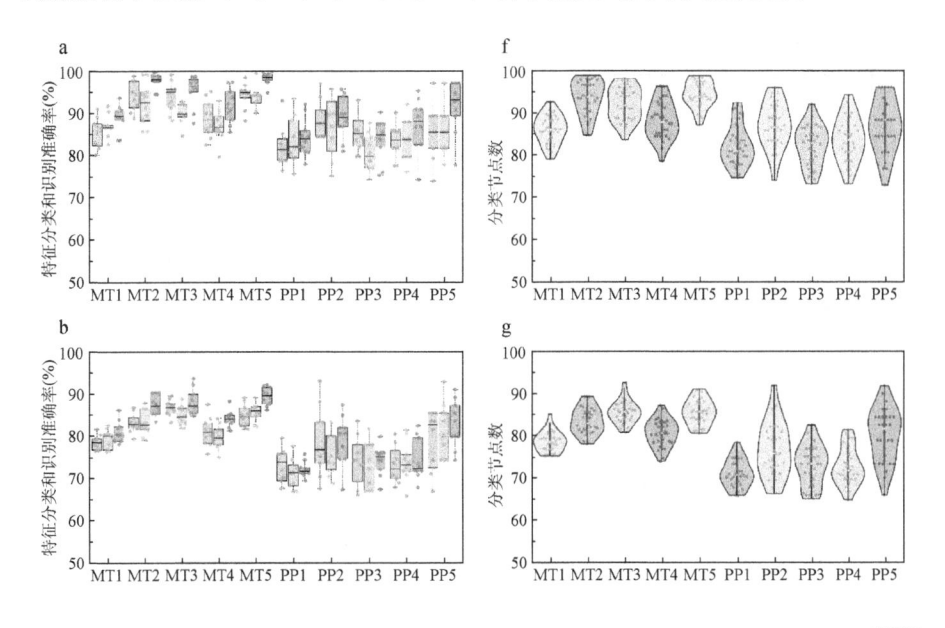

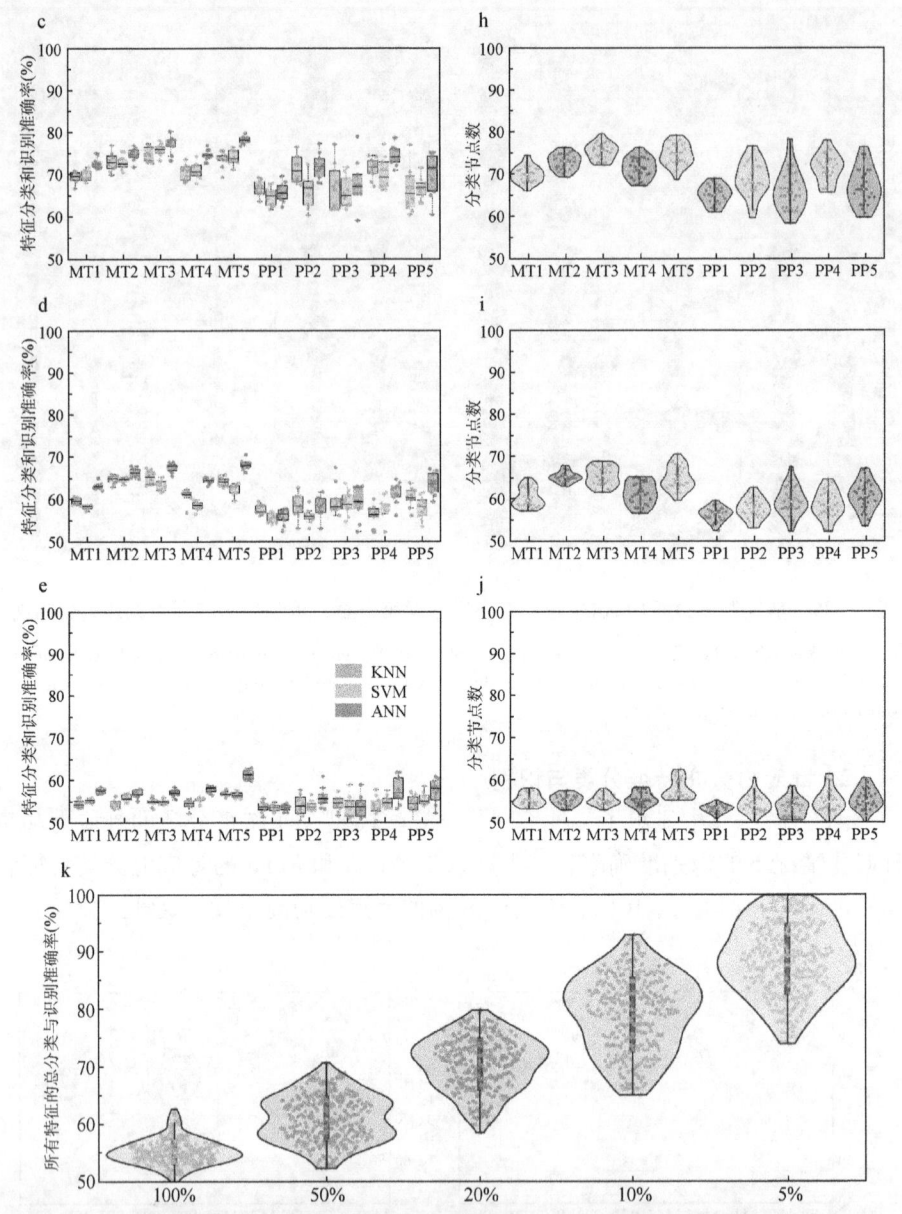

图 2-27 在前足跑步过程中,仿生鞋和普通鞋之间的三种不同分类算法模型的结果,包括在每个对比场景中的特征分类和识别准确率(a～e);在前足跑步过程中,仿生鞋和普通鞋之间的总分类算法模型的结果,包括每个足骨的特征分类和识别准确率(f～j)

a 和 f. 前 5% 节点;b 和 g. 前 10% 节点;c 和 h. 前 20% 节点;d 和 i. 前 50% 节点;e 和 j. 所有节点;k. MT 和 PP 骨的不同节点中的所有特征的总分类与识别准确率

资料来源:Zhou H, Xu D, Quan W, et al., 2024. Can the entire function of the foot be concentrated in the forefoot area during the running stance phase? A finite element study of different shoe soles[J]. Journal of Human Kinetics, 92:5.

MT 和 PP 骨的不同节点中的所有特征的总分类和识别准确率报告在图 2-27k 中。从所有节点开始到前 5% 的节点,可以看出,总共 5 个不同节点的所有分类和识别准确率都呈现增长模式,节点数量越少,分类和识别准确率越高。

(四) 讨论与分析

本研究旨在使用有限元法比较仿生鞋与普通鞋在跑步前足着地模式下的差异。研究过程中将前脚区域分为一个独立的不稳定区域,以便进一步分析。研究假设为与穿着普通鞋跑步相比,穿着仿生鞋前足跑步时足骨应力值更低;并进一步假设穿着仿生鞋跑步时前足跖骨应力值也低于穿着普通鞋跑步。

图 2-27 显示了 MT2、MT3 和 MT5 的分类与识别精度随着前节点数的减少而增高,尤其在前 5% 的节点处达到了 100% 的分类和识别准确率。这种方法在足部结构的生物力学分析中表现合理,特别是在 MT5 与地面距离最近的情况下,其应力分类和识别准确率较高。而 MT2 和 MT3 的高分类识别率可能与不稳定状态下更多肌肉参与运动有关,这使得足部和踝关节处于中立位置,增加了 MT2 和 MT3 的应力值。通过对骨骼应力分布特征的分类识别,可以说明这 3 块跖骨在前足跑步过程中起着至关重要的作用。

跖骨应力性骨折在运动员中的发生率为 10%~20%。在前足跑者中,这种骨折的风险高于后足跑者。已有研究表明,跖骨应力值是评估跖骨应力性骨折风险的重要指标。本研究结果表明,在仿生鞋前着地模式下,跖骨的应力值小于普通鞋。这表明虽然前足着地模式可能增加跖骨应力性骨折的风险,但仿生鞋可以有效降低这一风险。当与以往关于不稳定鞋的研究对比,可能是由于仿生鞋的设计增加了不稳定性,并通过激活下肢功能,降低了跖骨应力值。

𝼧外翻是一种常见的骨科疾病,其特征为𝼧趾的变形和功能障碍。已有研究表明,在步态周期中较低的 PP1 和 MT1 应力值可以降低𝼧外翻的风险。本研究结果与这一结论一致,表明仿生鞋前着地模式下 PP1 和 MP1 的应力值较低。这也表明仿生鞋可能降低𝼧外翻的发生率,并对预防青少年儿童的𝼧外翻具有积极作用。此外,MT5 应力性骨折在跖骨损伤中较为常见。研究表明,较低的 MT5 应力值有助于减少 MT5 骨折的发生率。本研究显示穿着仿生鞋以前足着地模式跑步时 MT5 应力值低于普通鞋,支持了穿着仿生鞋以前足着地模式跑步有助于降低 MT5 骨折风险的观点。

分析表明,穿着仿生鞋以前足着地模式跑步优于普通鞋。造成这种差异的可能原因包括:以前足着地模式跑步时,前脚掌作为唯一与地面接触的部分,导致踝关节不稳定,从而需要下肢肌肉更多地参与运动,以降低踝关节受伤风险。虽然普通鞋前足跑步也有类似现象,但普通鞋缺乏仿生鞋的额外不稳定性因素。仿生鞋跑步时,鞋底的不稳定性与踝关节不稳定性结合,增加了整体不稳定性。推测这可能导致足部和下肢更多肌肉参与运动，进而降低骨骼应力。此外，仿生鞋将整个足部功能集中在前足的特性也可能是应力降低的原因之一。

本研究存在一定局限性。首先，仅有一名健康男性参与实验，个体差异可能导致不同样本得出不同结论。其次，有限元建模期间将骨分为皮质层和松质层的选择可能影响应力值的准确性。简化复杂身体的一些次级组织和结构可能导致建模不完全准确。此外，静态结构分析无法完全描述整个跑步站立阶段。未来研究应利用更大样本量并进行明确的动力学分析以验证结果。

（五）研究结论

综上所述，本研究使用有限元法调查和分析了穿着仿生鞋与普通鞋以前足着地模式跑步之间的差异。研究结果表明，仿生鞋有助于降低当前受试者跖骨应力性骨折的发生概率。此外，研究结果进一步揭示，仿生鞋可能对预防踇外翻有重要意义，这可能在青少年儿童中更有效。最后，本研究提出了有限元结果的后处理方法，对于进一步理解和探索有限元结果具有重要意义。

本章参考文献

第三章

跑鞋运动生物力学

●●● 引言

　　随着经济的发展,我国居民的物质生活水平越来越高,对身体健康更加关注,跑步则是大众最喜爱的运动方式之一。研究已证实跑步有诸多益处,包括增强心血管功能水平,促进心理健康等。同样,跑鞋是大众跑步健身及运动员比赛的必要消费品。但是,跑步爱好者甚至运动员对跑步及跑鞋尤其是动作控制跑鞋没有产生正确的理解,导致其在跑步过程中遭受一些运动损伤。跑鞋不仅与运动损伤有千丝万缕的联系,同样对跑步经济性也有重大影响。跑步经济性被认为是反映长跑运动员表现的关键指标,一双合格的跑鞋要想具备上述功能,不仅需要符合着鞋人群的审美,更要遵循运动生物力学原理。本章结合大量的实验研究对跑者足姿态与运动损伤、动作控制跑鞋之间的关系,以及跑鞋对跑步经济性的影响进行生物力学解析。

第一节
动作控制跑鞋与长跑足姿态改变的生物力学

一、非牛顿流体材质中底鞋具对胫骨冲击和衰减的影响

(一) 非牛顿流体材质中底鞋具对胫骨生物力学影响的研究进展

在过去的几十年里，随着公众对体育运动的参与度不断提高，导致业余运动员和竞技运动员中运动相关疾病的发病率也随之上升。在大多数运动中，运动员在运动表现期间落地时通常采用后足着地的方式。在这种情况下，距下关节(subtalar joint，STJ)的旋前发生在从足跟着地到站立中间的时间。根据 Klingman 等专家的研究，STJ 的旋前与膝关节屈曲和胫骨内旋相关。当足跟接触地面时，这一系列动作在减弱冲击力方面起着关键作用。据推测，股骨的补偿性内旋可能有助于在膝关节伸展时保持对齐。然而，从长远来看，运动员和体育表演者面临不适或更糟的是髋股关节受伤的可能性增加，这有可能削弱运动能力。此外，据报道，下肢发生的大多数慢性损伤与累积负荷密切相关。在田径领域尤其值得注意的是，35%~49%的疲劳骨折发生在胫骨中。许多变量确实可能会对骨骼重塑产生影响，从而影响疲劳骨骼的性能。显而易见的是，生物力学阐明了骨骼在整个运动过程中承受的机械负荷程度。足部撞击地面时，速度减慢至零，从而产生巨大的地面反作用力。这种动量的改变导致下肢承受压缩负荷，从而通过肌肉骨骼系统传递冲击。因此，局部节段峰值加速度会以逐渐延迟的间隔发生。胫骨加速度(tibial acceleration，TA)和骨应变之间的相关性仍然不明，并且可能由于局部肌力的影响而变得错综复杂。

值得注意的是，使用直接连接到胫骨的设备测量峰值 TA 被证明是一种有效的方法，可以揭示其与地面反作用力参数的合理相关性。此外，由于其便利性，越来越多的研究正在使用可穿戴惯性测量单元(inertial measurement unit，IMU)来收集 TA 数据。这种方法利用频率分析和机器学习等技术方法，为理解应力性骨折和关节运动损伤的机制提供了宝贵的见解。

当跑步者的后足着地时，快速减速会产生冲击波，从足部传到躯干，并穿过整个骨骼系统。冲击波的能量被各种组成部分吸收，包括鞋类、跑步表面、肌肉、骨骼和其他结构组织。这种吸收冲击能量的过程，减小了脚和头部之间的

冲击波幅度,被称为冲击衰减(shock attenuation,SA)。除了内力之外,SA 和冲击加速度的大小成为跑步研究中两个关键变量,因为它们与未来伤害存在推测相关性。研究人员认为,为了最大限度地减少近端结构的损伤,SA 可以通过被动和主动机制的相互作用来实现。基于上述假设,先前的研究探索了若干因素,如离心肌肉收缩的表现、跑步速度、运动疲劳干预、跑步表面和跑步鞋,同时观察和比较 TA 的变化。确切地说,受试者在不同跑步速度、不同运动界面和增强的离心肌肉收缩下经历了非常显著的 TA 变化。然而,不同鞋类对 TA 的影响仍存在一些争议。这些争议主要源于不同鞋类公司鞋类条件的差异和生产工艺要求的不同。事实上,要确定鞋类对胫骨冲击的影响,需要更明确的信息,同时考虑运动环境、运动标准和其他相关变量等因素。值得注意的是,在运动过程中,跑鞋的温度会自然升高,这可能会导致其缓冲性能下降。

事实上,这往往是研究人员忽视的一个因素。随着全球平均气温不断上升,特别是在极端气候条件下,跑鞋可能会增加跑者受伤的风险,因为它在户外运动时会经历高温。这强调了研究和解决温度变化对跑鞋性能的影响对于运动员的安全与健康的重要性。考虑到未来地面温度可能会更高,寻找一种能够有效减少运动损伤的缓冲材料,特别是在高温下保持其性能的材料,已成为当务之急。根据冲击动力学和材料开发研究的结果,已经证明非牛顿流体材料具有有效管理冲击力或加速度衰减场景的能力。因此,在运动防护装备的开发中,设计人员利用非牛顿流体的黏弹性和永久变形特性来最大限度地减少固体对人体的冲击损伤。毫无疑问,特定的温度会对非牛顿流体材料的功能产生明显的影响。这些材料在 SA 和防护设备中的有效性很大程度上取决于在使用过程中保持适当的温度。过去的调查表明,当个人参加体育活动时,EVA 鞋的温度大幅升高会导致下肢受伤的脆弱性显著增加。值得注意的是,通过 Hojjat 等的研究,我们观察到非牛顿流体的流变特性在温度升高后表现出剪切稀化行为。因此,将具有非牛顿流体特性的材料融入鞋类中,有可能在户外跑步或体育活动中为运动员提供保护,尤其是当鞋类温度升高时。通过利用非牛顿流体的独特特性,鞋类可以更好地适应不同的冲击条件,确保增强 SA,并降低运动员受伤的风险。

(二)非牛顿流体材质中底鞋具对胫骨生物力学影响的研究方法

在本节中,我们主要阐述了这项研究的假设,阐明了数据采集的精确步骤,并阐述了整个实验过程中用于数据处理的方法。随后,详细介绍了统计分析方法。本质上,将两个 IMU 固定在受试者胫骨的前外侧远端。这样做是为了对比受试者在穿着 EVA 和非牛顿流体材质鞋执行 90°侧切(CM)时的 TA 和机械属性。

1. 工作研究假设

本研究假设,与 EVA 鞋相比,参与者在户外跑步时长时间穿着非牛顿流体材质鞋时,TA 和 SA 差异有统计学意义。通过检查这些鞋的 SA,旨在评估它们在高温户外活动中为运动员提供保护和舒适度的有效性。

2. 参与者

考虑到性别可能存在 TA 和 SA 的差异,从宁波大学和当地俱乐部招募了 18 名男性业余跑步者[年龄(24.32±1.20)岁,身高(1.78±0.04)m,体重(64.61±1.22)kg,BMI(20.22±0.41)kg/m^2]。使用 G*Power 软件进行统计功效分析,采用中等效应大小来减轻Ⅱ型错误的风险并确定本调查所需的最少参与者人数。本实验的输入参数如下:效应大小设为 0.4,显著性水平设为 0.05,检验功效设为 0.8,测量次数设为 3,非球面度设为 0.5。所使用的样本量足以产生超过 80% 的统计功效。参与者的纳入标准包括业余跑步者、右腿占主导地位的跑步者和习惯性后足着地的跑步者。业余跑步者的定义是每周跑步 2~4 次,每周跑动距离至少为 20 km 的个人。要符合实验资格,招募的跑步者在测试前 6 个月内不得出现下肢受伤或足部畸形。在收集数据之前,所有受试者都已完全熟悉测试程序和不同的跑鞋。所有数据收集均在一天中的同一时间进行,以尽量减少昼夜变化对实验结果的影响。此外,所有参与者都可以选择在测试的任何阶段退出实验,并且在研究开始前获得了每位参与者的书面知情同意。

3. 实验方案

测试分为三部分,第一部分旨在确定所有受试者是否符合纳入标准。根据先前的研究,根据单腿跳远测试确定优势脚为右脚。后足着地模式采用着地指数来表征,该指数表示接触时脚长最初 0%~33% 范围内的压力中心,由 Footscan® 压力板(Rsscan International,比利时)测量。

测试的第二部分是穿着 EVA 和非牛顿流体材质鞋进行 5 km 户外匀速跑步。参与者进行标准化热身程序,包括在电动跑步机上以自己选择的速度慢跑 5 分钟,以及几项伸展运动。测试期间,参与者不知道所用鞋子的类型,鞋子按随机顺序分配给参与者。之后,参与者穿着 EVA 或非牛顿流体材质鞋进行 5 km 户外跑步,其中 18 名参与者在平均室外温度(38.12±1.20)℃下训练。跑步以平均(10.8±0.5)km/h 的速度完成。休息 3 天后,受试者再次进行 5 km 户外跑步,这次穿着 EVA 或非牛顿流体材质鞋,在类似的温度条件下。

测试的第三部分是让受试者穿着 EVA 和非牛顿流体材质鞋,并在完成 5 km 户外跑步后立即收集跑鞋的表面温度。户外跑步后立即在实验室进行胫骨冲击测试。这涉及同时收集受试者的垂直地面反作用力和加速度数据。事实上,在跑步或从事户外活动时经常需要执行意外或预期的 CM 会带来很大的受伤风险。先前的研究证实，在 90°CM 期间风险更大。因此，选择 90°CM 作为冲击测试动作。这用于评估鞋类和其他变量对横向运动过程中胫骨冲击的影响，这在各种运动和户外活动中很常见。

使用绑带将 IMU（IMeasureU V1，新西兰；尺寸 40 mm×28 mm×15 mm，重量 12 g，分辨率 16 位）固定在每位参与者惯用腿胫骨近端和远端前内侧区域。确切地说，两个 IMU 位于胫骨前内侧，距踝关节近端恰好 2 cm，距胫骨近端 3 cm，并用运动胶带牢固固定至可接受的张力水平。加速度计的垂直轴与胫骨对齐（图 3-1）。皮带的张力经过精心调整，使给定冲击力的加速度轨迹对加速度计附着力不敏感。采取这一措施是为了确保研究期间收集的数据的可重复性。随后，参与者在实验室六米跑道的拐角处进行 90°CM，保持与室外条件一致的跑步速度。IMU 与嵌入式 AMTI 三维测力台（AMTI，美国马萨诸塞州沃特敦）同步，该平台放置在路径的中心。

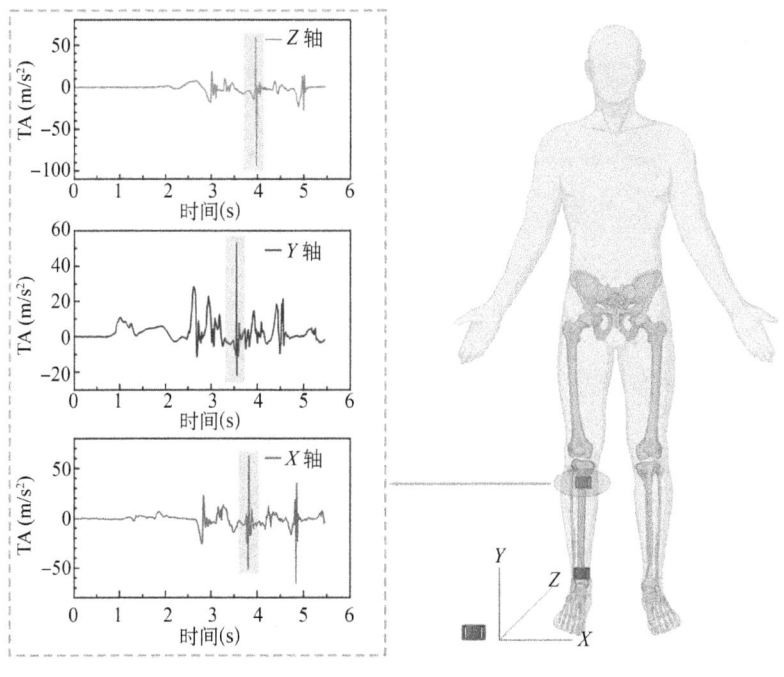

图 3-1　TA 原始数据（左）和 IMU 固定位置数据（右）

TA 原始数据的橙色阴影部分表示 CM 期间记录的加速度数据

采用单光束电子计时门记录和控制受试者的跑步速度。在实验过程中，每个参与者进行 10 次 90°CM，完成每组 CM 后，受试者在进行下一组 CM 之前有 1 分钟的休息时间。这种方法确保了两次实验之间有足够的恢复时间，以最大限度地减少疲劳并保持数据收集的一致性。

4. 鞋类特性

非牛顿流体材质鞋(图 3-2a)由日本制造商(Descente Ltd., Kabushiki-gaisha Desanto,日本大阪)开发和生产。同一制造商也生产了本研究中使用的 EVA 鞋(图 3-2b)。在非牛顿流体材质鞋中,非牛顿流体材料被放置在中底后跟处的三角形区域(图 3-2c)。该鞋中使用的非牛顿流体材料及制备方法已在发明专利中公开,材料性能符合国家对相关鞋类生产的要求(图 3-2c)。

非牛顿流体的材料性质	结果(均数±标准差)
密度(g/cm³)	0.32±0.04
邵氏C硬度	44.50±2.03
形变程度(%)	47.00±1.87
抗撕裂性(N/cm)	1.73±0.19

非牛顿流体材质鞋的俯视图

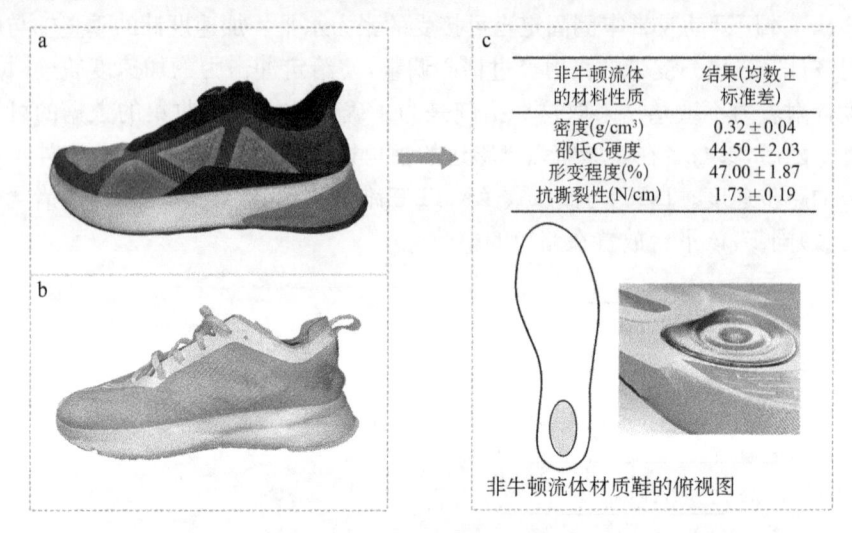

图 3-2　参与者使用的实验鞋

a. 非牛顿流体材质鞋;b. EVA 鞋;c. 非牛顿流体材料特性及中底内缓冲材料的位置

5. 数据收集与处理

使用 AMTI 以 1 000 Hz 的频率收集 CM 期间的地面反作用力数据。对于 CM 的地面反作用力,使用 20 N 的垂直阈值来定义后足着地到蹬离阶段。为了减少随机噪声的影响,使用截止频率设置为 20 Hz 的低通二阶巴特沃斯滤波器对地面反作用力数据进行滤波。所有地面反作用力参数均除以受试者体重进行标准化。针对受试者执行的 90°CM 相关的垂直地面反作用力,要比较和分析的关键参数是峰值地面反作用力、垂直平均负荷率(VALR)和垂直瞬时负荷率(VILR)。这些参数对于理解 CM 期间经历的冲击力及其对伤害风险和表现的潜在影响至关重要。

当受试者穿着两种类型的鞋时,IMU 以 500 Hz 的频率收集 TA 数据。为了消除线性趋势,对原始数据信号进行了减法处理,即从中减去一条最小二乘最佳拟合线。随后,使用截止频率设置为 60 Hz 的低通二阶巴特沃斯滤波器对收集的数据进行滤波。虽然通常报告轴向加速度,但最近的建议建议评估合加速度(RA)。使用以下公式计算 RA:

$$RA = \sqrt{x^2 + y^2 + z^2} \qquad (3-1)$$

式中,x、y 和 z 分别表示 IMU 冠状面、矢状面和横断面的加速度变化。

峰值合成加速度(PRA)被确定为站立姿势 50%～60% 之间出现的峰值。使用自定义 MATLAB R2018b 程序计算胫骨两端加速度计的时域和频率参数。时域参数根据每位参与者执行的最后一个站立阶段确定。为此,通过使用离散快速傅里叶变换将时域信号转换为频率来分析功率谱。对每个站立阶段的未滤波 TA 数据进行去趋势处理,随后用零扩展获得总共 2 048 个数据点,确保周期性。为了确定频域中站立阶段 TA 的功率,使用方形窗口计算功率谱密度(PSD)。在 0 到奈奎斯特频率的频率范围内进行 PSD 分析,然后将其归一化为 1 Hz 区间。传递函数以前曾用于通过计算每个频率区间远端和近端胫骨信号的比率(即每个频率成分的传递率)来确定人类跑步中的 SA 程度。传递函数是在 0 到奈奎斯特频率的所有频率范围内计算的,旨在确定远端和近端胫骨之间发生的 SA 程度。该计算通过以下方式实现:

$$SA = 10 \times \log_{10}(PSD_{p\_tibia}/PSD_{d\_tibia}) \qquad (3-2)$$

在每个频率下,传递函数确定远端和近端胫骨信号之间的增益或衰减[以分贝(dB)为单位]。正值表示增益,表示信号强度增加,而负值表示衰减,表示信号强度降低。

6. 统计分析

所有离散特征数据,包括峰值地面反作用力、VALR、VILR 和 PRA,均以均数±标准差表示。进行单因素重复测量方差分析(ANOVA)以评估不同跑鞋(区分非牛顿流体材质鞋和 EVA 鞋)对离散数据的影响,显著性差异设置为 $P < 0.05$。使用 Bonferroni 校正进行事后成对比较,将显著性水平调整为 $P < 0.033$。使用 Shapiro-Wilk 检验评估 90° CM 期间 RA、PSD 和 SA 的正态分布。根据正态性检验的结果,进行 SPM 1D 或 SNPM 1D 分析以分别检查穿着不同鞋时 RA、PSD 和 SA 的差异。在本研究中,我们使用 MATLAB R2018b 执行所有统计计算。

(三)非牛顿流体材质中底鞋具对胫骨生物力学影响的研究结果

完成 5 km 跑步后,非牛顿流体材质鞋的中底温度从 22.53℃±0.43℃ 升至 54.84℃,而 EVA 鞋的中底温度从 22.46℃±0.52℃ 升至 50.87℃。如表 3-1 所示,两种鞋型之间胫骨近端 PRA 差异无统计学意义($P = 0.270$)。此外,在 90° CM 期间脚与地面接触的时间在两种鞋型条件下几乎相似($P = 0.550$)。方差分析显示,两种鞋型之间胫骨远端 PRA 差异有统计学意义($P = 0.022$)。与 EVA 鞋相比,受试者穿着非牛顿流体材质鞋进行 90° CM 时,峰值地面反作用力($P=0.010$)、VALR($P<0.010$)和VILR($P=0.030$)的值明显较低。

表 3-1 方差分析得出两种鞋子的离散特征

离散特性	非牛顿流体材质鞋 （均数±标准差）	EVA 鞋 （均数±标准差）	F	P
胫骨远端 PRA(g)	14.21±1.17	15.37±2.28	1.423	$P=0.022$
胫骨近端 PRA(g)	7.99±3.61	10.45±1.94	2.367	$P=0.270$
峰值地面反作用力(N/kg)	2.43±0.19	2.61±0.30	5.662	$P=0.010$
VALR[N/(kg·s)]	85.23±23.14	95.16±28.02	12.511	$P<0.010$
VILR[N/(kg·s)]	154.27±28.33	160.24±37.22	17.312	$P=0.030$
接触时间(s)	0.24±0.03	0.23±0.02	0.932	$P=0.550$

根据 Shapiro-Wilk 检验的结果，可确定 RA、PSD 和 SA 不遵循正态分布（$P<0.05$）。因此，使用 SPM 1D 方法分析了这些非正态分布的数据。如图 3-3 所示，当比较不同鞋类的 RA 变化时（图 3-3a、b 可以观察到穿着 EVA 鞋时胫骨远端的 RA 在峰值区域明显高于穿着非牛顿流体材质鞋时（$P=0.011$，47%~61%阶段）。如图 3-3c、d 所示，非牛顿流体材质鞋和 EVA 鞋之间胫骨远端低频范围内的 PSD 差异有统计学意义（$P=0.010$）。与非牛顿流体材质鞋相比，EVA 鞋在低频下表现出明显更大的 PSD 功率。如图 3-3e、f 所示，与 EVA 鞋相比，非牛顿流体材质鞋在较高频率（10~13 Hz）下表现出明显更大的 SA（$P=0.023$）。然而，两种鞋在较低频率（3~8 Hz）下 SA 差异无统计学意义（图 3-3e、g）。

（四）非牛顿流体材质中底鞋具对胫骨生物力学影响原理与讨论

主要目的是研究受试者在高温条件下完成 5 km 跑步后，穿着不同类型鞋类的 TA 时域和频域属性的变化。研究重点比较了嵌入非牛顿流体材质鞋和 EVA 鞋的冲击性能和 SA 性能。通过对时域和频域 TA 的分析，旨在阐明使用非牛顿流体材质鞋在提供功能性缓冲和减少在炎热环境中运动期间运动相关伤害方面的潜在优势。

这些发现表明，在高温条件下跑步时，两种鞋类的温度都显著升高，非牛顿流体材质鞋的温度升高幅度略高于 EVA 鞋。根据鞋类温度变化后进行的90° CM 测试，研究发现非牛顿流体材质鞋胫骨远端的 PRA 明显低于 EVA 鞋。此外，如表 3-1 所示，非牛顿流体材质鞋的峰值地面反作用力、VALR 和 VILR 也明显低于 EVA 鞋。

准确评估跑步者受伤风险的理想方法是直接在体内测量骨应变。然而，这种方法是侵入性的，不适合常规使用，因为它需要通过手术植入应变计或其他侵入性方法。因此，将加速度计连接到感兴趣的身体部位以计算相应的冲击力

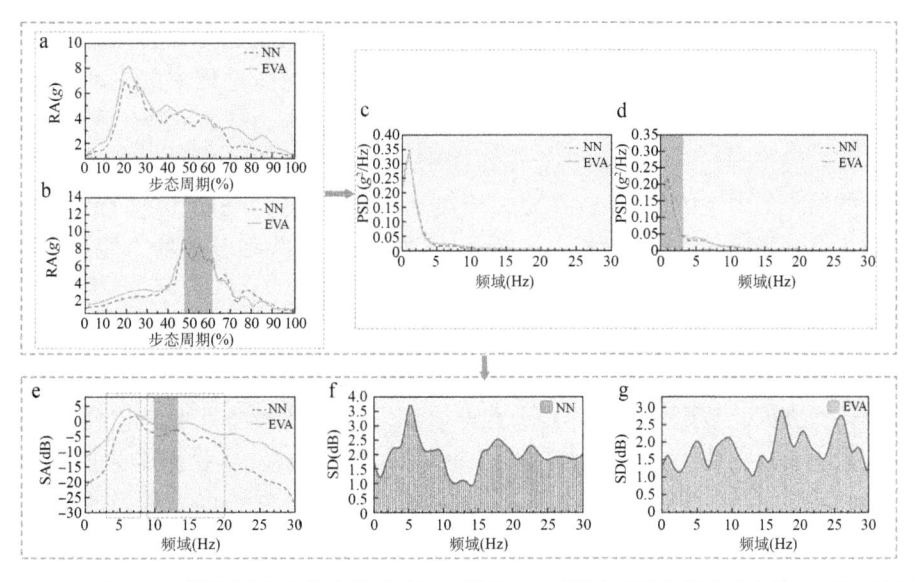

图 3-3　绘制了两种鞋类[非牛顿流体材质(NN)鞋和 EVA 鞋]在时间和频率域中的 TA 处理结果

图中结果包含以下变量：胫骨近端的 RA(a)、胫骨远端的 RA(b)；胫骨近端(c)和胫骨远端(d)的 PSD；从胫骨远端到胫骨近端的 SA(e)，以及非牛顿流体材质(f)和 EVA(g)鞋类胫骨 SA 的标准差(SD)变化。a～e 图中所示的曲线表示相应变量的平均变化。b,d,e 图中深阴影区域对应于基于 SPM 1D 检验检测到显著主效应的站位阶段或频带

已成为一种广泛使用的方法。先前的研究旨在观察跑鞋在运动过程中对人体的保护作用。这是通过研究各种鞋类条件和定制鞋类对 TA 变化的影响来实现的。这项研究以先前的研究为基础，有助于了解全球气温变化如何影响鞋类的性能和功能。

从 TA 的时间和频域结果中可以明显看出，不同的鞋类条件会导致远端 TA 的改变。在时域分析中，TA 的波形在形状和幅度上表现出差异，表明两种鞋类之间胫骨上的冲击力和负载模式有所不同。这些变化是鞋类的缓冲和 SA 特性如何影响 CM 期间胫骨对冲击力的反应的关键指标。先前的研究已经证实，RA 有效地减轻了加速度计错位的影响，并解释了所有三个轴上的负载力。在撞击时观察到的关节运动学，包括更大的脚跟垂直速度、更大的小腿角度、更小的膝盖屈曲角度和更长的步幅，有助于在撞击时提高 TA 水平。但是，在整个实验过程中，我们对除鞋类条件之外的所有因素都保持一致的要求。因此，FSP 下远端胫骨的 PRA 降低可能表明非牛顿流体材质鞋在制动时提供卓越的机械缓冲，与身体肌肉收缩的主动机制相结合，这是非常合理的。与非牛顿流体材质鞋相比，EVA 鞋在较低范围内产生的 TA 功率幅度更大。这与之前的研究一致，表明采用后足着地会导致较低频率下的功率幅度增加。后足着地跑步模式涉及膝关节屈曲和速度的降低，因此它会导致胫骨信号的功率幅度升高

到 10 Hz 以下。换句话说,穿非牛顿流体材质鞋跑步可能会导致特定膝关节屈曲角度增加,其中与脚踝相比,膝关节在后足着地的跑步过程中的主动减震中发挥更重要的作用。穿着不同的鞋时,胫骨近端的冲击力和 SA 没有显著变化,这可能归因于鞋的机械缓冲功能主要作用于从踝部到胫骨远端。鞋的机械缓冲功能通常集中在中底区域,在减轻传递到胫骨远端的冲击力方面特别有效。当跑步过程中脚接触地面时,中底的缓冲材料有效吸收和分散冲击能量,从而减少施加在胫骨远端上的力并保护下肢免受过度负荷。

因此,为了预防膝盖损伤,考虑以机械缓冲或增强主动缓冲的训练工具为重点的额外措施变得至关重要。这一点尤其重要,因为与踝关节相比,膝盖在吸收外力方面起着更重要的作用。此外,与 EVA 鞋相比,非牛顿流体材质鞋在高频域中表现出更大的 SA 效应。这表明胫骨能够通过非牛顿流体材质鞋消散更大的冲击负荷。SA 可以被视为一种加速度计变量,它可以更精确地反映冲击严重程度,特别是当有效质量不恒定时。所需衰减的程度可以改变跑者的运动学和表现,因此它是一个需要考虑的关键因素。先前的研究已经证实,较高的峰值地面反作用力、VAIL 和 VILR 可能会增加跑步者受伤的风险。相反,较高的冲击和负荷率可能表明鞋类提供的缓冲不足,从而增加下肢受伤的风险。表 3-1 中列出的研究结果表明,在没有改变其他鞋类特性的情况下,仅添加非牛顿流体材料的鞋类在峰值地面反作用力、VAIL 和 VILR 方面表现出显著变化。事实上,峰值地面反作用力、VAIL 和 VILR 的显著变化说明了非牛顿流体材料对鞋类的减震能力的积极影响。该研究强调了在运动鞋设计中使用先进材料的潜力,以提高运动员的表现并降低受伤风险,特别是在高温可能影响鞋类缓冲性能的情况下。

在研究过程中也存在一定的局限性。具体来说,研究只招募了习惯采用后足着地模式的男性跑者作为参与者。因此,必须注意的是,这些发现并不适用于习惯采用中足和前足着地的跑步者。最后,必须注意的是,这项研究是在受控的实验室环境中进行的,在跑步者更自然的环境中进行类似训练的影响仍然未知。此外,未来的研究还应考虑与性别差异相关的生物力学效应。

研究发现,与 EVA 鞋相比,非牛顿流体材质鞋的胫骨远端 PRA 和 PSD 明显较低。此外,与 EVA 鞋相比,参与者在使用非牛顿流体材质鞋时表现出更积极的 SA。另外,在 90°CM 期间,与穿着 EVA 鞋的参与者相比,穿着非牛顿流体材质鞋的参与者表现出更低的峰值地面反作用力、VAIL 和 VILR。所有这些结果都支持非牛顿流体材质鞋能够进一步降低跑步者的潜在受伤风险,尤其是在高温条件下。

二、长跑与动作控制跑鞋设计的研究进展

在介绍动作控制鞋具的生物力学相关研究进展之前,我们首先要厘清目前市场上跑鞋的基本种类及适用的目标人群。基于跑者世界(runner's world)的划分,目前市场及研究机构大多将跑鞋分为四类。①稳定型(stability)/标准跑鞋:对于跑步时足轻度内旋/外翻的人群,推荐该类人群穿着稳定型跑鞋。②缓震(cushioned)/正常(neutral)跑鞋:正常缓震跑鞋是为跑步时足能够保持中立位,而不会内/外翻的人群设计,该种跑鞋主要关注缓震性能。③动作控制(motion control)跑鞋:相比于其他跑鞋质量更大,相比其他跑鞋能够提供更多的支撑和缓冲。动作控制跑鞋通常被推荐给平足、过度足外翻及体重较大的跑步人群。④极简(minimalist)/模拟裸足(barefoot)跑鞋:这类跑鞋几乎没有支撑和缓冲,模拟裸足跑步的状态,适用于偏爱裸足跑步的人群。

(一)动作控制跑鞋的运动损伤风险分析

随着运动装备研发水平的深入,材料科学、运动科学及各种先进技术如三维打印、飞织科技等的进步,目前市面上的跑鞋设计高达数百种。然而据流行病学统计调查发现,近40年的跑步相关损伤并没有下降的趋势。目前,运动科学界普遍将跑步相关生物力学参数如FSP、冲击力/增长率、足部姿态(足外翻等)作为预测运动损伤风险的相关因素。与之相应,鞋具的缓震科技,稳定与动作控制性能被用来控制上述的运动损伤相关生物力学参数,以降低可能的相关运动损伤风险,上述这些鞋具科技也是鞋具生产厂家的最大卖点。足部不良姿态被认为与运动损伤紧密相关,因此常常有基于跑者足部姿态和形态的跑鞋设计,为了达到避免运动损伤的目的。然而这种跑鞋设计是否真的能够达到减小损伤风险的目的,还缺乏相关研究证据的支撑。具体来说,运动控制跑鞋通常是为外翻足的跑步者设计的,而正常跑鞋则推荐给正常足人群,而缓震跑鞋则推荐给内翻足即高足弓人群。然而近年来相继有研究对于现有跑鞋科技和运动损伤风险的关系提出了质疑,如有大样本随机对照研究发现,限制足外翻的动作控制鞋具不仅没有降低运动损伤风险,反而使部分运动损伤的发生率提高。因此,对于稳定鞋具/动作控制鞋具与运动损伤率的关系应该持谨慎的态度,通过长期追踪性的、大样本随机对照试验(randomized controlled trial, RCT)来揭示其内在的运动损伤率和损伤发生机制,以免对鞋具的功能设计产生误导。下面选取的3项研究均来自国际体育学权威期刊《英国运动医学杂志》(*British Journal of Sports Medicine*),使用了医学临床研究中常用的RCT、双盲分组(participant and assessor blinding)、队列研究(prospective cohort study)等方法,大样本的长期追踪性研究便于发现内在机制及规律。

1. 标准跑鞋与动作控制跑鞋损伤风险对比的双盲随机对照研究

Malisoux等的研究设计中,372名业余跑者随机挑选动作控制鞋具及标准鞋具,其中动作控制鞋具组受试者187名,标准鞋具组受试者185名,追踪统计两组跑者6个月跑步的运动相关损伤总体发生情况(表3-2)。测试前所有受试者的足型特征均使用六维度的足部姿态指数(FPI-6)进行测试,其中标准跑鞋组的足型情况:过度足内翻5人(2.7%),足内翻25人(13.5%),中立足108人(58.4%),足外翻39人(21.1%),过度足外翻8人(4.3%);动作控制跑鞋组的足型情况为:过度足内翻5人(2.7%),足内翻25人(13.4%),中立足110人(58.8%),足外翻41人(21.9%),过度足外翻6人(3.2%)。

在6个月的追踪期内,对运动损伤的定义为:跑者通过自我反馈运动损伤情况,损伤定义为任何位于下肢或下背部区域的身体疼痛,在跑步练习中或由于跑步练习而持续,并阻碍跑步计划活动至少1天(定义时间损失)。每一项损伤的自我报告数据由该研究的首席研究员系统地检查其完整性和一致性。统计方法层面,该研究使用比例风险回归模型,给出了鞋型和其他潜在危险因素的危险比的粗略估计。纳入日期(即鞋具分发日期)和受伤日期或截尾日期是计算危险时间的基本数据。研究人员需要对每一位参与者进行正确的筛选,在出现严重疾病、非损伤导致跑步计划修改即结束跟踪,并将该受试者剔除研究。风险时间以跑步的小时数衡量,并用作时间尺度。为了验证统计模型,采用对数-负对数图对比例危害假设进行了评估。

研究结果显示,在两组跑步者足型分布特征几乎一致的情况下,穿着动作控制跑鞋的整体运动损伤发生率要低于穿着标准跑鞋。从足型细分运动损伤发生率来看,仅是足外翻人群穿着动作控制跑鞋表现出运动损伤风险的显著下降趋势,而对于正常中立足及内翻足人群,穿着两种跑鞋则没有表现出显著性差异。足外翻跑步者穿着标准跑鞋的运动损伤发生率要高于中立足人群穿着普通跑鞋的发生率。通过梳理以上研究发现,得出以下几点结论:①在业余跑步人群中,使用动作控制跑鞋可以在一定程度上降低运动损伤的总体发生率;②如果均使用普通跑鞋,则足外翻跑步者的运动损伤发生率高于足中立跑步者;③动作控制鞋具可能对足外翻的业余跑步者更加有效,可以显著降低相关运动损伤的发生。有以下几点相关启示:①对于缓震跑鞋来说,适当在鞋具上增加动作控制结构可能可以降低业余跑步者的相关运动损伤风险;②对于有足外翻的业余跑步者,使用普通没有动作控制功能的跑鞋可能增加其运动损伤风险;③可以建议足外翻的业余跑步者尝试动作控制跑鞋,作为控制运动损伤发生风险的一种有效手段。

表 3-2 标准跑鞋与动作控制跑鞋损伤风险对比的双盲随机对照

基本情况	单位/量词	标准跑鞋组 ($n=185$)	动作控制跑鞋组 ($n=187$)
受试者特征[a]			
年龄[a]	年(岁)	41.0±11.2	39.9±9.7
性别			
男		113	111
女		72	76
BMI[a]	kg/m²	23.7±3.0	23.6±3.1
既往损伤			
是		137	143
否		48	44
跑步经历[b]	年	7(0~45)	5(0~37)
规律(近期12个月)[c]	次/个月	12(6~12)	12(3~12)
足型			
过度足内翻人数		5	5
足内翻人数		25	25
中立足人数		108	110
足外翻人数		39	41
过度足外翻人数		8	6
运动参与模式[a]			

损伤情况		标准跑鞋 数量	标准跑鞋 百分比(%)	动作控制跑鞋 数量	动作控制跑鞋 百分比(%)
损伤位置					
	下背部/骨盆	2	3.3	0	0
	臀部/腹股沟	5	8.3	1	3
	大腿	5	8.3	4	12.1
	膝关节	10	16.7	7	21.2
	小腿	16	26.7	7	21.2
	踝关节	13	21.7	10	30.3
	足部	9	15	4	12.1
受伤类型					
	肌腱	25	41.7	17	51.5
	肌肉	18	30	9	27.3
	关节囊和韧带	8	13.3	5	15.2
	骨结构	5	8.3	1	3
	其他关节	2	3.3	1	3
	其他损伤	2	3.3	0	0
损伤严重程度					
	轻微损伤(0~3天)	16	26.7	7	21.2
	轻度损伤(4~7天)	4	6.7	8	24.2

(续表)

基本情况	单位/量词	标准跑鞋组 ($n=185$)	动作控制跑鞋组 ($n=187$)	损伤情况	标准跑鞋 数量	标准跑鞋 百分比(%)	动作控制跑鞋 数量	动作控制跑鞋 百分比(%)
训练时穿着练习鞋跑步次数占比	%	95.1±11.8	94.9±1.3	中度损伤(8~28天)	25	41.7	12	36.4
其他体育项目	次数/周	1.0±1.5	0.9±1.3	重度损伤(>28天)	15	25	6	18.2
跑步频率	次数/周	1.9±0.9	1.9±1.3	复发	32	53.3	22	66.7
平均时间	min	56±15	57±43	否	28	46.7	11	33.3
平均距离	km	9.0±2.6	8.7±3.4	是				
平均强度	a.u.	3.8±1.0	3.7±1.0	损伤类别 急性	13	21.7	8	24.2
平均速度	km/h	9.7±1.2	9.6±1.4	进行性	47	78.3	25	75.8
在硬面上跑步次数占比	%	60.4±31.2	58.3±33.6					
比赛次数占比	%	1.9±3.4	2.4±7.8					

注：左侧为普通跑鞋组受试者和动作控制跑鞋组受试者特征、足型、运动参与模式等基本情况；右侧为标准跑鞋组和动作控制跑鞋组在6个月的跑步过程中报告的运动损伤发生情况，共有93名受试者有运动损伤经历。
a 参数采用均数±标准差表示。
b 参数采用中位数(范围)表示。
c 参数采用众数(范围)表示。

2. 跑步初学者足外翻与运动损伤风险分析的队列研究

跑步相关损伤在跑步初学者人群中的发生率较高,足外翻被认为是与跑步运动损伤密切相关的指标之一,而根据跑步者足型选用适当的鞋具也被认为能够显著降低运动损伤的发生风险。但是也有相关研究质疑动作控制鞋具的使用并没有充分的证据证明其能够预防相关跑步运动损伤。Ryan 等质疑给长跑运动员穿运动控制鞋具的有效性和安全性问题。根据他们在随机对照试验中的发现,穿运动控制鞋跑步的人比穿稳定鞋或正常鞋跑步的人受伤的次数更多,错过训练的风险也更高。在另一项研究中,根据足底形状选择运动控制、稳定或正常鞋的人与不考虑足底形状选择稳定鞋的人相比,受伤风险差异无统计学意义。这一结果在后来的两项研究中也得到了证实。

Nielsen 等进行了一项为期 1 年的针对跑步初学者运动损伤发生率的前瞻性队列研究。该研究的目的:明确跑步初学人群穿着普通缓震跑鞋时,发生第一次跑步相关损伤的跑步距离是否与跑者的足姿态相关。为了避免跑步经验对研究设计的影响,对于跑步初学者的筛选较为严格。首先要求受试者均为 18~65 岁的健康成年人,参与该研究的前 3 个月时间内无任何下肢损伤,过去 12 个月没有进行系统有计划的跑步,每个月跑步总距离小于 10 km。这些人被归类为有跑步经验的新手。参加其他运动超过 4 小时/周的受试者,妊娠人群、有卒中历史的人群、心脏病或培训时有胸部疼痛的人群,以及不愿意使用正常跑鞋或全球定位系统(global positioning system,GPS)上传个人训练的人群均被该研究排除在外。在筛选完网上问卷后,通过电话联系符合入选条件的人员进行面试。最终确定受试者 927 人(男 466 人/女 461 人),该研究给受试者统一配备 adiPRENE 跑鞋(EVA 缓震中底,前后掌跟差 12 mm),这是较为常规的正常跑鞋。统一配备具有 GPS 定位功能的手表,以便记录监督跑者的运动情况。在测试之前,统一使用 FPI-6 对 927 名受试者的足姿态指数进行测试,在总计 1 854 只足当中,过度足内翻为 53 只,足内翻为 369 只,中立足为 1 292 只,足外翻为 122 只,过度足外翻为 18 只。并且对受试者累计跑步 50 km 后、100 km 后、250 km 后和 500 km 后的足姿态进行测量。该研究的主要创新之处在于为将近 1 000 名受试者配备了统一的跑鞋,避免了因个人跑鞋因素不同导致的误差,其次使用 GPS 技术对受试者的跑步距离进行客观监控,在一定程度上避免了主观误差的产生,连续 1 年的长期追踪性研究有助于获得更准确的研究结果。研究发现,无论是内翻足人群还是外翻足人群,首次发生运动损伤的跑步距离相比于正常中立足人群差异无统计学意义,如图 3-4 所示。

本研究结果与 Knapik 等的研究呈现出较高的一致性,Knapik 等发现根据足型特征选择稳定鞋具,动作控制鞋具与缓震鞋具的人群相比于不根据足型情况,均选稳定鞋具的人群,两组人群的运动损伤风险差异无统计学意义。本研

足姿态和损伤率

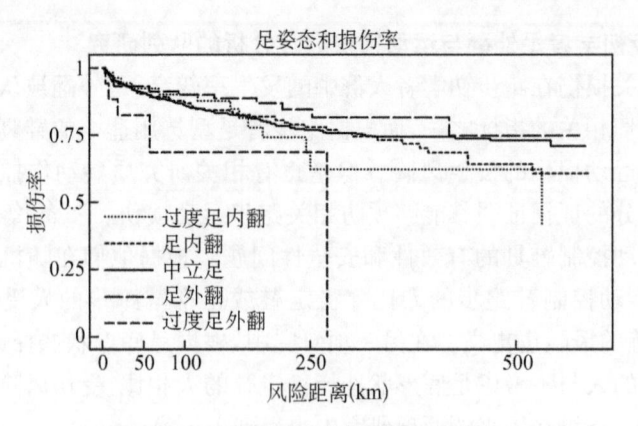

图 3-4 不同足型跑步者运动损伤发生率

资料来源：Nielsen R O, Buist I, Parner E T, et al., 2014. Foot pronation is not associated with increased injury risk in novice runners wearing a neutral shoe: a 1-year prospective cohort study[J]. British journal of sports medicine, 48(6): 440-447.

究发现足外翻人群和中立足人群过去 1 年中首次出现跑步相关损伤的跑步距离差异无统计学意义，但就统计数据来看，足外翻人群的首次损伤距离要高于中立足人群。同时就每 1 000 km 的跑步相关损伤概率进行统计，发现足外翻跑者的损伤发生率显著低于中立足跑者（$P=0.02$）。当前，跑者的足型是作为鞋具生物力学设计及跑者主观选择的重要依据。然而该研究对这种观点提出了质疑，尤其是对于中等程度的足外翻人群，作为预测跑步初学者的跑步相关损伤风险可能是不合理的。除了足部姿态以外，跑者对鞋具舒适度的主观感受也是影响运动损伤的关键因素。因此，结合该研究的相关发现，动作控制鞋具可以推荐给有运动损伤史的足外翻跑者。总结以上研究发现，该研究的主要观点：①对目前普遍认同的足外翻可能导致运动损伤风险增加的观点提出了质疑；②大多数跑者的足型在 250 km 跑步后均呈现出相似的运动损伤风险；③基于一年的队列追踪研究发现，对于跑步初学者，足外翻跑者的 1 000 km 损伤率反而低于正常中立足跑者。

3. 女性跑者选用不同跑鞋的疼痛损伤发生率的随机对照研究

Ryan 等的研究选取了 81 名女性跑者，依据 FPI-6 将跑者足型分为 39 名中立足跑者、30 名足外翻跑者和 12 名过度足外翻跑者。为跑者随机发放普通缓震跑鞋（Nike Pegasus）、稳定跑鞋（Nike Structure Triax）和动作控制跑鞋（Nike Nucleus），跑鞋的具体参数如表 3-3 所示。该研究的受试者在进行足姿态评估后，随即进行持续 13 周的半程马拉松赛事备战，统计所有跑者由于受伤而缺练的天数，同时使用视觉评分量表（visual analogue scale，VAS）对跑者休息时、日常活动时和跑步训练时的疼痛情况进行调查统计。研究发现，共有 32% 的跑者在过去的 13 周训练中因疼痛因素而缺席过训练，缺席总天数为 194 天。其中，穿着稳定跑鞋的跑者对应的缺训天数最少，为 51 天；而穿着动作控制跑鞋的跑者对应的缺训天数最多,为 79 天。鞋具因素对中立足和外翻足的疼痛损伤发生率是有显著影响的。①在中立足人群中,穿着动作控制跑鞋在 VAS 主观量表调查中的疼痛损伤发生率高于普通缓震跑鞋;②在外翻足人群中,穿着稳定跑鞋的疼痛损伤发生率要高于穿着普通缓震跑鞋。从该研究结果来看,对于中立足和外翻足的女性跑者,并没有证据表明动作控制跑鞋可以显著降低跑步相关损伤,因此要谨慎向跑者推荐动作控制跑鞋。根据训练天数缺席的统计及主观反馈量表的调查,对于中立足的女性跑者,可推荐使用稳定跑鞋。

表 3-3 研究选用的三款不同支撑稳定鞋具的具体特征参数

鞋底结构与支撑科技	普通缓震跑鞋	稳定跑鞋	动作控制跑鞋
后跟杯	有	有	有
热塑性中底插件	有	有	有
鞋跟外侧缓冲垫	有	有	有
鞋垫外侧包裹	有	有	有
热塑性支撑	无	有	无
双密度乙酸乙酯中底	无	有	有
热塑性增强双密度乙烯基乙酯	无	无	有
加宽鞋外底	无	无	有

4. 动作控制鞋具与足外翻跑步运动损伤相关综述

(1) 足外翻与跑步运动损伤:足外翻是后足、中足和前足的协同运动,膝关节的屈曲伴随足外翻能够降低走跑着地到支撑中期较大的下肢冲击载荷。同时,足外翻也能解锁支撑中期的距跗关节,从而使前足刚度降低,可以进行屈伸运动以适应不同路面情况的需求。基于距下关节的关节轴和解剖特征,足外翻同时还伴随胫骨的内旋,而为了对抗和抵消胫骨的过度内旋,股骨也会产生相应的代偿性旋转。因此,足外翻不仅影响踝关节这种远端环节,也会对髋关节、膝关节这种近端关节的运动模式造成影响。由此可能会带来胫骨内侧疼痛和压力过载综合征、髌股关节疼痛综合征(patella femoral pain syndrome,PFPS)等一系列由足过度外翻姿态导致的问题。跑步相关损伤是一个不容忽视的问题,基于前期的一项流行病学研究发现,跑步整体相关运动损伤发生率介于 37%～56%。如果以跑步时间来计算运动损伤的发生率,则跑者的跑步相关损伤约占跑步总时长的 0.25%～1.21%,膝关节是最容易受伤的关节之一。跑步经验的不足(短于 3 年)及跑步距离的过长(32 千米/周)可能是导致跑步损伤高发的病因学因素。足外翻和鞋具选择对跑步相关损伤的作用尚不清楚,对跑步过程中过度足外翻目前也没有明确的定义。

(2) 动作控制鞋具与足外翻的关系:随着跑步运动的风靡和跑步人数的不断增加,鞋具的设计、材料和功能研发需求也日益增长。早在 20 世纪 80 年代,就有控制足过度外翻的跑鞋产品出现。动作控制鞋具一般依靠鞋跟部位的稳定插片、后跟杯,以及中底内外侧不同密度的材料来实现动作控制的功能。目前,关于动作控制鞋具的有效性和安全性问题,学界还存在一定的争议。早在1983年,Clarke等鞋具的动作控制组件能够显著抑制跑步过程中足的过度外翻。随后在Perry等研究中,同样发现动作控制鞋具能够限制足的过度外翻,在一定程度上验证了Clarke等的研究。在上述两项研究中,动作控制鞋具的使用相比于对照鞋具,显著降低了足外翻的程度及足外翻的角速度。然而由于技术条件的限制,上述两项研究均是二维层面的运动学研究,由于测量中存在潜在的投影误差,对数据的解读应谨慎。与上述两项研究不同,McNair和Marshall并未发现中底双密度材料的使用对足外翻的影响。还有一些研究也表明了部分动作控制鞋具的使用并未降低足外翻的程度。Cheung和Ng采用三维动作捕捉系统对动作控制鞋具和普通鞋具在长距离跑中的作用进行研究,结果发现长跑足外翻角度在普通鞋具条件下呈显著增加趋势,动作控制鞋具的使用则并未引起足外翻角度的增加。

(3) 动作控制鞋具的其他潜在生物力学功能:鉴于足外翻与胫骨和股骨扭转存在密切关系,而髋股关节的生物力学状态会受到胫骨和股骨水平面上活动度的影响。因此,动作控制鞋具的使用可能通过减小足外翻,从而影响胫骨和股骨的扭转。由于下肢力线和结构的完成性,猜想不同的鞋具类型和功能可能影响下肢的应力模式。Nigg和Morlock研究提出动作控制鞋具可能通过调整远端关节的力线来调节跑步运动时的地面冲击力,但Nigg也未发现不同类型鞋具的使用对地面冲击力有何影响。Perry和Lafortune对10名正常跑者测试发现,对跑步时足部正常外翻的抑制可能会导致地面冲击力的增大,可能增加冲击损伤风险。另一项研究则对足过度外翻的受试者进行跑步生物力学研究,发现该部分受试者穿着普通鞋具跑步时的足底内侧部分压力过高,而足内侧压力的升高则与跖骨应力性骨折、跑者的下肢疼痛密切相关。动作控制鞋具可以通过控制足过度外翻,进而影响并控制胫骨和股骨的过度旋转,从而降低下肢相关运动损伤的发生风险。

(二) 动作控制鞋具的运动生物力学表现研究

德国埃森大学生物力学实验室的Hennig对1991~2009年的18年间德国运动鞋生物力学研究测试进行总结。如图3-5所示,对18年间的9项鞋具控制足外翻情况进行统计。总体上看,随着时间的推移,鞋具对足外翻的控制能力也逐渐增加,表现为足平均外翻程度的下降趋势。2002~2009年,鞋具对于足外翻的影响趋近于平稳,其中2005年表现出较低的足外翻程度,其原因是在2005年测试中,使用了较多的稳定鞋具。

跑鞋的动作控制功能往往通过以下三种途径和策略实现:①在鞋跟的外侧

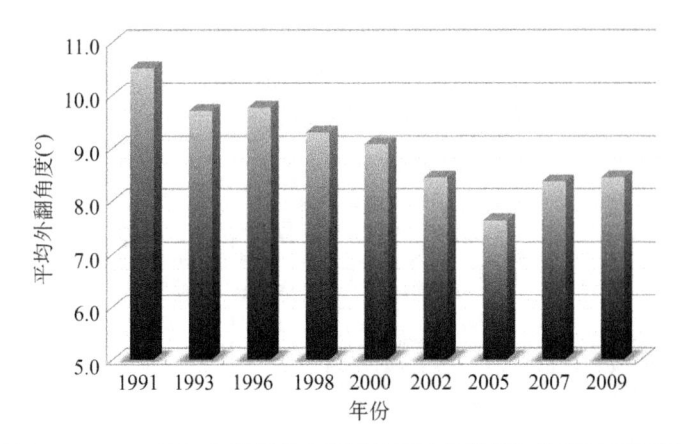

图 3-5　1991～2009 年进行的 9 项鞋具测试足部平均外翻角度值变化

资料来源：Hennig E M，2011. Eighteen years of running shoe testing in Germany—a series of biomechanical studies[J]. Footwear Science，3(2)：71-81.

部分设置缓冲垫，跑步触地时鞋跟外侧部分首先压缩降低，导致足跟外侧降低接近地面，从而在一定程度上减小了足外翻的力臂长度，进而减小了外翻程度和外翻力矩，降低外翻相关损伤；②在鞋跟的内侧部分使用硬度和密度较高的中底材质，这种方式能降低足外翻程度，但是由于鞋跟内侧部分的材料硬度较高，缓冲时间较短，容易导致足跟外翻向正常位置转移的变化率增加，有可能导致相关损伤风险增大；③采用带有一定内翻倾角的跑鞋，造成一种内侧高外侧低的楔形结构，即增加鞋跟内侧部分的中底厚度，降低鞋跟外侧部分的中底厚度，使内外侧形成高度差，从而起到限制足跟过度外翻的功效。

（1）动作控制鞋具对男性跑者运动生物力学表现的影响：Brauner 等对跑鞋内翻倾角进行微小改变，探讨其对足外翻控制的作用。前人研究发现，当跑鞋的内翻倾角介于 8°～10°时，对限制着地时的后跟过度外翻和外翻角速度有较好的效果。然而，跑鞋后跟内翻倾角的增加会影响其缓震性能，为平衡缓震与足外翻控制的关系，该研究针对较小倾角的跑鞋进行研究，验证较小的鞋具内翻倾角是否也具有控制跑步足外翻的功效。该研究选用了两种完全不同的跑鞋设计，并且在两个实验室独立开展研究，以进行结果的独立交叉验证，受试者分别为 10 名和 11 名业余男性跑者。如图 3-6 所示，两种跑鞋的内翻倾角呈递增式增加，最高为 4°。研究结果发现，随着鞋具内翻倾角的增大，足外翻的程度和外翻角速度呈线性逐渐减小，且差异有统计学意义（$P<0.01$）。同时，这种程度的鞋具内翻倾角改变并没有影响其缓震特征。从跑者的主观反馈评价看，这几种不同的内翻倾角跑鞋均没有导致跑者主观舒适度和本体感觉的改变。

Butler 等对 12 名高足弓和 12 名低足弓跑者分别穿着动作控制鞋具和对照缓震鞋具长跑前后的运动学和动力学参数进行对比研究。受试者采用自选速

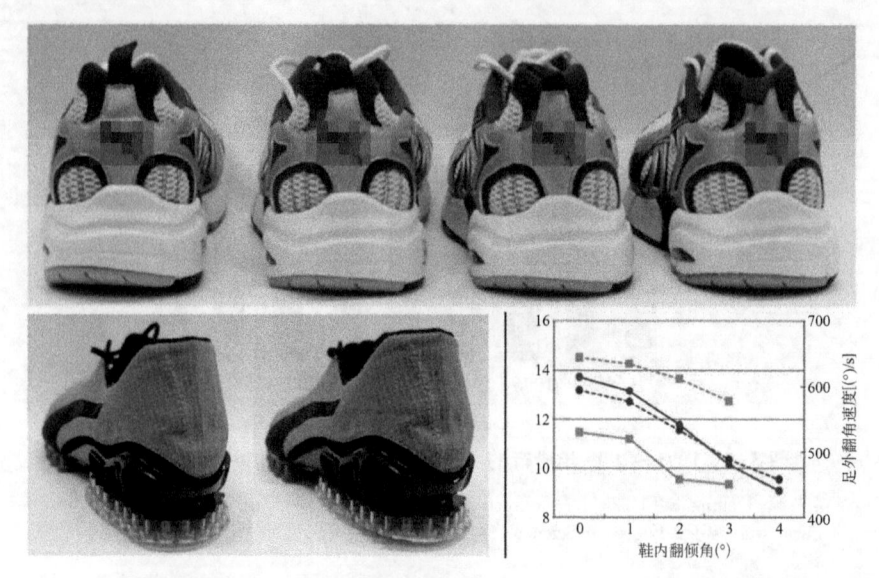

图 3-6　上图四款跑鞋从左至右内翻倾角为 0°、1°、2°和 3°；下图左的两款鞋具为后跟可拆卸热塑性聚氨酯弹性体结构，内翻倾角分别为 0°和 4°；下图右表示跑者穿着两种内翻倾角类型不同鞋具的足外翻角度和足外翻角速度变化趋势，其中圆点为穿着下图左所示鞋具情况，方块为穿着上图所示鞋具情况，虚线为足外翻的程度变化，实线为足外翻的角速度变化

资料来源：Brauner T, Sterzing T, Gras N, et al., 2009. Small changes in the varus alignment of running shoes allow gradual pronation control[J]. Footwear Science, 1(2): 103-110.

度跑步，运动学与动力学参数同步采集。采用双因素重复测量方差分析对鞋具（动作控制和对照缓震鞋具）和时间点（长跑前后）这两个因素对高低足弓两组人群的运动生物力学参数影响进行研究（图 3-7）。研究结果发现，对于低足弓跑者，穿着动作控制鞋具时胫骨峰值内旋角度降低，而穿着对照缓震鞋具时则升高，未发现踝关节内外翻程度在两种跑鞋和长跑前后有何显著性差异。对于高足弓跑者，穿着对照缓震鞋具时胫骨峰值加速度显著降低。

Langley 等对 28 名男性业余跑者分别穿着动作控制鞋具、正常鞋具和缓震鞋具跑步时的下肢运动学表现进行研究。28 名跑者分别穿着 3 种不同类型的鞋具在跑台进行自选速度[(2.9±0.6)m/s]的跑步测试。Vicon 三维动作捕捉系统用于收集下肢髋、膝、踝三个关节在不同鞋具条件下的运动学特征数据。研究结果显示，蹬离时刻膝关节屈曲和内旋角度，以及膝关节内收活动度在不同鞋具条件下差异均有统计学意义。着地时踝关节背屈、内收角度、踝关节峰值背屈、外翻角度、蹬离时踝关节外展、内翻角度在不同鞋具条件下差异均有统计学意义。以上研究结果显示，动作控制鞋具对下肢关节的生物力学影响主要体现在远端关节，即主要影响踝关节的功能表现。

Weir 等选取 14 名习惯后跟跑的男性业余跑者[年龄(24.1±4.4)岁；身高

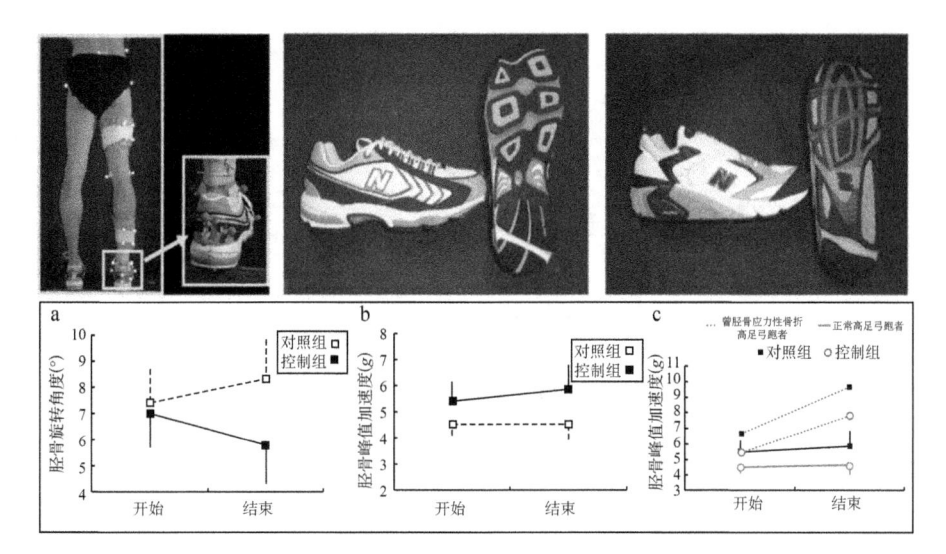

图 3-7 上图为该研究的反光点粘贴方案与鞋具选择,对照缓震鞋具为 New Balance 1022,动作控制鞋具为 New Balance 1122;下图 a 为低足弓跑者分别穿着两种跑鞋长跑前后的胫骨旋转角度对比;下图 b 为高足弓跑者分别穿着两种跑鞋长跑前后的胫骨峰值加速度对比;下图 c 为正常高足弓跑者与曾经历胫骨应力性骨折的高足弓跑者分别穿着两种跑鞋长跑前后的胫骨加速度峰值加速度对比

资料来源:Butler R J, Hamill J, Davis I, 2007. Effect of footwear on high and low arched runners' mechanics during a prolonged run[J]. Gait & Posture, 26(2): 219-225.

(1.78±0.05)m;体重(71.2±8.3)kg]参与该研究。如图 3-8 所示,受试者参与两部分的跑步测试,每部分跑步测试分为两段,每段均为 21 分钟的跑台跑步测试,其中第一段均穿着正常跑鞋,第二段则分别穿着与第一段不同颜色的正常跑鞋和稳定跑鞋。研究使用的跑台为压力测试跑台,每部分测试前均需进行标定,测量受试者最适跑步速度等工作。正常跑鞋 1 为 Brooks Defyance 9 型号,正常跑鞋 2 为同型号不同颜色,稳定跑鞋为内侧有支撑结构的 Brooks Adrenaline GTS-16,跑者对跑鞋的类型不知情。测试第 1 分钟、21 分钟、24 分钟和 44 分钟的生物力学参数,连续测试采集 30 秒的有效数据。

实验室采集数据在 Visual 三维软件中进行后续建模处理和分析,所有参数,包括下肢运动学和动力学指标(如垂直地面反作用力)均以支撑期时间为基准进行了标准化处理,支撑期标准化为 101 个数据节点,便于比较分析。统计方法部分首先采用双因素重复测量方差分析对最大心率、主观疲劳程度值及时空参数进行比较,两个因素分别为鞋具×时间点,计算统计效应量 η_p^2 值,双因素方差分析统计在 SPSS 22.0 完成。对于一维的关节角度、关节力矩和地面反作用力变化,采用 SPM 1D 双因素方差分析对支撑期内的连续型高维度数据进行统计分析。作为连续型的数据统计方法,可以避免仅仅对离散值进行统计造成的

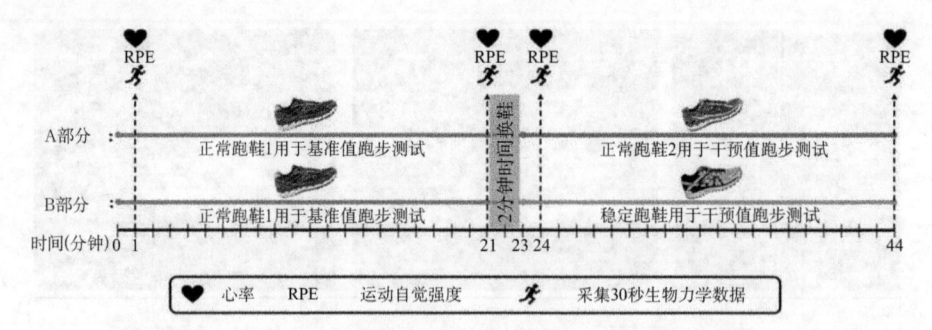

图 3-8 研究实验设计 A 部分：正常跑鞋 1 用于基准值跑步测试，正常跑鞋 2 用于干预值跑步测试；B 部分：正常跑鞋 1 用于基准值跑步测试，稳定跑鞋用于干预值跑步测试；分别测试 A 和 B 两个部分的心率、主观疲劳程度和生物力学参数；第 1 分钟和第 21 分钟作为基准值数据，第 24 分钟和第 44 分钟作为干预值数据

资料来源：Weir G, Jewell C, Wyatt H, et al., 2019. The influence of prolonged running and footwear on lower extremity biomechanics[J]. Footwear Science, 11(1)：1-11.

信息缺失，如图 3-9 所示，阴影部分即为显著性差异区域。

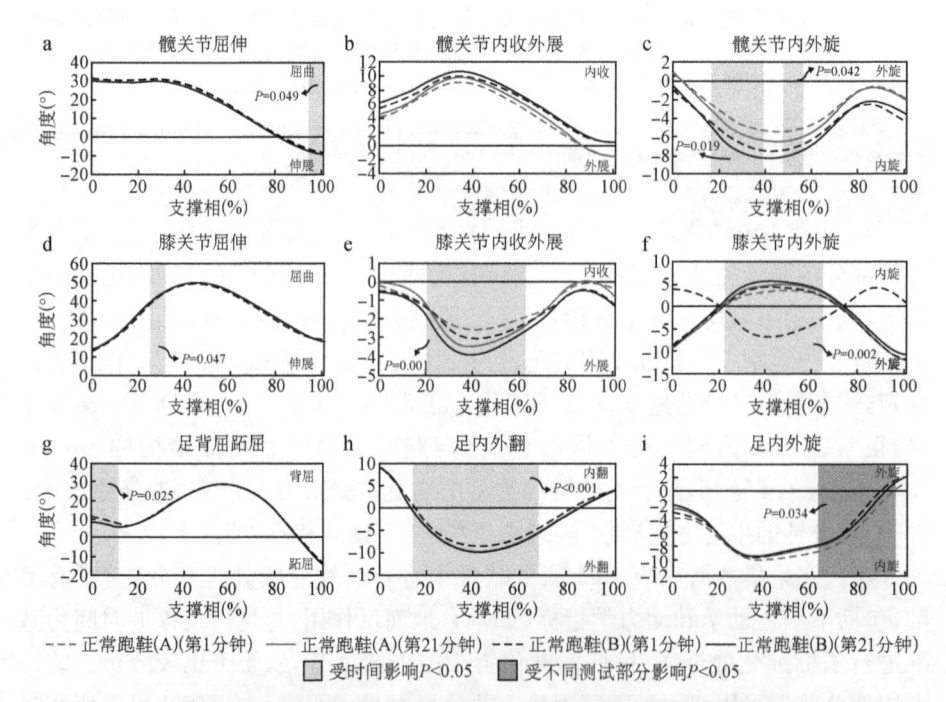

图 3-9 受试者穿着正常跑鞋 1 和正常跑鞋 2 及正常跑鞋 1 与稳定跑鞋在两个部分的第 1 分钟和第 21 分钟的下肢关节角度变化特征

资料来源：Weir G, Jewell C, Wyatt H, et al., 2019. The influence of prolonged running and footwear on lower extremity biomechanics[J]. Footwear Science, 11(1)：1-11.

该研究对长跑过程中由正常跑鞋替换为稳定跑鞋,以及正常跑鞋1替换为正常跑鞋2这两个部分的长跑过程生物力学参数进行测量,受试者对跑鞋情况不知情。研究结果显示,部分跑鞋条件在不同时间节点下未表现出显著的交互作用。

首先,看时间节点的影响,发现在基准跑时,随着时间的推移,膝关节在支撑中期的屈曲程度增加;在干预跑时,随着时间的推移,膝关节的屈曲程度从支撑中期到支撑后期显著增大。前人研究也佐证了这一观点,即随着跑步的持续,膝关节屈曲程度的增大是为了有效减小质量从而降低足-地之间过高的冲击力。然而膝关节的屈曲角度每增加5°,则耗氧量随之增加约25%。随着跑步时间的持续,踝关节背屈角度在基准跑和干预跑的支撑前期均呈现显著降低的趋势,这可能是由于足背屈肌肉的疲劳导致。基准跑过程中,膝关节的外展和内旋角度在支撑中期显著增加,同时伴随着支撑中期足外翻程度的增加。对于跑者来说,这些指标的增加往往是不利的,冠状面和水平面膝关节与足活动程度的增加往往与膝关节的疼痛紧密相关。有趣的是,上述改变仅发生在基准跑的前21分钟,这些参数在后21分钟的干预跑中保持一致,没有再出现显著性改变。这种现象可以解释为,在长跑的前20分钟内,跑者会有自我调整机制,调节到自我舒适的动作模式以优化降低对软组织的冲击载荷。但目前对这种跑者的自我调整模式是有利还是有害的尚不清楚,鞋具的研发设计是要对抗这种改变(保持跑者初始的跑步力学和运动学过程)还是在肌肉疲劳和自我运动模式受到改变时提供必要的支撑,还需要进一步的研究。

其次,看鞋具因素的影响,在两个部分穿着正常鞋具的基准测试中,大部分的运动学和动力学参数差异均无统计学意义,然而发现踝关节在水平面的运动特征差异有统计学意义,推测可能是由万向角序列(cardan sequence)在水平面上的测试误差较高、标记反光点的摆放位置误差等导致。跑者穿着正常鞋具和稳定鞋具在干预跑过程中的平均下肢生物力学参数差异无统计学意义。然而,跑者对鞋具的适应性表现是不尽相同的。对跑者的个体数据分析发现,部分跑者在穿着正常鞋具干预跑时的参数与基准跑差异无统计学意义;然而部分跑者在穿着正常鞋具干预跑时的足外翻程度则显著上升,在穿着稳定鞋具时,则没有表现出足外翻程度上升的趋势。跑者的个体化差异同样影响膝关节冠状面和水平面的运动特征。基于以上研究结果,建议对于鞋具的生物力学研究应关注个体层面在急性和长跑过程中的生物力学变化规律。对鞋具的材料和结构设计应关注以下几个方面:①跑鞋应允许跑者更长时间保持初始自我调整的动作模式;②当跑者的肌肉组织无法维持初始跑步模式和节奏时,跑鞋能够提供一定的代偿性支撑以适应跑者新的跑步模式;③跑者对跑鞋的适应具有个体差异性,通过调整跑鞋的中底特征达到个性化适应跑者的目的,可能是减小运动伤害和提高运动表现的有效途径。

(2) 动作控制鞋具对女性跑者运动生物力学表现的影响：Cheung 等认为长跑疲劳因素和足过度外翻是导致运动损伤的潜在危险因素，选取 25 名过度外翻足的女性业余跑者分别穿着动作控制鞋具和正常鞋具进行长跑疲劳前后的下肢运动生物力学参数测量与评估，主要关注下肢运动学参数。同时采用 10 级 VAS 量表对鞋具的内外侧稳定性进行测评。研究结果显示，肌肉疲劳状态下的足外翻角度约提高 6.5°(95% 置信区间：4.7°～8.2°)，穿着动作控制鞋具能有效控制长跑肌肉疲劳后的足外翻程度。而穿着无动作控制功能的正常缓冲鞋具，无论是在疲劳前还是疲劳后，足外翻角度都要显著高于穿着动作控制鞋具，如图 3-10 所示。

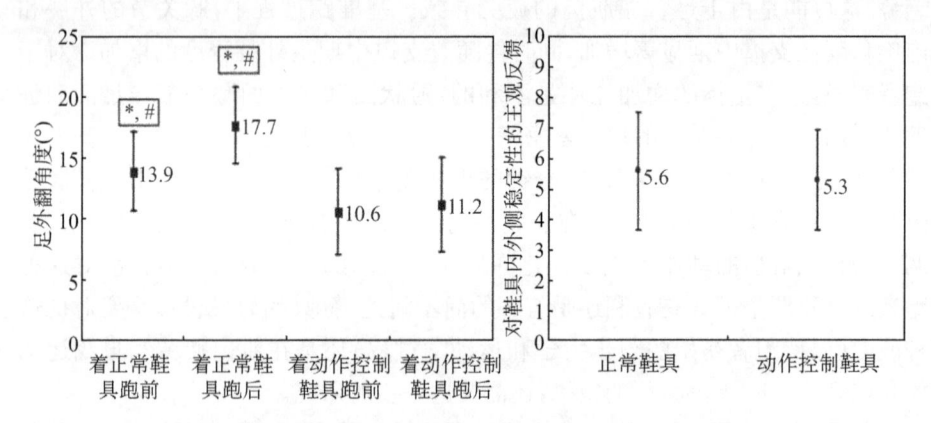

图 3-10 左图为正常鞋具和动作控制鞋具对长跑疲劳前后足外翻程度的影响；右图为受试者对鞋具内外侧稳定性的主观反馈，差异无统计学意义

＊ 正常跑鞋测试条件下疲劳前后存在显著差异；# 正常跑鞋与动作控制跑鞋测试组之间存在显著性差异

资料来源：Cheung R T, Ng G Y, 2007. Efficacy of motion control shoes for reducing excessive rearfoot motion in fatigued runners[J]. Physical Therapy in Sport，8(2)：75-81.

Lilley 等同样选取了 15 名中年女性(40～60 周岁)和 15 名青年女性(18～25 周岁)作为研究对象，探讨动作控制鞋具对两组不同年龄段女性的跑步生物力学影响。两组女性跑者分别在实验室环境下进行 10 组自选速度跑步测试，控制速度为 3.5 m/s×(100%±5%)范围内，运动学与动力学同步采集数据，选用的对照鞋具为 Adidas Supernova Glide，选用的动作控制鞋具为 Adidas Supernova Sequence。分析右侧下肢膝关节与踝关节的关节动力学特征，使用逆向动力学算法计算关节力矩。研究结果如表 3-4 显示，在正常鞋具条件下，中年女性相比于年轻女性表现出更高的踝关节外翻、膝关节内旋及外展力矩($P<0.05$)；动作控制鞋具显著降低两组女性跑步时的踝关节外翻和膝关节的

内旋程度($P<0.05$)。从以上研究结果可得出如下启示:对于中年女性跑者,应推荐使用动作控制鞋具作为跑步选择以降低踝关节外翻及膝关节内旋等损伤。

表 3-4 正常鞋具与动作控制鞋具的运动学和动力学测试参数对比

变量	年龄	正常鞋具 平均值	正常鞋具 标准差	动作控制鞋具 平均值	动作控制鞋具 标准差
足外翻峰值角度(°)	中年女性(40^+岁)	15.6	1.4	9.1	1.3
	青年女性(18~25岁)	7.4*	1.3	6.5*	0.9
膝关节内旋峰值角度(°)	中年女性(40^+岁)	15.5	2.1	13.6	3.6
	青年女性(18~25岁)	9.7	2.4	8.3*	2.6
膝关节外展峰值力矩(N·m/kg)	中年女性(40^+岁)	1.67	0.5	1.65	0.3
	青年女性(18~25岁)	0.66*	0.6	0.57*	0.4
峰值冲击载荷(BW/s)	中年女性(40^+岁)	88.9	2.5	89.3	3.6
	青年女性(18~25岁)	36.2*	1.9	37.1*	2.6

* 表示穿着相同鞋具时中年女性与青年女性相比存在显著性差异。

Jafarnezhadgero 等对过度外翻足女性疲劳前后的下肢运动生物力学进行进一步研究。该研究选取女性业余跑者 26 名[年龄(24.1±5.6)岁,身高(165.5±10.2)cm,体重(64.2±12.1)kg],均为过度足外翻跑者。对于疲劳程度的监控使用心率带和主观疲劳程度对跑者在跑台上的次最大跑步速度进行监测。该研究选用的动作控制鞋具为 ASICS Women's GEL-Kayano 24 Running Shoe,选用的正常对照鞋具为 ASICS Women's GEL-Nimbus 19 Running Shoe。疲劳与鞋具作为该研究的两个因素,使用双因素重复测量方差分析,考虑鞋具主效应、疲劳主效应及疲劳与鞋具因素的交互作用。研究结果显示,鞋具主效应对踝关节峰值内翻角度、峰值外翻角度及髋关节峰值内旋角度产生显著影响($P<0.03$)。两两对比研究发现,女性过度足外翻跑者穿着动作控制鞋具时踝关节峰值内翻角度更大,峰值外翻角度更小。动力学结果方面,鞋具主效应还影响了峰值踝关节背屈力矩、峰值伸膝力矩及峰值髋关节内旋力矩($P<0.02$)。研究未发现鞋具与疲劳两个因素的交互作用。从以上研究结果可得出:女性过度足外翻跑者穿着动作控制鞋具跑步可显著降低下肢关节的峰值力矩,同时能够对足外翻有更好的控制。随着疲劳程度的加深,鞋具的控制效果逐渐减弱,此时的运动损伤风险会显著升高。

(三)动作控制鞋具的神经肌肉控制表现

跑步时足跟的过度外翻可能导致下肢相关慢性损伤风险的升高,如胫后综合征、足底筋膜炎及跟腱炎等。动作控制鞋具可以通过限制后足环节的过度外翻活动,从而降低下肢相关肌群活动度,减少相关损伤风险。动作控制鞋具的设计是基于跑步着地时往往足跟外侧着地,因此在鞋具的足跟外侧部分使用相对内侧部分较软和顺应性较强的材料,从而使后足着地时起到减速作用,降低足外翻的速度。在跑步支撑中期,鞋底内侧较硬的材料也能够起到限制足过度外翻的作用。在一项针对 25 名过度外翻足的女性业余跑者生物力学研究中,发现动作控制跑鞋的使用能够使足外翻角度平均降低 6.5°(4.7°~8.2°),而普通的缓震鞋具则并不具有动作控制功能。在长跑疲劳后,由于神经肌肉控制功能的下降,足外翻程度可能会进一步增大,此时动作控制鞋具的使用就能够限制这种疲劳状态下的过度外翻。此外,动作控制鞋具还被发现在长跑时能够平衡长跑时不均匀分布的足底压力。

Cheung 等开展一项针对足过度外翻跑者穿着动作控制鞋具和常规缓震鞋具长跑过程中下肢肌肉活动度的研究。该研究选用 20 名女性后足外翻程度大于 6°的业余跑者作为受试者。选用鞋具情况如图 3-11 所示,动作控制鞋具为 Adidas AG, Herzogenaurach,对照鞋具为 Adidas Supernova cushion。该研究选用的动作控制鞋具中底由两种不同材料组成,而对照鞋具中底仅为一种材质。跑者均在跑台上以 8 km/h 的速度分别穿着两种鞋具进行 10 km 的跑步测试,跑步总时间为 75 分钟,跑者穿着两种鞋具进行跑步测试的时间相隔为 1 周。表面肌肉电信号(surface electromyography,sEMG)测试部分,统一测试右侧下肢胫骨前肌和腓骨长肌的肌电信号数据(足外翻:趾长伸肌+第三腓骨肌+腓骨长肌+腓骨短肌;足内翻:趾长屈肌+踇长屈肌+胫骨前肌+胫骨后肌)。选取均方根振幅(root mean square,RMS)和中位频率作为指标。[肌电指标:RMS 和积分肌电一样也可在时间维度上反映 sEMG 振幅的变化特征,它直接与 sEMG 的电功率相关,具有更加直接的物理意义,为肌电时域指标;中位频率斜率为肌电频域特征,已经被用作一个在维持等长收缩过程中的疲劳度指数,在肌肉疲劳过程中可出现以下生理现象:如运动单位的同步性、慢/快肌纤维的募集顺序改变、代谢方面的改变(包括能量产生形式的改变、缺氧、H^+浓度增加、细胞膜传导性降低),应用 sEMG 信号可进行疲劳测定,并对疲劳过程中相关的生理现象进行测定。]将 75 分钟的跑台跑步分为 10 个阶段,每 7.5 分钟为一个阶段,肌电测试采集每一阶段的最后 30 秒连续肌电数据。所有肌电数据均使用最大等长收缩的肌电数据进行标准化。对测试数据采用重复测量方差分析的方法检验鞋具和跑步距离对标准化 RMS 的影响,由于 2 种鞋具需要在 10 个距离节点进行比较(20 组比较),因此使用 Bonferroni 修正,设置显著性水平为 0.05/20＝0.0025。跑步距离与肌电指标进行皮尔逊相关性分析(Pearson correlation)。对第一个 7.5 分钟的中位频率值与最后一个 7.5 分钟的中位频率值进行配对样本 t 检验,用于疲劳程度对比测试。研究结果显示,跑者穿着对照鞋具跑步时,胫骨前肌和腓骨长肌两块肌肉的肌电 RMS 值与跑步距离呈显著正相关($P<0.001$);随着跑步距离的增加,跑者穿着两款鞋具时的中位频率值均显著下降,然而配对样本 t 检验结果发现,穿着对照鞋具时的中位频率值下降程度更多。动作控制鞋具能够帮助保持胫骨前肌和腓骨长肌两块肌肉长跑过程中较为稳定的激活状态,同时能够延缓胫骨前肌和腓骨长肌的疲劳发生,如图 3-11 所示。因此,推测动作控制鞋具可能通过延缓肌肉的疲劳,从而提升跑步耐力,同时针对足姿态不稳定的跑者能够在一定程度上降低运动损伤风险。

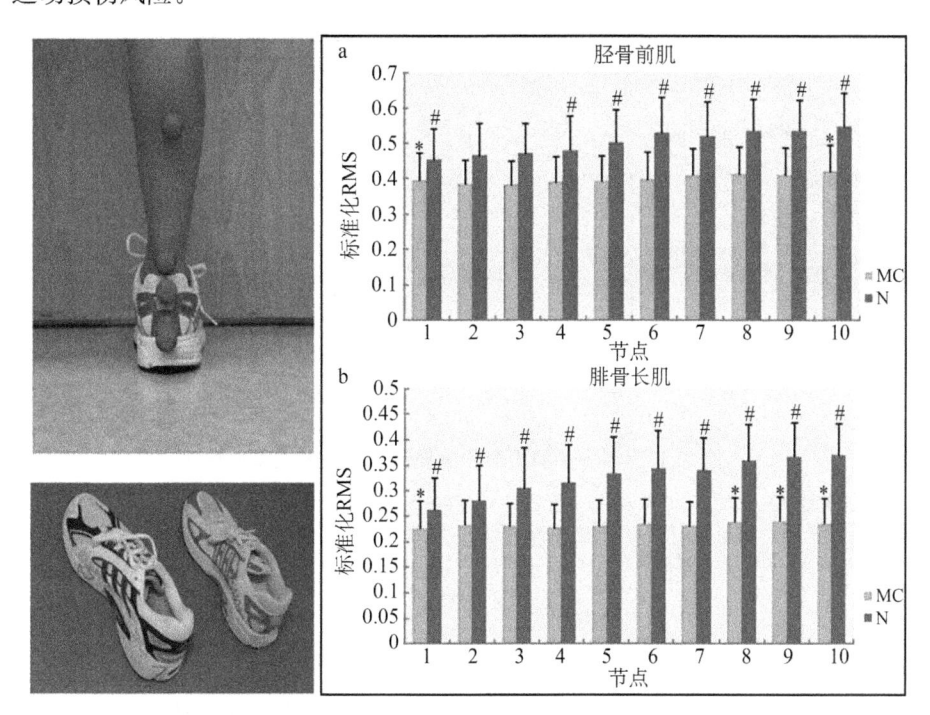

图 3-11　左图为该研究选用的动作控制鞋具(MC)及对照鞋具(N);右图 a 和 b 表示胫骨前肌和腓骨长肌在 75 分钟跑的 10 个节点标准化 RMS 对比(＊和＃均表示差异有统计学意义)

资料来源:Cheung R T, Rainbow M J, 2014. Landing pattern and vertical loading rates during first attempt of barefoot running in habitual shod runners[J]. Human Movement Science, 34: 120-127.

除了小腿及足踝相关肌群,动作控制鞋具的使用对长跑时大腿和膝关节周围肌群能否产生影响和干预呢? 研究显示,股内侧肌的延迟触发可能是导致髌股关节疼痛综合征的主要原因之一。有研究表明,长跑时的足过度外翻可能与髌股关节疼痛综合征相关,因此动作控制鞋具可能对髌股关节疼痛综合征损伤有帮助。Cheung 和 Ng 的一项研究对过度外翻足跑者穿着动作控制鞋具和对照缓震鞋具的股内侧肌和股外侧肌活动度及中位频率进行测试。受试者仍为

20名足过度外翻的女性业余跑者。研究结果显示,跑者穿着对照缓震鞋具时,相比于穿着动作控制鞋具,股内侧肌肌肉的触发出现了显著的延迟($P<0.001$),如图3-12所示。穿着对照缓震鞋具时,股内侧肌触发的延长时间与跑步距离呈显著正相关($r=0.948$),而穿着动作控制鞋具,却并未发现这种相关性。10 km跑后,股内侧肌和股外侧肌两块肌肉的中位频率值均出现显著下降,穿着对照缓震鞋具的中位频率值下降程度更显著。结合以上发现,可推测动作控制鞋具的使用对过度足外翻者的膝关节周围大肌群也产生显著影响,而且这种影响是积极的,可以帮助减少髌股关节疼痛综合征等的发生。

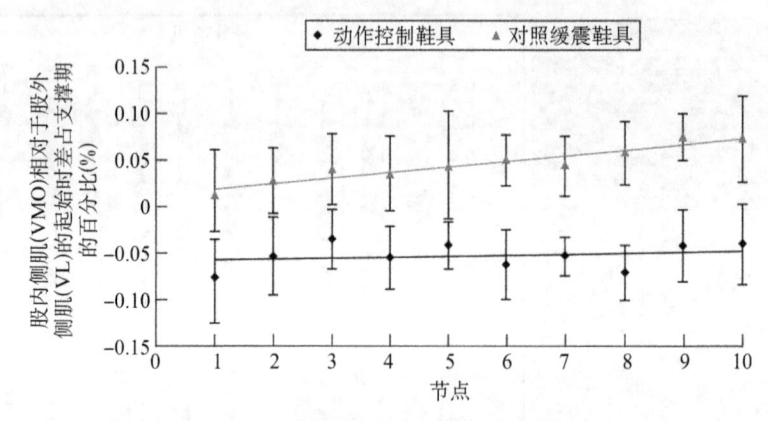

图3-12 股内侧肌相对于股外侧肌的触发时间对比

正值表示 VMO 在 VL 之后激活;负值表示 VMO 在 VL 之前激活
资料来源:Cheung R T, Ng G Y, 2008. Motion control shoe affects temporal activity of quadriceps in runners[J]. British Journal of Sports Medicine, 43(12): 943-947.

(四)跑鞋选择的逻辑谬误——实证指导跑鞋选择指南

近40年来,跑鞋一直以来都宣称以跑者足型为依据进行结构和材料设计,以满足提高运动表现及避免跑步相关损伤的跑步需求。然而,基于五项质量较高的大样本临床RCT和队列研究发现,传统的跑鞋运动功能和运动指南并没有使跑步相关损伤的整体发生率降低。与之相反,近来有研究发现动作控制鞋具可以保护过度外翻足跑者,使其运动损伤发生风险降低。上述研究结论的不同可能是由于对跑步相关损伤定义、研究对象跑步水平的不同导致。然而,目前缺乏有力证据支持传统跑鞋选择指南在预防跑步相关损伤方面的有效性。目前跑鞋选择主要有以下几类:极繁跑鞋(maximalist)、极简跑鞋(minimalist),以及零掌跟差跑鞋(zero-drop)(图3-13)。而且跑鞋的舒适度越来越被跑者所重视。

传统的跑鞋指南可能是无效且缺乏相关证据支撑的。目前,无论是传统的

图 3-13　主流跑鞋选择分类

图中从左到右分别为传统跑鞋(Brooks Epinephrine 18)、极简跑鞋(New Balance Minimus Trail 10)、零掌跟差跑鞋(Altra Torin 2.5)和极繁跑鞋(Hoka Bondi 6)。

资料来源：Napier C, Willy R W, 2018. Logical fallacies in the running shoe debate: let the evidence guide prescription[J]. British Journal of Sport Medicine, 52(24): 1552-1553.

跑鞋指南还是最新的跑鞋指南，都还缺乏高质量的 RCT 研究来佐证。目前有观点认为，传统跑鞋对跑步相关损伤的预防没有任何帮助，因为传统跑鞋改变了自然足跑步状态。例如，有人认为零掌跟差跑鞋能够带来更为接近自然裸足的跑步体验，从而能够降低跑步相关损伤，然而目前没有任何证据表明零掌跟差跑鞋能够降低跑步相关损伤风险。

对于跑鞋处方提供者，跑步教练和跑者，更换跑鞋的原因有两个：首先是提高运动表现，如有研究发现，跑鞋质量每减轻 100 g，则跑步经济性约提升 1%；其次是改变跑步生物力学，如更换为极简跑鞋后，期望的改变为提高跑步步频，调整跑步 FSP 并降低 VLR。然而有为期 6 个月的长期追踪研究发现，跑者更换为极简跑鞋并未改变跑步时空参数和 FSP。对于极简跑鞋能否降低地面冲击力也是富有争议的。在一项 26 周的追踪性 RCT 研究中，对比极简跑鞋和常规跑鞋的跑步相关损伤发生率，结果显示差异无统计学意义。

相比于跑鞋干预，步态再训练可能也是降低跑步相关损伤的有效途径。一项较大型的针对 320 名跑者的 RCT 研究发现，持续两周的步态再训练可以降低 62% 的跑步相关损伤风险，主要表现在降低 VLR 等关键生物力学损伤指标。针对跑鞋相关的跑步相关损伤风险分析，应基于严格的 RCT 研究，这也是目前所缺乏的。基于 Fuller 等的 RCT 研究和 Nielsen 等的队列研究，提出未来长期干预研究应注意控制鞋具转化时间，跑步距离的监控建议使用 GPS，以避免不客观研究结果的出现。为确保研究结果的可比性，应统一对跑步相关损伤进行定义，同时明确跑鞋指南的制定标准，不要夸大任何现有或未来的跑鞋设计对跑者的优势和劣势。

(五) 长跑与动作控制鞋具相关生物力学研究总结

1. 长跑与动作控制鞋具运动损伤相关研究总结

大样本的 RCT，双盲/单盲研究，即受试者对鞋具类型不知情及队列研究等方法能够较为客观地反映动作控制鞋具与跑步相关损伤发生率的关系。

372名业余跑者(187名归入动作控制鞋具组,185名归入对照鞋具组)双盲随机对照研究发现:动作控制鞋具可降低业余跑者长跑相关运动损伤发生率;足外翻跑者使用普通对照鞋具运动损伤发生率高于正常足跑者;动作控制鞋具可能对足外翻跑者更加有效。得出以下两点启示:普通缓震跑鞋增加动作控制结构/功能可能降低业余跑者运动损伤风险;足外翻业余跑者使用无动作控制功能鞋具可能增加运动损伤风险。

927名跑步初学者统一配备无动作控制功能的常规缓震跑鞋,进行为期1年的队列研究,得出以下结果与观点:大多数跑步初学者在250 km跑步后呈现出相似的运动损伤风险,与足型和足姿态无关;足外翻跑步初学者的1 000 km损伤率反而低于正常足跑步初学者;质疑目前普遍认同的足外翻是跑步运动损伤关键因素的观点。

对81名女性业余跑者(39名正常足,30名外翻足,12名过度外翻足)随机穿着缓震跑鞋、稳定跑鞋和动作控制跑鞋的临床随机对照研究显示:没有证据显示动作控制鞋具可以降低正常足和外翻足女性跑者损伤率,甚至发现正常足跑者穿着动作控制鞋具疼痛损伤发生率更高;穿着稳定跑鞋缺训天数和运动损伤发生率均较低,遂可考虑将稳定跑鞋作为正常足和外翻足跑者的选择。

2. 动作控制鞋具相关运动生物力学研究总结

随着时间推移和跑鞋更新换代,跑鞋的动作控制能力整体呈增强趋势。实现跑鞋动作控制的主要途径如下:①鞋跟外侧设置缓冲垫,减小足外翻力臂长度;②鞋跟内外侧使用不同密度的中底材料;③设置跑鞋内外侧倾角,形成楔形结构;④设置后跟杯,鞋面使用紧固条等。

对于男性跑者:①低足弓跑者着动作控制跑鞋跑步时胫骨内旋峰值降低,高足弓跑者着缓震鞋具胫骨加速度峰值显著降低;②跑鞋内侧/内翻倾角在0°~4°时,随着倾角增大,跑步足外翻程度和外翻角速度线性减小,这个范围的内翻倾角对鞋具缓震及舒适性能无影响;③动作控制鞋具对下肢关节的生物力学影响主要体现在远端环节,主要影响足部环节功能表现;④跑鞋应允许跑者保持更长时间的初始调整运动模式,而当跑者无法维持初始跑步模式和节奏时,跑鞋能够提供一定的代偿性支撑以适应新的跑步模式,跑者对跑鞋的适应具有个体差异性,通过调整跑鞋相关特征达到个性化适应跑者的目的,可能是降低运动损伤风险和提高运动表现的有效途径。

对于女性跑者:①长跑肌肉疲劳状态下的足外翻角度约提高6.5°,穿着动作控制鞋具能够有效控制长跑肌肉疲劳后的足外翻程度;②推荐40~60周岁的中年女性跑者使用动作控制鞋具以降低足过度外翻和膝关节过度内旋等运动损伤关键指标;③女性过度足外翻跑者穿着动作控制鞋具可限制降低下肢关节峰值力矩,对足外翻控制作用增强,随着疲劳程度加深,鞋具控制功能减弱。

3. 动作控制鞋具的神经肌肉控制研究总结

在长跑疲劳后,由于神经肌肉控制功能的下降,足外翻程度可能会进一步增大,此时动作控制鞋具的使用就能够限制这种疲劳状态下的过度外翻。

推测动作控制鞋具可能通过延缓肌肉的疲劳,从而提升跑步耐力,同时针对足姿态不稳定的跑者能够在一定程度上降低运动损伤风险。

推测动作控制鞋具的使用对过度足外翻者的膝关节周围大肌群也产生显著影响,而且这种影响是积极的,可以帮助减少髌股关节疼痛综合征等的发生。

(六) 动作控制跑鞋功能研发的启示及未来研究方向

从宏观角度出发,应继续开展基于随机对照分析、队列研究、流行病学研究等手段的大样本量跑步相关损伤与跑鞋研究,明确不同足型人群在不同跑鞋条件下的跑步运动损伤发生情况。

结合影像学技术、传感器技术、个体化肌骨模型构建及有限元分析,深入探索动作控制鞋具对下肢运动生物力学及神经肌肉控制功能的影响,探索足在鞋腔内的运动模式。

创新足型识别模式及相关设备,如构建基于 Kinetic 深度摄像技术和机器学习算法的足型快速识别系统,帮助跑者购买跑鞋时快速识别自身足型。

探索基于足型特征参数的长跑相关运动损伤预测体系,基于跑者足型特征及损伤风险,实现动作控制跑鞋的个性化定制,以期降低跑步相关损伤风险并提高运动表现。

第二节
跖趾关节运动功能与鞋具抗弯刚度设计

一、跖趾关节功能相关研究

目前,在研究下肢运动时,往往更多关注的是髋、膝、踝三大关节的运动特征,然而,跖趾关节作为足部的第二大关节,其功能和作用往往被忽略,而对于需要急速蹬离地面的足屈曲动作,其动作最终的发生一定是在跖趾关节。这种动作是通过踝关节的跖屈肌配合足趾屈肌在远端固定条件下收缩完成跖趾关节伸展的动作。跖趾关节对于足部、下肢和人体运动的作用十分关键,屈伸特征能够对人体跑跳等动作,特别是对支撑后期的蹬离效果产生重要影响。现阶段,相关领域专家学者已经开始重新关注跖趾关节在人体跑、跳等运动中所起的重要作用,包括跖趾关节运动特征与相关鞋具研发、跖趾关节训练研究,以及如何改善关节能量学特征和肌肉活化模式以提高运动表现等。

(一) 跖趾关节解剖学研究

人的足部包含 26 块骨骼、33 个关节及相应位点附着的肌肉、肌腱和韧带的复合力学结构,是人体静态站立或动态走跑跳运动时作为人体内部动力链与外界运动环境相互接触和作用的始端。足又可划分为足后部(距骨和跟骨)、足中部(内中外侧楔骨、骰骨和足舟骨)和足前部(跖骨及趾骨)。不同区域具有不同功能,足后部的跟骨为足部内外侧纵弓的主要支撑点;足中部的楔骨、足舟骨和骰骨则是内外侧纵弓的主要组成结构;足前部的跖骨支撑点构成足部的横弓。足部的纵弓和横弓能够缓解机体跑跳运动时的冲击,将自身重力进行分散,同时结合足部和下肢肌肉及相关韧带的作用又能给行走和跑跳等运动提供势能。

跖趾关节属于椭圆关节,能够绕冠状轴做屈伸运动,以及绕矢状轴做轻微的内收外展运动。对大多数拥有正常足型的人群,第一、四、五跖骨头为内、外侧纵弓的前端承重点,对维持运动过程中足着地支撑和蹬地的稳定性具有重要作用。跖趾关节的屈伸活动度是比较大的,主动屈曲角度可达 40°左右,在跑和垂直起跳蹬离地面过程中,跖趾关节的屈伸活动度可达 31.5°和 22.6°。但以上这些测量数据均是基于裸足状态下运动得到的,当跖趾关节包裹在运动鞋内即穿鞋状态甚至运动鞋结构材质等的差异,均会导致跖趾关节活动度的差异。因此穿鞋状态下跖趾关节角度的准确测量需要注意,目前使用得较多的方法是在运动鞋表面打孔,将标记点直接粘贴在皮肤表面,这样可有效防止鞋底鞋面等因素对跖趾关节活动度测量的影响。从关节功能的角度出发,在提踵状态或跑、跳等蹬离地面的过程中,合拉力线跨过跖趾关节冠状轴后方的趾屈肌,在远固定时收缩使除了趾骨部分外足其他部分在跖趾关节处伸展,以增加向前的推进力,对加大步幅、加快跑速具有重要作用。研究显示,正常步态的蹬伸期,趾屈肌产生的肌力可达体重的 61%。同时,从力学角度而言,人体的跑、跳运动主要是由足与地面接触产生的反作用力引起,足后跟的离地、踝关节的跖屈及跖趾关节的伸展共同完成了足部向前推进;跖趾关节的伸展和趾屈肌的力量能够对姿态的控制产生潜在的积极作用。跖趾关节的屈伸会对人体运动功能、力学特征及下肢其他关节的代偿产生重要影响,而其稳定性的破坏会引起包括跖趾关节活动度的减小、局部足底压力的变化、关节周围应力的增加等在内的前足生物力学特征的改变,进而严重影响足部的运动功能并引起下肢功能代偿。

Menz 等对 172 名受试者进行跖趾关节足底压力及关节活动度测量,分析比较两者之间的关系,认为跖趾关节活动度与足底压力的相关系数为 0.85。Budhabhatti 等通过三维有限元建模研究发现,如果把第一跖骨的屈伸完全限制住,那么第一跖骨承受的压力会增加 223%。顾耀东等使用弹力绑带对跖骨头进行束缚,结果发现,跖趾关节束紧后的纵跳高度增加,而且蹬伸过程中跖骨头的足底压力显著增大。由此可见,跖趾关节对于人体正常活动至关重要,但长期以来,在描述下肢运动时,通常只关注到髋、膝、踝三大关节的运动特征及产生运动的原动肌,经常把足部作为一个整体对待。忽略了跖趾关节作为地面与人体下肢之间的关节链接在快速蹬离地面中的作用。

(二)跖趾关节训练学研究

跖趾关节周围肌群如趾长屈肌、姆长屈肌等相较于髋、膝等下肢大关节肌群相比属于小肌群,这些肌群通常只能在大肌群训练的时候才能得到间接的训练,但是训练的效果不佳,肌肉力量消退得很快。目前,欧美等国家教练员已经开始强调对于跖趾关节屈伸活动度及趾屈肌力量的专门训练。德国科隆体育学院研究团队通过跖趾关节力量训练器对运动员趾屈肌进行为期 7 周等长收缩肌力训练后发现,趾屈力矩明显增加,折返跑和跳远成绩均有显著提升,提示跖趾关节趾屈肌在经过一段时间的力量训练后,能够对运动表现产生积极影响。研究者认为,跖趾关节部位肌肉力量的增加,可协调脚后跟离地并获得较大的地面支撑反作用力,减少支撑时间,促使身体快速蹬离地面。在周期性训练理论中提到,只有关节周围的肌群都能够平衡发展,才能有效提高运动表现和预防损伤的发生。裸足训练作为一种训练方式日益受到关注,逐渐被国内外所重视和采纳。这种训练方式能够改善踝关节周围大肌群如腓肠肌和小肌群如跖趾关节屈伸肌群的力量。由这种训练方式衍生出各种模拟裸足的训练鞋,如 Adidas 公司生产的 feet your wear 概念鞋、Nike 公司生产的 Nike free 模拟裸足鞋、MBT 公司生产的摇摇鞋、Vibram 公司生产的五趾鞋等,其目的是模拟裸足跑和裸足状态足部运动特征变化,改变足部肌肉形态,增加相应肌群肌力。Potthast 等研究发现,穿着 Nike free 鞋具进行 6 个月的跑、跳、冲刺等动作训练,发现能够提高运动员 20% 趾屈肌的力量,同时增加长屈肌、外展肌等肌群的体积,为提高运动表现和预防损伤提供了可能性。

(三)跖趾关节能量学研究

在短跑、跳跃类项目中,运动员通过吸收和产生机械能完成向前和向上的推进。若不考虑人体肌肉骨骼系统本身的复杂性,对于跖趾关节而言,在蹬离地面前始终保持伸展状态,因此主要以吸收能量为主,几乎不产生能量的回传

(图3-14)。卡尔加里大学的Darren博士发现,下肢的髋、膝、踝关节在这个过程中吸收和产生的能量相差不大,如踝关节在4 m/s跑速下吸收和产生的能量分别是47.8 J和61.7 J,膝关节则为43.2 J和27.9 J。但到了跖趾关节处却几乎损失了所有能量,吸能与产能之比约为70∶1,同时吸收的能量在短跑高速跑阶段甚至占到了下肢髋、膝、踝关节总能量的32%,成为吸收能量的主要关节。跖趾关节以吸收能量为主,而对于能量的贡献率几乎为零。那么如果降低跖趾关节损失的能量是否有助于提高运动表现呢?Darren等的后续研究发现,通过改变鞋具LBS来改变跖趾关节的屈伸运动特性能够影响短跑运动员40 m冲刺跑的成绩,并且把这一结果归因于能量损失的改变。Roy等研究发现,穿着抗弯刚度较高的鞋具跑步时,跑步效率或称跑步经济性约提高1%。跑步支撑前期,跖趾关节以吸收能量为主是因为该关节始终处于伸展的状态。在单腿纵跳动作中,跖趾关节能够吸收24 J左右的能量但这些能量几乎都被耗散掉,在不考虑其他因素的情况下,这些能量能够使一个普通人的垂直纵跳高度增加3.5 cm。基于上述实验研究,通过增加鞋具跖趾关节部位的抗弯刚度,理论上能够改变关节做功效率,减小跖趾关节处的能量损失。Nigg等认为,从理论上来说,应当存在最适宜的鞋具抗弯刚度范围以提高跑步经济性和运动表现,他推测这种提高跑步经济性的机制应该是通过优化跑鞋抗弯刚度从而优化了肌肉骨骼系统的发力和做功,以及肌力-长度、肌力-速度的关系等肌肉收缩性能从而提高了跑步经济性和运动表现。而另一方面,虽然增加跖趾关节的屈伸刚度能够在一定程度上对运动表现的提高产生积极的作用,但鉴于影响运动表现的因素太多,跖趾关节作为支撑末期的最后施力关节,与运动表现之间特别是与下肢其他各关节力学特征及能量之间的内在联系尚未被完全建立。此外,运动员由于运动鞋的舒适性、小腿三头肌肌力等条件不同,对跖趾关节屈伸程度的适应及效果也会产生个体差异。因此,从减小跖趾关节能量损失的角度促进运动表现的内在生物力学机制还需要深入研究。

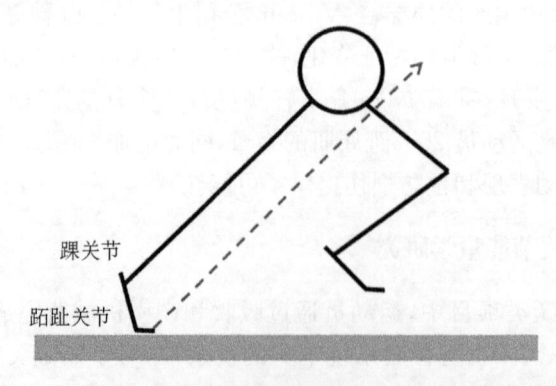

图3-14 短跑蹬离地面时,支撑腿踝关节跖屈和跖趾关节伸展示意图

二、鞋具抗弯刚度设计对长跑跑者运动表现的影响——以碳板跑鞋为例

如何提高运动表现已经成为鞋具生物力学设计和鞋具相关科学研究的首要任务和焦点问题。鞋底 LBS 是鞋具设计的重要部分。抗弯刚度的设计一般体现在鞋具中底，因此也习惯被称为中底抗弯刚度。研究认为 LBS 与耐力运动表现紧密相关，同时也被证实与高强度运动如冲刺跑、变向跑等运动表现有密切联系。Wannop 等研究发现，提高跑鞋的 LBS 可以提高冲刺跑在最初 5～10 m 加速阶段的运动表现。Tinoco 等研究发现，通过提高鞋具的 LBS 可以降低运动员在跳跃和变相跑运动中的氧气消耗。孙冬等研究发现，跑鞋 LBS 增加使下肢关节在恒定跑速下做功重新分布，同时跑步经济性提高，跑步运动表现进一步提升。然而，通过提高 LBS 的方式提高运动表现的生物力学机制还不完全清晰，其中涉及受试者之间的差异性问题、最佳鞋具 LBS 确定问题等。有研究表明，在中等速度跑步时（4 m/s）穿着不同 LBS 的鞋具，跖趾关节的屈伸角度及关节功率随着 LBS 的增加而逐渐减小，同时跖趾关节处损失的能量也相应减少。类似的结果也出现在跳跃类测试中，通过增加鞋底的刚度可以减小在跖趾关节处 36.7% 的能量损失，并能提高 1.7 cm 的垂直跳跃高度。

Willwacher 等研究人员发现，鞋具 LBS 或者说鞋前掌 LBS 的增加会导致蹬离期足底地面反作用力作用点的前移，从而导致踝关节地面反作用力力臂的有效延长及踝关节杠杆比例的增大，力臂的延长和杠杆比例增大导致的结果有两个，一是蹬离时踝关节跖屈力矩的增加；二是蹬离时踝关节跖屈速度的降低（图 3-15）。踝关节跖屈速度的降低恰恰可以降低能量的消耗速度，从而可以解释为何抗弯刚度的提高会导致中长跑跑步经济性的提高。同时，较高 LBS 的鞋具会导致跑步过程中触地时间和蹬离时间的延长从而降低肌肉收缩速度，导致能耗的降低及跑步经济性的提升。而运动员们是如何对不同的鞋具 LBS 进行适应的？其中的机制是什么？德国科隆体育学院研究人员发现运动员对提高 LBS 的鞋具有两种不同的适应机制：一种是在不改变蹬地时间的情况下提高踝关节的跖屈力矩；另一种是提高蹬离时间同时降低踝关节的跖屈力矩。而出现这种不同适应机制的原因有可能是运动员个体之间的差异，如肌力、身体形态等。Roy 等发现体重较大的受试者穿着较高抗弯刚度鞋具的跑步经济性水平要高于体重较小者。同时，Resende 等研究证实，鞋具最适抗弯刚度具有个体化的差异，这取决于个体的体重、性别、运动水平等因素；同时由于跑步速度也会影响地面反作用力及跖趾关节力矩，因此最适抗弯刚度的选择与跑步速度也具有一定的相关性。

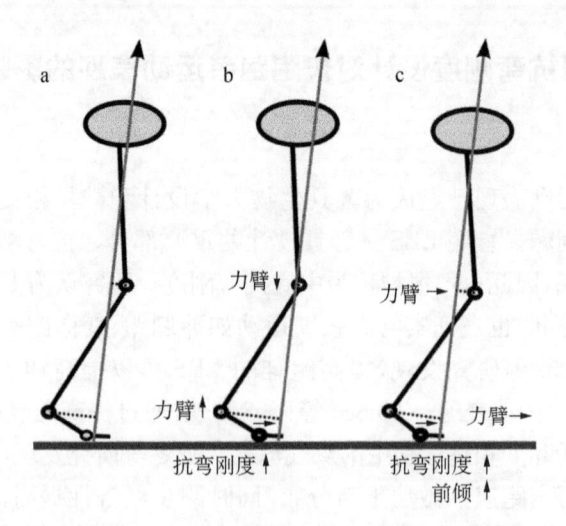

图 3-15　蹬离地面过程中,膝关节和踝关节在不同抗弯刚度鞋具下的力臂变化

资料来源:Willwacher S, König M, Braunstein B, et al., 2014. The gearing function of running shoe longitudinal bending stiffness[J]. Gait & posture, 40(3): 386-390.

Darren 等通过内置碳纤维鞋垫来改变鞋具的 LBS,并对 34 名分别穿着 4 种不同 LBS 的短跑钉鞋进行冲刺跑的专业短跑运动员进行生物力学研究 (Stefanyshyn et al., 2016)。鞋具条件分别为对照鞋,42 N·m/(°)、90 N·m/(°)和 120 N·m/(°)三种不同 LBS 鞋具。结果发现,18 名运动员在穿着 LBS 为 42 N·m/(°)的鞋具时平均运动成绩最好,约得到 0.69% 的提升,再提高 LBS 对这 18 名运动员的运动成绩提升无任何帮助,说明存在一个最适抗弯刚度可以使运动表现最佳化。5 名运动员穿着对照鞋运动表现最佳,8 名运动员穿着 LBS 为 90 N·m/(°)的鞋具时运动表现最佳,7 名运动员穿着 LBS 为 120 N·m/(°)的鞋具时运动表现最佳。运动员在穿着适应自身的最佳 LBS 钉鞋平均运动成绩能够提高 1.2%,有 1/4 运动员的运动成绩甚至能够提高 2%。对于高水平运动员来说,这种提高程度是有着重大意义的。为了确定每一名运动员的最佳 LBS,有学者试图建立最适鞋抗弯刚度与运动员体重、身高、鞋码、运动成绩之间的线性回归曲线,然而并没有发现运动员最适鞋抗弯刚度与这些因素之间存在显著相关性。后来有研究人员总结指出,运动员最佳鞋具 LBS 的确定可能与跖屈肌力量、肌肉收缩力-长度关系及肌肉收缩力/功率-速度关系这三个要素相关(图 3-16)。

孙冬等在对 15 名男性马拉松跑者进行 4 m/s 的控制跑速测试时,研究人员通过在鞋底添加全掌碳板改变了鞋具的 LBS,实验组跑鞋采用了高 LBS(HLBS) 的实验跑鞋,其 LBS 为 0.32 N·m/(°),而对照组跑鞋的 LBS (LLBS)为 0.06 N·m/(°)。结果表明,随着跑鞋抗弯刚度提升,跖趾关节背屈

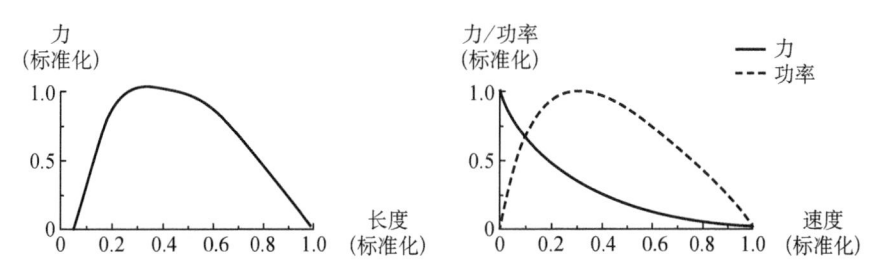

图 3-16　经过标准化的肌肉收缩力-长度和肌肉收缩力/功率-速度关系

资料来源：Stefanyshyn D J，Wannop J W，2016. The influence of forefoot bending stiffness of footwear on athletic injury and performance[J]. Footwear Science，8(2)：51-63.

活动受限，跖屈触发时间提前，跖屈力矩增大，跖趾关节做正功增加，做负功减少，同时膝关节做正功减少；在整个跑台跑步疲劳周期（100%）内，发现受试者穿着 LLBS 和 HLBS 跑鞋的心率变化差异无统计学意义，跑步经济性在跑步疲劳测试期间的平均值差异也无统计学意义（图 3-17），HLBS 跑鞋可提升受试者接近疲劳状态（80%时刻）时的跑步经济性水平。推测跖趾关节处能量反馈效率的提升，可能是碳板弹性势能助力导致跖趾关节跖屈力矩增大及支撑期跖屈触发时间提前共同作用的结果。跑台测试接近疲劳状态时，跑鞋 LBS 增加导致跑步经济性提升的机制可能是下肢做功由近端大关节向远端小关节分散，近端关节周围大肌群做功减少，耗氧量降低。研究人员总结指出跑鞋 LBS 增加使下肢关节在恒定跑速下做功重新分布，关节做正功随着鞋具 LBS 的增加由膝关节向跖趾关节分散。

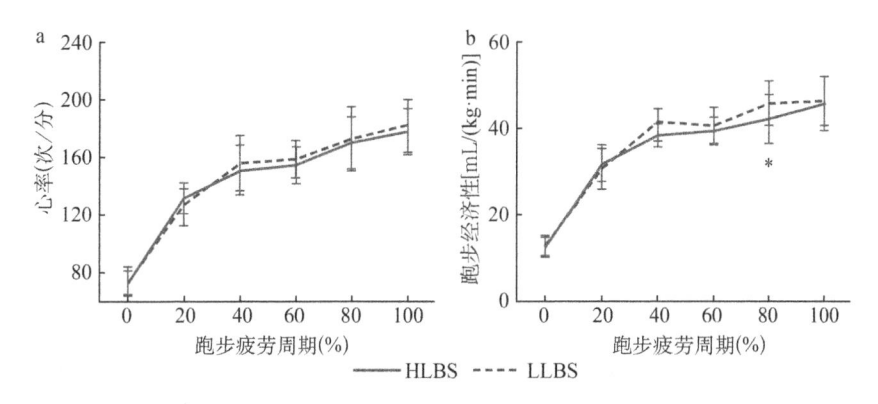

图 3-17　穿着 LLBS 及 HLBS 跑鞋跑步疲劳测试的心率及跑步经济性变化情况

资料来源：孙冬，宋杨，全文静，等，2022. 跑鞋抗弯刚度调整对下肢生物力学表现及跑步经济性的影响研究[J]. 中国体育科技，58(7)：68-75.

三、鞋具抗弯刚度设计对运动损伤的影响

(一) 鞋具抗弯刚度设计对运动损伤的影响

人体足的前掌部分非常精细,有很多小的骨骼、韧带、小肌群等,因此运动中前掌部分所受到的运动伤害也最多。前掌部分最常见的运动损伤有跖骨应力性骨折、趾间神经瘤、籽骨炎、跖骨压痛、大踇指强直、踇外翻及第一跖趾关节扭伤(俗称草皮趾)等。其中发生率最高的损伤就是跖骨应力性骨折和第一跖趾关节扭伤。提高鞋具LBS其中一个主要益处就是防止跖趾关节在蹬地过程中的过度背伸,降低跖趾关节过度背伸的程度能够减小前足损伤的风险,尤其是踇趾损伤风险。

(1) 跖骨应力性骨折与鞋具抗弯刚度:现阶段普遍认为跖骨应力性骨折的损伤机制是较大强度的周期性应力反复冲击跖骨头,造成跖骨部分微细骨折的产生,微细骨折的逐渐累积最终造成了跖骨应力性骨折的发生。其中以第二跖骨应力性骨折的发生率最高。从运动员的角度来看,发生这种损伤大多是由于运动量和运动强度的突然增大。研究发现,鞋具前掌的LBS通过影响落地蹬伸阶段前足载荷及足部肌肉组织的活化情况从而对前足损伤风险产生作用。研究发现,踇趾周围肌肉组织的疲劳会导致第二跖骨头应力的增加,可能会增加第二跖骨头应力性骨折的风险。还有研究间接证实鞋具前掌LBS能够影响跖骨应力性骨折的发生,LBS的增加可以使压力中心前移并使足底压力重新分布,从而降低前足跖骨区域的负荷并降低跖骨应力性骨折的风险。

(2) 第一跖趾关节扭伤与鞋具抗弯刚度:第一跖趾关节扭伤是由于第一跖趾关节的过度背伸从而导致关节囊韧带复合体损伤(包括一系列相关的韧带、肌腱、关节囊、跖骨、籽骨的损伤),尤其常见于足球、橄榄球等项目中。第一跖趾关节扭伤的发生主要是由于剧烈运动下第一跖趾关节的过度背伸,因此如果能够以提升鞋具抗弯刚度的方式限制第一跖趾关节的过度屈伸或许可以减少第一跖趾关节扭伤风险的发生。确定能够有效避免第一跖趾关节扭伤的抗弯刚度就需要确定第一跖趾关节扭伤发生的临界条件,包括第一跖趾关节背伸的角度、角速度等指标。Frimenko等通过对20名男性尸体的解剖及生物力学实验发现,50%以上的第一跖趾关节扭伤发生在第一跖趾关节屈曲角度达到78°时。他还对职业足球运动员裸足进行足球训练时的第一跖趾关节活动范围进行测量,训练动作涉及走、跑、跳、侧切等。通过足部运动学建模获得跖趾关节运动学数据,测得职业足球运动员在无鞋具束缚的情况下,直线跑时第一跖趾关节的峰值屈曲角度为59.5°,直线行走时第一跖趾关节的峰值屈曲角度为53.7°,其他动作约为35°。而在实际情况下,一名职业足球边锋跑动时第一跖

趾关节的峰值角度可达到 72°，损伤风险显著增加（图 3-18）。通过增加鞋具 LBS 来限制第一跖趾关节的过度活动似乎可以减少第一跖趾关节扭伤风险，但是也有可能会造成运动员本体感觉和舒适度的下降，可能导致其他损伤的发生。同时还要关注到 LBS 的提升是否会增加膝、踝关节损伤风险，另外运动员在疲劳状态下肌力、协调性等功能下降，可能会导致较高 LBS 的适应能力下降，并可能导致足部运动学的代偿性改变和其他运动损伤风险的增加。因此，目前研究应当确定运动鞋 LBS 能否有效限制第一跖趾关节过度背伸并预防运动损伤的作用，而如果目前的运动鞋具无法达到这个效果，就需要通过生物力学、生理学等测试手段和方法确定能够预防损伤的合理抗弯刚度。Crandall 等在 2015 年对当时常规的 21 款足球钉鞋的抗弯刚度进行了测试，发现这些足球鞋的抗弯刚度均是呈线性变化的。目前，很少有研究证明相对于线性变化（成比例）的 LBS，呈非线性变化的 LBS 是否有利于足部运动损伤的预防。非线性 LBS 鞋具即跖趾关节屈曲程度较小时，鞋具 LBS 也相对较小，有利于跖趾关节弯曲发力；而在跖趾关节屈曲程度逐渐增大甚至是接近危险阈值的时候，鞋具 LBS 应随之增大，限制跖趾关节的过度屈曲，从而降低第一跖趾关节扭伤、跖骨头韧带损伤等风险。此外，由于第一至第五跖趾关节中心的连线所构成的关节转动轴并非平面垂线，因此转动轴定义的不同也会引起跖趾关节角度的变化。Smith 等运用不同的定义方法对跑步支撑阶段跖趾关节特征的影响分析后认为，相比传统的直线轴定义法，利用第一至第二跖趾关节中心的连线与第二至第五跖趾关节中心连线所组成的双轴线建立跖趾关节转动轴，能够更加准确地获得跖趾关节的运动特征。因此，鞋具前掌弯折轴的位置、方向的设置应有系统的研究来界定标准（图 3-19）。

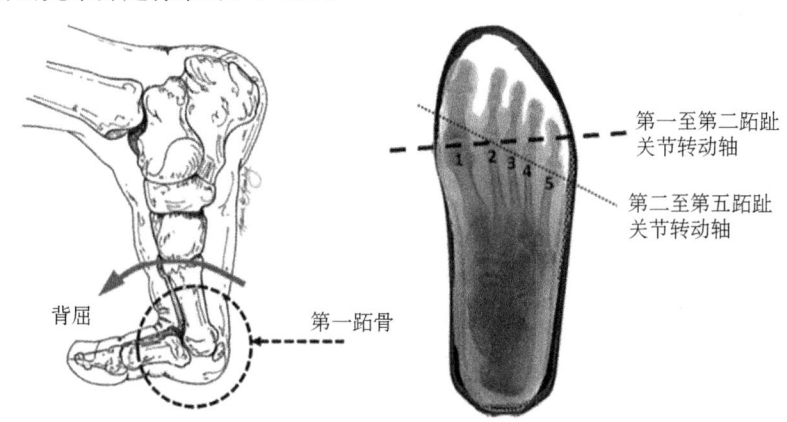

图 3-18 第一跖趾关节扭伤机制与跖趾关节转动轴

资料来源：Crandall J, Frederick E C, Kent R, et al., 2015. Forefoot bending stifness of cleated American football shoes[J]. Footwear Science, 7(3): 139-148.

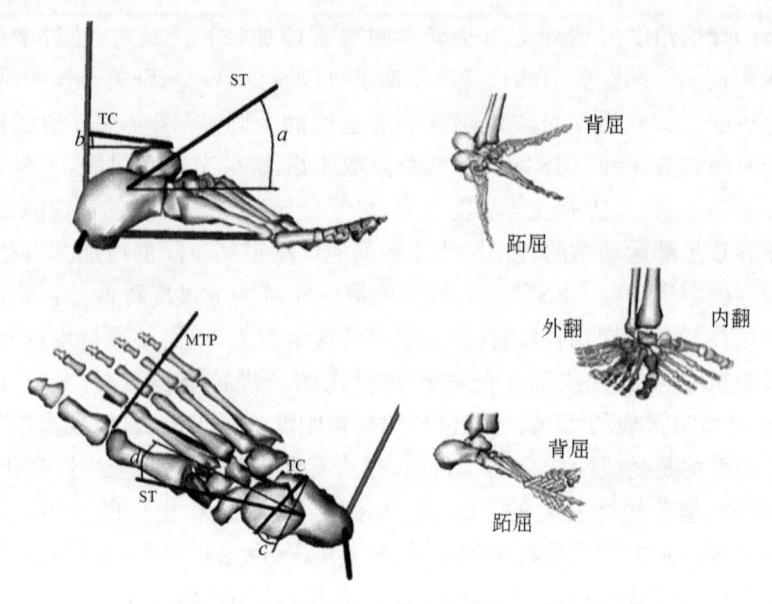

图 3-19　通过在足部设置反光标记点获取跖趾关节运动状态

ST,距下关节(连接距骨与跟骨);TC,距小腿关节,即踝关节(由距骨、胫骨和腓骨组成);MTP,跖趾关节(前足部关键关节);a,ST 轴与地面的夹角;b,TC 轴与地面的夹角;c,跟骨与小腿轴线间地夹角;d,第一跖骨与跟骨-距骨长轴间的夹角

资料来源：Luo G, Stergiou P, Worobets J, et al., 2009. Improved footwear comfort reduces oxygen consumption during running[J]. Footwear Science, 1(1): 25-29.

无论是跖骨应力性骨折还是第一跖趾关节扭伤,其诱导因素均是跖趾关节处负荷过大和跖趾关节的过度背伸。许多研究已证实通过提高鞋具抗弯刚度一方面可以重新分配跖趾关节处过大的压力载荷,另一方面也可以减小跖趾关节的过度背伸,从而减少跖趾关节运动损伤的发生。但是这种通过提高鞋具抗弯刚度而减小损伤的安全性和有效性仍需要进一步研究与验证。

(二)踝关节损伤与鞋具抗弯刚度

踝关节损伤是运动中常见的一种损伤类型,尤其在足球、篮球等需要频繁变换方向、跳跃等动作的运动中,踝关节容易受到不同方向的力量而发生扭伤、扭转或其他损伤。比目鱼肌、腓肠肌内侧头和腓肠肌外侧头融合成一个跨越踝关节的高度柔顺的共同肌腱,运动时踝关节的力量主要是由这些足底屈肌肌腱单位吸收和产生的。鞋具抗弯刚度的调整被认为可能对降低踝关节损伤的风险起到积极的作用。Cigoja 等发现,当穿着 LBS 增加的鞋子跑步时,从脚踝到膝关节的关节工作再分配开始延迟。他们的研究结果表明,增加 LBS 可以延迟或减少长时间运行期间的跑步经济性恶化。未来的研究可能会直接评估在长时间运行中增加 LBS 对跑步经济性的影响。增加的 LBS 对小腿三头肌表面肌腱单元的代谢作用似乎是两种现象的相互作用,增加的弯曲刚度可能会增加踝关节周围地面反作用力的外力臂,这可能会增加踝关节力矩和力需求。此外,增加的踝关节外力臂也可能降低踝关节角速度和肌束缩短速度。

在跑步过程中,脚作为肱三头肌的杠杆臂。传动比可以定义为地面反作用力的力臂与内部肌肉-肌腱单位力臂的比值。地面反作用力在地面接触过程中移动相当大,而肌肉-肌腱单位力臂在地面接触过程中变化要小得多,通过增加跑步时的齿轮传动比,人们期望在矢状面的踝关节力矩也会增加。Farina 等证明,碳纤维鞋垫的曲率调节了刚度对踝关节峰值力矩的影响。与对照鞋相比,平坦的碳纤维鞋垫增加了踝关节峰值力矩,而与对照鞋相比,适度或极度弯曲的碳纤维鞋垫没有改变踝关节峰值力矩。此外,他们认为在碳纤维鞋垫上增加曲率可以减少跖趾关节能量损失,而不会增加踝关节峰值力矩,此外,LBS 不会改变踝关节处的正功、负功或平均功率。当以固定速度跑步时,由于 LBS 增加而产生更大的踝关节力矩可能会降低踝关节跖屈速度,从而导致肱三头肌表面肌肉-肌腱单位收缩变慢(图 3-20)。Madde 等表明,有一部分跑者在穿着 LBS 更高的鞋子跑步时,其跑步经济性增强,踝关节角速度降低,而跑步经济性恶化的跑步者踝关节角速度没有变化。类似地,Cigoja 等表明,与对照鞋相比,僵硬时肱三头肌表面肌肉-肌腱单位缩短速度降低。这些研究似乎表明,肱三头肌表面肌肉收缩速度可能会降低,这意味着更有效的力量产生,因此产生更好的跑步经济性。

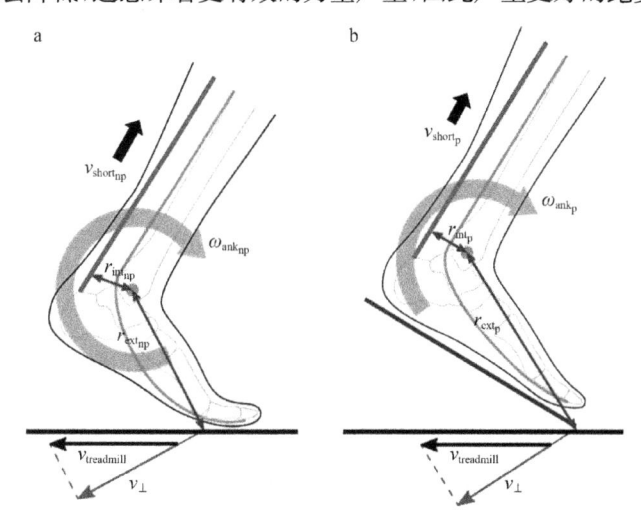

图 3-20 在固定的跑步速度下,有无碳板的踝关节角速度对比

$v_{short_{np}}$,无碳板缩短速度;$\omega_{ank_{np}}$,无碳板踝关节跖屈角速度;$r_{int_{np}}$,无碳板踝关节内力臂;$r_{ext_{np}}$,无碳板踝关节外力臂;$v_{short_{p}}$,碳板缩短速度;$\omega_{ank_{p}}$,碳板踝关节跖屈角速度;$r_{int_{p}}$,碳板踝关节内力臂;$r_{ext_{p}}$,碳板踝关节外力臂;$v_{treadmill}$,固定的跑步速度下;$v_{\perp}$,脚接触地面时垂直方向的速度分量

资料来源:Ortega J A, Healey L A, Swinnen W, et al., 2021. Energetics and biomechanics of running footwear with increased longitudinal bending stiffness: a narrative review[J]. Sports Medicine, 51(5): 873-894.

因此，踝关节损伤在运动中是一种普遍存在的问题，足底屈肌肌腱单位的协同作用在运动时起着关键的支持和调整作用。通过调整鞋具的抗弯刚度，特别是LBS，有望为踝关节提供额外的稳定性，减少异常侧倾和扭曲的风险。相关研究表明，增加LBS可以影响踝关节的力矩和角速度，从而对长时间运动中的跑步经济性产生积极影响。然而，这一调整也涉及踝关节周围地面反作用力、力臂和其他生物力学参数的复杂相互作用，需要在实际运动中进行更深入的研究和验证。通过科学调整鞋底的抗弯刚度，可以在不影响正常步态和运动的前提下，提供足够的支持，降低踝关节损伤风险。

（三）膝关节和髋关节与鞋具抗弯刚度

膝关节是人体重要的运动关节之一，由股骨、胫骨和髌骨组成。其结构复杂，包括关节软骨、半月板和关节囊等组织。膝关节的运动包括屈曲、伸展和轻微的旋转。这些运动的协调性对维持正常生物力学功能至关重要。膝关节和髋关节作为人体下肢的重要关节，承受着运动中较大的力量和压力，因此与鞋具抗弯刚度之间的关系备受关注。在运动中，膝关节承受来自地面的反作用力和身体重量的力量，因此对于鞋具的抗弯刚度至关重要。很少有研究涉及LBS如何影响髋关节和膝关节动力学，Cigoja等报道膝关节正向功随着LBS的增加而减少的研究，这表明刚度的增加将正向的下肢关节功从膝关节重新分配到跖趾关节。研究报道了髋关节LBS增加带来的变化，具体来说，髋关节力臂增加。其他研究发现角度、角速度、力矩、功或功率差异无统计学意义。总体而言，这些结果表明LBS主要影响跖趾关节和踝关节力学，对膝关节和髋关节的影响很小。

迄今为止，还没有研究专门针对碳板对损伤的影响。相反，研究量化了其他研究指出的损伤风险因素参数。Firminger等使用概率模型来评估弯曲刚度增加对跟腱病变风险的影响。他们确定穿较硬的鞋跑步不会增加跟腱劳损，进而增加跟腱病的风险。还有人量化了与地面反作用力、关节负荷率、踝关节力矩和膝关节力矩等风险因素相关的变量。然而，报道的这些结果变化的幅度是否对损伤风险有明显影响尚不清楚，并且经常存在争议。需要对弯曲刚度对损伤率的影响进行纵向研究，以解决文献中的这一空白。考虑到膝关节和髋关节的解剖结构与生理特点，设计鞋具时需要根据关节的生物力学特征来确定抗弯刚度的合理范围。通过在实际运动中进行生物力学和运动学的测试，可以获取关节在不同运动状态下的受力情况，从而更精准地调整鞋具的抗弯刚度，以适应不同运动场景。

四、前掌跑鞋设计对长跑生物力学表现的影响

为了减少跑步相关的运动损伤,各个鞋具生产公司不断地设计并生产不同跑鞋类型以达到改变跑步生物力学的特性。在很长的一段时间内,绝大多数的跑鞋具有高缓冲性能、鞋跟高、中底厚,并兼具足弓支撑及运动控制的特性。当时普遍认为较高的冲击力及过度的足部内翻与跑步相关损伤风险有关,而厚底跑鞋具有的较厚的缓冲垫能通过降低冲击力进而达到减小骨骼肌组织受力的目的。然而,是否能通过加强跑鞋的缓冲性能来减少跑步相关损伤风险存在争议。目前,没有明确清晰的证据表明,具有良好缓冲性能的跑鞋能够系统地减少跑步时的冲击力。此外,足部过度内翻的定义也并不明确。冲击力增加及足部过度内翻是否直接与跑步相关损伤有关也缺乏足够的证据。

随着 Lieberman 等发现裸足跑可能有利于减少跑步相关损伤后,裸足跑引起了广泛的关注。各个鞋具厂家开始研发生产极简跑鞋来模仿裸足跑时的下肢运动生物力学特性。极简跑鞋自重轻、灵活性高、缓冲能力弱、中底厚度低、掌跟差低的特点。在一些研究中,学者们发现穿着极简跑鞋跑步能模仿裸足跑时的下肢生物力学特性,或是在一定练习适应后,能近似接近裸足跑。然而也有一些学者们认为穿着极简跑鞋跑步时,下肢的运动生物力学特性与穿着传统跑鞋时一致。这些差异可能是由于使用了不同类型的极简跑鞋导致的。

目前,大多数的研究集中关注不同类型的跑鞋对于跑步时下肢运动学、动力学等因素的影响,其中主要采用的是厚底跑鞋、极简跑鞋与传统跑鞋。前掌跑鞋作为新推出的跑鞋类型,目前并未有研究关注其对跑步时下肢生物力学特征的影响。厚底跑鞋、极简跑鞋与传统跑鞋这三种类型的跑鞋具有不同掌跟差,且均为正值,前掌跑鞋前掌厚度增加,后足区厚度较小,掌跟差为负值,关于负掌跟差对下肢运动生物力学的影响仍未可知。由于前掌跑鞋特殊的结构形式,了解穿着前掌跑鞋对下肢的影响是有必要的。

俞佩敏等选取了 15 名男性大学生前掌跑鞋及传统跑鞋,中底材料为 EVA,外底材料为橡胶。选取传统跑鞋为参照鞋,前掌厚度为 23 mm,后跟高度为 15 mm,掌跟差为 −8 mm。实验组用鞋为前掌跑鞋,前掌厚度为 22 mm,后跟高度为 30 mm,掌跟差为 8 mm,规格如图 3-21 所示。

实验分为不同速度下的测试,包括自选舒适速度、较慢速度和较快速度,以全面了解鞋具对不同速度下的跑步生物力学的影响。数据采集涵盖了足部落地指数、下肢关节角度、关节力矩、关节功率等多个方面。运用 Visual 三维软件

图 3-21　鞋具示意图

资料来源:俞佩敏,2021.不同跑速下穿着前掌跑鞋对下肢运动生物力学特征的影响[D].宁波:宁波大学.

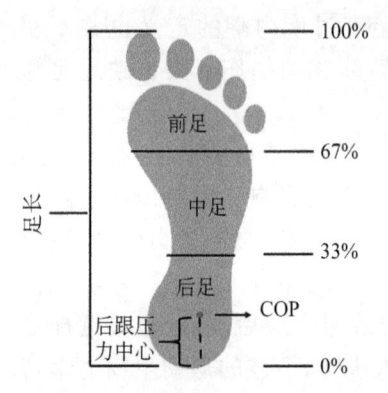

图 3-22　足部落地指数计算示意图

资料来源:俞佩敏,2021.不同跑速下穿着前掌跑鞋对下肢运动生物力学特征的影响[D].宁波:宁波大学.

进行数据处理,采用 SPSS 和 SPM 1D 进行统计学分析,以获取具体的实验结果。对于足部落地指数的处理,通过计算足部落地指数来判断 FSP,分析前掌跑鞋和传统跑鞋在不同速度下对 FSP 的影响(图 3-22)。而运动学和动力学数据的处理则包括关节角度、关节力矩、关节功率等参数的计算,以深入探究两种鞋具在下肢生物力学特性方面的差异。

(一) 足部落地指数分析

穿着前掌跑鞋的跑者在跑步时的 FSP 会发生变化,表现为更倾向于采用前足或中足着地方式,而不是传统跑鞋中的后足着地方式。Cheung 等的实验结果表明,在穿着极简跑鞋时,跑者采用前足着地方式的可能性增加了 9.2 倍。然而,Willson 对受试者进行穿着极简跑鞋的短期干预后发现,在穿着 2 周的极简跑鞋后,采用后足着地方式的跑者比例并未减少。

跑步速度对 FSP 的影响存在研究结果不一致的情况。Cheung 等观察到,当跑步速度每增加 1 m/s 时,前足着地和中足着地的比例相对于后足着地而言分别增加了 2.3 倍和 2.6 倍。而在 Breine 等的实验中也发现跑步速度对 FSP 造成了影响。在跑步速度为 3.2 m/s 时,82% 的 FSP 为后足着地,而随着跑步速度的增加,直至 6.2 m/s 时,后足着地方式及前/中足着地方式的比例较为平均,后足着地形式占 46%,前/中足着地形式占 54%。然而,在 Lai 等的实验中,无论跑者在裸足的状态下或穿鞋跑步的情况下,跑步速度并未对 FSP 造成显著影响。同样,在 Fredericks 等的实验中,跑步速度设置为 2.5 m/s、3.0 m/s、3.5 m/s、4.0 m/s 时,FSP 也并未改变。此外,俞佩敏等的实验结果表明,跑鞋及跑步速度的交互作用对足部落地指数无显著影响,穿着前掌跑鞋者的足部落地指数比穿着传统跑鞋者高出 18.99%。

由此可见,前掌跑鞋增加了前掌厚度,使掌跟差为负值,在跑者穿着前掌跑鞋时,出现前足着地及中足着地的跑步方式比例显著增加。尽管并非所有跑鞋都采用了前/中足着地的跑步形式,但与传统跑鞋相比,跑者的 FSP 仍显著向前转移。此外,在整体跑步速度较慢的情况下,改变速度并不会改变 FSP。

(二) 运动学特征分析

俞佩敏等的实验表明,在穿着前掌跑鞋时,跖趾关节的伸展角度显著减小,而在支撑期内呈现屈曲状态。相比之下,穿着传统跑鞋时跖趾关节一直保持伸展状态。在穿着前掌跑鞋时,跖趾关节出现屈曲角度,同时关节活动度相对减小。前掌厚度增加且大于后跟厚度,导致足部支撑初期跖趾关节出现屈曲的趋势,并由于负掌跟差导致蹬离期跖趾关节的伸展角度小于普通跑鞋。

(1) 在踝关节方面:穿着前掌跑鞋时初次触地时踝关节呈现跖屈角度,而在传统跑鞋中则呈现背屈角度。这可能是由于负掌跟差导致的,表明穿着前掌跑鞋时,FSP 向前/中足区过度,导致踝关节在初始触地阶段呈现跖屈的角度,然后过渡到背屈以进行落地缓冲。这与裸足跑的初期触地时期踝关节跖屈的特征相一致,可见习惯穿鞋的跑者可通过穿着前掌跑鞋在一定程度上模拟裸足跑。

(2) 在膝关节方面:穿着前掌跑鞋时膝关节的最大屈曲角度明显减小,且关节活动范围也减小。与此同时,跑步速度对膝关节的关节活动度也产生了影响,随着跑步速度的降低,膝关节的关节活动度增加,但显著性只存在于较慢以及较快这两种跑步速度组中。在跑步过程中,跑者受到重复的冲击力,并可能导致相关损伤。70%~80% 的冲击力是通过膝关节吸收的。在支撑期的 30%~50% 范围内,穿着前掌跑鞋时膝关节的屈曲角度减小,并且在整个支撑期关节活动度也减小,可能导致膝关节缓冲冲击力水平下降,增加跑步相关损伤风险。

(3) 在髋关节方面:穿着前掌跑鞋增加了髋关节的关节活动度,但整个支撑期内髋关节的角度变化未受到影响。在初始触地时期,髋关节呈现屈曲状态,然后慢慢过渡至伸展状态。各个关节的关节活动度可以反映下肢各个关节的折叠程度,并推断各个关节的缓冲分配。穿着前掌跑鞋时,髋关节的关节活动度相对于穿着传统跑鞋时有所增加,可能是为了补偿膝关节关节活动度的下降,以缓冲触地时期的冲击力。

(三) 动力学特征分析

在下肢力矩方面,俞佩敏等的实验表明,跑者的跑步速度和鞋具类型对关节力矩峰值没有显著影响。穿着前掌跑鞋时，在支撑期初始阶段跖趾关节的伸展力矩小于穿着传统跑鞋时。这可能是由于前掌跑鞋使足部初始触地的角度更小，足部落地呈现前/中足着地，导致跖趾关节伸展力矩减小，甚至出现屈曲力矩。这种变化可能改变关节做功，减小能量损失，有望提高运动表现。需要指出的是，尚未测定运动表现，穿着前掌跑鞋是否能提高运动成绩还需进一步研究。对于踝关节而言，穿着前掌跑鞋时的背屈力矩较小，而穿着传统跑鞋时，在支撑期着地时刻会出现短暂的踝关节背屈力矩，逐渐过渡至跖屈力矩。穿着前掌跑鞋时，支撑期内的着地时刻几乎直接呈现跖屈力矩。这可能因为前掌跑鞋使跑者采用前/中足着地形式，使踝关节从跖屈转为背屈，通过腓肠肌离心收缩控制踝关节背屈。相比之下，习惯后足着地的跑者通过胫骨前肌离心收缩在初始触地阶段将踝关节从背屈逐渐过渡至跖屈。因而对于已经习惯后足着地的跑者，穿着前掌跑鞋可能需要肌肉适应，以避免因FSP变化引起的肌肉损伤。对于膝关节而言，前掌跑鞋未对关节力矩造成显著影响。张马森等的研究表明，减小掌跟差可降低膝关节伸展力矩峰值，降低膝关节因压力损伤风险。但在俞佩敏等的实验中，穿着前掌跑鞋时，在支撑期着地缓冲阶段，膝关节的伸展力矩相较于传统跑鞋略有增加，尽管差异不显著。股四头肌作为膝关节伸展的主要肌肉，经过髌骨连接到胫骨，增加的伸展力矩可能引起膝关节和髌腱受力变化，增加膝关节损伤的风险。需要注意的是，虽然减小掌跟差可导致伸展力矩峰值减小，但在负掌跟差情况下，这一结论或许不成立，需留意膝关节损伤的发生。对于髋关节而言，正常跑步速度下，在支撑期初期，穿着前掌跑鞋时的伸展力矩小于传统跑鞋。Rooney等研究发现，采用后足着地形式跑步时，髋关节具有更大的伸展力矩。穿着前掌跑鞋时改变了FSP，而传统跑鞋时跑者仍采用后足着地，导致髋关节伸展力矩相对于前掌跑鞋增加。

在下肢刚度及关节刚度方面，研究发现速度的变化并未对下肢刚度产生影响。跑步过程中，人体可被视为弹簧质量模型，该模型可用于计算垂直刚度和下肢刚度。当跑步速度从较慢变为适中时，下肢刚度保持不变。这可能是因为跑步速度增加导致支撑期腿部曲线弧度增加，从而引起腿部长度变化值的增加。另外，跑步速度的增加会导致垂直地面反作用力峰值变大。根据下肢刚度的计算方式，跑步速度的增加并未对下肢刚度产生影响。值得注意的是，在俞佩敏等的实验中，跑鞋类型也没有对下肢刚度产生影响。尽管在Kulmala等的研究中，穿着厚底跑鞋导致下肢刚度增加，但对于鞋具对下肢刚度的影响仍存在质疑。Kulmala等的实验采用垂直刚度的计算公式来表示下肢刚度，而许多其他研究也存在这一问题。虽然垂直刚度近似于下肢刚度，但两者是不同的测量方式，下肢刚度的计算涉及更多因素，包括静态站立时的腿长、触地时间及水平方向的速度。因此，在跑步中，下肢刚度与垂直刚度存在差异，对于跑鞋类型对下肢刚度的影响仍需要进一步研究。此外,关节刚度并不会随着跑步速度或跑鞋类型的改变而发生变化。Arampatzis 等的实验中发现,随着跑步速度的增加(2.5～6.5 m/s),踝关节关节刚度不变。在速度设置为个人短跑最快跑速的 70%、80%、90% 及 100% 时,踝关节关节刚度也始终保持不变。在跑步过程中,踝关节刚度可能由肌肉肌腱单元和神经激活方式共同决定的。Kuitunen 等的实验中,尽管膝关节刚度随着跑步速度的增加而增加,但仍有部分跑者的膝关节关节刚度保持不变。

在关节做功方面,下肢各关节做功及相对做功百分比并未随着跑步速度或是跑鞋类型的改变而改变。在穿着不同跑鞋进行跑步时,主要的正功即产生能量主要由踝关节和髋关节完成,而主要的负功即吸收能量则由膝关节完成。初次穿着前掌跑鞋跑步时,跑者并不会改变各关节做功分布,长期穿着前掌跑鞋对关节做功的影响仍需进一步研究。关于跑步速度对关节做功的影响目前尚无一致的结论。Farris 和 Sawicki 的研究发现,在更快速度的步行或是跑步中,各关节的相对做功分布并无差异。而 Teixeira-Salmela 等发现,随着步行速度的增加,踝关节相对做正功减少,而髋关节相对做正功增加。Rubenson 等的研究中发现,在跑步速度超过 3.3 m/s 时,髋关节是主要的正功来源,而在 Stearne 等的实验结果则表示当跑步速度超过 4.5 m/s 时,踝关节是主要的正功来源。跑步速度对下肢各关节做功的影响仍存在争议,进一步的研究需要明确跑者下肢关节做功及功率随跑步速度的变化。

第三节 长跑跑步经济性与跑鞋

一、跑步经济性的定义与基本概念

(一) 跑步经济性的定义

最大摄氧量(maximal oxygen uptake,VO_{2max})是评价运动员有氧能力的重要指标,对于跑步项目(短跑除外)来说,虽然专业运动员和业余跑者在多数情况下都以低于最大摄氧量的强度运动,但并不影响最大摄氧量对比赛成绩或者说运动表现的预测。但是对于最大摄氧量相似的运动员,使用最大摄氧量这一指标预测比赛成绩的敏感性会下降,因此需要一个更为有效的评价指标。

1924年，Hill首次引入了跑步经济性的概念，他假设跑步时机械效率越高则在特定跑步速度下的代谢能量越低。一些研究结果也表明，次最大摄氧量与跑步速度具有线性关系，如Conley等认为水平较好的运动员跑步时的摄氧量与跑步速度之间存在如下关系：$y=0.209x-5.67$，其中y为次最大摄氧量强度下的给定速度（241 m/min、268 m/min、295 m/min）跑步时的稳态摄氧量，x为跑步速度（m/min）。该方程的斜率0.209代表实验对象的跑步经济性值。Daniel等也对稳态摄氧量与跑步速度之间的关系进行研究，得出跑步经济性值为0.201。基于最大摄氧量强度下跑步速度与摄氧量的线性关系，研究者对跑步经济性做出相关定义：次最大强度给定速度跑步时的能量需求，是预测有氧跑步成绩的重要指标；Morgan对跑步经济性的定义为给定跑步速度下的稳态摄氧量值，已被证实是造成最大摄氧量相近的运动员跑步成绩显著差异的主要原因；Anderson等对跑步经济性的描述为一个体现"运动效能"的生理指标和决定长跑成绩的关键因素，用给定跑步速度下的摄氧量来表示；Saunders等对跑步经济性定义为次最大摄氧量强度给定速度跑步时的稳态摄氧量，他认为从能量代谢角度看，在相同跑步速度下，跑步经济性好的跑者消耗的氧气要比跑步经济性差的跑者要少。以上学者对跑步经济性的定义符合以下几点前提：①次最大摄氧量强度；②恒定的跑步速度；③达到代谢稳态；④以摄氧量的绝对值和相对值表示。综上所述，跑步经济性是指跑步速度与耗氧量之间的关系，在同样速度下耗氧量越大，则跑步经济性越差。一次典型的跑步经济性测试通常包含一组5~6分钟略低于乳酸阈的间歇跑，通过测量跑步中呼吸的气体成分来得到跑步经济性的指标。因此跑步经济性还可以定义为以恒定的次最大强度跑步时，达到稳定状态时的摄氧量。在以相同速度跑步时，更低的摄氧量水平代表了更好的跑步经济性。此外，跑步经济性最终表现为对运动成绩的影响，因此研究也以每千克体重每千米的耗氧量作为衡量跑步经济性的指标[mL/(km·kg)]。目前，对于跑步经济性的测量手段主要有两种：一种是在易于控制的实验室跑台环境下进行，优点是便于控制恒定的跑步速度并且通过佩戴呼吸面罩能够精确测量耗氧量等生理指标；二是在真实环境下跑步并借助于便携式可穿戴设备监测耗氧量，优点是更加贴近真实状态下的运动情况。

（二）跑步经济性与运动成绩的关系

有氧代谢能力是耐力项目运动员有氧耐力的先决条件。在相同的稳态速度下，跑步经济性好的跑步者对氧气的需求要低于跑步经济性差的跑步者。研究表明，最大摄氧量相似的跑步者跑步经济性的差异可以高达30%，此差异可能对长跑运动成绩产生显著影响。目前已有大量研究证实了跑步经济性与跑步成绩之间的关系，指出跑步经济性与长跑能力显著相关。Weston等研究发现虽然肯尼亚长跑运动员最大摄氧量比白种人长跑运动员低13%,但由于肯尼亚人的跑步经济性比白种人运动员高5%,使得肯尼亚人的10 km竞赛成绩甚至比白种人运动员更好。而且肯尼亚运动员能够以比白种人运动员更高的最大摄氧量百分比完成10 km比赛,其血乳酸水平却与白种人运动员相似。中长跑比赛成绩很大程度上依赖于经济的、高度发达的有氧能力,以及在血乳酸堆积最少的情况下能够最大程度利用这种有氧能力。Conley等对高水平长跑运动员跑步经济性与跑步成绩研究发现,分别以241 m/min、268 m/min、295 m/min速度跑步时的稳态摄氧量值(跑步经济性值)与10 km跑步成绩之间具有非常显著的相关关系(r值分别为0.83、0.82和0.79,$P<0.01$),跑步成绩差异的65.4%可以用跑步经济性的差异来解释。Abe等研究认为1 500~3 000 m跑58%的成绩差异可以用跑步经济性来解释。Saunders对7名国家一级中长跑运动员的800 m跑步成绩与跑步经济性之间的关系进行测试,结果表明在跑步速度为12 km/h下的稳态摄氧量即跑步经济性与800 m跑运动成绩呈显著高度相关($r=0.98$,$P<0.01$)。Storen等对11名耐力项目运动员次最大摄氧量强度跑步测试(15 km/h),发现跑步经济性与3 000 m跑的成绩没有直接的显著相关关系,但最大摄氧量/跑步经济性与3 000 m跑步成绩高度相关($r=0.93$),可以使用跑步经济性指标解释86%的3 000 m跑成绩差异。综上所述,中长跑运动成绩依赖于最大摄氧量,虽然最大摄氧量是关系比赛成绩的重要因素,但是对于最大摄氧量相近的运动员,跑步经济性是一个更好的预测指标。跑步经济性与中长跑运动成绩呈高度正相关性,因此提高运动员的跑步经济性对提高运动成绩十分重要。

(三) 跑步经济性与身体形态的关系

跑步经济性可以表示为单位时间内每千克体重的摄氧量,因此体重和体脂百分比因素势必会对跑步经济性造成一定影响。Williams等研究发现体重和跑步经济性存在一定的相关关系,相关系数$r=-0.52$。Bunc研究认为体重及体脂百分比的增加都会使跑步时的耗氧量增加,但这一理论仅适用于成人,儿童的单位体重摄氧量要明显高于成人。体重分布也会对跑步经济性产生影响,Myers等研究发现,躯干重量每增长1 kg,对氧气的需求增加1%。Jones等研究发现当以12 km/h的速度跑步时,足部每增加1 kg的负重,对氧气的需求增加4.5%。还有研究发现在给定速度跑步时,下肢每增加1 kg负重,对氧气的需求就会增加7%,跑步者下肢体重分布得越少,移动下肢所需要做的功就越少。体型对跑步经济性也会产生影响,研究证实,与跑步经济性有关的形态学因素包括体型、腿长、腿围度、骨盆宽度等。研究发现,腿长能够影响角惯量和运动腿的代谢消耗,在以2.68 m/s的恒定速度跑步时,下肢相对较长的运动员跑步经济性更好。Williams 研究发现大腿围与跑步经济性之间呈负相关（$r=-0.58$），同时发现优秀运动员的相对体型更小、体重更轻、盆骨更窄，这些特征都有可能成为长跑运动员选拔时的参考指标。Earp 发现更长的跟腱可能导致弹性的增加，从而导致启动时的发力率降低，而发力率降低对跑步经济性不利。因此，寻找适合项目特点的形态特征也是实施运动选材工作的前提条件。身体形态学的优势更有利于跑步时节省能量，从而提升跑步经济性。

二、影响跑步经济性的生物力学因素

大量研究证实跑步经济性受到许多生物力学因素的影响，这些因素可以分为内在影响因素与外在影响因素。其中内在影响因素与跑步生物力学紧密相关，内在因素大致可以分为五类：一是时空参数因素，包括步长、步频、触地时间、步态周期等；二是下肢运动学因素，包括运动模式、关节角度、角速度等指标；三是下肢动力学因素，包括地面反作用力、下肢关节力矩、肌肉力矩等指标；四是神经肌肉因素，包括肌肉的预激活、共活化等；五是躯干及上肢生物力学参数因素。外在影响因素则主要包括跑鞋结构、路面类型、坡度、环境温度等，这些因素可通过改变足部着地力学与下肢负荷模式，从而间接影响跑步经济性。限于篇幅有限，本部分仅详细描述内在因素。

（一）时空参数特征对跑步经济性的影响

跑步速度主要取决于步长与步频，在跑步速度保持一致的前提下，提高步长或者步频都会导致另一个指标的减小。跑者在跑步时往往会倾向于选择更为经济的步长和步频，这种潜意识下的自我调节和适应机制是人类先天就具有的，并经过长期的自然适应所得到的。有研究对有经验的跑者跑步时这种自我优化机制进行了生物力学模拟和验证，通过控制跑者不同步长和步频的组合，结合摄氧量等跑步经济性指标和数学曲线拟合得出了最经济优化的步长和步频组合。然而通过数学模拟得出的结果是，平均来看，训练有素的跑者的最佳步长应该在现在步长基础上减小 3%，最佳步频则应在现有步频基础上提高 3%。有研究对跑者的步长进行减小 3% 的急性干预处理（跑步速度不变），发现跑步经济性并没有显著减小，然而当步长减小超过 6% 时，跑步经济性会显著降低。总结发现，对于训练有素的跑者来说应该存在一个最佳步长范围，步长在这个范围内波动时，跑者可以通过自我调节机制来保持较好的跑步经济性。这个最佳步长范围应该在 97%～100% 自选步长内变化。对于有经验的跑者，随着跑步疲劳的加深，跑者会根据自身的生理特点自我调节步长和步频以适应这种疲劳的状态，通常能够使步频的波动范围在 3% 以内，同时还能够保持相对较高的跑步经济性。而有研究显示,对于跑步初学者来说这种自我调节的机制不够完善,随着疲劳进程加深,初学者的步频波动范围可高达8%。业余跑者在跑步提速阶段,更倾向于采用提升步长的方式,而步频却往往没有显著提升,业余跑者在中等速度跑步时的步频一般在78~85步/分之间;顶尖的长跑运动员如马拉松运动员相较于5 000 m跑的时候步长会下降约10%,而步频却始终维持在91~93步/分的范围内,且受过良好训练的长跑运动员在中等速度跑步的步频范围在85~90步/分,还有研究发现业余跑者在裸足和着极简鞋中等强度跑步时的步频范围也在85~90步/分。研究发现较高的步频和较小的步长可以导致跑步时一些生物力学参数的改变,如更低的垂直冲击力、落地时更低的胫骨加速度、更高的垂直地面反作用力、更低的膝关节力矩和更高的踝关节力矩。哈佛大学的Lieberman对跑者在3 m/s恒定速度下选择不同步频跑步进行了系统的生物力学测试,测试的指标包括足着地时相对于身体的位置、下肢运动学、下肢动力学及耗氧量;并选择5种不同的步频,分别为75步/分、80步/分、85步/分、90步/分、95步/分。研究结果发现,步频每提高5步/分,髋关节的屈曲力矩就提高约5.8%,足落地的位置相对于髋关节中心的距离减小约5.9%。经过测试对比,Liberman得出最有利于跑步经济性的步频应该为(84.8±3.6)步/分,在这个步频范围内,能够最大化髋关节的屈曲力矩同时减小制动力。由此建议中长跑的最优步频应为85步/分,并且建议落地时胫骨应尽量垂直于地面。

  前文提到的最佳步长范围并不是对每一名跑者都适用,往往只有具有一定跑步经验的跑者在疲劳状态下才会表现出这种自我优化的调节机制,调节步长、步频来适应生理功能的下降以使自己仍然维持在较高的跑步经济性水平。除了步长和步频的自我调节机制之外,还有一个很重要的参数需要考虑,即跑步时身体上下的振动幅度,而这个参数也存在自我调节机制。有室内和室外跑步经验的跑者都会有这样一种体验:跑步速度大致相同时,跑步机上的10 km一般比较容易完成,而同样的室外10 km跑疲劳程度往往大于室内跑步机,即跑步机更加省力。其中很重要的一个原因就是跑步机上跑步时运动员身体重心(center of mass,COM)的上下振动幅度减小,跑步机传送带前后的作用力会传递一部分给跑者,使得跑者COM上下移动减小,前后移动分力增加。有研究发现,急性增大运动员跑步时身体垂直振动幅度会导致耗氧量的显著上升,运动员力竭状态下,垂直振动幅度也会显著增大从而导致耗氧量的增加。然而跑步过程中耗氧量的增加幅度远大于COM振动增加的幅度,这也预示导致疲劳状态下耗氧量增加的应该还有其他生理学或者生物力学因素。另外,有研究显示裸足跑步时COM的垂直振动幅度减小从而导致跑步经济性的提升。而减小垂直振动幅度可以在一定程度上提高跑步经济性,但是前提是COM的绝对高度保持不变。总体来看,以上研究均指出减小跑步过程中COM的垂直振动幅度对提高跑步经济性是有利的,其中的机制主要在于垂直方向上在体重支撑上的做功减小,克服体重做的功减小,提高了机械效率,从而降低了耗氧量,提高了跑步经济性。而上述研究选用的受试者均为男性,没有考虑到性别差异,同样的结论对于女性跑者是否也同样适用呢?就目前的研究结果来看显然是存在争议的。研究发现,女性跑者跑步时身体垂直方向振幅小于男性跑者,依照上述结论,推测女性跑者的跑步经济性也应优于男性跑者,然而目前的研究结果却并不支持这一推测。Eriksson证实使用视听反馈系统对专业跑步运动员跑台跑步技术进行干预可以显著地降低身体垂直振动的幅度,使得垂直方向上对抗身体重力的机械做功显著减小。而目前的研究层面大多只能做到对跑者跑步时的步长和步频加以控制,对垂直方向的身体振幅直接控制较为困难。

许多研究还针对跑步时空参数特征中的触地时间与跑步经济性的关系进行探讨,然而却出现了几种截然不同的研究结果。四项研究未发现触地时间与跑步经济性有任何直接关系;两项研究发现较长的触地时间对跑步经济性的提高有益处;而另外两项研究发现较长的触地时间会导致跑步经济性的降低。Kram等在国际权威期刊《自然》(Nature)发表的研究提出,更短的触地时间需要更为快速的蹬离,快肌纤维募集增多,从而会导致较高的耗氧量。与之相反,更长的触地时间会导致减速过程时间的延长也会导致耗氧量的增加。上述推测就目前来看是较为可信的,而相对于触地时间来说,减少触地过程中的速度损失对于提高跑步经济性则更为重要。结合这一理论,习惯前足着地的跑者与习惯后足着地的跑者相比触地时间更短,但是减速阶段时间差异无统计学意义,因此未发现跑步FSP对跑步经济性造成的显著性影响。另外一个影响跑步减速制动的重要因素是足触地时COM与足的距离关系。尼可拉斯·罗曼诺夫博士发明了姿势跑法(pose running method),这种跑法的理念包含了3个关键的基本动作:关键跑姿、下落、上拉。围绕这三个基本动作(图3-23),罗曼诺夫博士又提出了18条正确跑姿的法则,他认为跑者需要有效利用重力向前跑而非肌肉,认为技术高超的跑者应该要像帆船手一样,像借住风力一样地利用地心引力向前

关键跑姿　　下落　　上拉

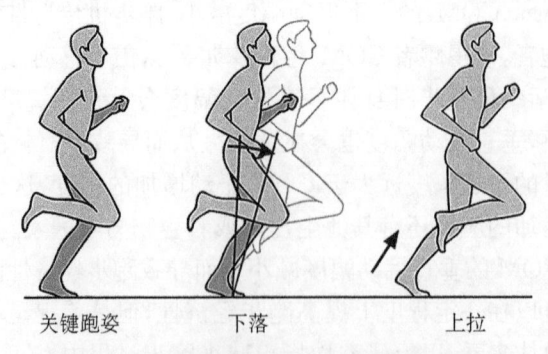

图 3-23　姿势跑法的三个关键的基本动作

移动。(视频链接:http://v.youku.com/v_show/id_XMzkzNDkwNDYw.html)

姿势跑法中很关键的一条法则是减少足部初始触地阶段COM的水平移动,这样可以减少制动力和推进力及制动冲量,即速度损失。有研究发现,增加跑步摆动期的绝对时间可以提高跑步经济性,Barnes等认为性别因素对摆动期时间和跑步经济性的关系也有影响。总结之前的研究结果发现,摆动期绝对时间的延长必然导致支撑期时间的缩短,跑步支撑期消耗能量的速度是要高于摆动期的,因此从这个角度来看,延长摆动期时间可能会减少耗能并提高跑步经济性。摆动期和支撑期的绝对时间及比例很大程度上影响了步长和步频这两个指标,这也是影响跑步经济性的根本因素所在。

(二) 下肢运动学参数特征对跑步经济性的影响

目前,已有多项交叉对比研究证实很多运动学参数与跑步经济性都有着直接和间接的关系。有研究发现,以下这些运动学参数的变化对跑步经济性具有积极影响:踝关节较高的跖屈速度、着地时足跟较高的水平速度、较大的大腿伸展角度、支撑期膝关节较大的屈膝角度、支撑期膝关节较小的关节活动度、支撑前期即减速期髋关节较小的屈曲角度、摆动期较低的膝关节屈曲角速度、支撑期踝关节较大的背屈角度和背屈角速度。在这些运动学参数中,蹬离期支撑腿较小的伸展角度被认为能够提高跑步经济性。蹬离期支撑腿较小的伸展角度同时会伴随着较小的踝关节跖屈角度和膝关节伸展角度(图3-24)。Moore等在《运动与锻炼医学与科学》(*Medicine & Science in Sports & Exercise*)上的一项研究系统阐述了支撑腿较小的伸展角度与能量节省和跑步经济性的关系。他发现支撑期支撑腿较小的伸展角度可以使大腿伸肌群拉长程度减小,保持在一个便于发力的肌肉长度(基于肌力-长度曲线)从而增加肌力的输出;同时较小的支撑腿伸展角度还能够增大动力臂的比率(地面反作用力力臂/肌肉肌腱复合体力臂)。以上的两个因素可以使动力产出最大化,另外支撑腿伸展角度的减小可以使摆动期下肢屈曲角度减小从而减

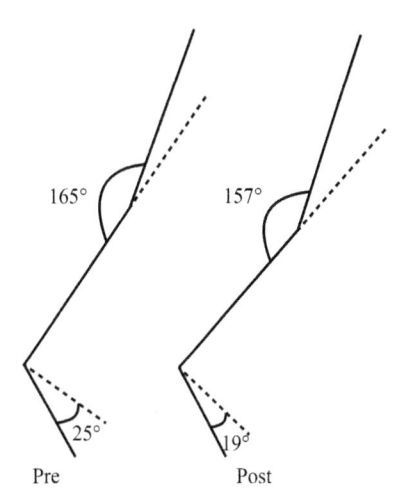

图 3-24 跑步技术未改变的蹬离期膝关节和踝关节角度(Pre);改变跑步技术后跑步经济性提高的蹬离期膝关节和踝关节角度(Post)

资料来源:Moore I S, Jones A M, Dixon S J, 2012. Mechanisms for improved running economy in beginner runners[J]. Medicine and Science in Sports and Exercise, 44(9): 1756-1763.

小下肢惯性力矩,同时也减小了摆动期屈曲下肢带来的能量消耗。前人研究证明行走过程摆动期下肢惯性力矩的减小有助于减小下肢的机械做功和氧气消耗,这个理论对于跑步来说也应该同样适用,但需要进一步的研究进行验证。

  在运动学参数中对跑步经济性有着重要影响的还有跑步蹬离期的步幅角,研究将步幅角定义为:以足蹬离时的一点与同侧足落地时的一点为两个端点作一条与地面平行的线段,足腾空高度的最大值为以这条线段两端点所做圆弧的弧顶垂直于线段的距离,再以足落地的端点向圆弧作一条切线,则切线与水平线段之间的夹角即为步幅角(图3-25)。Jordan 表明更大的步幅角能够降低摄氧量,增加摆动期时间及减小步长。而这项研究只是对足部落地蹬离的情况作了运动学研究,而并不确定 COM 的运动学轨迹变化。根据先前研究发现,跑步摆动期时间的延长会导致 COM 垂直高度变化的降低,随之会导致对抗重力做功和耗氧量的降低从而导致跑步经济性的下降。也即是支持步幅角的增加会导致跑步经济性的下降这一观点。而 Jordan 等认为步幅角这一指标对于预测受过良好训练的跑步运动员的跑步经济性有着良好的可信度,他认为较大的步幅角这一生物力学指标可以使跑者跑步时的摆动期时间延长同时对应的支撑期时间缩短,而更短的支撑期也意味着更加有效的能量转移过程,他同时建议将较大的步幅角和较长的摆动期作为预测跑者跑步经济性的重要指标,同时应作为教练员和运动员改良长跑技术时的重要参考指标。

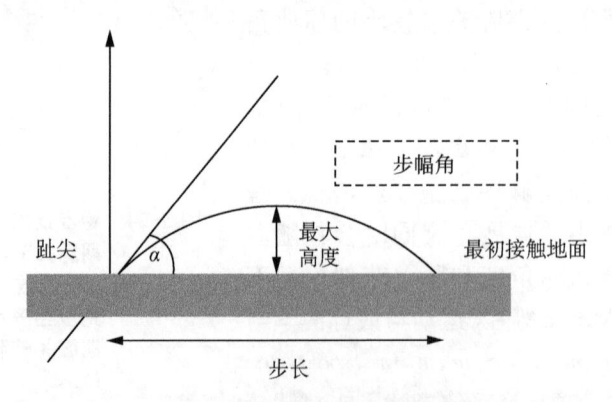

图 3-25 跑步步幅角示意图

  跑步 FSP 也是一个可以影响跑步经济性的可变生物力学因素,而对于 FSP 对跑步经济性的影响,目前在运动生物力学界仍存在一定的争议。部分学者认为前足着地对提高跑步经济性有帮助,然而另一部分学者则证明这种说法是完全错误的,他们研究发现前足着地和后足着地对跑步经济性并无显著影响,包括在慢速(≤3.0 m/s)跑、中速(3.1～3.9 m/s)跑和快速(≥4.0 m/s)跑。这几种不同的配速差异均无统计学意义。研究还发现,后足着地与全掌着地在中速跑条件下对跑步经济性的影响差异均无统计学意义,但是发现慢速跑条件下,后足着地比全掌着地的跑步经济性要高。还有一个有趣的发现,习惯前足着地的跑者在转变为后足着地后,耗氧量、跑步经济性等指标不会受到影响;而习惯后足着地的跑者在被动转变为前足着地后的跑步经济性明显下降。就目前的研究结果来看,FSP对跑步经济性的影响并不大,唯一可能受到影响的是习惯后足着地的跑者在突然转变为前足着地后跑步经济性可能会有下降。

(三) 下肢动力学参数特征对跑步经济性的影响

早在20世纪90年代,研究人员就对跑步支撑期地面反作用力与跑步经济性的相关性进行了相关研究(图3-26),当时的研究仅仅关注与地面反作用力的垂直维度(垂直地面反作用力),认为跑步经济性与垂直地面反作用力是呈正相关关系的,认为80%的能量消耗用于支撑身体重量产生,并提出跑步经济性取决于驱动垂直地面反作用力所消耗的能量这一推测。然而之后的研究发现除了垂直地面反作用力之外,跑步时使身体减速的制动力和加速的推进力对耗氧量与跑步经济性也有直接影响,认为用于身体重量支撑的能量消耗占65%～74%,用于前向推进的能量消耗占37%～42%,用于完成腿摆动的能量消耗为7%,用于维持身体平衡的能量消耗占2%。总结有关地面反作用力的三个维度即垂直地面反作用力、前后方向水平地面反作用力与左右方向水平地面反作用力与跑步经济性的相关性研究发现,以下这些指标变化可以提高跑步经济性:较低的垂直地面冲击力(垂直地面反作用力第一峰值)、较低的左右方向峰值地面反作用力、较低的前后方向制动力(前后方向水平地面反作用力第一峰值)和较高的前后方向推进力(前后方向水平地面反作用力第二峰值)。

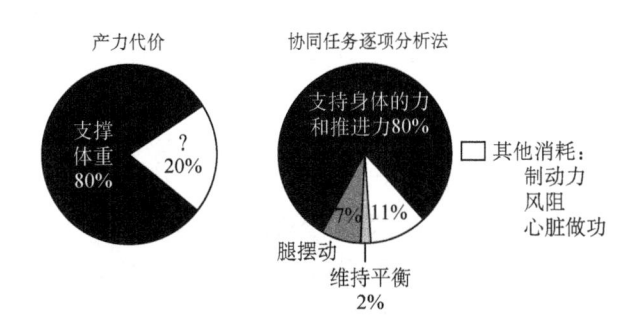

图3-26 地面反作用力与跑步能耗关系的模型

资料来源:Farley C T, Mcmahon T A, 1992. Energetics of walking and running: insights from simulated reduced-gravity experiments[J]. Journal of Applied Physiology, 73(6): 2709-2712.

Arellano C J, Kram R, 2014. Partitioning the metabolic cost of human running: a task-by-task approach[J]. Integrative and Comparative Biology, 54(6): 1084-1098.

Arellano 提出一种新的协同作用模型去解释跑步过程中的能量消耗和跑步经济性，在他提出的模型中，用于支撑身体的力即垂直地面反作用力和前后方向地面反作用力中的推进力占整体能量消耗的 80%，用于完成腿摆动的能量消耗占 7%，用于维持平衡的占 2%，还有 11% 的消耗是没有办法具体解释，这部分包括制动力、风阻、心脏做功等的消耗。Storen 等对 Arellano 的模型进行了验证并得到了相似的结果，他发现峰值垂直地面反作用力与峰值前后方向地面反作用力的总和与 3 km 跑步的运动表现和跑步经济性呈高度负相关，相关系数分别为 -0.71 和 -0.66。这项研究同时也佐证了较低的地面反作用力能够提高跑步表现和跑步经济性的推测。Moore 等对跑步初学者进行了一段时间的跑步技术干预和跑步训练后发现其跑步经济性有了显著提高，同时发现随着跑步经济性的提高，三个维度地面反作用力合力与地面形成的夹角和跑者蹬离地面时下肢长轴与地面形成的夹角高度重合，这种变化与跑步经济性呈高度正相关($r=0.88$)。这项研究证实在蹬地过程中较小的肌肉发力和内源力的产生对提高跑步经济性是有利的。还有研究发现地面反作用力的冲量（力×时间）与跑步经济性也有相关性，但目前的研究结论并不统一，还存在一定争议。

　　跑步过程中地面反作用力的大小与 COM 的位移呈线性相关，这个相关性可以用跑步时下肢的弹簧-质量模型来解释。这里还要引入一个指标，即身体弹簧质量模型的刚度（stiffness），生物力学界常以垂直刚度（vertical stiffness）和腿刚度（leg stiffness）来近似表示下肢刚度（lower extremity stiffness）。其中，垂直刚度计算方式为 $k_{vert}=F_{max}/\Delta y$，其中 F_{max} 为最大垂直力，Δy 为 COM 的最大垂直位移；腿刚度的计算方式为 $k_{leg}=F_{max}/\Delta L$，$\Delta L=\Delta y+L_0(1-\cos\theta_0)$，$\theta_0=\sin^{-1}(ut_c/2L_0)$，其中，$\Delta y=$COM 的最大垂直位移；$L_0=$站立时的腿长；$\theta_0=$腿跨过的弧形的半角；$u=$垂直速度；$t_c=$着地时间。研究发现，跑步时较大的腿刚度与跑步经济性呈正相关，在着地相下提高下肢刚度有利于利用储存的弹性势能。而同时随着疲劳进程的加深，腿刚度也会随之下降。外界跑步环境因素也会对腿刚度的改变造成影响，如随着跑步界面变软腿刚度也会随之下降，进而导致跑步经济性的下降。研究发现，穿着极简跑鞋会提高下肢刚度从而改善跑步经济性，关于跑鞋的改变对跑步经济性的影响会在后文作详细阐述。Morin 等发现在跑步的时空参数指标中，触地时间与步频相比是影响腿刚度的主要因素，因此如果跑者想从提高腿刚度的角度去提高跑步经济性，则应该尽量缩短触地时间。Hayes 对短跑和中长跑的研究均发现随着跑步速度的增加都伴随着腿刚度的增加，这也提示随着运动速度的增加，在落地早期需要下肢刚度防止下肢的塌陷，而在推进相可以利用下肢刚度释放能量以提高运动表现和跑步经济性。

(四) 神经肌肉因素对跑步经济性的影响

跑步落地相前期,肌肉会有一个预激活效应(pre-activation)来提高肌肉肌腱复合体的刚度,这样的好处是通过下肢肌肉的预伸展改变拉长-缩短周期,原理是在肌肉向心收缩之前,肌肉先迅速伸展,收缩就会更有力迅速。Nigg 等对不同跑鞋中底材料硬度与肌肉预激活和跑步经济性的关系进行研究,发现跑鞋条件的改变并没有对下肢肌肉的预激活和跑步经济性造成直接影响。肌肉活化或者说激活的程度与耗氧量和跑步经济性其实是密不可分的,因为肌肉活化程度越高,募集的肌肉单元越多,就需要更多的氧气消耗。因此,目前常用 sEMG 这一可以简便测得的指标来反映肌肉活化程度,同时也可以作为一个反映跑步经济性的指标。有研究发现了蹬离期的小腿三头肌和股二头肌较高的活化程度是造成耗氧量上升的关键性因素,肌肉的离心力量与向心力量的比值也是影响耗氧量和跑步经济性的重要生物力学因素。Abe 等发现长跑过程中股外侧肌离心力量与向心力量的比值的下降是导致耗氧量上升的因素之一,这个比值改变的原因是跑步推进相向心收缩的增加,这一发现也得到了后续研究的证实和肯定。从 sEMG 指标来看,跑步初学者的下肢肌肉的峰值振幅和肌肉活动时间均明显大于有经验跑者,这也从神经肌肉的角度佐证了跑步初学者的耗氧量高和跑步经济性较差的现象。两块肌肉同时被激活称为肌肉共活化,Heise 等发现股直肌和腓肠肌的共活化程度与跑步经济性呈正相关,这也预示了双关节肌肉的共活化对跑步经济性是有利的。此外,下肢近端肌肉股直肌和股二头肌这一对拮抗肌的共活化水平与跑步经济性呈负相关,由此来看这种共活化对跑步经济性是有害的。Kelly 等人在 2011 年发表在《美国运动医学杂志》(*The American Journal of Sports Medicine*)上的一项研究对 12 名业余跑者脚型鞋垫进行 1 小时跑步的神经肌肉控制及耗氧量作了系统实验分析,这种脚型鞋垫的制备是严格根据受试者无负重双脚与肩同宽站立状态下,收集受试者足底压力数据和足底模型,通过热熔法制备出脚型鞋垫,并与正常跑鞋鞋垫作对比研究,研究结果发现,这种符合受试者足底压力特征和足型的鞋垫对次最大恒定速度跑步时的神经肌肉控制产生了显著影响,即能够降低踝关节跖屈肌肉的疲劳程度,然而可能是这种改变过于微小,因此没有发现对跑步经济性和耗氧量的显著性影响。而 Burke 对 6 名受过专业训练的跑步运动员同样施加脚型鞋垫的干预发现,与正常鞋垫相比,着脚型鞋垫进行强度适中跑步时的跑步经济性显著小于正常鞋垫,然而并未发现下肢肌肉活动度的差异,可能的原因是 Burke 选用的脚型鞋垫的重量与 Kelly 选用的不同,从而造成了两项研究结果的差异性。

（五）躯干与上肢生物力学参数对跑步经济性的影响

躯干和上肢生物力学参数对跑步经济性的影响相较于下肢较少，但是二者有着重要影响。例如，跑步时的摆臂能够影响身体垂直振动，减小头部、肩部和躯干的扭转。跑步时限制摆臂会对跑步经济性造成不利影响，而限制摆臂的方式如双手背于头后部、双手环绕于胸前和双手背在身后对跑步经济性都有不同程度的不利影响。因此，跑步时正常的摆臂，有利于跑步经济性的保持和提高。跑步时限制双臂的正常摆动对下肢的部分运动学和动力学指标也有一定影响，如跑步时双手环绕胸前或者背于身后会导致峰值垂直力的下降、支撑期髋关节和膝关节峰值屈曲角度的增加与膝关节峰值内收角度的减小。这些生物力学参数的改变均是由于限制了跑步时双臂摆动，因此双臂的正常摆动是组成完整跑步技术不可缺少的部分（图3-27）。同时我们发现峰值垂直力的下降和髋、膝关节屈曲角度的增加会导致腿刚度的下降，这也解释了部分研究得出的限制双臂摆动会导致跑步经济性降低的问题。跑步时躯干适当的前倾有利于跑步经济性的提高，同时也有研究支持对立的观点。Hausswirth等对比了2小时15分钟的马拉松跑和45分钟长跑的耗氧量和躯干前倾程度，发现马拉松跑的耗氧量和躯干前倾程度更高，然而导致马拉松跑较高耗氧量的因素不一定是躯干前倾的程度大，也有可能是由于马拉松跑的其他生物力学指标变化导致的，如马拉松跑的步长与45分钟跑相比下降幅度达到13%，另外马拉松跑的疲劳程度高于45分钟跑，因此可能是步长减小和疲劳因素导致马拉松跑的耗氧量上升和跑步经济性下降。在讨论躯干生物力学对跑步经济性影响的时候，还需要注意女性胸部的生理构造对跑步时跑步经济性的影响。研究证实，女性跑步时胸部的运动会对躯干和下肢运动学、动力学及步长均造成一定的不利影响，因此建议女性跑步时需要专业的运动文胸来限制胸部的运动，以防止对躯干与上肢生物力学造成的影响并导致跑步经济性的下降。

图3-27 四种不同的手臂位置进行跑台中等恒定速度跑步

(六) 跑步经济性和生物力学相关研究总结建议

跑步经济性是决定跑步尤其是中长跑运动表现的关键性因素,根据以上的研究梳理,我们发现跑步时一些生物力学指标的改变与跑步经济性的提高有着直接或间接的联系。这些指标有:自选步长并且步长波动范围不超过3%;较小的身体垂直振动幅度;较高的腿刚度;较低的下肢惯性力矩;地面反作用力合力方向与下肢长轴方向一致性;蹬离期较小的下肢伸展程度;较大的步幅角;保持双臂摆动;推进相较低的肌肉激活程度和下肢主动肌-拮抗肌较低的共活化程度。还有一些生物力学指标的改变也会对跑步经济性产生影响,但目前的研究还无法确定这些指标对跑步经济性的效果,如触地时间、冲击力、前后方向地面反作用力、躯干倾斜、下肢双关节肌肉共活化、脚型鞋垫。总体来看,以上这些跑步生物力学指标多发生在推进相或是为推进相作准备,因此跑步周期中与跑步经济性结合最紧密的一个时相即为推进相。后续的研究应当结合运动员身体形态学参数特征,以及跑步耗氧量、运动学、动力学、神经肌肉学的整体研究,来提高对跑步运动表现与跑步经济性相关性的认识。

三、跑鞋设计对跑步经济性的影响

对于长跑运动员来说,选择一双合适的跑鞋对于提升长跑运动表现和跑步经济性是十分关键的。无论是对于业余跑步爱好者还是职业跑步运动员,一双能够提升跑步运动表现的运动鞋都是十分有吸引力的。由于影响跑步运动表现的因素复杂,主观层面因素和客观层面因素均会对跑步运动表现产生一定影响。2007年的一项系统性调查研究显示,运动鞋对跑步运动表现影响方面的研究极少,文献研究中也未给出适合长跑运动的推荐跑鞋。跑步经济性是检测运动表现十分有效的指标,因此许多关于鞋具对运动表现影响的生物力学研究转而使用跑步经济性这一指标来预测运动表现,并对不同的鞋具条件加以比较。目前,研究大多运动鞋从各种特性入手,研究运动鞋性能的改变对跑步经济性的影响,进而推测运动鞋性能对运动表现的影响,这些运动鞋特性包括:鞋重量、缓震性能、动作控制、LBS、中底黏弹性、前后掌跟差和舒适性。鞋重量是影响跑步经济性的重要因素,众多研究表明在给定的跑步负荷下,鞋重量越高则对应的耗氧量也越高。相对于鞋重量的研究,有关运动鞋缓震性能对跑步经济性影响的研究结果却并不统一。运动鞋缓震性能的提高并不总是能带来耗氧量的降低和跑步经济性的改善,相反有研究发现习惯着鞋的跑者在裸足跑或穿着极简跑鞋这样没有任何缓震的鞋具条件下跑步经济性反而有提高。原因可能是裸足跑或穿着没有掌跟差的极简跑鞋时,习惯着鞋跑者的后足着地跑姿急性转变为前足着地跑姿,提高了步频并减小了跑步时身体垂直方向振幅,从而导致跑步经济性的提高。

(一) 跑鞋缓震性能对跑步经济性的影响研究

跑鞋缓震及能量回归性能是体现一双跑鞋科技最主要的部分,目前有关跑鞋缓震和能量回归性能与跑步经济性的研究已有一定的积累,并取得了一些研究进展,然而这些研究的结论却并不完全一致。早在1983年,Bosco和Rusko就在跑鞋中底嵌入了黏弹性缓震片,并与普通跑鞋进行跑台常速跑步的耗氧量对比测试,结果发现缓震性较高跑鞋的跑步经济性高于常规跑鞋;Frederick于1986年发表题目为《穿软鞋底跑鞋跑步时的氧气需求较低》(Lower Oxygen Demands of Running in Soft-soled Shoes)的科研论文,该文对气垫跑鞋和常规跑鞋进行跑台次最大强度跑步对比研究发现,相较于常规跑鞋,气垫跑鞋可以提高约2.4%的跑步经济性。与之相反,卡尔加里大学的Nigg博士对跑鞋后跟部位不同缓震材料与肌肉电信号和跑步经济性的关系进行研究,选取两双跑鞋,一双后跟中底材料邵氏C硬度为26,另一双为45,分别进行有氧阈强度跑台跑步,结果并未发现两双跑鞋在跑步经济性方面差异有统计学意义。Sinclair等2012年对12名男性受试者穿着两种不同缓震性能的跑鞋进行6分钟配速4.0 m/s的跑台跑步测试,结果未发现缓震较好的跑鞋对跑步经济性有显著性提高。以上的研究均是在跑台环境下进行的,2014年Worobets等对12名专业跑者在跑台环境和室外跑道分别穿着两双不同缓震性能跑鞋进行耗氧量测试,测试用鞋为Adidas室内和室外跑鞋,跑鞋在鞋面构造等方面均一致,唯一不同点在于中底材料软硬度和回弹性能(图3-28、图3-29);测试结果发现,跑台和

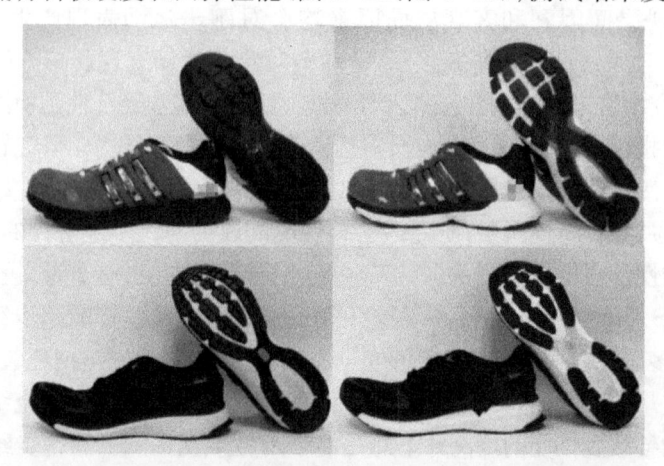

图3-28 第一排左侧为常规室内跑鞋,右侧为boost材质室内跑鞋;第二排左侧为常规室外跑鞋;右侧为boost材质室外跑鞋

资料来源:Worobets J, Wannop J W, Tomaras E, et al., 2014. Softer and more resilient running shoe cushioning properties enhance running economy[J]. Footwear Science, 6(3): 147-153.

室外跑步显示出类似的结果,即中底材质较软且回弹性能较高的专有缓震技术(boost)材质跑鞋耗氧量显著性低于常规跑鞋;其中在跑台测试中,12 名受试者中的 10 名在穿着 boost 材质跑鞋时的平均耗氧量下降了 1.0%,在室外跑道测试中,12 名受试者中 9 名穿着 boost 材质跑鞋时的平均耗氧量下降了 1.2%,因此综合来看,穿着材质较软且回弹性能较高的跑鞋大约可以提升 1% 的跑步经济性。

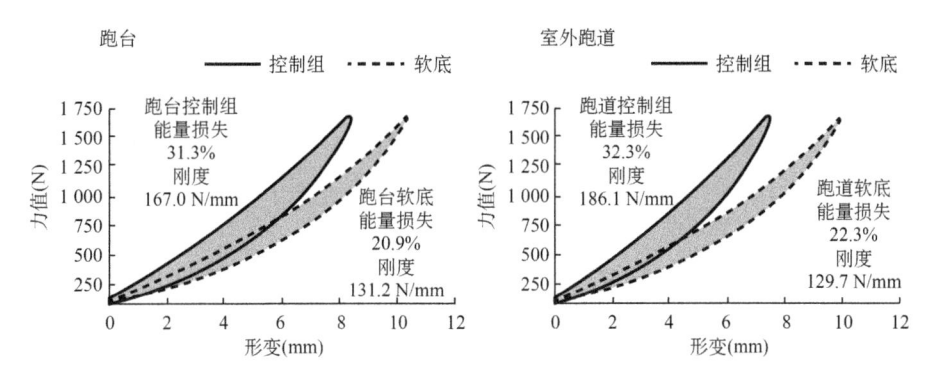

图 3-29　常规跑鞋与 boost 跑鞋中底材质的应力应变机械测试对比及能量损失对比

资料来源:Worobets J, Wannop J W, Tomaras E, et al., 2014. Softer and more resilient running shoe cushioning properties enhance running economy[J]. Footwear Science, 6(3): 147-153.

上文提到的 boost 中底材质跑鞋,实际上就是中底为热塑性聚氨酯(thermoplastic polyurethanes,TPU)弹性体的发泡鞋底,相较于常规的 EVA 中底,这种新的中底材料具有更高的能量回归性能和更强的缓震能力。Sinclair 等于 2016 年发表在《体育科学杂志》(*Journal of Sports Science*)的一项研究也对这种中底材质与跑步经济性之间的关系进行了实验研究。选取的研究对象为 12 名青年男性跑者,每周跑步不少于 3 次,且跑步里程超过 35 km。鞋具为 Adidas Boost 材质跑鞋和 Adidas 常规跑鞋,跑者在高速跑台保持 12 km/h 的速度跑步,使用德国 Meta-Lyser 系统进行耗氧量测试,使用 Polar 心率带实时监测心率变化,监测跑步中间较为稳定的 6 分钟数据,包括耗氧量[mL/(kg·min)]和肺换气率(O_2/CO_2)及主观舒适度指标。测试结果显示,穿着能量回归性能较好的 TPU 中底材质 boost 跑鞋能够显著降低耗氧量(图 3-30),并且主观舒适度也较高,这项研究也从侧面证实,跑鞋缓震性能和能量回归性能的提高对于提高跑步运动表现是十分有帮助的。

(二)极简跑鞋对跑步经济性的影响研究

在探讨裸足与极简跑鞋对跑步经济性的影响之前,首先需要了解跑鞋的质量因素对跑步经济性的影响,因为无论是裸足跑还是穿着极简跑鞋跑步,本质

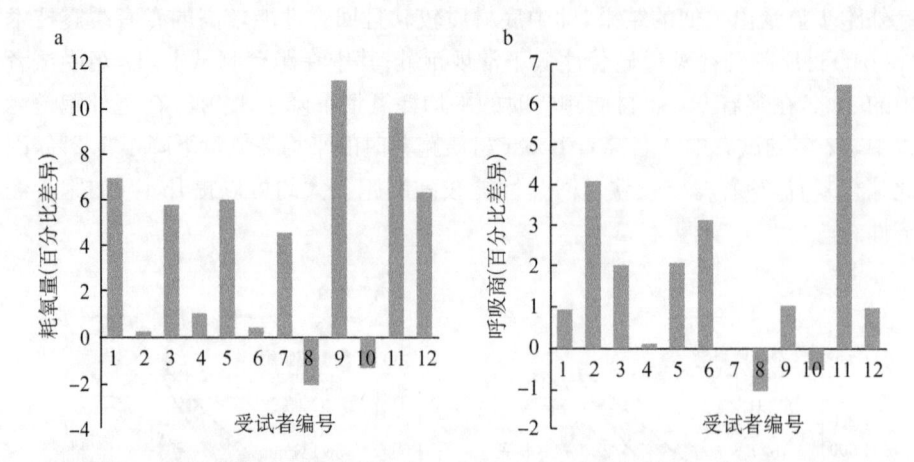

图 3-30　12 名受试者在耗氧量(左侧)和呼吸商(右侧)两个方面的个体百分比差异

资料来源：Sinclair J, Mcgrath R, Brook O, et al., 2016. Influence of footwear designed to boost energy return on running economy in comparison to a conventional running shoe[J]. Journal of Sports Sciences, 34(11): 1094-1098.

之一就是鞋具质量的变化。研究发现,相对于裸足跑,着鞋跑时随着跑鞋质量的增加,耗氧量也呈线性增加(回归系数 $r=0.85$, $P<0.01$)。同时,结合 Fuller 等的荟萃分析可以推断出区分轻质跑鞋或极简跑鞋的质量界限为每双 440 g,研究认为极简和轻便跑鞋的质量范围为 0～440 g,常规跑鞋的质量大于 440 g。同时研究还发现,穿着质量小于 440 g 的跑鞋和裸足跑的耗氧量要显著低于穿着大于 440 g 的跑鞋($P<0.01$);并且未发现穿着小于 440 g 的轻便跑鞋与裸足跑之间的耗氧量差异有统计学意义($P=0.34$)。此外,当控制极简跑鞋与常规跑鞋质量一致的时候,穿着极简跑鞋的耗氧量和跑步经济性也要显著高于穿着常规跑鞋($P<0.01$)。容易理解的是,随着跑鞋质量的上升,就需要对抗跑鞋重力做更多的功,因此耗氧量也随之上升。而为何跑鞋质量小于 440 g 时就会明显降低耗氧量即提高跑步经济性呢？目前给出的猜想是,跑鞋提供的缓震性、抗弯性及舒适性带来的益处抵消了对抗跑鞋的重量所做的功,因此质量低于 440 g 的跑鞋未表现出与裸足跑在耗氧量方面的差异。当然,质量小于 440 g 的轻便跑鞋、极简跑鞋和常规跑鞋除了在质量方面的差异之外,还有前后掌跟差、鞋底厚度和鞋前套结构这几个方面也存在显著差异。有两项研究通过在极简跑鞋鞋面贴铅条等方式控制其质量与常规跑鞋质量一致,然而还是发现穿着极简跑鞋的跑步经济性优于穿着常规跑鞋的。分析原因可能是由于极简跑鞋较平和较薄的鞋底促使跑者选择前足着地的方式跑步,并且被动地增加步频,这两个因素可以促进跑步经济性的提高。FSP 是裸足和极简鞋跑步与常规跑鞋跑步主要的不同点,由于掌跟差的不同,裸足与极简跑鞋跑者一般会选择

前足着地或全掌着地，极少会选择后足着地的跑法，而穿着常规跑鞋由于后跟较高，缓冲性能较好，跑者往往会选择后足着地的跑法。因此，有研究在控制极简跑鞋与常规跑鞋质量之后，进一步对跑者 FSP 和步频进行控制，保证跑者分别穿着极简跑鞋和常规跑鞋的 FSP、步频、鞋具质量这三个因素均一致，然而还是发现了穿着极简跑鞋的跑步经济性高于穿着常规跑鞋的，这背后的生理学和生物力学机制还需要进一步研究。

哈佛大学的 Lieberman 团队对习惯裸足或极简跑鞋跑者分别穿着极简跑鞋和常规跑鞋在控制 FSP 情况下，进行跑步经济性监测和运动生物力学分析。测试方法为令习惯裸足跑受试者分别穿着极简跑鞋和常规跑鞋在跑台条件下以 3 m/s 的速度恒定跑，选择前足着地和后足着地这两种 FSP，控制两种跑鞋的质量一致，并且控制步频一致，仅探究鞋具及 FSP 这两个因素对跑步过程能量消耗及跑步经济性的影响。测试内容还包括受试者分别在着鞋及裸足状态下跑步的膝关节屈曲角度、足弓拉紧程度、跖屈肌力量、跟腱-小腿三头肌拉紧程度这四个生物力学指标（图 3-31）。研究结果发现，在控制步频和鞋具质量的前提下，跑者穿着极简跑鞋的以前足着地跑步的跑步经济性比穿着常规跑鞋的

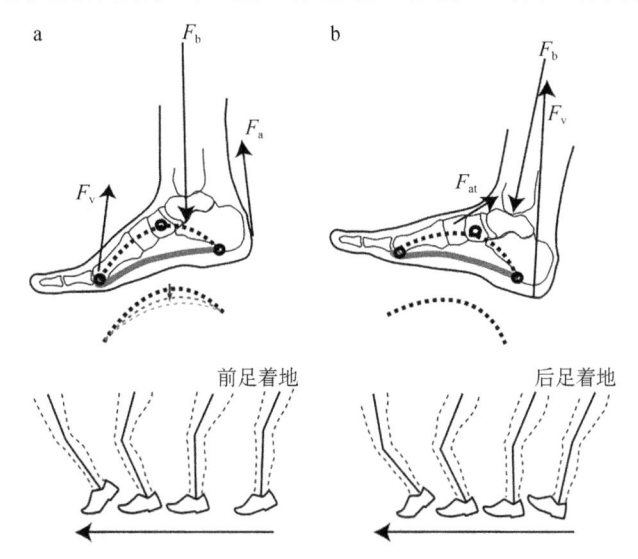

图 3-31 前足着地状态下(a)和后足着地状态下(b)足纵弓在足着地时刻所受的内力和外力

在图 a 中，F_v 是垂直方向地面反作用力，F_b 表示身体的重力，F_a 表示跟腱向上的拉力；在前足着地中，F_v 的值相对较小，跟腱提供跖屈力量来控制足的跖屈、背屈；在后足着地中，F_v 的值相对较大且无 F_a，必须由胫骨前肌提供背屈动力即 F_{at}；如图 a 的足弓部分虚线所示，由于前足着地时足纵弓受到 F_v 和 F_a 这两个端点的力，因此足弓被动拉伸增大，储存的弹性势能也越大

资料来源：Lieberman D E, Venkadesan M, Werbel W A, et al., 2010. Foot strike patterns and collision forces in habitually barefoot versus shod runners[J]. Nature, 463(7280): 531-535.

Perl D P, Daoud A I, Lieberman D E, 2012. Effects of footwear and strike type on running economy[J]. Medicine and Science in Sports and Exercise, 44(7): 1335-1343.

高2.41%，而以后足着地跑步的跑步经济性比穿着常规跑鞋的高3.32%。与之相反，跑者分别穿着极简跑鞋和常规跑鞋进行前足着地和后足着地姿势跑步时的跑步经济性无显著性差异。同时发现，跑者在裸足跑前足着地时的足弓拉紧程度要显著性高于后足着地；前足着地跑法的跖屈肌的力量输出要显著高于后足着地，并且裸足跑的跖屈肌力量输出也显著性高于着常规跑鞋跑步；裸足跑的跟腱-小腿三头肌拉紧程度和膝关节屈曲角度都要显著低于着常规跑鞋跑步。Liberman根据研究结果得出结论：无论是选择前足着地还是后足着地，穿着极简跑鞋的跑步经济性都要优于穿着常规跑鞋。而为何在控制鞋具质量和步频之后，穿着极简跑鞋的跑步经济性仍然优于常规跑鞋呢？Liberman认为在穿极简跑鞋跑步时下肢足弓能够储存更多的弹性势能，从而导致了能量的节省和跑步经济性的提高。在过去几十年时间里，运动鞋尤其是跑鞋发展日新月异，各种动作控制、缓震科技层出不穷，为了提高舒适性在跑鞋中添加了足弓支撑性能并使用相对较厚的鞋底；而这些额外增加的跑鞋设计元素可能在一定程度上限制了足本身的功能。目前，已有一部分专业跑者更倾向于选择轻便的、无掌跟差的、易弯折的极简跑鞋或具有极简跑鞋设计理念的轻便跑鞋作为训练和比赛用鞋。

上述Liberman团队的研究一方面控制了极简跑鞋与常规跑鞋的质量，另一方面在跑步机条件下控制相同的步频，有学者进一步研究发现，在不控制鞋具质量和步频等因素时，着极简跑鞋的跑步经济性还可以进一步提高，这部分跑步经济性的提高可能是因为鞋具质量的减小，也有可能是由于步频和FSP的同时作用导致的。还有研究称缺少缓震系统的极简跑鞋能够增加跑步时的本体感觉反馈，使跑者增加步频并使足落地的位置更靠前。Fuller等对无裸足跑或着极简跑鞋跑步经验的受试者进行为期4周的极简跑鞋过渡性训练，发现受试者在适应了前足着地之后，跑步经济性与穿着常规跑鞋相比有显著性提升，这也提示后续的研究更应关注穿着极简跑鞋跑步的追踪性研究，进一步确定影响跑步经济性的内在生物力学机制。

极简跑鞋或是模拟裸足跑鞋除了质量方面明显比传统跑鞋轻之外，还有一个重要特征即跑鞋中底后跟与前掌高度的差值称为掌跟差或跟掌差。运动鞋中底落差的变化过程，实际上也是运动品牌中底缓震技术的变革史，除了中底材料和中底技术的发展，还伴随着运动理念的改变。至少在20世纪80年代之前，运动鞋中底几乎都是无掌跟差的，如具有代表性的匡威帆布运动鞋和Nike的Cortez阿甘系列跑鞋。但随着运动鞋材料的发展，越来越多弹性更好、质量更轻的材料被用在鞋底，这些材料的运用可以大大提高舒适度。随着运动鞋种类的细分和中底材料的多样化，设计一双既具有极致缓震性能，又能适应个体运动习惯的跑鞋成为研究重点。这类鞋应能够在后足着地时有效吸收震动与能量，并顺利过渡至前掌回弹，从而帮助运动员更好地发挥运动表现。除了材料减震之外，很多物理结构缓震也被运用到运动鞋中底结构上，于是运动鞋的鞋跟与前掌的落差也变得越来越高。物理缓震中比较有名的如 Nike 的 air 气垫，美津浓 wave 形态缓震，Adidas 的刀锋（图 3-32），Reebok 的 DMX 气囊，李宁的李宁弓，安踏的能量环、能量柱等，都是通过物理构造实现缓震加回弹的效果，而且物理减震和材料减震一般都是同时使用的。然而物理缓震也有较大的缺点：一方面是构造缓震的结构本身自重较大，造成中底厚度较高（物理形变需要空间）；另一方面也较容易受到外界环境的影响，一旦损坏就失去了缓震性能。物理缓震运动鞋产品多数都更加重视后跟设计物理缓震，这也造成了这一类运动鞋的掌跟差较大，甚至会超过 12 mm。而随着运动科学研究的发展，有越来越多的发现，后足着地—过渡到前掌—前掌发力的运动方式和理念很有可能是有问题的，有可能是导致运动损伤的因素之一。运动鞋可能最需要的是在提供缓震和保护的同时，尽可能让人以自然的姿态运动，人体本身其实是最好的缓震回弹结构。这种理念兴起之后各种零掌跟差的跑鞋也随之兴起，最具有代表性的就是 Nike 在 2005 年推出的 free 系列跑鞋，我们注意到 free 系列每个型号会备注 3.0、4.0、5.0 这些数字，数字越小则掌跟差越小，可能就越接近赤足的感觉。另外，Vibram 推出的五趾鞋，即我们前文提到的极简跑鞋，在零掌跟差的同时，也没有任何缓震。目前的运动品牌几乎都把掌跟差小于 8 mm 的跑鞋认为是接近自然步态的跑鞋，掌跟差小于等于 4 mm 被认为是符合"赤足"定义的跑鞋。Saucony 几乎所有跑鞋系列都会标明掌跟差数据，同时值得一提的是，鞋跟和前掌即使不存在掌跟差，也并不一定说明这双运动鞋的中底是薄的，如今也有不少跑鞋的前后掌基本水平但是中底厚度很高，这些品牌认为零掌跟差是最符合人类的，但是足够的缓震也是非常重要的，比较有代表性的有美国的 Altra 跑鞋。随着运动科学、运动生物力学研究的深入和鞋材的进步，运动理念也在不断革新，因此不能绝对地说哪种跑鞋更好，更需要关注的是对于不同运动习惯、不同跑步姿态甚至不同运动水平的跑者对于跑鞋的细分化需求。还有研究对于跑鞋掌跟差作了四个分段：①0～4 mm，缓震能力差，极简跑鞋、竞速跑鞋多属于此类，较适合竞速跑者；②5～8 mm，缓震能力较差，通常可用于强度训练或竞赛，适合前足或中足先着地的跑者；③9～12 mm，缓震能力中等，

图 3-32　左侧为 Adidas 的刀锋缓震系列，右侧为美津浓 wave 形态缓震系列

通常作为训练或长距离跑鞋,适合初级跑者;④>12 mm,强缓震能力的慢跑鞋,适合后足先着地或内旋不足的跑者。

(三) 跑鞋抗弯刚度对跑步经济性的影响研究

在跖趾关节功能与运动鞋抗弯刚度研究进展章节,我们对运动鞋的 LBS 与足部跖趾关节功能作了详细介绍和总结,并结合不同种类的功能性运动鞋分别阐述了抗弯刚度与运动表现的关系。本章我们主要聚焦跑鞋的 LBS 设计对跑步经济性的影响。目前,在跑鞋的生物力学研究中,关注抗弯刚度对跑步经济性影响的研究并不丰富,我们选取了 4 篇发表在国际知名运动科学期刊的研究性论文,其中的 2 篇研究来自卡尔加里大学运动表现实验室,1 篇研究来自香港科技大学和香港大学,另外 1 篇研究来自韩国先进技术研究中心。从时间维度上看,卡尔加里大学 Darren 博士团队早在 2006 年就开始对跑鞋抗弯刚度与跑步经济性的关系开始研究,该文于 2006 年发表于美国运动医学学会官方期刊《运动医学与科学》(Medicine & Science in Sports & Exercise)。该文认为在跑跳运动中,跖趾关节处储存的机械能大部分都耗散掉了,若提高运动鞋中底的 LBS 则可以减少跖趾关节处能量的耗散并提高跳跃的运动表现。基于此,该文猜想提高跑鞋中底抗弯刚度也能够提高跑步经济性和跑步运动表现,因此文章的研究思路和目的为探索跑鞋中底抗弯刚度的变化对跑步经济性、关节能量学及肌肉电信号特征的影响。研究选用的鞋具为 Adidas Adistar Comp 系列跑鞋,通过在该跑鞋中底添加碳板来改变鞋具的 LBS,其中对照跑鞋的抗弯刚度为 18 N·m/(°),中等抗弯刚度跑鞋为 38 N·m/(°),最大抗弯刚度跑鞋为 45 N·m/(°)(图 3-33)。对照跑鞋、中等抗弯刚度鞋具和最大抗弯刚度鞋具质量分别为 241.6 g、236.6 g、240.2 g,差异无统计学意义,也排除了质量因素对跑步经济性的影响。18 名受试者随机穿着三双鞋具在 1% 坡度跑台(为抵消风阻的影响)进行次最大摄氧量强度跑步,受试者的平均速度为 3.7 m/s。跑步经济性指标采用受试者在稳态速度下单位时间单位体重的耗氧量来表示。下肢运动学,动

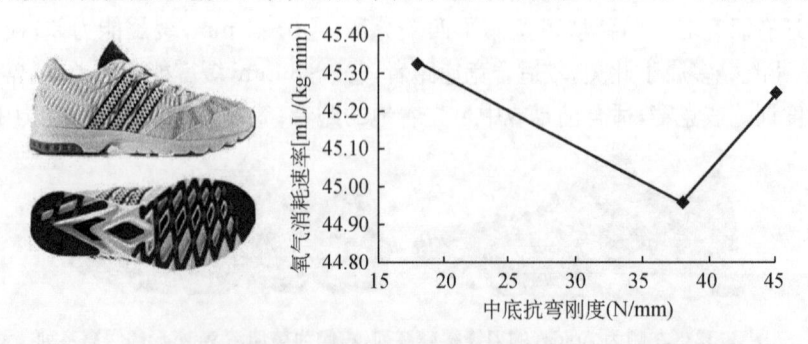

图 3-33　左图为选用的跑鞋,右图为跑鞋中底抗弯刚度与氧气消耗速率对应关系

力学和肌肉电信号数据同步采集,下肢关节力矩通过逆向动力学算法计算,下肢关节做功通过下肢关节力矩与关节角速度的乘积得出。肌电 RMS 用来表示肌肉的激活程度。

根据上述研究结果推测随着跑鞋中底抗弯刚度的提高,跑步经济性也随之提高,并提出在次最大跑步速度下存在最适的抗弯刚度来提高跑步经济性,由跑鞋中底抗弯刚度改变而产生的能量节省在 1% 左右。研究同时发现,跑步经济性与跑者的体重呈负相关,即体重越大,则跑步经济性越低。研究认为,体重较大跑者的跑鞋抗弯刚度也应随之提升以满足跑步经济性提高的需要。因此,对鞋具制造商的建议是对跑鞋 LBS 的设计应根据鞋码来划分,鞋码与体重呈高度正相关,因此随着鞋码的增大,中底抗弯刚度应正向增加以利于跑步经济性的提升和跑步运动表现的提高。

韩国先进技术研究中心 2017 年在《生物力学杂志》(*Journal of Biomechanics*)发表了研究论文《跑鞋抗弯刚度的提高对跑步能量节省是有利的,但要建立在鞋具本身的抗弯刚度不影响跖趾关节正常运动的前提下》(The Bending Stiffness of Shoes is Beneficial to Running Energeticsif it Does not Disturb the Natural MTP Joint Flexion),该文也对跑鞋 LBS 与跑步经济性之间的关系进行了巧妙的实验设计和验证,该文所表达的观点就是文章题目。该文给出了一个跑鞋抗弯刚度设计的临界值,临界抗弯刚度(subjective critical insole stiffness,kcr),若定义受试者跑步时跖趾关节处于最大屈曲时的角度为 θ_{max},此时对应的跖趾关节力矩为 τMTP,则 $kcr = \tau MTP/\theta_{max}$。香港科技大学 2016 年发表在《步态与姿势》(*Gait & Posture*)的一项研究对运动员在次最大速度跑步时跖趾关节被动抗弯刚度与腿刚度、身体垂直刚度和跑步经济性是否有关联进行研究。9 名受试者在跑台进行 2.78 m/s 恒定速度跑步,Novel Pedar 足底压力鞋垫用于受试者支撑期时间 t_c 和峰值垂直地面反作用力 $F_{z(max)}$ 的收集。无线通气量测试设备同步收集受试者气体代谢数据。跑步后即刻测试受试者站立位的跖趾关节被动刚度和坐立位的跖趾关节被动刚度(图 3-34)。身体垂直刚度 K_{vert} 和腿刚度 K_{leg} 通过下列公式计算得出

$$K_{leg} = \frac{F_{z(max)}}{\Delta L} \qquad (3-3)$$

式中,$F_{z(max)}$ 为垂直方向最大地面反作用力;ΔL 为从静态站立到最大下压时腿长的变化。

$$\Delta L = L - \sqrt{L^2 - \left(\frac{vt_c}{2}\right)^2} + \Delta y_{(max)} \qquad (3-4)$$

式中,L 为下肢长度;v 为跑步速度;t_c 为触地时间。

$$\Delta y_{(\max)} = \frac{F_{z(\max)} t_c^2}{m\pi^2} + g\frac{t_c^2}{8} \tag{3-5}$$

式中，$\Delta y_{(\max)}$ 为质心最大垂直位移；m 为受试者体重；g 为重力加速度。

$$K_{\text{vert}} = \frac{F_{z(\max)}}{\Delta y_{(\max)}} \tag{3-6}$$

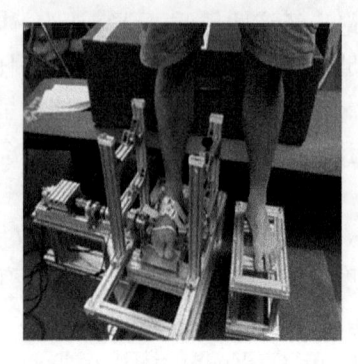

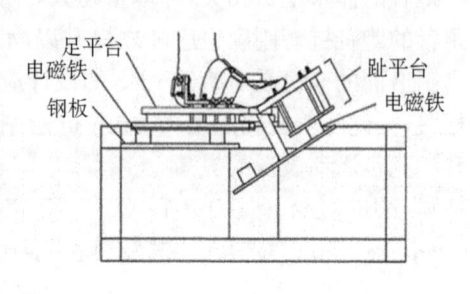

图 3-34 受试者跖趾关节被动刚度的测量方式

资料来源：Man H S, Lam W K, Lee J, et al., 2016. Is passive metatarsophalangeal joint stiffness related to leg stiffness, vertical stiffness and running economy during sub-maximal running？[J]. Gait & Posture, 49: 303-308.

在上述计算公式中 L 代表下肢长度，根据温特公式，下肢长度近似于身高乘 0.53，这种方式计算的误差率大约在 (1.94±1.51)%。因此，可以得出受试者以 2.78 m/s 速度跑步时的垂直刚度和下肢刚度。研究结果显示，跖趾关节的被动刚度与氧气消耗成反比，也即与跑步经济性成正比，与下肢刚度和垂直刚度都成正比。这也提示跖趾关节抗弯刚度的提高对跑步经济性是有利的，同时也从侧面证明趾屈肌等跖趾关节周围小肌肉群力量的提升对跑步经济性和运动表现的提升是有帮助的。

近年来，随着马拉松运动的参与度提高，国内马拉松和长跑爱好者越来越多，跑者对专业性运动装备的需求也渐渐提升。2016 年，Nike 和 Adidas 相继发布了马拉松"挑战 2 小时"计划，即"Breaking 2"。希望主要从跑鞋这一核心跑步装备的科技创新打开突破口。2017 年 5 月 6 日，世界顶尖马拉松运动员基普乔格穿着全新 Nike Zoom Vapor-Fly Elite 跑鞋（图 3-35）在意大利蒙扎挑战 2 小时的人类极限。最终距离 2 小时的成绩仅仅差 25 秒，但由于赛道几乎无落差，以及风速等的影响被降至最低，该次成绩并未被有效记录。

在过去几年时间，为顶级马拉松运动员设计的跑鞋始终遵循极简的思路，鞋面尽量轻质化，鞋底尽量薄，整个鞋身的质量被控制在尽可能小的范围内。而上述的这双"破 2"跑鞋则对现有的极简理念形成颠覆，包括较夸张的鞋底弧

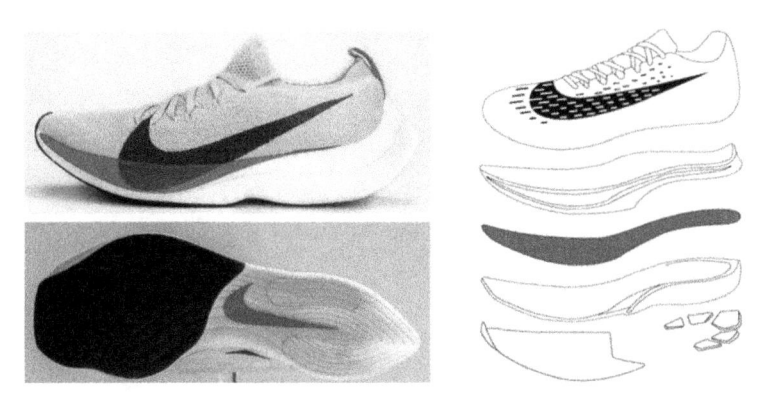

图 3-35　Nike Zoom Vapor-Fly Elite 跑鞋

线,看起来厚重的鞋底,该鞋后掌中底高度接近 40 mm,前后掌跟差达到 9 mm。而该鞋最重要的部分是隐藏在中底之中的"铲形"高强度碳板,该碳板内嵌于 Zoom X 中底,目前还没有研究对该鞋的机械 LBS 进行量化测试,但根据主观的试穿等反馈,发现该鞋内嵌的碳板强度很高。根据 Nike 运动科学实验室给出的解释:使用这双跑鞋时,来自路面或者跑步机的冲击力量通过柔软的 Zoom X 吸收后反馈到碳板,随后通过特殊的"铲形"结构被自然回弹到脚底。根据 Nike 实验室的测试结果,穿着该跑鞋的整体运动效率可提高 4%,因此该跑鞋也被命名为"Nike Zoom Vapor-Fly 4%"。添加碳板的目的是提高运动鞋 LBS,根据专题——有关跖趾关节功能和运动鞋抗弯刚度的研究进展及上述关于跑鞋抗弯刚度与跑步经济性的相关总结,我们发现,跑鞋 LBS 的提高是有利于跑步运动表现提高的。该结论也得到了严格的运动生物力学研究验证并且在实际跑步装备应用方面取得了良好效果。

本章参考文献

第四章

篮球和足球运动生物力学与关联鞋具设计

•••• 引言

"疾穿壁垒抛球入,迅转衣衫起臂突",篮球以其独特的魅力在全世界坐拥数以亿计的爱好者。作为三大球之一的篮球,已然成为世界性的体育运动并融入我们的生活。在以美国职业篮球联赛(NBA)为代表的篮球竞技中,激烈的身体对抗、快速的攻防变换、激烈的空中拼抢和出神入化的传切配合无不令人拍手叫好,但是这也带来了膝、踝关节不可避免的运动损伤。篮球鞋作为人体与场地表面之间的一种介质,在篮球运动中起着无法替代的作用,在预防运动损伤、增强保护性的同时也需要兼具促进运动表现的功能。因此,篮球鞋的设计和革新不仅要满足消费者对鞋具舒适性的需求,而且要遵循人体运动的生物力学原理。一双合适的篮球鞋必须具备稳定性、轻便性、耐久性和缓震性,篮球运动员甚至还需要根据打球的习惯选择个性化的鞋具。多学科的交叉融合、不断革新的技术和精湛的工艺并佐以新型材料才能设计出最为适宜的篮球鞋。不同于篮球运动的垂直跳跃特征,足球运动中频繁的横向移动、急停转身及足部与球体的精准互动,使得踝关节扭伤、膝关节前交叉韧带损伤及跖趾关节过载成为职业足球运动员的"职业病",足球鞋设计面临着更复杂的地面交互挑战。

第一节
篮球运动损伤研究进展

根据田麦久教授的竞技体育项群理论,篮球运动属于同场对抗类项群,具有很强的对抗性,高强度对抗也导致从高水平篮球联赛到业余篮球运动,运动员均有较高的损伤风险,其中大部分损伤集中在运动员下肢部分并且大多为非接触性运动损伤。例如,有学者研究表明,篮球运动员每场比赛平均需要跳跃70次,而每次跳跃平均承受的地面反作用力可达到自身体重的9倍,这与下肢的运动损伤有密不可分的联系。Garrick等研究表明,篮球运动损伤中,下肢运动损伤以膝关节和踝关节损伤为主,其中以膝关节交叉韧带损伤、踝关节内外侧副韧带等损伤概率最高。这些运动损伤给运动员带来了极大的生理和心理创伤,严重限制了运动员在赛场上的发挥,并影响甚至终结运动员的运动生涯。以下将主要对篮球运动中膝关节和踝关节的生物力学损伤特征与流行病学研究进行述评。

一、篮球运动膝关节运动损伤特征研究

(一) 膝关节运动损伤病因学研究

膝关节是人体最大、构造最复杂且损伤风险最高的关节,属于屈戌关节,由股骨内、外侧髁和胫骨内、外侧髁及髌骨构成。膝关节的附属结构或者说辅助结构包括半月板、前交叉韧带(anterior cruciate ligament,ACL)、后交叉韧带、内外侧副韧带和髌韧带等。膝关节非接触性运动损伤在竞技体育甚至是业余活动中都是很常见的,尤其是在一些需要快速启停、变向、跳跃着地等动作的运动项目中。在运动相关的膝关节损伤中最普遍的是髌股关节疼痛综合征(图4-1)。在篮球运动员群体中,大约有25%的膝关节非接触性运动损伤问题是由髌股关节疼痛综合征导致的,疼痛常位于髌骨前内侧、前外侧或后方。运动过程中髌股关节之间过度挤压力会导致髌股关节疼痛综合征的加剧。例如,跳跃落着动作、快速下蹲动作和快速启动动作等均可导致髌股关节挤压力在短时间内迅速增大从而增加髌股关节疼痛综合征的损伤程度。ACL损伤相较于其他运动损伤则具有治疗和康复成本高、恢复进程慢等特点。有学者报道,70%~84%的ACL损伤是非接触性运动损伤,ACL损伤多发生在跑步过程中

快速变向和急速制动、侧切动作的制动期、跳跃动作的着地期及绕支撑腿的旋转动作。总体来说,膝关节运动损伤的严重程度和治疗成本相对于其他运动损伤都是较高的。更具体地说,髌股关节疼痛综合征和 ACL 损伤的康复治疗成本与康复过程较长是导致其损伤代价高的主要原因。目前,有很多研究关注膝关节运动损伤的康复技术和康复手段,然而,相较于康复更需要关注的是如何通过主观(如科学合理的训练技术和方法)和客观(如膝关节护具、篮球鞋设计)的手段预防膝关节损伤。Finch 提出了科学研究转化运动损伤实践的模型(translating research into injury prevention practice,TRIPP),该模型包含以下 6 个阶段:①运动损伤监测;②运动损伤生物力学机制及病因学原理确定;③运动损伤预防对策分析;④运动损伤生物力学评价;⑤运动损伤干预策略的制订;⑥运动损伤干预策略的评价。在这里我们重点关注第 2 个阶段,即运动损伤尤其是膝关节损伤的生物力学机制和病因学原理。

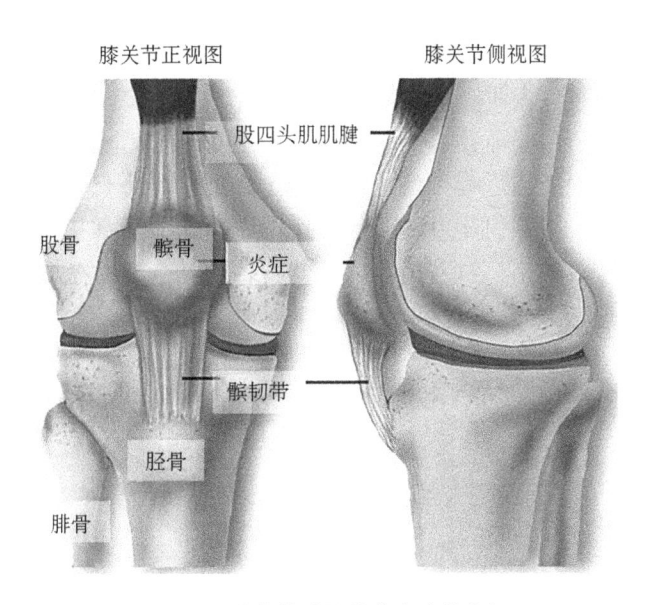

图 4-1　膝关节髌股关节疼痛综合征

(二) 膝关节运动损伤生物力学机制研究

影响膝关节运动损伤的因素还有解剖特征和性别因素,而这两个因素是无法改变的,因此确定导致髌股关节疼痛综合征和 ACL 损伤的可改变生物力学参数是十分关键的。目前,对髌股关节疼痛综合征和 ACL 损伤的生物力学研究以时间划分可以分为 3 类:①前瞻性研究(健康受试者);②急性损伤研究(急性损伤受试者);③损伤康复与健康组对比研究(损伤后康复阶段受试者与健康受试者对比)。通过对这3个不同时间节点损伤的综合生物力学评价,一方面可以对导致膝关节损伤的生物力学因素有更清楚的认识,另一方面也可以指导预防策略的实施。从表4-1可以看出,髋关节与膝关节在变向、减速、着地等动作过程中的生物力学参数变化与膝关节运动损伤特征密切相关,而踝关节的生物力学参数似乎对膝关节损伤影响较小。从膝关节生物力学参数来看,与篮球运动引起膝关节髌股关节疼痛综合征和ACL损伤关系最密切的因素如下:①膝关节外展程度增大,外展力矩增大并伴随减小的膝关节屈曲角度;②膝关节外展过程中,内侧副韧带、内侧髌韧带和ACL被动拉紧以限制膝关节的过度外展活动,当膝关节外展力矩逐渐作用并增大时,内侧副韧带与ACL的拉伸应变也随之增大。有研究猜想,ACL损伤可能是由多次较大的膝关节外展负荷的累积作用导致,而非一次较大的膝关节外展负荷导致。这种冠状面慢性的、累积的、过高的膝关节外展负荷可能是导致膝关节运动损伤风险增加的潜在因素。有学者研究认为,膝关节运动过程中外展程度过高或者说外展力矩较高可以归因于髋关节过度内收和过度内旋,而髋关节这种不正常的运动状态则是由于髋关节周围肌群薄弱导致的。总体来看,膝关节外展程度的增大标志着髋关节周围肌群在着地减速过程中缓冲外界冲击力的能力降低。膝关节承受地面冲击力的增大和姿势控制能力降低导致作用在髌股关节和ACL的拉力增大,从而导致膝关节运动损伤风险的增大。篮球运动员在进行一些超负荷的动作如着地动作时,膝关节外展力矩的增大可使ACL承受更大的牵拉应力。同时,膝关节外展力矩的升高也会破坏髌股关节在矢状面上正常的力学结构,使胫骨横向移动增加,导致膝关节非正常的力学表现,最终使髌股关节疼痛综合征和ACL损伤风险增大。

表4-1 膝关节运动损伤不同阶段的生物力学参数特征

作者(年份)	研究设计	损伤种类	运动生物力学特征		
			髋关节	膝关节	踝关节
Boling等(2009)	非损伤组研究(pre-injury)	PFPS	↑内旋角度	↓屈曲角度/力矩;↑伸膝力量	
Myer等(2010)		PFPS		↑外展力矩/负荷	
Hewett等(2005)		ACL损伤		外展角度/力矩	
Verrelet等(2014)		PFPS	↑水平面活动度		

(续表)

作者(年份)	研究设计	损伤种类	运动生物力学特征		
			髋关节	膝关节	踝关节
Hewett 等(2009)	急性损伤研究 (time of injury)	ACL 损伤		↑外展角度/外翻力矩	
Kobayashi(2010)		ACL 损伤			
Boden 等(2000)		ACL 损伤	↑屈曲角度	↑外翻角度	
Ebstrup 等(2000)		ACL 损伤		内翻合并股骨外旋,外翻合并股骨内旋	↓跖屈角度
Koga 等(2010)		ACL 损伤		外翻合并胫骨内旋	
Cochrane(2007)		ACL 损伤		膝关节屈曲/外翻/内旋角度>30°	
Olsen 等(2004)		ACL 损伤		外翻合并外旋	
Wilson 等(2009)	损伤对照研究 (following injury)	PFPS	↓外展/外旋 ↑内收/内收力矩		
Souza 等(2009)		PFPS	↑峰值内旋角度		
Wilson 等(2008)		PFPS	↑内收角度/屈曲角度/内收角冲量 ↓内旋角度		

注:↑表示增大,↓表示减小。PFPS 为髌股关节疼痛综合征;ACL 为前交叉韧带。

除此之外,膝关节矢状面和冠状面的运动学特征,如膝关节运动过程中屈曲角度的变化与髌股关节疼痛综合征和 ACL 损伤也是紧密相关的。有一部分篮球动作在膝关节冠状面上有较大的负荷,这种冠状面较大的负荷特征也会影响矢状面的运动,降低膝关节稳定性同时也增加了 ACL 负荷。Nagano 等认为,膝关节运动过程中屈曲角度小于 30°时,由于股四头肌的过度收缩会导致 ACL 应力的显著增加,尤其是在单腿着地支撑动作维持身体稳定时。股四头肌过度收缩会导致胫骨前移,膝关节内旋和外展活动增加,一项针对 ACL 损伤风险的实验研究显示,着地过程中膝关节较小的屈曲角度可导致膝关节冠状面负荷增加随即增加 ACL 损伤风险,而较小的膝关节屈曲角度和过度内旋也被认为是导致髌股关节疼痛综合征的主要原因之一。着地过程中,膝关节屈肌群

(股后肌群)的协同收缩可以作为拮抗肌对抗股四头肌的过度收缩，降低膝关节过度外展活动以增加膝关节稳定性。

从髋关节角度来看，与 ACL 损伤和髌股关节疼痛综合征关系最紧密的是运动过程中增大的髋关节屈曲角度。原因是什么呢？可以这样解释：股四头肌是横跨髋关节和膝关节的大肌群，主要作用是屈髋和伸膝，那么股四头肌的过度激活和收缩，同时伴随股后肌群收缩力量的减弱，会导致过度屈髋和过度伸膝，从而进一步增加髌股关节疼痛综合征和 ACL 损伤风险。另外，在髌股关节疼痛综合征症状出现之后，髋关节屈曲角度会代偿性增大从而吸收更多的负荷来减轻膝关节负荷和膝前疼痛。髋关节的内收和内旋也会导致膝关节中心点的内侧偏移，造成膝关节外翻外展程度增大，这跟髋关节周围肌群力量不足及动作控制能力较差是密切相关的。另外，支撑腿髋关节在单腿着地和侧跨步等动作时过度外展会导致 COM 的侧向移动，随之膝关节外侧关节接触力（contact reaction force，CRF）负荷增大可导致施加在膝关节上的外展力矩增大，因此关节内软组织尤其是 ACL 和内侧副韧带承受了更大的拉伸应力。COM 投影点超过支撑腿的压力中心且伴随膝关节外展会显著增加膝关节外展力矩和损伤风险。髋关节外旋肌群的无力会导致髋关节内旋程度增加和膝关节外展程度增大，从而增加髌股关节外侧的负荷。髋关节内旋程度的增加也会导致髌骨侧向移动增加，膝关节屈曲程度的减小可显著提高髌股关节接触应力，导致髌股关节疼痛综合征加重。从踝关节的角度来看，有研究报道踝关节跖屈程度的减小是膝关节损伤的潜在危险因素之一，推测可能是由于较小的跖屈角度降低了踝关节的缓冲能力，导致在一些动作中膝关节和髋关节的代偿性缓冲承受了更多的冲击力，从而增加了损伤风险。

与膝关节髌股关节疼痛综合征和 ACL 损伤相关的生物力学指标是多样的，但究其内在原因可能是运动员下肢缓冲能力的降低。运动过程中下肢关节尤其是膝关节冠状面负荷的上升和髋关节周围肌群动作控制能力的下降，可导致膝关节内部组织结构承受负荷的增大。有研究显示，赛季前和赛季中对篮球运动员进行下肢肌肉加强训练和动作控制训练可以明显降低膝关节损伤风险。

（三）膝关节运动损伤研究总结建议

从上述对篮球高危运动中膝关节损伤风险的实验研究中，我们通过总结可以得到 ACL 和髌股关节疼痛综合征损伤生物力学因素的整体判断：①ACL 损伤和髌股关节疼痛综合征损伤的危险生物力学指标是相似的；②与膝关节损伤相关的髋关节和膝关节生物力学指标主要体现在矢状面和冠状面。对膝关节损伤受试者和非损伤受试者在损伤前、损伤过程中和损伤预后康复过程的生物力学对比研究，得出膝关节损伤生物力学机制的共性特征。在膝关节层面，篮球运动中膝关节较大的外展负荷伴随较小的膝关节屈曲角度是导致髌股关节疼痛综合征和 ACL 损伤的主要原因；在髋关节层面，髋关节屈曲和内旋程度增大是导致膝关节损伤的主要因素。膝关节损伤生物力学指标的升高在受伤之前和受伤的过程中均可发现，髋关节损伤生物力学指标的升高则在受伤过程中和受伤后发现。通过对非损伤的受试者进行前瞻性研究，结合损伤过程中和损伤后的生物力学指标，得出哪些生物力学指标的升高或者异常是膝关节损伤的敏感指标，并通过及时调整训练计划、改进运动装备等手段来预防或者避免这些损伤的风险和发生概率是十分重要的。

二、篮球运动踝关节运动损伤生物力学特征

（一）踝关节解剖学特征

踝关节是由胫、腓骨下端的关节面与距骨滑车构成的，是连接小腿与足部的重要关节，属于屈戌关节。踝关节外侧韧带包括距腓前韧带（限制足内翻）、距腓后韧带（限制踝关节过度背伸）及跟腓韧带（限制足内翻），运动时根据足的屈伸位置不同，3 组韧带的受累程度亦不相同，如踝关节跖屈时以距腓前韧带损伤为多，背伸时则以距腓后韧带损伤为多而中间位时以跟腓韧带损伤多见。踝关节外侧的 3 条韧带中，距腓前韧带最薄弱，在受到 138.9 N 的应力时即可发生断裂损伤，距腓后韧带在受到 261.2 N 的应力时即可发生断裂损伤，跟腓韧带在受到 345.7 N 的应力时即可发生断裂损伤。踝关节内侧韧带为较为牢固的三角韧带，三角韧带损伤多由外翻或外翻暴力所致，通常引起内踝和（或）外踝合并骨折与三角韧带断裂（图 4-2）。

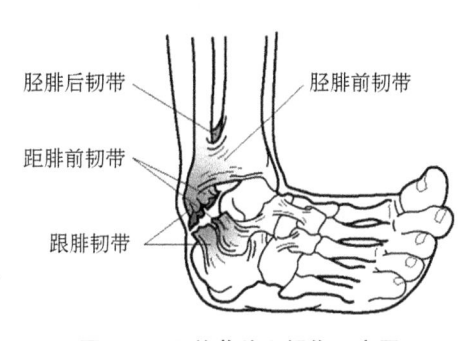

图 4-2 踝关节外翻损伤示意图

资料来源：https://www.researchgate.net/publication/296330557_Acute_ankle_sprain_Conservative_or_surgical_approach.

（二）踝关节运动损伤风险因素分析

有研究报道，踝关节是运动损伤概率仅次于膝关节的第二大运动损伤风险高发关节，在美国大学生篮球联赛中踝关节韧带扭伤也是最普遍的运动损伤。一项针对 2 293 名篮球运动员的调查研究显示，膝关节运动损伤的发生概率约为 40.3%，踝关节运动损伤的发生概率约为 22%。另一项针对 580 名长跑运动员调查显示，膝关节运动损伤概率约为 33.9%，踝关节运动损伤概率约为 20.9%。由此可见，膝、踝关节运动损伤是最主要、发生率最高的运动损伤。在

所有踝关节运动损伤中，踝关节扭伤的概率超过了80%，是最普遍的踝关节运动损伤。同时在踝关节扭伤中，踝关节外侧扭伤的概率约为77%，其中73%伴随着距腓前韧带的断裂或者撕裂。

踝关节扭伤后也会带来很多负面影响，如疼痛、关节不稳定、关节摩擦音、力量减弱、肿胀、关节刚度下降等。踝关节扭伤的风险因素通常情况下可分为内部因素和外部因素。早在1997年，Barker等就对踝关节运动损伤的风险因素进行了文献述评。他们发现，与使用高帮篮球鞋相比，使用专门的矫形方法和矫形护具能够降低有踝关节扭伤史运动员二次损伤的风险。他们还发现，篮球运动员在场上不同位置的踝关节损失风险概率差异无统计学意义。从内部因素来看，有踝关节扭伤史、足宽/足长比例较大、踝关节内外翻肌群不对称、踝关节跖屈力量较强且跖屈/背屈肌力不对称、左右下肢力量不对称均是导致踝关节运动损伤风险增加的内在因素。

2002年，Beynon等的一项荟萃研究显示，性别差异、足部形态和踝关节松弛并非踝关节扭伤的风险因素；Morrison和Kaminski认为内翻高足弓、足宽比例增加、跟骨内外翻活动度增加与踝关节扭伤是密切相关的。还有研究发现，有踝关节扭伤史的运动员出现二次踝关节运动损伤的风险是正常运动员的4.9倍，习惯着气垫篮球鞋的运动员踝关节运动损伤风险为着正常篮球鞋运动员的4.3倍，运动前没有进行热身训练也会使踝关节扭伤的风险提高2.3倍。Willems等对踝关节扭伤风险进行了动态测试发现，支撑期的触底初期，压力中心的外侧偏移可能是导致踝关节内翻损伤的因素之一，同时也是较好的预测指标。他们还同时报道了男性运动员和女性运动员不同的踝关节内翻损伤风险因素：①男性运动员，较差的心肺耐力运动水平、较低的平衡能力、踝关节背屈肌群力量减弱、踝关节背屈活动度减小、胫骨前肌和小腿三头肌的过快激活；②女性运动员，踝关节内翻控制能力降低、第一跖趾关节过伸、姿势控制协调能力降低。需要注意的是，以上这些踝关节扭伤的风险因素并不是踝关节扭伤的直接原因，而是这些因素水平的升高或者改变与踝关节扭伤风险呈正相关关系，关于踝关节扭伤的病因学原理，将在下一部分描述。

（三）踝关节内翻损伤（外侧损伤）病因学分析

Fuller等发现，多数的踝关节扭伤是由着地初期距下关节较大的旋后力矩导致的，而着地初期的着地位置和垂直地面反作用力大小是决定距下关节旋后力矩的重要指标。同时，如果着地初期的压力中心与距下关节轴的距离增大，则距下关节力臂随之增大，翻转力矩也增大，从而增加踝关节扭伤风险。Wright等研究发现，侧切动作着地阶段踝关节跖屈程度增大是导致踝关节扭伤的原因之一，当足部在跖屈状态下着地时，接触地面的部位落在前足区域，此时距下关节地面反作用力力臂显著增大(图4-3),导致关节扭转力矩增大从而引起踝关节扭伤风险增加。因此可以认为,足部着地时的位置是踝关节扭伤的病因之一。踝关节周围肌肉贴扎和束紧支撑能够改变踝关节着地位置,从而降低扭伤风险。踝关节扭伤的另一个病因学原理是踝关节腓骨外侧肌群的激活滞后。Ashton等发现,跳跃着地动作时的踝关节急性扭伤发生在着地后40 ms,此时的地面反作用力也恰好达到第一个峰值。在踝关节外侧部分,腓骨肌包括腓骨长肌和腓骨短肌,其收缩可以对抗踝关节的过度内翻动作,从而降低踝关节的外侧扭伤风险。然而多数研究结果发现,腓骨肌的激活时间平均为50 ms甚至更长,有报道对健康受试者进行站立状态踝关节外翻应激测试时发现,腓骨肌的应激时间为57~58 ms、57~60 ms、58 ms、65~69 ms、67~69 ms和69 ms。慢性踝关节不稳定运动员的腓骨肌激活时间相对更长,为82~85 ms。还有研究对正常步态过程踝关节应激外翻腓骨肌应激时间测试结果为74 ms。

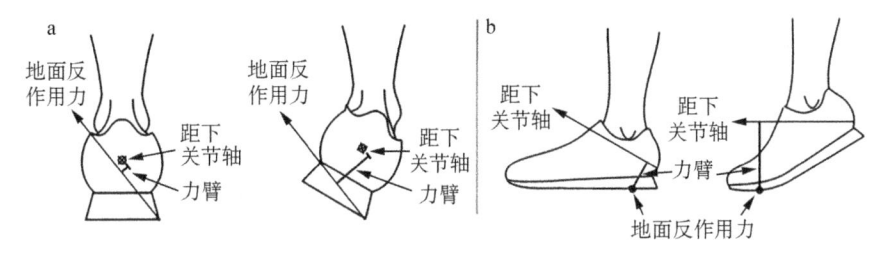

图4-3 足踝在侧切动作落地时刻的后面观(a);足踝侧切着地动作矢状面上距下关节相对于地面反作用力水平分力的力臂长度(b)

a. 左侧表示足着地与地面相平时距下关节的地面反作用力力臂长度;右侧表示足着地处于内翻位置时距下关节地面反作用力力臂长度;b. 左侧表示后足着地,右侧表示前足着地

资料来源:Wright I, Neptune R R, van den Bogert A J, et al., 2000. The influence of foot positioning on ankle sprains[J]. Journal of Biomenchanics, 33(5): 513-519.

(四) 踝关节内翻损伤生物力学机制研究

了解踝关节扭伤的生物力学机制对于损伤预防策略的指导和运动装备辅具的开发是十分必要的。踝关节外侧韧带的损伤通常是由踝关节过度内翻、足内旋、踝关节跖屈和距下关节内收内翻的共同作用导致的。Stormont等研究发现,踝关节扭伤大多数是反复持续的应力所导致的,而由于关节之间的相互牵制,踝关节在满载负荷状态下的损伤风险反而小于反复应力状态。足部在跖屈状态下,距腓前韧带的损伤概率更高,而足部在背屈状态下,跟腓韧带的损伤概率更高。根据比赛视频研究分析,Andersen等提出了两种导致踝关节内翻损伤的可能生物力学机制:①在足着地前或者足着地初期,对方防守运动员给运动员下肢内侧部分一个横向冲击力,导致运动员着地时足部处于更容易损伤的内翻姿势;②运动员起跳着地过程中踩踏在防守运动员足部,此时踝关节会有快速跖/背屈同时伴随踝关节快速内翻或者外翻,从而导致踝关节韧带损伤。上述两种情况中,距腓前韧带常常受累:一方面是由于该韧带薄弱;另一方面是该韧带在正常情况下受到的牵张应力也大于其他踝关节韧带。

2011年,挪威体育学院的Eirik等在对一名职业女子手球运动员(身高173 cm,体重63.7 kg,年龄22岁)进行侧切变向动作测试时,该名运动员恰好发生了踝关节急性内翻损伤,损伤过程的运动学和动力学数据被完整地记录下来。损伤侧切动作时踝关节支撑期分为3个阶段:①着地阶段(0~50 ms);②落地阶段(50~80 ms);③蹬地阶段(80~170 ms)。与前面两次非损伤实验对比,损伤组踝关节在着地阶段出现显著内翻(内翻角度16°、6°和5°)和内旋(内旋角度8°、4°和−1°)。着地阶段足底压力中心线向外侧偏移2 cm,在落地阶段和蹬地阶段压力中心线外侧偏移与前两次对比为8.3 cm、3.3 cm和3.0 cm。在蹬地阶段,从80 ms开始,踝关节内翻力矩逐渐增大,到138 ms时踝关节内翻力矩达到79 N·m的峰值,此时踝关节内翻角度为23°,对应的内旋角度达到46°,背屈角度为22°。峰值内旋力矩出现在峰值内翻力矩之后,在167 ms时峰值内旋力矩达到64 N·m的峰值。蹬离阶段的损伤组踝关节出现背屈趋势的同时伴随着地面反作用力和膝关节屈曲力矩的下降。非损伤对照组在整个支撑期过程中主要表现的是外翻力矩,内外翻的角度变化在6°以内。损伤组的内翻角速度峰值在559(°)/s,而非损伤组的内翻角速度为166(°)/s和221(°)/s(图4-4、图4-5)。

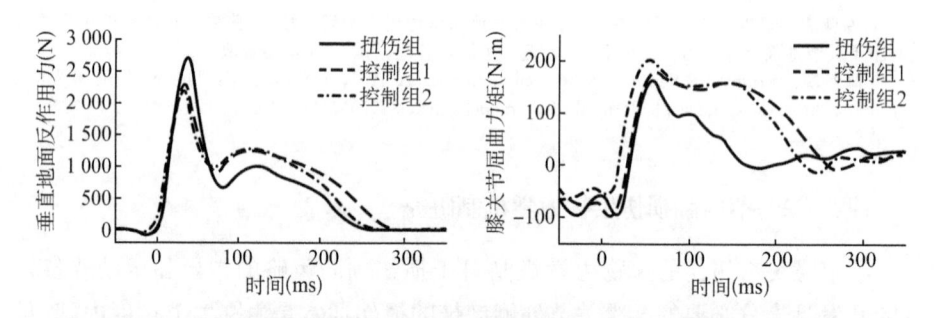

图4-4 踝关节扭伤与对照组相比的垂直地面反作用力与膝关节屈曲力矩

资料来源:Kristianslund E, Bahr R, Krosshaug T, 2011. Kinematics and kinetics of an accidental lateral ankle sprain[J]. Journal of Biomechanics, 44(14): 2576-2578.

2004年,Andersen等的一项研究显示,踝关节内翻损伤常常伴随着踝关节的跖屈,然而该项研究显示,损伤组踝关节在前80 ms即第1阶段和第2阶段,踝关节的屈曲模式与非损伤组是相似的,然而在80 ms之后,踝关节主要表现为背屈;这与2009年Fong的一项案例研究结果相似,他发现踝关节内翻损伤

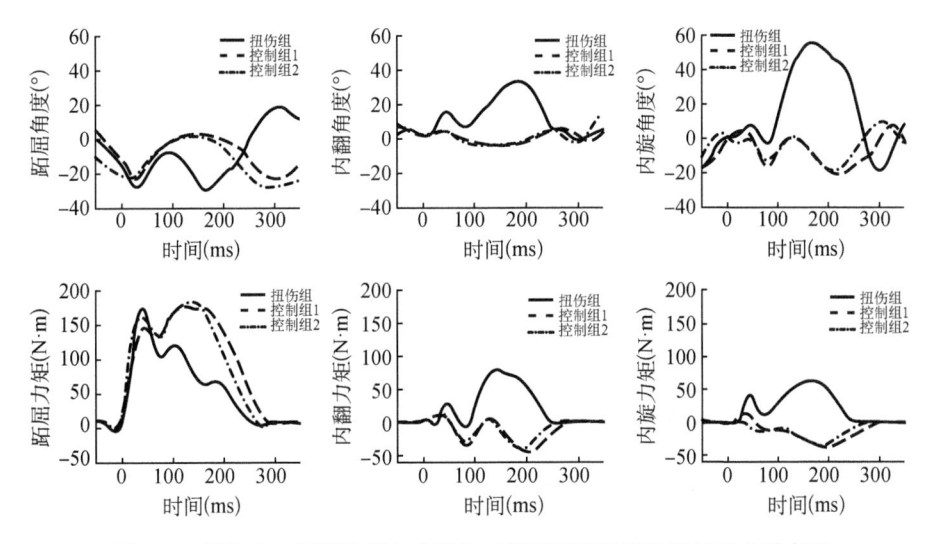

图 4-5 踝关节内翻损伤组与非损伤对照组踝关节运动学与动力学表现

资料来源：Kristianslund E，Bahr R，Krosshaug T，2011. Kinematics and kinetics of an accidental lateral ankle sprain[J]. Journal of Biomechanics，44(14)：2576-2578.

组支撑足的压力中心线（图 4-6）在第三、四跖骨区域出现了不稳定的外偏趋势。以上 2 项研究均发表于运动科学国际权威期刊《美国运动医学杂志》（*The American Journal of Sports Medicine*）、《BCM 运动科学》（*BCM Sport Science*）和《医学与康复》（*Medicine and Rehabilitation*），研究证实踝关节内翻损伤与背屈、跖屈没有显著相关关系，因此使用限制踝关节跖屈的手段（如踝关节贴扎等）预防踝关节内翻损伤是没有必要的。以上的几项关于踝关节内翻损伤的案例研究均发现，踝关节内翻角度、内翻角速度和内翻力矩在短时间内的快速增大是导致踝关节内翻损伤的主要生物力学因素，尤其是内翻角速度呈现出非常显著的差异，Fong 等在一项模拟踝关节内翻损伤的生物力学研究中提出把内翻角速度达到 300(°)/s 作为内翻损伤的危险阈值，类似的结论可以为智能防止踝关节内翻篮球鞋设计提供理论依据和实验数据。

三、篮球运动损伤流行病学研究

一项针对 NBA 运动损伤发生率的研究对 1 094 名职业篮球运动员的 3 843 赛季/人[平均每人统计(3.3±2.6)赛季]进行了 17 年的流行病学追踪调查。调查结果显示，被调查运动员总损伤次数为 12 594 次，其中踝关节内翻扭伤（外侧损伤）是发生率最高的运动损伤，损伤次数为 1 658，占比 13.2%；其次是髋股关节疼痛与炎症，损伤次数 1 499，占比 11.9%；腰椎和腰肌损伤次数为

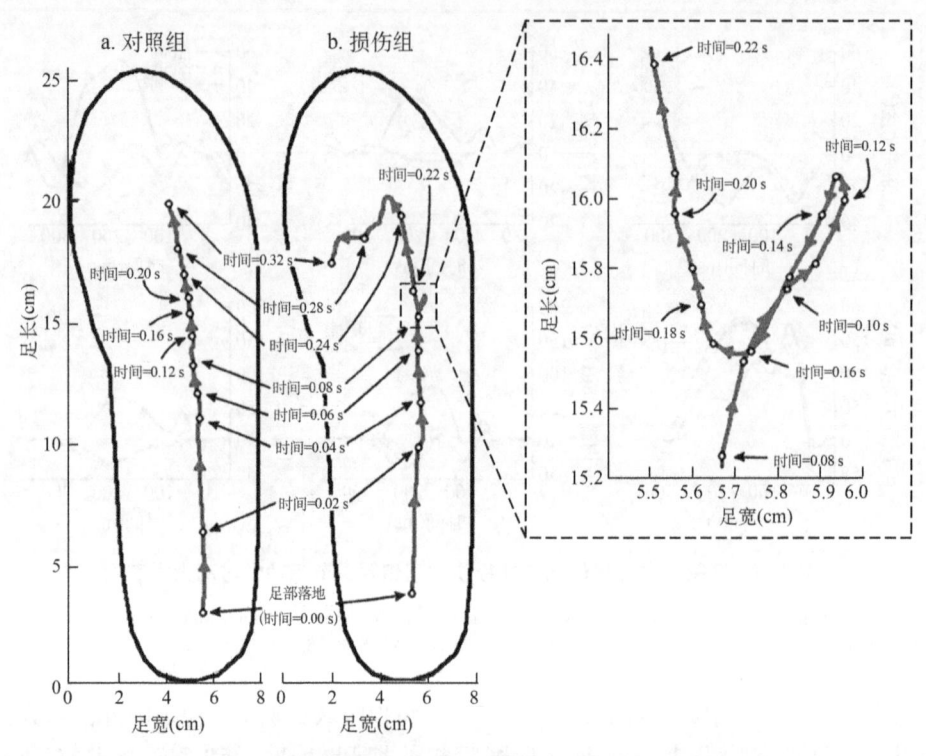

图4-6 对照组足底压力中心线轨迹(a);损伤组的轨迹(b)

资料来源:Fong D T, Chan Y-Y, Mok K-M, et al., 2009. Understanding acute ankle ligamentous sprain injury in sports[J]. Sports Medicine, Arthroscopy, Rehabilitation, Therapy & Technology, 1 (1): 14.

994,占比7.9%;腘绳肌拉伤损伤次数为416,占比3.3%。职业篮球运动员的运动损伤概率是十分高的,几乎每名运动员都有相应的运动损伤史,其中踝关节内翻损伤和膝关节髌骨关节炎症疼痛是最为常见的篮球运动损伤,另外,这些运动损伤的发生概率与运动员的人口学统计资料(包括年龄、身高、体重、NBA球龄等)无关。一项前瞻性流行病学研究对14支欧洲篮球国家队、高水平职业篮球俱乐部和地区职业篮球俱乐部的81名男性篮球运动员和83名女性篮球运动员,共计164名运动员[(23.7±7.0)岁]一个赛季的运动损伤情况进行了统计性描述(表4-2)。该项研究对损伤概率的描述方法为每1 000小时(暴露时间)篮球运动的运动损伤次数。研究结果显示,仅有32.3%的运动员在整个赛季中没有任何运动损伤,37.2%的运动员受过1种以上运动损伤,急性运动损伤共有139例,慢性运动损伤有87例,整体来看,运动损伤的发生率为9.8次/1 000小时,急性运动损伤的发生率为6.0次/1 000小时。急性运动损伤中踝关节扭伤共有34例,其中52.9%的运动员有踝关节损伤史;急性膝关节损伤的严重程度最高,运动员平均休赛期为51天(标准差64天)。慢性运动损伤的发生率为 3.8 次/1 000 小时,而在所有慢性损伤中,膝关节慢性损伤概率最高,为 1.5 次/1 000 小时。从篮球运动员不同位置来看,中锋运动员的膝关节慢性运动损伤概率高于前锋运动员。该项研究发现,篮球运动中踝关节急性扭伤和膝关节慢性损伤是最为常见的,总体的损伤概率为 14.8%。该项研究得出的几个结论:①踝关节扭伤是篮球运动中发生概率最高的急性运动损伤,损伤的病因大多为快速变向动作及起跳下落后踩踏到防守队员足部造成的;②髌股关节疼痛(膝前疼痛)是篮球运动最常见的慢性运动损伤,目前缺乏相应的预防策略;③急性膝关节损伤需要的恢复时间是最长的,而且预后较差;④同等竞技水平情况下,女性运动员更容易受到运动损伤。McKay 等发表在《英国运动医学杂志》(*British Journal of Sports Medicine*)上的一项研究累计对 10 393 名业余水平篮球运动员的踝关节运动损伤概率进行场边问卷调查,统计结果显示踝关节运动损伤在业余水平篮球运动员中的发生率为 3.85 次/1 000 小时。其中 45.9% 篮球运动中发生踝关节损伤的运动员休息时间在 1 周以上,45% 的运动员是在跳跃落地阶段发生的踝关节损伤,56.8% 的运动员踝关节损伤后没有进行专业的治疗和康复。

表 4-2　单赛季篮球运动损伤的流行病学统计结果

性别	比赛+训练[1] 时间(小时)	比赛+训练[1] 损伤次数(次)	比赛+训练[1] 损伤概率(次/1 000 小时)	训练[1] 时间(小时)	训练[1] 损伤次数(次)	训练[1] 损伤概率(次/1 000 小时)	比赛[2] 时间(小时)	比赛[2] 损伤次数(次)	比赛[2] 损伤概率(次/1 000 小时)
男性	16 002	128	8.0	14 912	30	2.0	1 090	51	46.8
女性	7 034	98	13.9	6 256	15	2.4	778	43	55.3
总计	23 036	226	9.8	21 168	45	2.1	1 868	94	50.3

1 表示急性运动损伤与慢性运动损伤发生次数之和;2 表示急性运动损伤发生次数。

第二节
篮球鞋核心技术的生物力学研究进展

运动鞋科技的每一项进步,都离不开生物力学研究,其结构设计和技术创新都必须遵循人体运动的生物力学原理。足部的结构与力学功能问题,足部与地面、足部与鞋、鞋与地面之间相互作用的力学问题,制鞋材料、鞋体结构与运动功能问题是运动鞋生物力学研究的主题。运动鞋的核心技术主要体现在鞋底科技上,早期的生物力学研究多集中在足部的形态与结构上,继而是运动学和动力学测量与分析,现今高技术和新材料的应用及进展都依赖生物力学测量与分析技术的发展。

一、篮球鞋缓震性能生物力学研究

(一) 篮球鞋缓震性能的定义及综述研究

美国材料与试验协会(American Society for Testing and Materials,ASTM)将缓震性能定义为借外力作用时间的增长来降低冲击力峰值的能力。人们最初的假设认为冲击力是有害的,必须限制人体对此力的承受。诸多学者的研究侧重于冲击力施加于特定人体组织时的作用,还有不少侧重于探讨冲击力与损伤发展之间的关系。然而冲击力是否一定能够导致运动损伤如骨关节炎、胫骨骨膜炎等,目前还没有明确的定论。例如,有研究显示,与非跑者相比,跑者并没有出现更高的关节炎发生率;在马拉松前后的膝关节 MRI 检查研究中,也并没有显示长距离跑对膝关节存在不利的影响。相反也有研究表明,相比白种人女性,中国女性由于行走速度较慢、后足着地时间更短,其骨关节炎的发生率也偏低。对于骨组织而言,反复冲击力在人体生理承受的范围内能够对骨小梁的重建产生积极的作用;与主要通过肌肉收缩对骨产生负荷的运动项目相比,能对骨骼造成明显冲击负荷的运动项目如篮球、排球等的青少年运动员的股骨头密度较高;经历过体操专业训练的年轻男性运动员的骨完整性和质量均有较大增加。因此,冲击力与肌肉骨骼系统损伤的关系还没有明确,而一定范围和一定程度的冲击力事实上对人体是有利的。

跑、跳过程中的被动冲击阶段发生在足部与地面接触后,支撑期的前 10%~20%阶段,人体下肢在接触地面后的迅速减速导致了冲击力(垂直地面反作用力部分)的产生。冲击力峰值发生在着地后的 5~30 ms,跑步时冲击力峰值可达体重的 1.5~4 倍,起跳和着地则通常需要承受 3.5~7 倍于自身体重的地面冲击力。在篮球的三步上篮过程中,这一冲击力甚至可以达到体重的 9 倍以上。其中峰值出现的时间主要由下肢的减速度决定,而冲击力的大小主要依赖身体的有效质量(effective mass,m_e)。Shorten 等的研究已证实,有效质量能够通过外部冲击力和胫骨加速度进行估算,并与身体质量、关节角度存在一定的函数关系。例如,通过采用弯腰屈膝姿态的 FSP 能够增加关节角度和胫骨加速度从而减少有效质量。其中有效质量(m_e)的计算公式如下:

$$m_e = \frac{1}{\Delta v}\int_{t_1}^{t_2} F\,dt \qquad (4\text{-}1)$$

式中，$\int_{t_1}^{t_2} F dt$ 表示冲击力冲量；t_1、t_2 表示一定时间内；Δv 表示速度变化量。

冲击力来源于两个物体的相互碰撞，同时伴随着二者间动量的转变。从力学角度而言，延长碰撞时间能够减少冲击力，因此 20 世纪 70 年代末引入"缓冲"的概念，即通过具有黏弹性的中底材料，如 EVA 泡沫的变形来衰减或吸收被动冲击力。理论上鞋中底额外变形能够减少被冲击系统刚度（硬度）、降低人体与地面碰撞后的迅速减速程度，从而达到削弱冲击力的目的。在被动情况下，柔软的中底结构有利于缓震。就目前而言，运动鞋的缓震主要通过两方面来实现：①结构缓震方面，如 Nike 的 Air 气垫技术、李宁的李宁弓技术、Reebok 的 Honeycomb 蜂巢技术、安踏的 A-Form 和 A-Core 技术等；②材料缓震方面，如 Adidas 的 boost 发泡材料、Nike 的 Lunar 泡棉材料、安踏的 A-Flash form 材料等。Chiu 等通过冲击测试对 3 种不同中底硬度的运动鞋进行缓冲性能的比较发现，加了特殊缓震泡沫材料的运动鞋对冲击力的衰减更为明显。Tzur 等利用 FEM 对冲击过程中足跟所受的压力和鞋中底硬度的关系进行研究发现，当 EVA 的厚度减少 50% 时足跟最大压力增加接近 20%，由此推断运动鞋的缓震性能会随着中底变薄而明显下降。Eisenhardt 也指出，鞋中底的结构会对足底压力的大小和分布产生一定的影响。Jahss 等发现人体在运动过程中的缓震主要分为两部分：一部分是被动缓震；另一部分是主动缓震。被动缓震包括鞋底的缓震和人体足部足跟垫的缓震，主动缓震包括肌肉和关节在运动中起到的缓震作用。Jorgmsen 等认为，运动中如果人体被动缓震作用减少，则主动缓震作用会代偿性地增加，从而增加人体肌肉、关节和韧带的负荷，造成运动损伤风险增加。因此，通过穿着缓震性能较好的运动鞋达到增加人被动缓冲的作用显得尤为重要，而着缓震性能较好的运动鞋可有效地预防运动损伤。

（二）篮球鞋垂直方向缓震性能的生物力学实验研究

李宁运动科学研究中心的 Lam 等进行了一项针对篮球鞋缓冲性能和跑步速度对篮球运动员直线跑步冲击负荷和胫骨震动的影响进行运动学和动力学研究。该研究实验场地设计如图 4-7 所示。Lam 认为相比于跑步，篮球运动也会有较高的胫骨疲劳骨折的风险，研究选用 3 双经过 ASTM 的 F1976-13 标准化缓震性能机械测试的篮球鞋，测试设备为美国 Exeter 机械冲击测试仪（8.5 kg 小锤从 50 mm 高度垂直落在鞋底后跟区域），得出 3 双篮球鞋冲击强度分别为 9.8、11.3、12.9，数字越大表示缓震性能越差，因此将 3 双篮球鞋分别命名为强缓震、中等缓震和弱缓震篮球鞋。18 名半职业男子篮球运动员分别穿着 3 双篮球鞋进行 3.0 m/s 和 6.0 m/s 的实验室直线跑步测试，采用三轴加速度传感器来获取胫骨加速度数据,动力学数据采集由三维测力台完成,研究使用胫骨加速度数据表示胫骨震动负荷大小,使用垂直平均负荷率(VALR)及垂直瞬时负荷率(VILR)来表示冲击负荷的大小(图4-8)。研究结果发现,胫骨加速度、VALR及VILR随着跑步速度的提高而有显著提升,然而与预测结果不同的是,胫骨加速度、VALR和VILR并没有随篮球鞋缓震性能的增强而相对减小,运动员着中等缓震篮球鞋反而显示出最低的冲击负荷和胫骨震动负荷,同时从运动学数据发现,18名篮球运动员跑步均采用后足着地方式。从上述结论可以作出以下推测:①篮球鞋缓震性能存在最优值或者最优区间,而并非缓震性能越强就越有利于损伤预防,由此推测鞋具的缓震性能和运动员对鞋具的本体感觉达到了一种较为理想的平衡状态时,损伤的风险会显著降低。②篮球运动员跑步FSP不会因为鞋具参数变化和跑步速度的改变而变化,都是以后足着地的方式跑步。

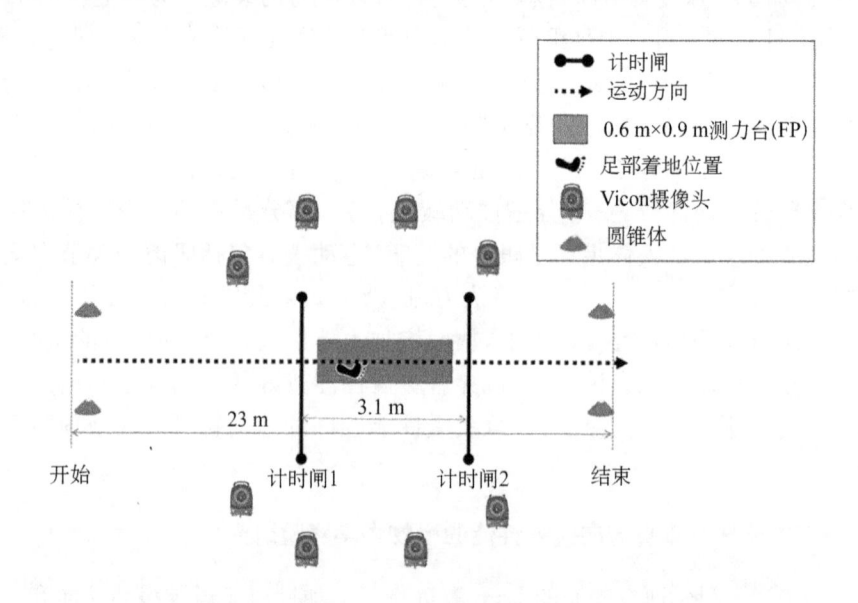

图4-7　篮球鞋缓震性能对直线跑步的影响生物力学研究场地设计

资料来源:Shorten M, Mientjes M I V, 2011. The 'heel impact' force peak during running is neither 'heel' nor 'impact' and does not quantify shoe cushioning effects[J]. Footwear Science, 3(1): 41-58.

Lam等的另一项研究对着不同中底硬度篮球鞋的篮球运动员做4项篮球基本动作进行了足底压力测试。与上一项研究不同的是,该研究采用中底硬度来表示篮球鞋缓震性能的强弱,经测试,选取的2双不同中底硬度篮球鞋的邵氏C硬度分别为60和50。选取的4个篮球基本动作分别为直线跑、冲刺跑、45°侧切和带球上篮,其中跑步速度限制为3.3 m/s×(1%±5%)(图4-9)。

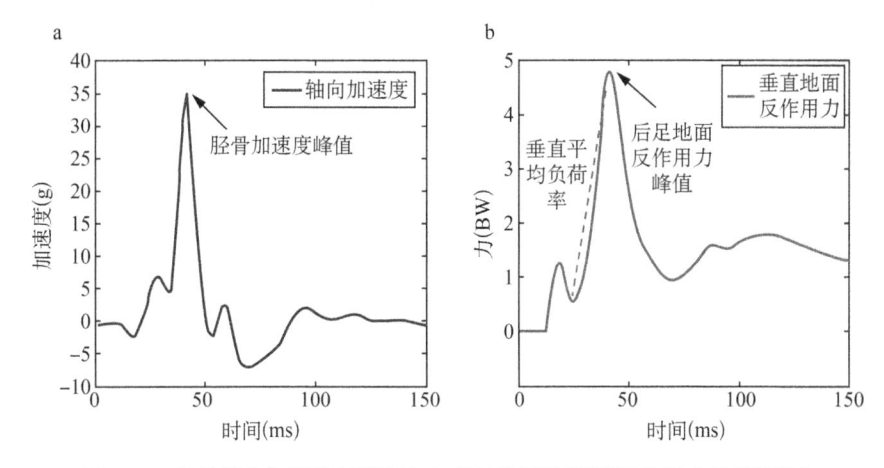

图 4-8　胫骨轴向加速度示意图(a);着地期垂直地面反作用力示意图(b)

资料来源:Shorten M, Mientjes M I V, 2011. The 'heel impact' fore peak during running is neither 'heel' nor 'impact' and does not quantify shoe cushioning effects[J]. Footwear Science, 3(1): 41-58.

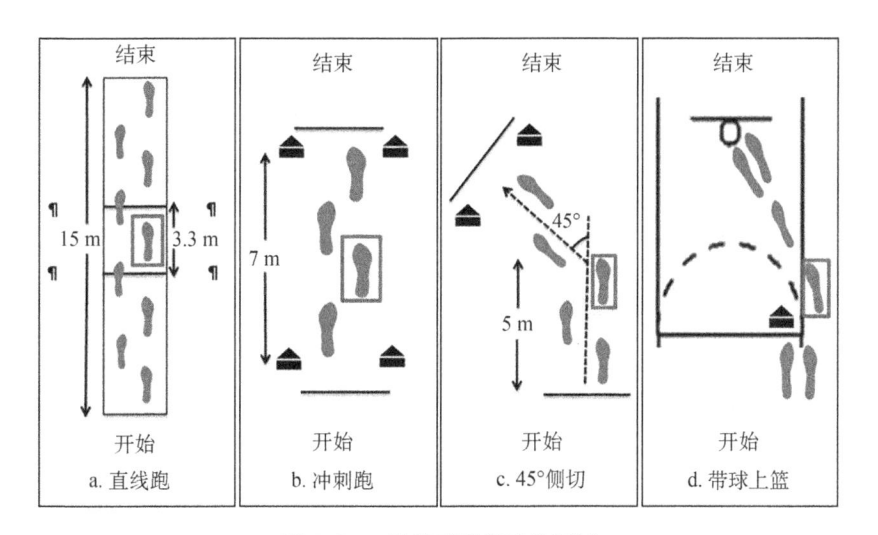

图 4-9　4 种篮球常见动作测试

资料来源:Lam W K, Ng W X, Kong P W, 2017. Influence of shoe midsole hardness on plantar pressure distribution in four basketball related movements[J]. Research in Sports Medicine, 25(1): 37-47.

从足底压力测试结果来看,4 个基本篮球动作足底各区域的峰值压强和压强-时间积分在软底篮球鞋和硬底篮球鞋两种条件下显示出不同的分布特征。与着硬底篮球鞋相比,着软底篮球鞋进行 4 个篮球动作的足底峰值压强显著降低。例如,在右足支撑期,除侧切动作外,其余 3 个动作着软底篮球鞋前足内侧区域峰值压强显著降低,前足外侧区域的峰值压强在直线跑和带球上篮动作中也显著降低;压强-时间积分在 45°侧切和带球上篮动作中也出现类似的变化,即着软底篮球鞋在前足区域出现显著降低趋势。根据以上实验结果作出推测:在篮球鞋的前掌区域使用缓震性能较好的材料有助于降低篮球运动员的足底负荷(图 4-10)。

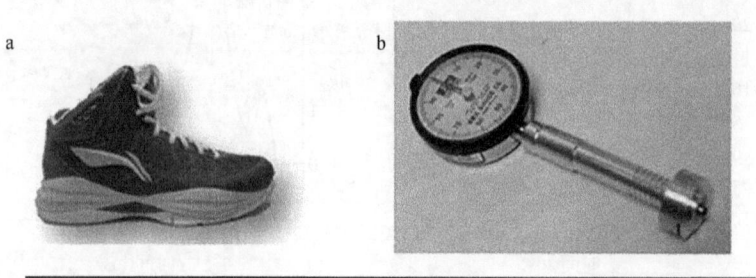

鞋	邵氏C硬度		
	前足区(均数±标准差)	中足区(均数±标准差)	后足区(均数±标准差)
软底	50.2±0.7	50.1±0.3	50.1±0.4
硬底	60.1±0.3	60.0±0.2	59.9±0.1

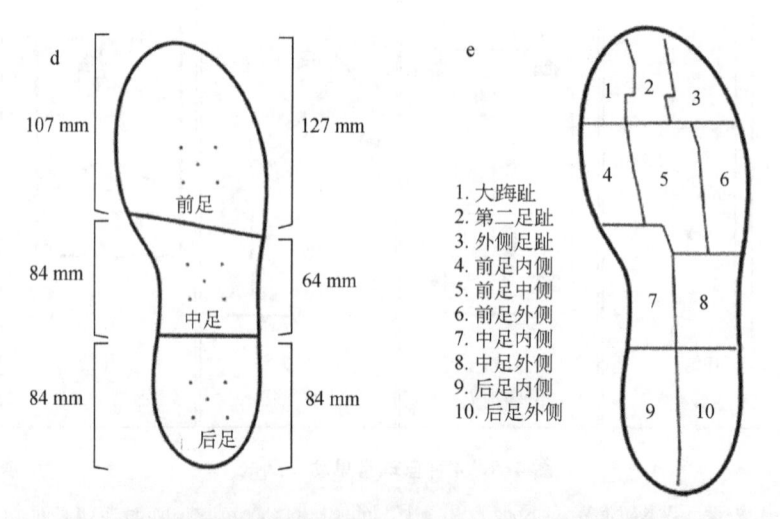

图 4-10 研究实验用篮球鞋(a);邵氏 C 硬度计(b);鞋具中底前足、中足、后足部位的邵氏 C 硬度(c);中底硬度测量区域(d);足底压力分区(e)

资料来源:Lam W K Ng W X, Kong P W, 2017. Influence of shoe midsole hardness on plantar pressure distribution in four basketball-related movements[J]. Research in Sports Medicine, 25(1):37-47.

以上两项研究对篮球鞋缓震性能的测试均采用了机械测试的方法,对鞋具本身的机械缓震性能和软硬度性能进行测试。如果将关注点聚焦于足-鞋-地系统,通过生物力学的测量技术和手段获取真实运动状态下的生物力学特征,并使用生物力学参数来表示缓震性能,那么可能会更加贴近于实际运动。例如,动力学指标中可以采用 VALR 和 VILR 来表示冲击负荷的大小从而间接衡量球鞋缓震性能,同样,鞋垫式足底压力测试系统通过对足底分区的峰值压强、压力峰值、压强-时间积分等参数的获取来反映足底压力分布状况,从而为篮球鞋局部材料的改进提供数据支撑;在运动学指标层面,膝关节着地角度可能与缓震性能相关,研究发现膝关节着地角度的增大是对较大冲击力的代偿,胫骨加速度也被证实是反映着地期胫骨负荷的有效指标,而胫骨负荷也是衡量鞋具缓震性能的敏感指标。还有学者提出,使用着地 100 ms 的冲击衰减指数(shock attenuation index)来表示鞋具的缓震性能,该指数计算公式为

$$\text{冲击衰减指数} = \left(1 - \frac{H_{\max}}{L_{\max}}\right) \times 100\% \tag{4-2}$$

式中,$H_{\max}$ 为着地 100 ms 之内的头部加速度峰值;$L_{\max}$ 为着地 100 ms 之内胫骨加速度峰值。

新加坡南洋理工大学研究团队发表在《体育科学杂志》(*Journal of Sports Sciences*)上的一项研究对篮球运动员进行常规篮球动作时体重和篮球鞋缓震性能的生物力学参数和主观反馈进行测试。选取的 3 双篮球鞋中底材料邵氏 C 硬度分别为 38、42 和 57;不同体重的运动员 30 名,其中 15 名为较重运动员平均体重为 83 kg,15 名较轻运动员平均体重为 66 kg。选取的 3 个篮球动作分别为上篮动作、盖帽动作和落地动作。生物力学测试选用一块三维测力台,主观反馈测试选用 VAS 量表对 5 个指标进行主观感受测试,这 5 个指标分别是前掌缓震性能、足跟缓震性能、前掌稳定性、足跟稳定性和整体舒适性(图 4-11)。研究结

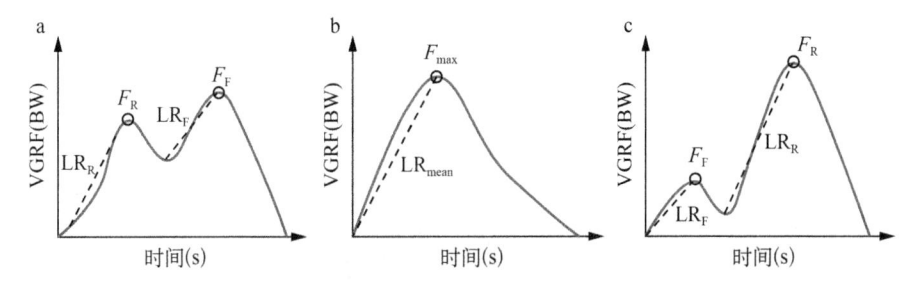

图 4-11 上篮动作第一步的垂直地面反作用力特征(a);上篮后落地动作的垂直地面反作用力特征(b);盖帽后落地动作的垂直地面反作用力特征(c)

VGRF,垂直地面反作用力;LR_R,后足平均加载率,指着地后 VGRF 由 20% 上升至前足触地前 80% 的平均上升速度;LR_F,后足着地后至前足着地 VGRF 峰值加载率;F_R,后足着地的峰值力;F_F,前足着地的峰值力;LR_{mean},着地到峰值力的 VALR;F_{max},峰值力

资料来源:Nin D Z, Lam W K, Kong P W, 2016. Effect of body mass and midsole hardness on kinetic and perceptual variables during basketball landing man oeuvres[J]. Journal of Sports Sciences, 34(8):756-765.

果显示:①体重较重的运动员在上篮动作第一步时的 VLR 较体重较轻运动员明显增大,这提示体重增加可提高导致损伤的风险;②主观反馈结果显示,体重较轻和较重运动员均倾向于选择鞋底更软的篮球鞋;③较软鞋底篮球鞋在盖帽、落地动作着地期的前掌峰值力显著较高;④上篮动作的主观反馈结果显示,3 种不同硬度鞋底的足跟稳定性有差异。以上结果提示,与传统的落地动作、冲刺动作相比,盖帽动作和上篮动作可以作为篮球鞋具生物力学测试的敏感动作而被研究者重点关注。

(三) 篮球鞋水平方向缓冲性能生物力学实验研究

上述我们提到的篮球鞋缓震性能是指通常意义上的垂直方向上的缓震性能,篮球鞋底由于是三维结构,有生物力学研究还探讨了篮球鞋的横向旋转(或称切向)缓震性能。与上述提到的缓震性能关注垂直方向缓震不同,横向旋转缓震性能主要关注篮球鞋对水平方向地面反作用力的缓震效果。

有研究显示,前后方向地面反作用力也被认为是运动损伤的危险因素之一,相比于垂直地面反作用力,前后方向地面反作用力相对于关节/环节中心的力臂更长,因此其力值的增大会导致关节力矩的进一步增大,从而增加关节负荷。基于 Benno Nigg 2009 年的一项研究结果显示,着地时运动鞋与地面的相对滑动可以减小踝关节负荷。因此,有学者提出足跟部位设置凹槽结构,他认为这种凹槽设计可以使跑步着地时鞋底与地面之间产生相对滑动,可以充当前后方向的缓震器来减小下肢尤其是踝关节负荷,从而降低运动损伤风险。15 名男性跑者着如图 4-12 所示三双鞋具分别以 2.5 m/s、3.5 m/s、4.2 m/s 的速度跑步,结果显示:①直线凹槽和斜向凹槽在几种不同速度条件下均表现出切向位移效应(shear shift effect);②这种切向位移效应降低了到达峰值制动力和第一峰值垂直地面反作用力的时间,并降低了 VLR。基于以上结果,作者认为鞋具横向旋转性能也是很重要的鞋具特性,未来的研究可以更多关注鞋底横向结构的变化对横向缓震性能的影响,从而降低运动损伤风险。

a. 传统鞋底　　　　b. 直线凹槽　　　　c. 斜向凹槽

图 4-12　足跟部位不同的凹槽设计

资料来源:Chan M S, Huang S L, Shih Y, et al. 2013. Shear cushions reduce the impact loading rate during walking and running[J]. Sports Biomechanics, 12(4):334-342.

李宁运动科学研究中心 Lam 等最近开展了一项针对篮球鞋横向旋转缓震系统(shear-cushioning system，SCS)的生物力学研究,该横向缓震系统如图 4-13a、b 所示。与图 4-13c 不同的是,该研究的横向旋转缓震系统设置在鞋前掌部位,呈现出一种横向旋转缓震构型。在所有篮球代表性动作中,侧切动作和横向移动动作的水平方向地面反作用力是最高的,而过高的水平方向地面反作用力会造成下肢韧带和软组织剪切应力的增大,剪切应力的增大则会导致膝关节 ACL 和踝关节扭伤风险的增加。同时,足底重复的剪切应力作用会导致足底硬结、水疱、皮肤角化等软组织问题的出现,而这对于篮球运动表现势必会有负面影响,然而目前对篮球鞋的纵向缓震系统设计研究较多,而对横向旋转缓震系统设计关注较少,相应的理念和生物力学机制还没有得到很好的阐述和挖掘。Lam 认为上述研究中在鞋具足跟部位设置凹槽来提供横向旋转缓震的方法并不能应用于篮球鞋,原因有以下两个:①篮球运动中的侧切、变向、往返等动作较多,因此需要考虑扭转、侧向的剪切力缓冲;②足跟不稳的横向旋转缓震系统只能在部分着地动作中发挥效应,而在前掌蹬离时则无法发挥效应。水平方向地面反作用力如制动力和推进力的增大有助于提高运动表现,然而一双功能性运动鞋具还需要考虑运动损伤预防,即如何降低制动和推进过程中的

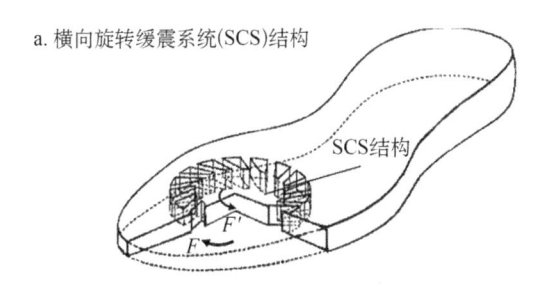

a. 横向旋转缓震系统(SCS)结构

b. SCS鞋　　　　　　　　　c. 对照篮球鞋

图 4-13 横向旋转缓震系统的横截面示意图(a);横向旋转缓震系统篮球鞋的扭转刚度机械测试(b);对照篮球鞋的扭转刚度机械测试(c)

F,施加的旋转力;F',SCS 系统内部产生的反向抵抗力

资料来源:Lam W K, Ou Y, Yang F, et al., 2017. Do rotational shear-cushioning shoes influence horizontal ground reaction forces and perceived comfort during basketball cutting maneuvers?[J]. Peer J, 5(3): e4086.

剪切应力。图4-13显示的横向旋转缓震系统能够在变向和扭转动作时,系统中的材料发生形变和结构发生位移从而提供横向缓冲。研究结果显示:①横向旋转缓震结构篮球鞋在侧切动作过程中并没有显示出对制动地面反作用力的缓冲效果;②横向旋转缓震结构篮球鞋在侧切动作推进期显示出更大的推进冲量,如图4-14所示;③运动员着横向旋转缓震结构篮球鞋进行最大能力篮球侧切动作时的主观舒适性反馈较好。以上研究反映了横向旋转缓震系统在篮球鞋中除了能够提高舒适性外,还能够提高推进冲量从而提高运动表现,这也提示了水平方向地面反作用力这一生物力学指标在评估篮球鞋横向旋转缓震性能的重要性。

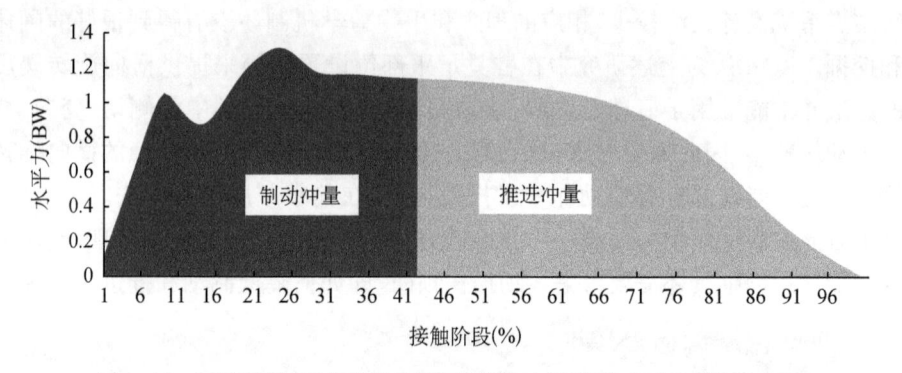

图4-14 制动冲量(深灰部分面积)和推进冲量(浅灰部分面积)示意图

资料来源:Lam W K, Ou Y, Yang F, et al., 2017. Do rotational shear-cushioning shoes influence horizontal ground reaction forces and perceived comfort during basketball cutting maneuvers? [J]. Peer J, 5(3):e4086.

二、篮球鞋侧向稳定性生物力学研究

篮球运动中踝关节是最易受伤的部位之一,其损伤比例高达30%~50%,其中以踝关节内翻扭伤最为常见。因此早在20世纪70年代,篮球鞋生产厂商就开始设计高帮篮球鞋试图保护踝关节,从而降低篮球运动中踝关节损伤发生概率。20世纪80年代,Robinson和Shapiro等提出,高帮篮球鞋通过改变踝关节活动度来对抗踝关节内翻,以减少踝关节损伤的潜在危险。但从流行病学角度看,部分研究者并不赞同这一观点,他们发现与低帮篮球鞋相比,高帮篮球鞋对真正预防踝关节损伤并没有起到类似的积极作用。到目前为止,学术界对高帮篮球鞋对踝关节损伤的防护效果并未达成共识。高帮篮球鞋是否能影响踝关节活动度,与运动损伤又存在怎样的联系呢?我们选取了1990~2018年有关于运动鞋(篮球鞋)鞋帮高度的5项生物力学研究,并将在下文逐一介绍。

(一)篮球鞋鞋底、鞋垫构造及鞋帮高度对踝关节侧向稳定性影响研究

1995年,苏黎世联邦理工学院Alex Stacoff等就鞋具因素对侧切动作过程中的侧向稳定性进行生物力学研究,他们认为篮球运动中侧切动作是最普遍的动作之一,也是最容易发生踝关节运动损伤的动作。该研究选取了5双鞋帮高度、鞋底设计、鞋垫设计不同的运动鞋,具体参数如表4-3所示。

表4-3 研究选用的5双鞋具设计参数

鞋具	邵氏C硬度	鞋底厚度(cm)	结构	类型	扭转(在2N·m扭矩下的角度)
1	53	2.9	高帮	篮球鞋	4°
2	83	1.8	低帮	手球鞋	15°
3	85	2.7	低帮	综训鞋	3°
4	85	2.7	低帮、中底镂空	原型鞋	11°
5	74	3.1	低帮、双层鞋垫	原型鞋	9°

资料来源:Stacoff A, Steger J, Stiissi E, et al., 1996. Lateral stability in sideward cutting movements[J]. Journal of Biomechanics, 28(3):350-358.

12名受试者分别裸足及着表4-3所示的5双鞋具进行侧切动作,重点采集侧切动作冠状面的运动学数据,选取的评价踝关节损伤风险的运动学参数有踝关节内外翻活动度、踝关节内外翻峰值角度和角速度。得出的主要研究结论:①与着鞋侧切动作相比,裸足进行侧切动作的侧向稳定性反而更好,其原因是裸足侧切动作距下关节轴相对于地面反作用力作用点的力臂缩短;②高帮鞋具(鞋1)和低帮、中底镂空鞋具(鞋4)的侧向稳定性与其他鞋具相比表现更优异,如图4-15所示,而足与低帮、双层鞋垫鞋具(鞋5)中鞋垫的相对滑动则不利于侧向稳定;③侧切动作中,鞋底若能够在内侧发生形变,即形成一个侧向的斜坡

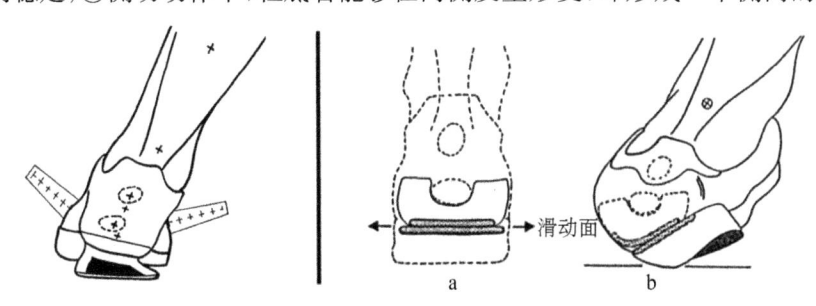

图4-15 左图为受试者着低帮且足跟部位中空鞋具;右图为受试者穿着低帮且具有双层鞋垫鞋具,且双层鞋垫之间可以相对滑动

资料来源:Stacoff A, Steger J, Sttissi E, et al., 1996. Lateral stability in sideward cutting movements[J]. Journal of Biomechanics, 28(3):350-358.

结构,则有利于提高侧向稳定性,因此篮球鞋设计可以考虑在鞋底内外侧使用不同的材料来增强侧向稳定性;④着鞋侧切动作从足着地开始到 40 ms(踝关节损伤的危险期)腓骨肌等踝关节周围肌群没有激活,因此鞋具如果能够在前 40 ms 提高侧向稳定性,则可以显著降低踝关节损伤风险。

(二)篮球鞋踝关节加强支撑对障碍跑和纵跳动作表现及缓震性能的影响

Brizuela 等于 1997 年发表于《体育科学杂志》(Journal of Sports Sciences)的一项研究分别对高帮与低帮篮球鞋在跑步和纵跳过程中的缓震性能和运动表现进行生物力学测试。鞋具的具体情况如图 4-16 所示,左侧的高帮篮球鞋有后跟杯和鞋帮处的鞋带设计以加强帮面包裹。缓震性能测试指标主要包括:①从三维测力台获取的垂直地面反作用力及相应的着地时间等;②从贴在头部(额头)、胫骨部位的加速度传感器获取的头部及胫骨加速度指标;③踝关节在整个着地过程中的跖/背屈角度和内外翻角度。运动表现的衡量主要使用障碍跑时间和纵跳高度两个指标。该研究用于反映两双篮球鞋不同缓震性能的指标,主要采用胫骨、头部的加速度指标与地面反作用力指标的比值来表示身体对冲击力的响应程度,这个比值称为震动/冲击传导比例(shock transmission ratio),该研究选取的 5 个反映纵跳动作两种篮球鞋缓震性能的指标如下。

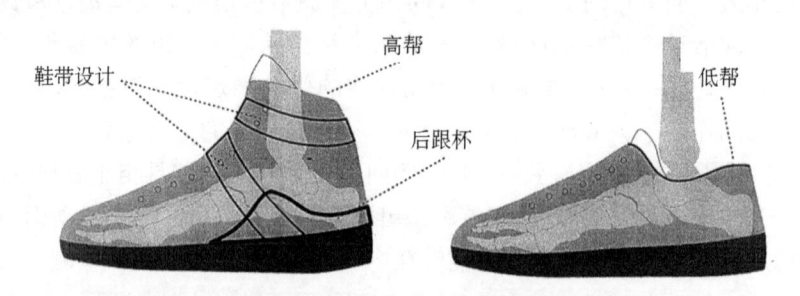

图 4-16 研究所用的高帮和低帮篮球鞋设计原型

资料来源:Brizuela C, Ilana S, Ferrandis R, et al., 1997. The influence of basketball shoes with increased ankle support on shock attenuation and performance in running and jumping[J]. Journal of Sports Sciences, 15(5): 505-515.

(1) AT1/FZ1:AT1 表示胫骨加速度第一峰值;FZ1 表示垂直地面反作用力第一峰值;该比值表示纵跳前足着地冲击对胫骨的冲击传导比例。

(2) AT2/FZ2:AT2 表示胫骨加速度第二峰值;FZ2 表示垂直地面反作用力第二峰值;该比值表示纵跳后足着地冲击对胫骨的冲击传导比例。

(3) MAT/MFZ:MAT 表示峰值胫骨加速度;MFZ 表示峰值垂直地面反作用力;该比值表示纵跳峰值冲击力对胫骨的冲击传导比例。

(4) FA/MFZ：FA 表示头部峰值加速度；MFZ 表示峰值垂直地面反作用力；该比值表示纵跳峰值冲击力对头部的冲击传导比例。

(5) FA/MAT：FA 表示头部峰值加速度；MAT 表示峰值胫骨加速度；该比值表示纵跳下肢冲击力向上肢及头部的传导比例。

研究结果显示：①高帮篮球鞋纵跳着地前掌冲击力更大，FA/MFZ 更大，而 MAT/MFZ 更小；②高帮篮球鞋降低了纵跳着地踝关节内外翻活动度；③高帮篮球鞋相对于低帮篮球鞋的纵跳高度更低，障碍跑的时间延长，总体表现出运动表现水平的下降（图 4-17）。以上结果表明，高帮篮球鞋限制了踝关节内外翻活动，增加了冲击力的传导并降低了跳跃和障碍跑的运动表现；踝关节内外翻活动度的限制对于踝关节扭伤是一种保护机制，而冲击力传导的增加及运动表现的降低很大程度上是由踝关节跖/背屈活动度在高帮篮球鞋条件下降低导致的。

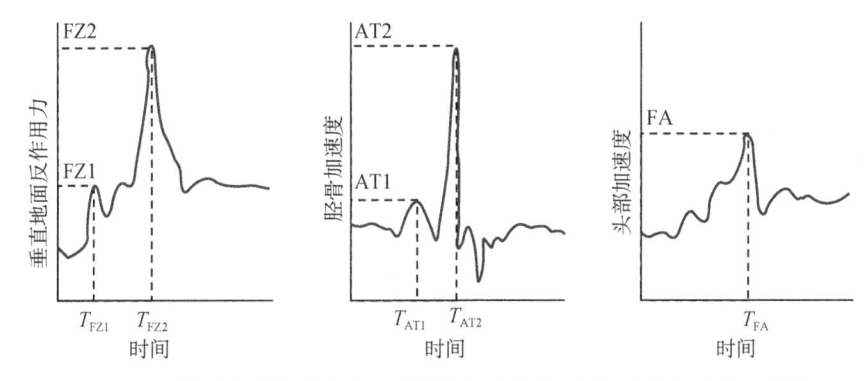

图 4-17　纵跳着地期垂直地面反作用力、胫骨加速度、头部加速度示意图

资料来源：Brizuela C，Llana S，Ferrandis R，et al.，1997. The influence of basketball shoes with increased ankle support on shock attenuation and performance in running and jumping[J]. Journal of Sports Sciences，15(5)：505-515.

（三）高帮与低帮篮球鞋分别进行快速侧切动作的动态 X 线影像观察

Nike 运动科学研究中心的 Jennifer 等 2014 年发表于《鞋类科学》（*Footwear Science*）的一项研究认为，以往测量高帮篮球鞋与低帮篮球鞋踝关节内外翻运动学的方法是不准确的，由于以往的测量方法一种是将标记追踪点直接粘贴在鞋具表面，这种方法测量出来的踝关节内外翻运动实际上是运动鞋的内外翻，而并不是包裹在运动鞋内的踝关节或者足部的内外翻活动；另外一种方法如同第三章第二节中提到的通过在运动鞋表面开孔，将标记追踪点粘贴于足部皮肤表面进行运动学数据采集，但是这种方法的弊端在于破坏了鞋具的完整结构。因此，Jennifer 等使用动态 X 线影像采集设备配合高速摄像机同步采集受试者分别穿着高帮和低帮篮球鞋侧切动作过程中的足部内翻和鞋具内翻程度,运用X线的穿透特点比较二者内翻程度的差异(图4-18)。

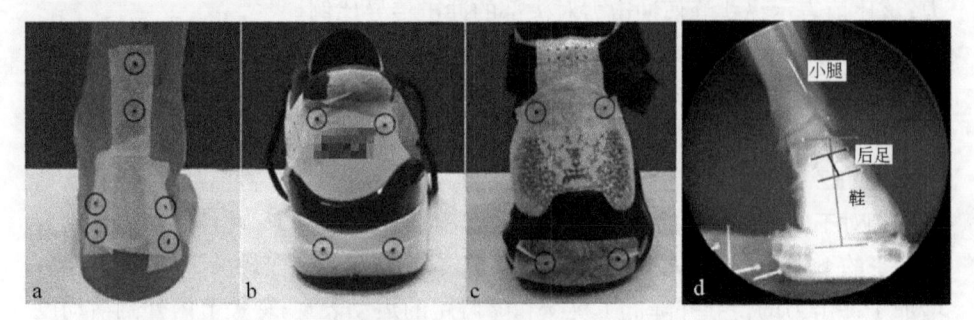

图4-18 粘贴在足跟部位、低帮篮球鞋、高帮篮球鞋的影像学测试追踪点(a、b、c)与动态X线角度测量(d)示意图

资料来源:Bishop J L, Nurse M A, Bey M J, 2014. Do high-top shoes reduce ankle inversion? A dynamic X-ray analysis of aggressive cutting in a high-top and low-top shoe[J]. Footwear Science, 6(1): 21-26.

研究结果发现,运动鞋在侧切动作中的内翻程度与踝关节在运动鞋内的内翻程度有显著差异,运动鞋内翻程度显著高于踝关节;其中受试者穿着高帮篮球鞋时鞋具内翻与踝关节内翻的角度差达到17°,受试者穿着低帮篮球鞋时鞋具内翻与踝关节内翻的角度差达到25°。因此,这项研究认为运动鞋的内外翻状况并不能模拟踝关节在鞋腔内的运动模式,而该项研究也存在不足与局限性。例如,测试由于辐射限制(radiation exposure)受试者人数较少,并且采集的图像仅是二维的,但作为一种较好的尝试,随着影像学技术及动作捕捉的不断提升,足部在鞋腔内的运动学变化测量将成为运动鞋生物力学研究的主流趋势。

(四)篮球鞋领口高度对全力未知方向侧切动作过程的踝关节运动学和动力学表现的影响

李宁运动科学研究中心Lam等2015年发表在《体育科学杂志》(*Journal of Sports Sciences*)的一项研究针对篮球运动员分别穿着不同领口高度篮球鞋进行未知方向全力侧切动作过程中的踝关节运动学和动力学进行系统测试分析,研究选取的不同领口高度篮球鞋如图4-19所示。

该研究的方案为选取17名中国大学生篮球联赛(China University Basketball Association, CUBA)水平男性篮球运动员分别着高帮和低帮篮球鞋进行未知方向的直线跑和侧切动作[速度为(5.0±0.5)m/s],采用随机信号灯来指示跑动方向,重复采集7次成功的侧切动作用于运动学和动力学分析,其中侧切动作第一步支撑腿和第二步支撑腿的踝关节生物力学参数、地面反作用力参数及运动表现参数均被采集,如图4-20所示。

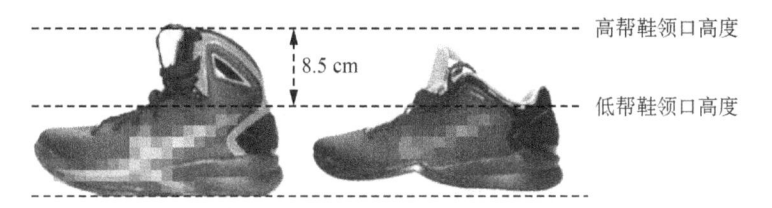

图 4-19 研究选用的两双不同领口高度的篮球鞋

资料来源：Lam C W K, Park E, Lee K K, et al., 2015. Shoe collar height effect on athletic performance. Ankle joint kinematics and kinetics during unanticipated maximum-effort side-cutting performance[J]. Journal of Sports Sciences, 33(16)：1738-1749.

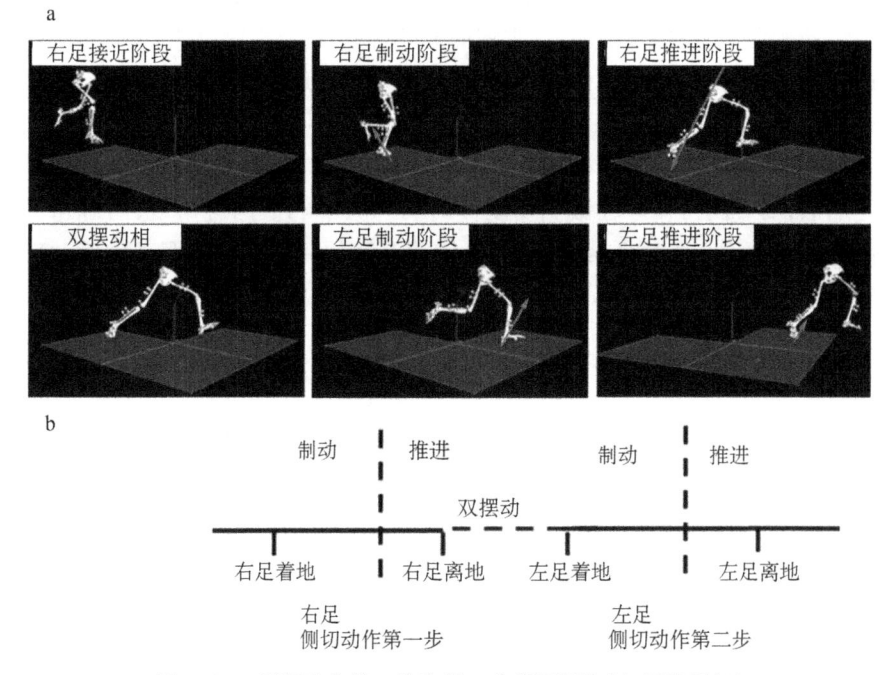

图 4-20 侧切动作第一步和第二步的图解(a)与示意图(b)

箭头表示地面反作用力合力方向

资料来源：Lam C W K, Park E J, Lee K K, et al., 2015. Shoe collar height effect on athletic performance. Ankle joint kinematics and kinetics during unanticipated maximum-effort side-cutting performance[J]. Journal of spots sciences, 33(16)：1738-1749.

研究结果显示：①侧切动作第一步，着高帮篮球鞋支撑腿在着地初期的踝关节内翻角度和外旋角度均显著小于着低帮篮球鞋的受试者；②侧切动作第一步和第二步，着高帮篮球鞋支撑腿在整个支撑期内踝关节矢状面和水平面的关节活动度均小于着低帮篮球鞋；③篮球鞋领口高度对侧切动作运动表现参数没有显著影响，这些运动表现参数包括踝关节力矩、侧切动作时间、支撑期时间、推进力及推进冲量。

由上述研究结果可得出：①篮球鞋领口高度的提高可以降低踝关节活动度并且可以在侧切动作着地期调整踝关节位置，表现出较小的外翻角度和外旋角度，有利于降低踝关节扭伤的风险；②篮球鞋领口高度的提高并没有发现对侧切动作运动表现有不利影响。

（五）篮球鞋领口高度和后跟杯硬度对踝关节侧向稳定性和运动表现的影响

北京体育大学刘卉等 2017 年发表在《运动医学研究》(*Research in Sports Medicine*)上的一项研究探讨了篮球鞋领口高度和后跟杯硬度这两个指标对篮球侧切动作踝关节稳定性及运动表现的影响（图 4-21）。研究选取 15 名半职业篮球运动员作为受试者，其中评价踝关节稳定性选取侧切动作，评价运动表现则选取纵跳高度和灵敏测试时间。研究结果显示：①高帮篮球鞋和后跟杯硬度较高的篮球鞋在侧切动作支撑期过程中，从着地即刻到踝关节最大内翻角度的时间缩短；②着高帮篮球鞋做侧切动作时的踝关节峰值内翻角度、内翻角速度和内翻活动度均小于着低帮篮球鞋时；③篮球鞋领口高度和后跟杯硬度对该研究中纵跳和灵敏测试表现无显著影响。

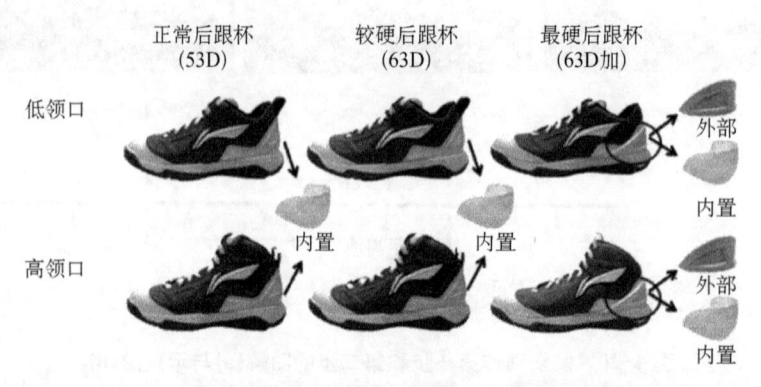

图 4-21　研究选用的不同鞋领口高度和后跟杯硬度的篮球鞋

资料来源：Liu Jl, Wu Z, lam W K, 2017. Collar height and heel counter-stillness for ankle stability and athletic performance in basketball[J]. Research in Sports Medicine, 25(2): 209-218.

从以上研究结果可以推测出以下结论：①侧切动作中，篮球鞋的领口高度因素在防止踝关节过度内翻和预防踝关节运动损伤的效果要大于后跟杯硬度因素，领口高度在预防踝关节内翻损伤中占主要因素；②篮球鞋领口高度和后跟杯硬度并不会影响运动表现，因此合适的篮球鞋领口高度和后跟杯硬度一方面可以限制踝关节过度内翻从而降低运动损伤风险，另一方面也不会造成运动员运动表现的下降。

三、不同位置篮球运动员的鞋具性能需求研究

根据国际篮球联合会(Fédération Internationale de Basketball，FIBA)2015年的数据显示，世界范围内的活跃篮球运动员，包括职业和业余运动员超过5亿人，篮球运动成为仅次于足球的世界第二大运动。职业篮球运动员通常体重大且身高也较高，据统计NBA男子篮球运动员平均身高为200 cm(175～229 cm)，平均体重为100.2 kg(73～147 kg)。除此之外，篮球运动员场上的不同位置即前锋、中锋和后卫决定了身高、体重、体能、技术、战术等因素的差异，因此篮球运动员的不同位置对于篮球鞋性能的需求应该是存在差异的。

后卫运动员通常体型相对较小，反应敏捷迅速；前锋运动员体型相对中等，要求技术全面；中锋运动员体型最大，力量素质最好。职业成年男子后卫篮球动员的平均身高为186 cm，平均体重为78.1 kg，而中锋篮球运动员的平均身高为204 cm，体重为97.1 kg。因此，不同位置篮球运动员在篮球比赛中的动作特征也应该是不同的，相关的生物力学研究也证实了这一观点。平均来看，19周岁以下的职业男子篮球运动员一场篮球比赛中的动作次数为(997±183)次，成年男子职业篮球运动员这一数字为1 050±51，这些动作包含走路、跑动、跳跃、变向等。从动作方向的角度区分，大约有400次前向或后向动作、190次侧向动作，一名篮球运动员在一场比赛中的平均移动距离大约为3 km。有调查统计显示，一场48分钟的篮球比赛中，职业NBA男子运动员需要跳跃70次，其中25%是全力跳跃，德国职业男子和女子篮球运动员的一场比赛平均跳跃次数为(31±15)次，其中在40分钟比赛中最高跳跃次数可达93次。从生物力学角度来看，大量的起跳、着地、急停、侧切等篮球动作对篮球鞋性能提出了很高要求。例如，起跳蹬离期，地面反作用力可达到体重的3倍，而在起跳着地期可达到体重的7倍之多。侧切动作时，水平方向峰值地面反作用力也可以达到体重的2倍左右。篮球鞋特征中，鞋底材料与结构、鞋面领口高度被认为是2个重要的设计因素，关于篮球鞋的领口高度对踝关节及侧向稳定性的问题，在本章节"篮球鞋侧向稳定性生物力学研究"部分已进行了探讨，目前的结果可以说并不十分一致，有学者认为篮球鞋领口高度的增加不仅没有对踝关节起到保护作用，反而会降低运动表现；相反有学者则认为篮球鞋领口高度的适当增加对踝关节损伤风险的控制是十分有利的，并且不会对运动表现造成不利影响，增加篮球鞋领口高度有利于增加在起跳及侧切过程中的踝关节稳定性。因此，基于篮球运动员身体测量学要素、技术特征、场上位置、穿着习惯等因素对篮球鞋进行针对性的改良和设计是十分关键的。

一项发表在《鞋类科学》(*Footwear Science*)的研究就针对篮球运动员场上

不同位置特点的篮球鞋特征进行问卷调查统计。该研究累计154名德国职业篮球运动员的现场问卷调查访谈，访谈内容分为3个部分：①第1部分为运动员个人资料，包括身体测量参数、场上位置、训练/比赛场地条件、过去5年的下肢运动损伤情况、篮球鞋偏好情况、是否使用踝关节护具等；②第2部分为对不同位置篮球运动员运动能力的主观反馈，可供运动员选取的指标包括纵跳能力、绝对力量、启动速度、冲刺能力、变向速度、灵敏程度等，将这些运动能力指标分为1、2、3等级，其中1级最重要，3级最不重要；③第3部分为运动员对不同位置篮球鞋性能需求的主观反馈，供选择的鞋具性能有侧向稳定性、包裹保护性、抓地力、柔软灵敏性、鞋具质量、缓震性、舒适性、透气性和耐久性，运动员被要求在1~6级进行选择，其中1级表示最重要，6级表示最不重要（图4-22、图4-23）。

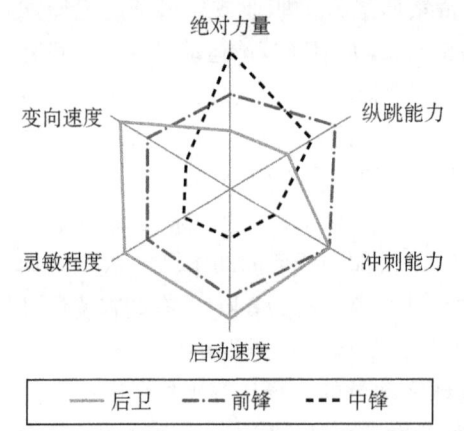

图4-22 前锋、中锋、后卫运动员运动能力表现

资料来源：Brauner T, Zwinzscher M, Sterzing T, 2012. Basketball footwear requirements are dependent on playing position[J]. Footwear Science, 4(3): 191-198.

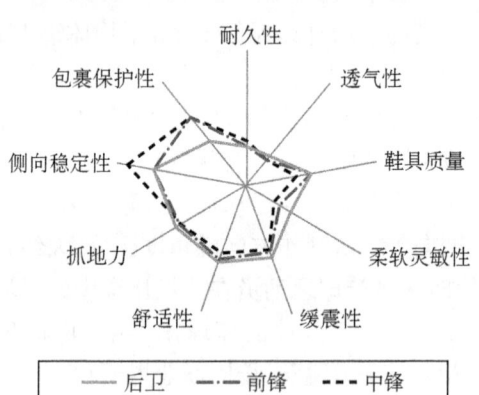

图4-23 前锋、中锋、后卫运动员对篮球鞋不同性能的需求情况

资料来源：Brauner T, Zwinzscher M, Sterzing T, 2012. Basketball footwear requirements are dependent on playing position[J]. Footwear Science, 4(3): 191-198.

该研究问卷统计结果显示：①篮球运动员不同位置所需要的运动能力或运动素质有很多不同之处，后卫运动员更侧重于速度和敏捷能力，中锋运动员更强调力量和负重跳跃能力，前锋运动员则需要兼具速度、力量和敏捷等特征；②保护和稳定踝关节是篮球鞋最重要的性能，同时大多数运动员更偏爱中帮设计篮球鞋；③在篮球鞋性能要求方面，后卫运动员强调鞋具质量轻便和易扭转性能，中锋运动员强调鞋具的稳定性和保护性，中锋运动员更偏向于高帮篮球鞋。上述发现也揭示了以下两个结论：①后卫运动员和体型相对较小的前锋运动员更偏向于较灵活的低帮和中帮篮球鞋，要求篮球鞋具有较强的抓地性能及在快速启动和侧切动作时鞋具的稳定性;②体型相对较大的前锋运动员和中锋运动员更偏向于支撑性和稳定性较好的中帮和高帮篮球鞋,踝关节护具可以作为篮球鞋稳定性的额外补充。

四、篮球鞋质量特征生物力学研究

运动鞋质量被认为和运动表现存在显著相关性,每双鞋具质量每增加100 g,长跑耗氧量就提升1%,从而造成跑步经济性下降。篮球运动属于大运动量、高强度对抗性运动,职业运动员在一场篮球比赛中需要完成跳跃、冲刺、变向等大强度动作多达300次,如果凭借主观经验判断,每完成一次篮球动作,运动员都需要为额外的鞋具质量做功,因此篮球鞋质量的增加势必会导致耗能的增加和运动表现的下降,穿着轻便的篮球鞋应该会有更好的运动表现,然而事实情况是否如此呢?2015年,卡尔加里大学生物力学实验室的Wannop等对3双单只质量分别为331 g、414 g和497 g的篮球鞋分别进行10 m冲刺跑、垂直纵跳和障碍跑运动表现测试,其中受试者对鞋具质量不知情,为单盲实验,结果显示,受试者着3双不同鞋具质量的篮球鞋运动表现水平差异无统计学意义,如图4-24所示。

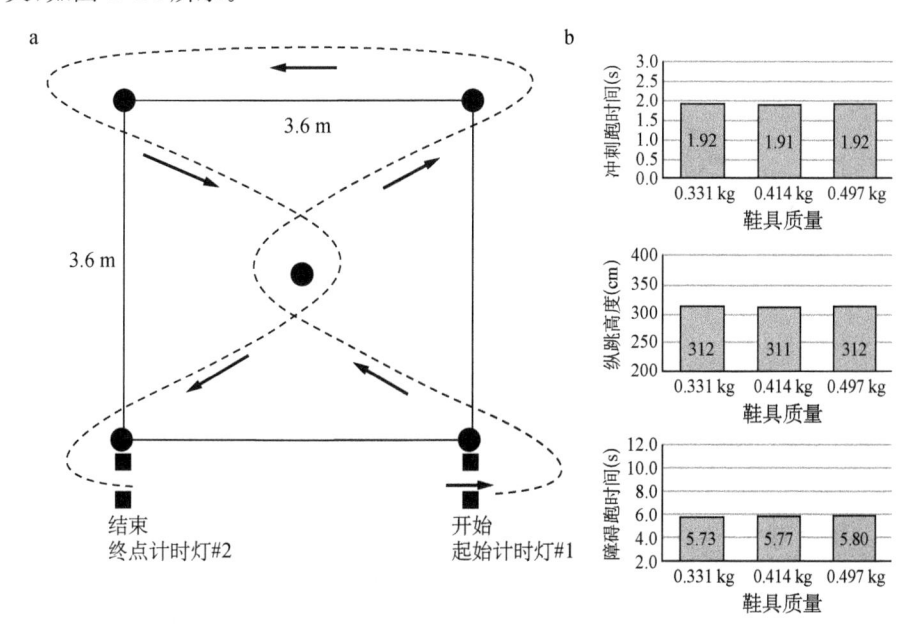

图4-24 障碍跑的场地设计(a);篮球鞋质量因素对冲刺跑时间、纵跳高度和障碍跑时间的影响(b)

资料来源:Worobets J, Wannop J W, 2015. Influence of basketball shoe mass, outsole traction, and forefoot ending stiffness on three athletic movements[J]. Sports Biomech, 14(3): 351-360.

2016年，卡尔加里大学Benno Nigg等同样针对篮球鞋质量这一因素进行运动表现生物力学研究，实验场地设计和篮球鞋具情况如图4-25所示。该研究将受试者分为两组，一组为单盲组，该组对篮球鞋质量不知情；另一组为知情组，该组对篮球鞋质量知情。研究选用的鞋具为Adidas Adi zero Crazy Light 2篮球鞋，添加质量均在此篮球鞋上进行，篮球鞋后的绑带内分别装塑料小球、塑料和金属小球混合物、金属小球，用于打造3双由轻到重的篮球鞋，绑带的体积一致，受试者通过外观无法分辨质量大小。

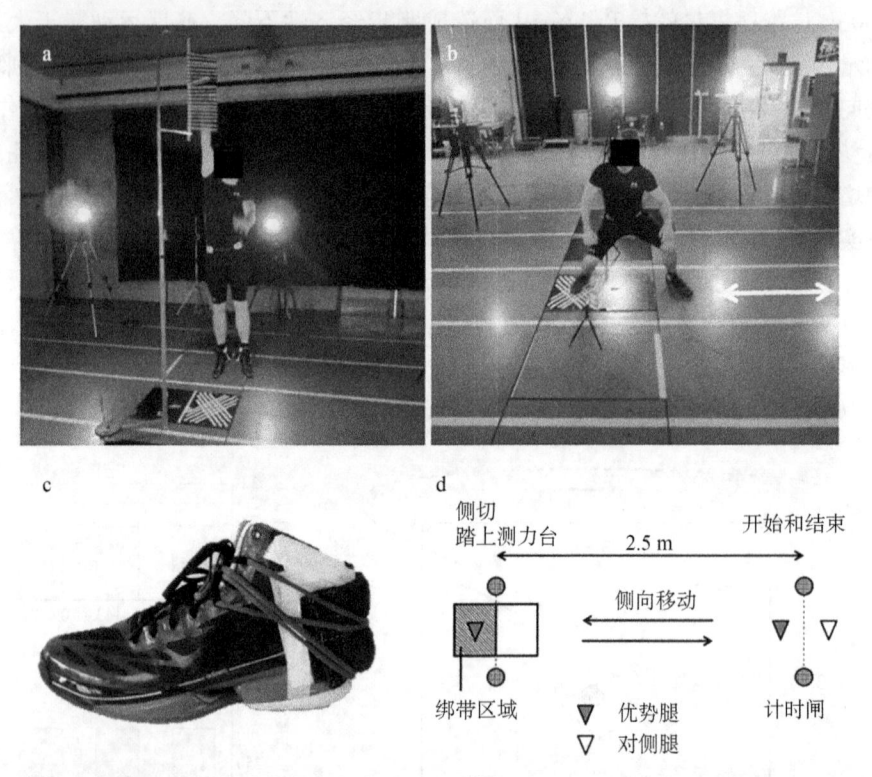

图4-25 反向跳摸高(a)、侧向移动(b)、添加额外质量的测试用篮球鞋(c)与侧向移动(d)示意图

资料来源：Mohr M, Trudeau M B, Nigg S R, et al., 2016. Increased athletic performance in lighter basketball shoes: shoe or psychology effect? [J]. International Journal of Sports Physiology Performance, 11(1): 74-79.

3双篮球鞋质量分别为352 g/只（最轻）、510 g/只（中等）、637 g/只（最重）。研究结果显示：①从知情组的情况来看，知情组受试者穿着最轻篮球鞋与穿着最重篮球鞋相比的平均运动表现提升了2%（纵跳提高2%，侧向移动提高2.1%）；②单盲组受试者首先从主观上无法区分3双篮球鞋的质量大小，根据对该组受试者的主观感知测试发现，受试者反而认为中等质量鞋具是最轻的；其次该组受试者的纵跳和侧向移动表现差异无统计学意义（图4-26）。

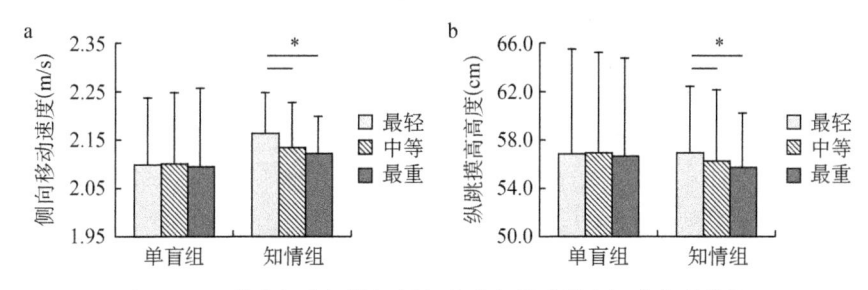

图 4-26　单盲组和知情组侧向移动和纵跳摸高运动表现差异

* 表示各鞋重条件间存在显著差异

资料来源：Mohr M, Trudeau M B, Nigg S R, et al., 2016. Increased athletic performance in lighter basketball shoes: shoe or psychology effect? [J]. Intonational Journal of Sports Physiology Performance, 11(1): 74-79.

根据以上研究结果可以得出如下结论：知情组受试者在着不同质量的篮球鞋时的运动表现差异可能主要来自心理暗示作用；篮球鞋的质量只要在合理范围内变化就对运动表现没有影响，这也允许篮球鞋生产厂商在合理质量范围内增加鞋具的保护性而不必过度强调篮球鞋的轻便性能。当受试者对鞋具质量不知情时，较轻的篮球鞋质量有利于提高跳跃及侧切时的运动表现。

五、篮球鞋主观感受与舒适度研究

舒适性和合脚性是鞋具的两个重要的参数，舒适性和合脚性将直接影响运动表现、疲劳进程及运动损伤风险。在鞋具设计环节，舒适性和合脚性也是首先要考虑的前提条件，有研究报道鞋具较好的舒适性和合脚性能够减少能量消耗而提高运动表现。运动鞋的合脚性可以定义为鞋具的几何结构与足部的解剖特征相契合，合脚性这项指标可以使用功能性生物力学测试加以界定，同样也可以采用主观感受测量。鞋具的合脚性是舒适性的基础，鞋具合脚性不佳而导致的过紧或过松均会使人主观感受不舒适。需要注意的是，运动项目特点不同对鞋具合脚性也有不同的要求，而且合脚性这一指标也没有统一的标准，因此目前大多采用主观调查的方法。鞋具舒适性可以通过一些生物力学指标间接表示，如冲击力和足底压力特征。然而由于运动经历、体重、年龄等的差异，鞋具舒适性也是一个主观性极强的指标，因此主观反馈测试可以认为是反映鞋具舒适性的有效手段。主观 VAS 通常被用于鞋的主观舒适性测试，而鞋具的合脚性则常常使用利克特量表进行测试，从而对鞋具合脚的程度进行分级。目前，运动鞋的主观舒适性和合脚性研究选取的动作大多是走、跑等简单动作，并且对篮球鞋、足球鞋等功能性鞋具的主观舒适性和合脚性主观评价研究较少,篮球鞋的舒适性对于篮球运动员来说是尤为重要的。篮球动作由于具有多样化和复杂性的特点,因此建议针对篮球鞋的合脚性和舒适性测试在篮球场地进行。

一项发表在《鞋类科学》(*Footwear Science*)的研究对篮球鞋主观舒适性和合脚性测试进行了可靠性验证,该研究的主观测试在标准篮球场地进行,并且根据篮球动作多样性的特点设计了若干组连续动作,包括侧向移动、向后跑、带球上篮、全力跳等动作(图4-27)。受试者被要求以最快速度从第1标志桶到第7标志桶,随后以自选速度从第7标志桶到第11标志桶,整个测试过程大约持续35秒。该项舒适性评价选取了6双质量、外底长宽、外底厚度、鞋面材质、帮面衬垫均不同的篮球鞋,采集受试者在不同的2天对鞋具舒适性和合脚性的主观反馈,这2天的时间间隔在2周左右。舒适性和合脚性测试分别选用VAS和利克特量表(图4-28)。以双因素重复测量方差分析和组内相关系数(intraclass correlation coefficients,ICC)来表示不同时间和鞋具因素对鞋具舒适性和合脚性评级的重复性。

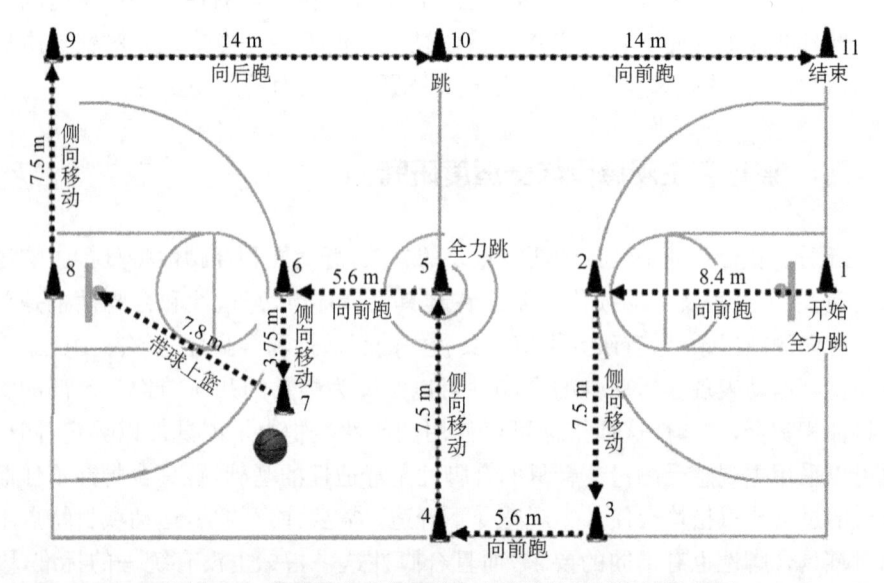

图 4-27 篮球鞋主观舒适性和合脚性的测试场地示意图

资料来源:Lam W K, Sterzing T, Cheung J T M, 2011. Reliability of a basketball specific testing protocol for footwear fit and comfort perception[J]. Footwear Science, 3(3):151-158.

对篮球鞋的舒适性研究主要选取7个指标:①足弓高度舒适性,主要评价鞋垫内侧高度;②鞋具足跟缓震性能,评价足跟软硬度;③鞋具前掌缓震性能,评价前掌区域软硬度;④鞋具足跟区域舒适性,评价鞋具足跟松紧程度包括后跟杯软硬度和贴合度;⑤鞋帮舒适性,评价鞋帮区域的软硬度和贴合度;⑥侧向

a. 舒适度视觉模拟量表：请在给定的刻度上对鞋子的舒适度打分

一点也不舒服　　　　　　　　　　　　　　　　最舒服

b. 请圈出最合适的数字，以显示你的适切感

1	2	3	4	5	6	7
太挤脚			完美的合脚性			太宽

图 4-28　运动鞋舒适度视觉模拟量表(a)；运动鞋合脚性的利克特量表(b)

资料来源：Lam W K，Sterzing T，Cheung J T M，2011. Reliability of a basketball specific testing protocol for footwear fit and comfort perception[J]. Footwear Science, 3(3)：151-158.

稳定性，评价足部在鞋腔内左右方向的稳定性；⑦整体舒适性，评价鞋具整体穿着及运动感受。鞋具合脚性主要选取以下 4 个指标：①鞋具长度合脚性；②足跟区域合脚性，评价鞋腔足跟空间；③前掌区域合脚性，评价鞋腔前掌空间；④鞋帮合脚性，评价鞋帮的高度和宽度。研究结果显示：①鞋具特征是影响舒适性和合脚性主观评价差异的主要因素，而不同时间评价对这两个指标的主观差异无影响；②舒适性主观评价的 ICC 为 0.61~0.8，相关性较好；而合脚性主观评价的 ICC 为 0.41~0.6，相关性较差。该研究结果支持使用图 4-27 所示的篮球场地测试方法评价篮球鞋舒适性。

六、篮球鞋抗弯刚度生物力学研究

在第三章第二节中，我们对运动鞋抗弯刚度的定义、生物力学测试、影响因素及各功能性鞋具的抗弯刚度作了系统总结和描述，根据足部的绞盘机制、杠杆比例及大量的文献研究基础，提出非线性抗弯刚度鞋底概念；并提出将临界抗弯刚度指标（跖趾关节角度-力矩曲线中，最大角度对应的力矩与角度的比值）作为鞋具抗弯刚度的临界值。

图 4-29 所示的研究为受试者分别穿着抗弯刚度为 0.22 N·m/(°)，0.28 N·m/(°)和 0.33 N·m/(°)的 3 种篮球鞋在图 4-29d 所示的篮球场 10 m 冲刺跑、纵跳和障碍跑的运动成绩比较，研究结果显示受试者着抗弯刚度较高的篮球鞋时运动表现较好。

目前，运动鞋抗弯刚度的生物力学测试手段还没有统一的标准，不同功能性鞋具的抗弯刚度范围也没有明确的界线。但目前学界的普遍观点是鞋具抗

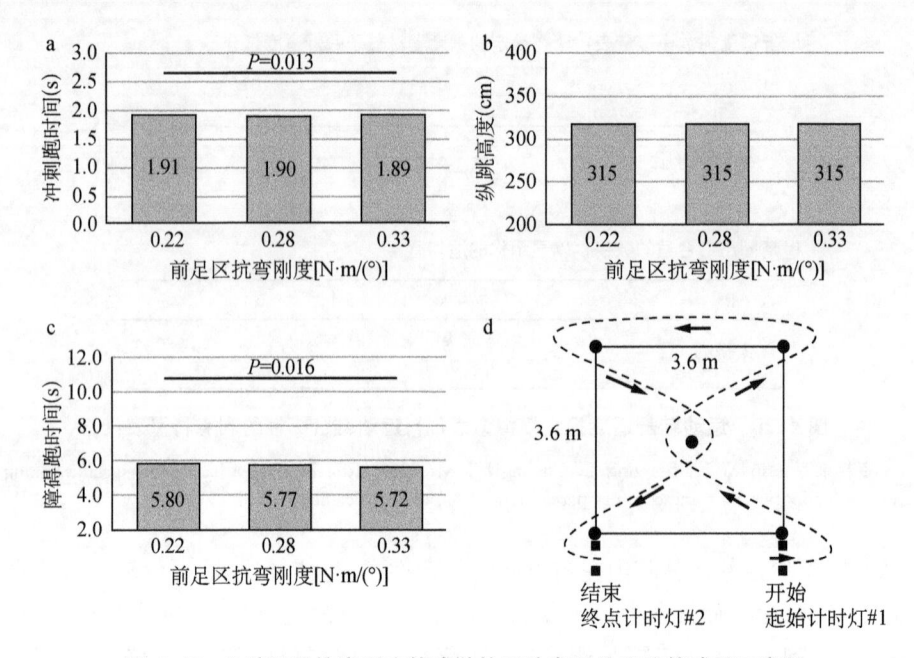

图 4-29 3 种不同抗弯刚度篮球鞋的运动表现差异及篮球场示意图

弯刚度的优化首先是能够提升运动表现水平,其生物力学机制是降低跖趾关节处的能量损失,并且通过蹬地过程中对动力臂和阻力臂的重新调整,增加推进力以提高运动表现;其次是能够减小运动损伤风险,其生物力学机制是通过抗弯刚度的优化限制跖趾关节过度屈曲避免第一跖趾关节损伤等;最后是能够调整足底压力在跖骨区域的过度分布,降低跖骨区域负荷,降低跖骨应力性骨折风险。在篮球运动中,鞋具的前足区抗弯刚度增加有利于提升跳跃、加速跑及侧切时的运动表现。

第三节
足球鞋构造的生物力学原理剖析

一、足球鞋生物力学研究进展

足球运动的特点决定了运动员常常需要在短时间内完成快速启动、侧切、急停转身、快速射门和传接球等技术动作,足与地面之间的良好缓震、足够的牵引力和稳定性是完成这些技术动作的前提条件,一双具有良好功能设计的足球鞋往往能够为这些技术动作的出色完成提供保障。

(一) 足球鞋设计对运动表现的影响

足球鞋鞋底是直接与运动场地接触的部分,也是足球鞋中最具有科技含量的部分,它需要为运动员在场上的加速、转身、急停等动作提供足够的抓地力、稳定性和摩擦力;鞋底设计主要包含鞋钉设计、鞋底软硬度设计和减震设计,不同运动场地对应的足球鞋的差别主要体现在鞋钉设计上。Driscoll 等研究发现有鞋钉的足球鞋与其他运动鞋相比在自然草皮上能产生更大的抓地力;Clarke 和 Carré 测量了不同场地条件下不同鞋钉设计足球鞋的垂直位移、鞋钉抓地力和鞋钉有效渗透面积,总结出在自然草皮上,抓地力的增大是依靠鞋钉与草皮之间相互渗透的有效横截面积的增大,而在人工草皮上,鞋钉没有完全穿透草皮表面,与草皮之间没有相互渗透压缩。

Clemens Müller 等对 15 名足球运动员在人工草皮上分别穿着两种不同形状和三种不同长度鞋钉的足球鞋(图 4-30)进行障碍跑和直线加速跑,结果显示穿着刀状钉足球鞋成绩显著高于圆钉足球鞋、在一定范围内鞋钉长度越长对应的成绩越好,通过结果分析得出刀状钉通过增加与地面的接触面积从而增大鞋底的抓地力,鞋钉的长度应介于 50%～100% 之间,并且随着鞋钉长度的增加抓地力也随着增加;McGhie 等安排 22 名专业男性穿着三种不同鞋钉设计的足球鞋在三种不同的人工草皮上进行直线冲刺跑和 90°侧切两个动作,结果显示,鞋与地面之间的峰值牵引力、侧切滑动速度差异有统计学意义,但牵引系数并不随着鞋钉构造和草皮状态而改变,这可能是因为球员对足与地之间的牵引力有主动的调节作用;Sterzing 等研究发现鞋钉数量和构造的不同会对跑动速度有显著性影响,综上研究,鞋钉的形状、长度、数量、构造直接影响了足球鞋的抓地力和稳定性,从而对运动表现造成影响。Ettema 等对碎钉足球鞋、圆钉足球鞋和刀状钉足球鞋在不同条件的第三代人工草皮上进行直线急停启动动作和侧切动作的测试,研究结果显示在急停启动动作过程中,专业的人工草皮上的峰

a　　　　　　　　　　　　　　　　　　b

NM 100　　　NM 50　　　NM 0　　　圆钉足球鞋　　刀状钉足球鞋

图 4-30　不同鞋钉长度和不同鞋钉形状的足球鞋

NM 表示鞋款,即 Nike Mercurian Vapor Ⅱ;NM 100 表示 100% 鞋钉长度;NM 50 表示 50% 鞋钉长度;NM 0 表示 0% 鞋钉长度

值力要显著小于非专业草皮,而在侧切动作过程中,传统圆钉的冲击力要显著性大于碎钉和刀状钉,短钉足球鞋在减震效果较好的专业人工草皮上的冲击力较小,损伤概率也较低;Zanetti 等募集跑步爱好者在室外水泥地、草地、标准塑胶跑道和室内具有不同缓冲性能的跑步机上跑步时下肢胫骨的加速度和足底压力数据进行测试分析,得出结论跑步时触地的运动表面与下肢冲击之间不存在必然联系。

足球鞋的鞋面是直接与足球接触的部分,鞋面生物力学设计与舒适度、击球触感、准确度、球速等密切相关。Sterzing 和 Thorsten 研究了三种鞋掌围度的足球鞋分别是较窄围度、中等围度、较宽围度对运动员的舒适度、活动灵敏性和跑步速度的影响,发现、中等围度和较宽围度足球鞋具有较高的舒适度,鞋掌围度不同对活动灵敏性和跑步速度没有显著性影响;Stefanyshyn 等对三种不同鞋面设计和材料的足球鞋进行抗弯曲性试验,发现鞋面材料和设计的不同显著影响了足球鞋整体的抗弯曲刚度,从而影响足球鞋舒适度;Hennig 等研究发现,鞋面设计对击球准度和球速有显著性影响;Ishii 等运用三维有限元模拟的方法对五名足球运动员穿着不同鞋面设计的足球鞋击球时球的出射角度、速度、旋转度、形变程度进行建模分析(图 4-31),得出足球鞋面的弹性模量、摩擦系数对球的出射角度、速度、旋转度均有一定影响但不显著;Sterzing 和 Hennig 研究了四种不同摩擦系数的足球鞋面,发现对同一个人相同动作击球后球的速度产生显著影响;Kuo 等研究发现鞋带在鞋面上位置的不同对球员击球准确度有显著影响。综上表明,球鞋的鞋掌围度、鞋面的弹性模量、摩擦系数、鞋带位置等因素会对球鞋舒适性和击球触感、球速、准确度等产生影响,从而影响运动表现。

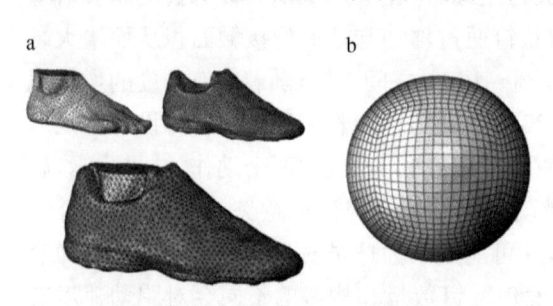

图 4-31 足球鞋面设计的有限元模拟

(二)足球鞋设计对下肢非接触性运动损伤的影响

足球非接触性运动损伤日益增多,致使许多优秀的专业足球运动员和业余爱好者的运动生涯提前终止。导致非接触性运动损伤的原因很多,并且主要集中在下肢的膝关节、踝关节、足部。

1. 足球鞋设计对膝关节损伤的影响

膝关节是人体最大、最复杂的关节,足球技术动作中有许多快速启动、急停转身、侧切启动、大力射门等快速反应动作,这些动作的反复累积会引起膝关节过度旋转、内外翻而导致各种急慢性损伤的发生。膝关节损伤大部分集中在十字韧带损伤、半月板损伤、内侧副韧带损伤等处。现在许多的鞋钉设计都要求在不同方向的运动上提高抓地力,有学者研究发现鞋底与地面之间过高的牵引力是导致非接触性膝关节损伤的主要因素(图4-32);许多学者研究发现较小的膝关节屈曲角度、较大的伸膝力矩、外展力矩、扭转力矩和膝关节外展角度、较大的垂直和向后地面反作用力可能会导致膝关节半月板和ACL损伤风险的增大;Grund等使用一种新型的气动牵引装置TrakTester能够实现对足球鞋与地面相互作用的牵引力进行精确测试,发现过高的牵引力会增大膝关节的扭转力矩从而导致膝关节损伤风险的增加;Sims等研究发现,女性运动员中,膝关节外展力矩更大者ACL损伤风险也增大,同时,膝关节外展力矩比膝关节屈曲角度能够更好地预测ACL损伤。Rennie等研究表明随着鞋钉长度的增加,抓地力会显著增大,而过高的抓地力会导致膝关节外展角度和外展力矩增大,进而导致膝关节损伤风险的增大。Strutzenberger等对14名男性专业足球运动员和14名女性专业足球运动员分别穿跑鞋、刀状钉足球鞋、碎钉鞋纵跳落地时的运动学数据进行采集分析后发现,在三种不同鞋具条件下的膝关节屈曲角度差异有统计学意义,并且男性运动员穿着刀状钉足球鞋落地时膝关节背屈角度平均增加1°,女性运动员穿着刀状钉足球鞋落地时膝关节背屈角度平均减少3°,得出落地力学机制随着性别、鞋的不同发生变化;Nunns等对15名业余足球运动员在标准人工草皮上进行直线加速跑和急停转身的动力学数据进行采集,结果发现急停转身动作与直线加速跑动作相比膝关节载荷、膝关节外翻力矩显著增大,这可能会增加ACL损伤的风险。综上研究,足球运动中非接触性膝关节损伤往往是由于不合适足球鞋的选择和不当的足球鞋设计,导致运动员在侧切、急停转身等动作中膝关节过度外展、外旋从而引起膝关节损伤的发生。Queen和McGovern等对男性足球运动员和女性足球运动员进行了侧切动作和急转动作的测试,研究结果显示女性足球运动员在侧切动作过程中膝关节的内旋程度要高于男性运动员,在急转动作中膝关节的屈曲程度要小于男性运动

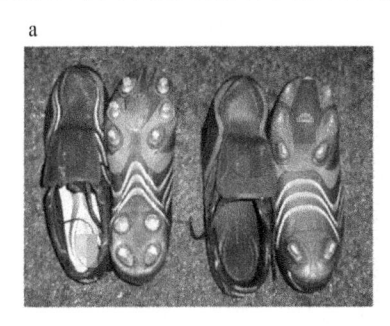

图4-32 不同鞋钉形状的足球鞋(a)与障碍跑测试(b)

员;动作疲劳后,女性和男性足球运动员在膝关节的屈曲程度和髋关节的内外翻程度上的变化趋势一致且差异无统计学意义。

2. 足球鞋设计对踝关节和足部损伤的影响

足球是大运动量项目,世界上优秀的足球运动员一场比赛中的运动距离要达到10 000米左右,再加上不断的奔跑、腾空等动作常常会引发踝关节和足部损伤,足球运动中的踝关节损伤多为急性损伤且大多集中于外侧副韧带,足部损伤主要表现为足底筋膜炎和跟腱炎等慢性损伤。Müller等测试了足球运动员在正常跑动、加速冲刺、急停转身等动作的足底压力分布,发现差异有统计学意义,这可能是导致足部损伤的原因。Bentley等对29名业余男性足球运动员分别穿圆钉足球鞋和刀状钉足球鞋进行障碍跑并进行足底压力测试(图4-32b),结果显示圆钉足球鞋足底压力分布是趋于正常的,刀状钉足球鞋具有偏高的足底压力被认为是足底筋膜炎的发病诱因。Eils等使用足底压力鞋垫对21名分别进行正常跑动、侧切、冲刺跑和射门这几个过程的专业足球运动员进行足底压力数据采集,数据分析后发现,侧切、冲刺跑的足底压力值要显著高于正常跑动时足底压力值,并且足底压力值最高的部位集中在足中部和足外侧,这可能会导致足底损伤的发生。Lake等研究了专业足球运动员踝关节损伤与鞋钉设计和运动场地的关系,得出运动员非接触性踝关节损伤是足、鞋、地面相互作用的结果,足球运动员应合理地选择合适的鞋钉尺寸和鞋底构造的足球鞋并应根据场地条件(自然草皮和人工草皮)的不同来选择合适的足球鞋,对于有踝关节损伤史的运动员可以考虑在鞋内加内垫或矫形器以防止损伤的进一步加重。Gehring等对6名男性专业足球运动员分别穿长钉(soft ground design,SG)鞋和普通训练鞋在自然草皮上直线跑并采集动力学参数,结果显示,穿SG鞋的地面反作用力和作用力的加载率均显著高于普通训练鞋,这可能是导致足球运动员足部损伤的因素。以上研究表明,足球鞋设计尤其是鞋底构造与运动员踝关节和足部损伤密切相关,不当的鞋底设计常常会导致踝关节过度内外翻或足底压力的显著增大,易引起踝关节和足部损伤的发生;有学者总结得出非接触性造成的足和脚踝损伤要与运动员足-鞋-地的相互影响结合起来考虑,地面的力学性能随着草地情况(自然草皮、人工草皮)、俱乐部情况、训练场地设施和季节变化等因素都有关系;足球鞋的设计是鞋-地交互的重要因素,足球运动员应仔细认真地选择合适的鞋钉尺寸和构造的足球鞋,并且应根据场地的不同来选择不同的足球鞋;对于有下肢损伤史的运动员可以考虑在鞋内加内垫或矫形器;跟队医务科研人员应对运动员选择的足球鞋作出生理和生物力学方面的分析评价以确定足球鞋是否适合该运动员。

二、足球鞋生物力学研究方法

(一) 受试者

本研究选取男性足球运动员 14 名,其基本人口统计参数为年龄(20.2±1.4)周岁、身高(1.71±0.05)m、体重(65.3±5.6)kg、球龄(9.2±2.6)年,均为宁波大学校足球队成员且均有自然草皮球场踢球经验,右腿为优势腿,测试前 3 个月无任何下肢伤病史,测试前 24 小时无剧烈体力活动。

受试者了解本实验的研究目的及实验要求和过程及步骤,实验前签署相关协议书,均自愿参与本测试。

(二) 实验用鞋与草坪条件

本研究选取的不同鞋钉构造足球鞋为 SG 足球鞋、短钉(artificial ground design,AG)足球鞋和碎钉(turf cleats,TF)足球鞋(表 4-4)。其中 SG 足球鞋鞋钉材质为不锈钢,鞋钉长度范围为 13～20 mm,共有鞋钉 11 颗,其中前掌 7 颗,后跟 4 颗;AG 足球鞋鞋底材料为 TPU,鞋钉长度范围为 8～12 mm,共有鞋钉 23 颗,其中前掌 16 颗,后跟 7 颗;TF 足球鞋鞋底材质为合成橡胶,鞋钉长度范围为 3～7 mm,共有鞋钉 71 颗。本研究选用的自然草皮为常见的暖季型足球场草坪——马尼拉草坪,草束统一修剪为 40 mm 高,草坪含水量采用 θ 探针(theta probe)进行测试,保证每次测试前草坪的含水量一致。本研究测试用自然草皮尺寸为 1 m×1 m,铺设在相同面积的防滑垫上。防滑垫厚度为 6 mm。

表 4-4 本研究选用的不同鞋钉构造的足球鞋

参数	SG 足球鞋	AG 足球鞋	TF 足球鞋
鞋钉设计	SG 足球鞋	AG 足球鞋	TF 足球鞋
鞋钉数量	11	23	71
鞋钉长度(mm)	13～20	8～12	3～7

(三) 实验仪器

本研究所用的 Vicon 公司生产的红外三维动作捕捉系统(Oxford Metrics Ltd.,英国牛津)包括 8 个红外摄像头,本次实验选取的是 Vicon Nexus 软件中下肢模型,将 16 个直径为 14 mm 的标记球依据系统三维重构的基本要求分别准确粘贴在人体各环节的标记点上,8 个红外运动捕捉摄像头同时拍摄 16 个标记点的运动轨迹,从而生成人体模型的运动过程;测力台用于测定人体运动前后、左右及垂直方向的地面反作用力随时间变化的规律,本研究使用一台嵌入地面的 Kistler 三维测力系统(60 cm×90 cm)进行动力学数据的采集,测力台与 Vicon Nexus 软件相连,可以实现 Vicon 红外动作捕捉系统与地面反作用力的同步采集;鞋垫式足底压力测试系统(Novel Pedar insole system,德国),该测量系统既能够采集人体静态站立时足底压力分布特征,同时又能收集动态条件下足底压力变化的情况,鞋垫厚度均为 2.6 mm,鞋垫内分布 99 个矩形压力传感器,测试数据采集频率为 50 Hz;智能测速门(Smartspeed, Fusion Sport International,澳大利亚),两对智能测速门用于测试受试者通过测力台前的速度,保证受试者的速度在一定范围内及实验的有效性。

(四) 测试方案

1. 测试前准备

(1) Vicon 系统设置:需要根据实验场地和测试要求布置摄像机位置,将校正架置于测力台中心位置,8 个红外摄像机的位置要求能看到全部反光球,调节摄像头焦距和系统设置,使"T"形校正架上的标记点达到最清晰并使反光最均匀,每个摄像头看到的点均清晰可见。

(2) Vicon 系统标定:将"T"形校正架放置在采集区域的中心位置,选中系统中所有镜头并确定所有摄像机均可拍摄到校正架且无杂点。测试人员在拍摄区域内挥动校正架用以摄像机和系统校正。使用"Calibrate MX cameras"选项对摄像头进行校准。将"T"形校正架上的原点放置在测力台的中心位置用于标定 X 轴(平行于测力台长边)和 Y 轴(平行于测力台短边),点击"Set Volume Origin"选项用以设定拍摄区域的原点。

(3) Kistler 测力台校准:首先需要确认测力台前后、左右、垂直方向上的力值均为归零状态,排除潮湿、灰尘、杂物等对测力台精度的影响。

(4) Novel 鞋垫式足底压力测量系统:实验测试前,对左右侧鞋垫均通过压力标定系统进行 0~60 N/cm 范围内的压力值进行校正、标定,以提高测试数据的准确度并降低实验误差。

2. 实验场地设计

测试跑道设置在 8 个 Vicon 摄像头的捕捉范围内,跑道宽 0.8 m,直线跑道和侧切跑道总长度均为 10 m。Kistler 三维测力台安装于直线跑道和侧切跑道的交汇处,测力台中心距离起点垂直距离 6 m,直线跑道与侧切跑道的夹角为 45°(图 4-33)。跑道两侧靠近测力台摆放两套智能测速门,测速门垂直距离 2 m,水平距离 2 m。

Vicon 三维红外运动捕捉系统采用 Vicon Nexus 软件内置的 Plug-in Gait

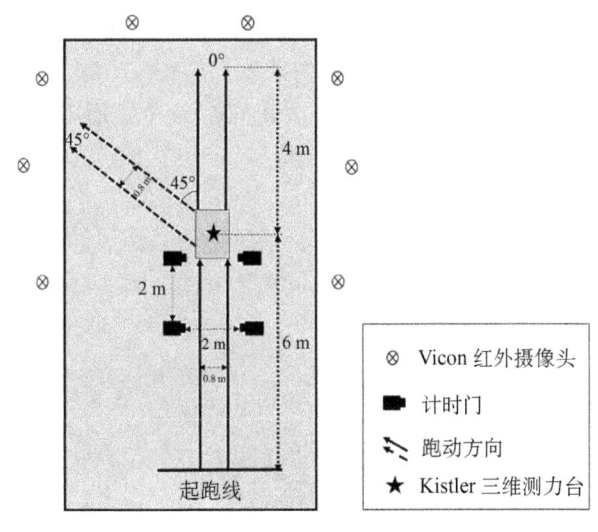

图 4-33 实验场地设计

模型(图 4-34),16 个标记反光点分别粘贴在左侧髂前上棘(LASI)、右侧髂前上棘(RASI)、左侧髂后上棘(LPSI)、右侧髂后上棘(RPSI)、左侧大腿(LTHI)、右侧大腿(RTHI)、左侧膝关节中心点(LKNE)、右侧膝关节中心点(RKNE)、左侧小腿(LTIB)、右侧小腿(RTIB)、左侧外踝尖(LANK)、右侧外踝尖(RANK)、左侧跟骨(LHEE)、右侧跟骨(RHEE)、左侧第二跖骨头(LTOE)及右侧第二跖骨头(RTOE)。测试频率设定在 200 Hz,用于运动学相关数据的采集。

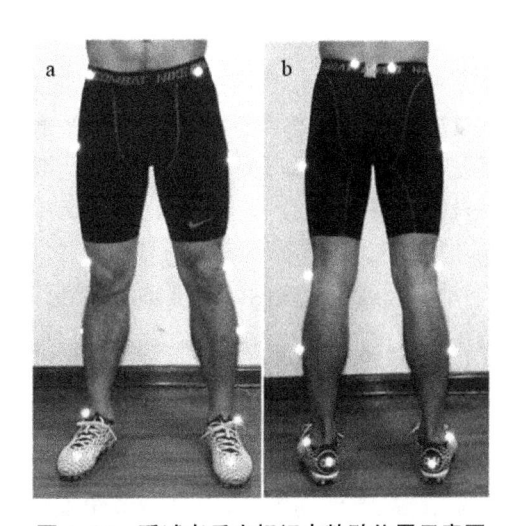

图 4-34 受试者反光标记点粘贴位置示意图

Kistler 三维测力台与 Vicon 动作捕捉系统同步测试，测试频率设定在 1 000 Hz，用于地面反作用力等相关指标的采集。足底压力测试使用 Novel Pedar 鞋垫式足底压力测量系统，左右侧鞋垫分别分布有 99 个矩形压力传感器，数据采集频率设定为 50 Hz。依据足部解剖结构将 Novel 压力测试鞋垫划分为 7 个区域，包括后跟(heel，H)、中足(middle foot，MF)、前足内侧(medial forefoot，MFF)、前足中部(central forefoot，CFF)、前足外侧(lateral forefoot，LFF)、拇趾(big toe，BT)及其他脚趾(other toes，OT)区域。图 4-35 为本研究选用的足底压力测量系统及足底分区示意图。

图 4-35 的彩图

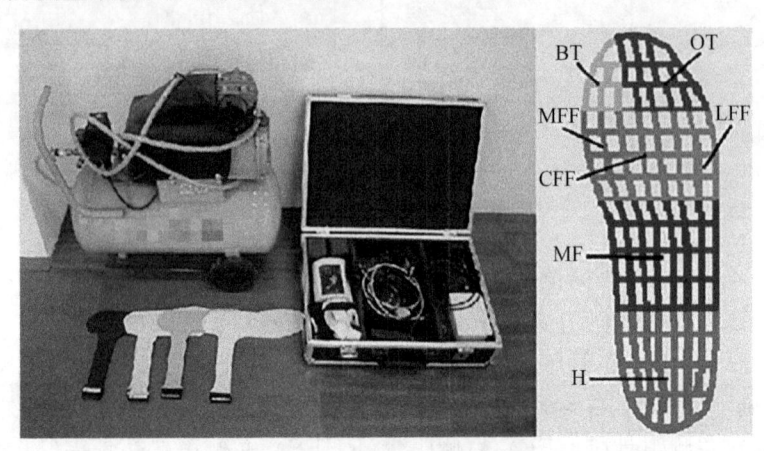

图 4-35　足底压力测量系统及足底分区示意图

(五) 测试流程及测试指标

所有受试者均在同一起点处开始直线加速跑和 45°左侧切动作，正式测试开始前首先要求受试者进行 3 分钟热身准备活动并熟悉测试动作。直线加速跑起跑姿势要求受试者身体站立并微微向前倾，调整步点保证右脚完整落在距离起点 6 m 处的测力台范围内，测试全程长 10 m。侧切动作起跑姿势与直线跑保持一致，受试者向前冲刺 6 m 调整右脚踏在测力台上并向左侧 45°跑道变向。直线加速跑和 45°侧切动作在通过测速门时速度均应达到 (4.5 ± 0.2) m/s，并保证受试者右脚完整踏在测力台范围内。每位受试者在不同草坪、鞋钉和动作条件下均采集 6 组有效数据。为防止疲劳因素对实验结果的影响，规定受试者每 3 组测试间休息 1 分钟，每 10 组测试间休息 5 分钟。

测试指标包括运动学指标和动力学指标，运动学测试指标包括：支撑期时间，三维髋关节、膝关节、踝关节活动范围，三维关节角度峰值。具体指标为髋关节峰值屈曲角度和屈曲活动度、髋关节峰值外展角度和外展活动度、髋关节峰值内旋角度和内旋活动度；膝关节峰值屈曲角度和屈曲活动度、膝关节峰值外展角度和外展活动度、膝关节峰值内旋角度和内旋活动度、踝关节峰值背屈角度和背屈活动度、踝关节峰值内翻角度和内翻活动度、踝关节峰值内旋角度和内旋活动度。动力学测试指标包括地面反作用力指标,具体指标为峰值地面反作用力垂直分力(peak vertical force,PVF)、地面反作用力垂直负荷加载率(vertical loading rate,VLR)、峰值地面反作用力水平方向合力(peak resultant horizontal reaction force,PHF)、峰值地面反作用力水平合力加载率(PHF loading rate,PHFR)、地面反作用力横向分力(medial-lateral force,F_X)、地面反作用力纵向分力(anterior-posterior force,F_Y)、地面反作用力水平方向合力(horizontal force,F_h)。动力学测试指标还包括直线加速及侧切动作过程足底各分区的峰值压强(peak pressure)和压力时间积分值(force-time integral)。

$$F_h = \sqrt{F_{X^2} + F_{Y^2}} \qquad (4-3)$$

定义抓地系数为 δ,其等于地面反作用力水平方向合力(F_h)与地面反作用力垂直分力(F_Z)之比。

$$\delta = F_h / F_Z \qquad (4-4)$$

本研究选取了 45°侧切动作右腿支撑期的平均抓地系数值进行统计学比较,侧切动作右腿支撑初期即足触地期(0%~10%)和支撑末期即足离地期(90%~100%)的抓地系数值不稳定,因此本研究选取支撑期的 10%~90% 这一段抓地系数较为稳定的时间段来计算平均抓地系数值进行比较。足底压力测试指标为直线加速跑右腿支撑期 MFF、CFF、LFF、BT、OT 这五个足底分区的峰值压强及压力时间积分;45°侧切动作右腿支撑期 H、MF、MFF、CFF、LFF、BT、OT 这七个分区的峰值压强及压力时间积分。

三、足球鞋生物力学研究结果

(一)运动学测试结果

1. 触地时间

分析受试者分别穿着 SG 足球鞋、AG 足球鞋、TF 足球鞋触地时间的差异性,借助 Kistler 三维测力台(测试频率为 1 000 Hz)记录从右足着地时刻到右足离地时刻所经过的时间即支撑期时间。经测试,直线加速跑右腿支撑期过程,受试者穿着 SG 足球鞋的平均触地时间为(0.165±0.012)s,穿着 AG 足球鞋的平均触地时间为(0.164±0.009)s,穿着 TF 足球鞋的平均触地时间为(0.166±0.010)s;对三双足球鞋直线加速右腿支撑期过程的触地时间进行单因素方差分析,SG 足球鞋与 AG 足球鞋方差分析的显著性 P 为 0.86;SG 足球鞋和 TF

足球鞋方差分析的显著性 P 为 0.89；AG 足球鞋和 TF 足球鞋方差分析的显著性 P 为 0.57；直线加速跑右腿支撑期时间均不存在显著性差异。45°左侧切动作右腿支撑期过程中，受试者穿着 SG 足球鞋的平均触地时间为 (0.207 ± 0.012)s，穿着 AG 足球鞋的平均触地时间为 (0.208 ± 0.011)s，穿着 TF 足球鞋的平均触地时间为 (0.208 ± 0.014)s；对三双足球鞋侧切动作右腿支撑期过程的触地时间进行单因素方差分析，SG 足球鞋和 AG 足球鞋方差分析的显著性 P 为 0.78；SG 足球鞋和 TF 足球鞋方差分析的显著性 P 为 0.69；AG 足球鞋和 TF 足球鞋的方差分析显著性 P 为 0.91；侧切动作右腿支撑期时间差异均无统计学意义。

2. 髋关节

如图 4-36 所示，受试者着 SG、AG 和 TF 足球鞋进行侧切动作右腿支撑期过程中，髋关节绕三维运动轴（矢状轴、冠状轴及垂直轴）分别在矢状面（屈和伸）、冠状面（内收和外展）、水平面（内旋和外旋）的关节角度均值随时间的变化曲线。分析比较受试者分别穿着三双足球鞋进行侧切动作支撑期髋关节运动趋势的一致性。经分析，受试者穿着三双足球鞋进行侧切动作右腿支撑期的髋关节屈/伸、内收、内旋角度变化趋势相近，无显著性差异的变化。

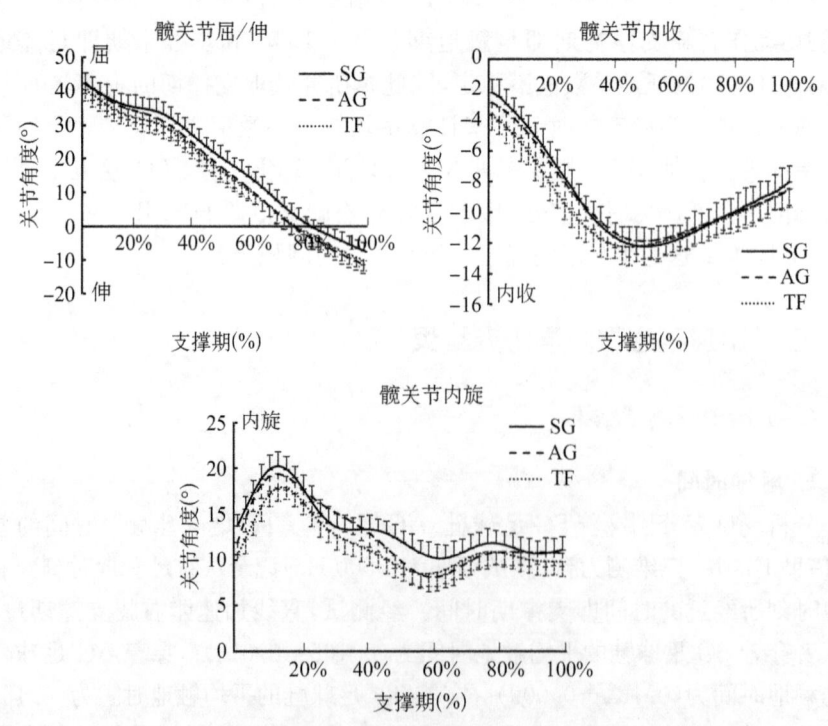

图 4-36　髋关节在侧切动作右腿支撑期内的三维角度变化曲线

如表 4-5 所示,对受试者分别穿着三双足球鞋进行直线加速跑和侧切动作右腿支撑期髋关节三维峰值关节角度和关节活动度进行对比分析。结果发现,直线加速跑髋关节三维峰值角度与三维关节活动度差异均无统计学意义,$P>0.05$。

表 4-5　髋关节在直线加速跑和侧切动作右腿支撑期过程中的角度值(均数±标准差)

参数	直线加速			侧切		
	SG	AG	TF	SG	AG	TF
髋关节峰值屈曲角度(°)	32.4±5.1	33.7±4.8	32.9±4.4	42.1±5.4	43.2±4.7	42.7±5.1
髋关节屈曲活动度(°)	41.1±5.6	42.3±4.3	41.6±4.7	51.7±6.5	52.4±7.2	53.6±5.9
髋关节峰值内收角度(°)	−4.6±1.6	−4.3±1.5	−4.4±1.3	−11.8±3.8	−11.4±4.1	−12.1±4.7
髋关节内收活动度(°)	10.3±2.7	9.4±2.9	9.7±2.6	9.7±3.3	8.4±3.6	7.3±4.2
髋关节峰值内旋角度(°)	24.7±4.9	25.4±5.1	23.9±4.6	20.7±5.3	19.2±4.6	17.4±4.2
髋关节内旋活动度(°)	8.5±2.5	8.1±2.6	9.2±2.8	10.1±3.6	12.2±4.4	9.4±3.1

3. 膝关节

受试者分别穿着三双 SG、AG、TF 三双足球鞋进行侧切动作的右腿支撑期内膝关节绕矢状轴、冠状轴及垂直轴在矢状面、冠状面及水平面内的关节角度变化曲线如图 4-37 所示。

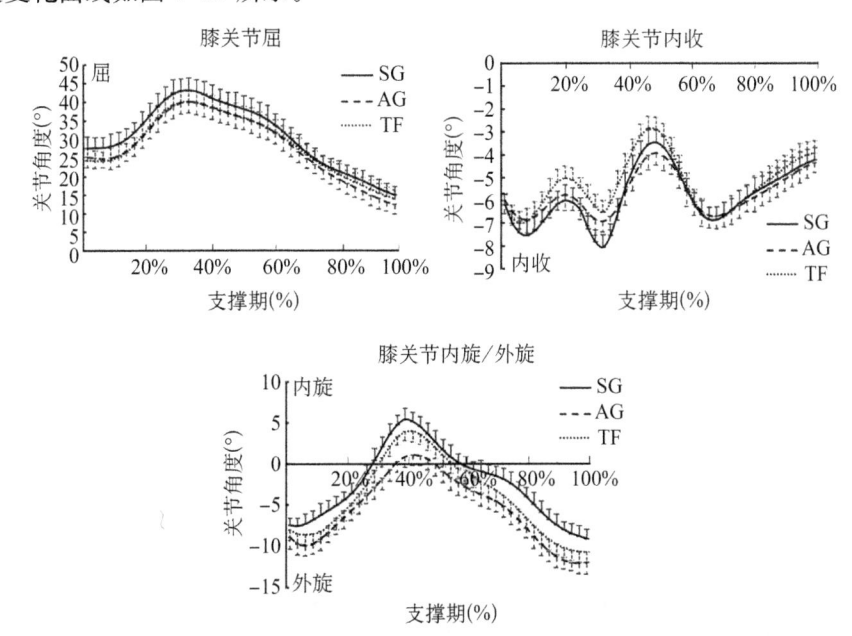

图 4-37　膝关节在侧切动作右腿支撑期内的三维角度变化曲线

"+"和"−"仅表示在运动面内的相对于静态位置的运动趋势

按照曲线变化趋势来看,受试者穿着三双足球鞋均表现出相近的角度变化趋势。从峰值角度和关节活动度的指标来看(表 4-6),受试者穿着 SG 进行侧切动作支撑期右腿膝关节峰值屈曲角度为 46.1°±5.1°显著大于穿着 TF 的右腿峰值屈曲角度 42.3°±6.4°,$P=0.027$;受试者穿着 SG 足球鞋的膝关节屈曲活动度为 37.7°±4.6°显著性大于穿着 TF 足球鞋的膝关节屈曲活动度 32.4°±4.8°,$P=0.026$。受试者穿着三双足球鞋进行侧切动作的膝关节峰值内收角度和内收活动度差异均无统计学意义。受试者穿着 SG 足球鞋进行侧切动作右腿支撑期的膝关节峰值内旋角度为 5.3°±4.2°显著性大于穿着 TF 足球鞋进行侧切动作的膝关节峰值内旋角度 0.6°±2.8°,$P=0.007$,其中受试者穿着三双足球鞋进行侧切动作右腿支撑期的膝关节内旋活动度差异无统计学意义。受试者穿着三双足球鞋进行直线加速动作右腿支撑期的膝关节三维峰值角度和膝关节活动度差异均无统计学意义。

表 4-6　膝关节在直线加速跑和侧切动作右腿支撑期过程中的角度值(平均值±标准差)

参数	直线加速 SG	直线加速 AG	直线加速 TF	侧切 SG	侧切 AG	侧切 TF
膝关节峰值屈曲角度(°)	44.3±9.4	43.7±8.2	41.2±6.7	46.1±5.1#	45.9±6.1	42.3±6.4
膝关节屈曲活动度(°)	33.6±7.3	32.1±6.1	29.6±4.5	37.7±4.6#	35.8±3.7	32.4±4.8
膝关节峰值内收角度(°)	−4.5±3.7	−4.1±3.9	−3.4±4.4	−8.3±4.5	−7.1±3.4	−6.2±3.3
膝关节内收活动度(°)	2.6±3.2	2.9±2.4	2.2±2.7	4.5±3.1	4.1±1.1	3.9±3.2
膝关节峰值内旋角度(°)	0.6±2.2	1.1±2.9	0.9±1.8	5.3±4.2#	4.4±3.5	0.6±2.8
膝关节内旋活动度(°)	2.4±1.8	2.8±2.1	2.9±2.4	12.1±5.2	14.5±3.8	11.7±5.4

♯ SG 足球鞋与 TF 足球鞋相比,差异有统计学意义,$P<0.05$。

4. 踝关节

受试者随机穿着 SG、AG、TF 足球鞋进行侧切动作的右腿支撑期内踝关节绕矢状轴、冠状轴和水平轴这三维运动轴分别在矢状面、冠状面和水平面内的关节均值角度变化曲线如图 4-38 所示。

三维关节角度均表现出相近的变化趋势,在矢状面内,受试者穿着 SG、AG、TF 足球鞋进行侧切动作右腿支撑期过程踝关节背屈和跖屈的运动趋势相似,从接触地面开始到蹬离地面,踝关节表现出由背屈到跖屈的变化趋势,受试者穿着 SG 足球鞋的踝关节峰值背屈角度为 31.1°±3.3°显著性高于穿着 TF 足球鞋的峰值背屈角度 27.6°±3.9°,$P=0.021$(表 4-7);在冠状面内,受试者穿着 SG、AG、TF 足球鞋进行侧切动作右腿支撑期过程踝关节内翻和外翻的运动趋势相似,均表现出先内翻后逐渐外翻的运动趋势。而在蹬离地面时刻,受试者穿着 SG 足球鞋的内翻角度显著高于穿着 TF 足球鞋时的内翻角度,即

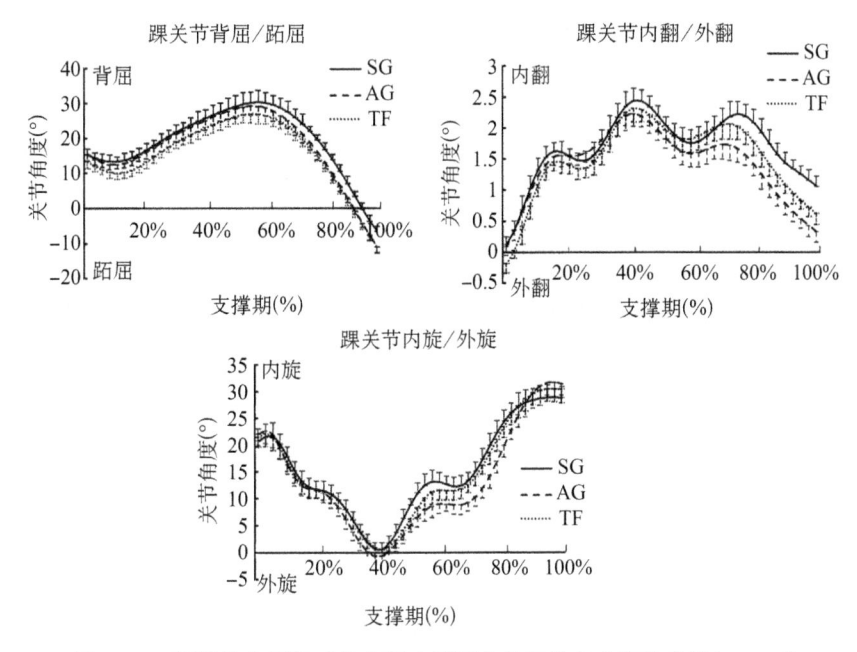

图 4-38　踝关节在侧切动作右腿支撑期内的三维角度变化曲线（$N=14$）

"＋"和"－"仅表示在运动面内的相对于静态位置的运动趋势

受试者穿着 TF 足球鞋进行侧切动作蹬离地面时出现了一定程度的外翻运动趋势；在水平面内，受试者穿着 SG、AG、TF 足球鞋进行侧切动作右腿支撑期过程踝关节的内旋和外旋的运动趋势相似，从接触地面开始到蹬离地面，踝关节表现出由内旋到外旋再到内旋的变化趋势。

表 4-7　踝关节在直线加速跑和侧切动作右腿支撑期过程中的角度值（均数±标准差）

参数	直线加速 SG	直线加速 AG	直线加速 TF	侧切 SG	侧切 AG	侧切 TF
踝关节峰值背屈角度（°）	30.1±5.2	28.8±4.4	32.3±3.8	31.1±3.3#	28.9±3.6	27.6±3.9
踝关节背屈活动度（°）	33.3±6.8	32.2±7.6	35.7±5.5	45.7±4.1	46.8±6.7	42.2±3.7
踝关节峰值内翻角度（°）	1.3±2.8	1.2±3.4	1.4±4.2	2.5±3.8	2.3±2.9	2.2±2.6
踝关节内翻活动度（°）	2.3±4.4	2.8±4.2	3.1±3.9	3.3±1.8	3.1±4.7	3.5±2.1
踝关节峰值外旋角度（°）	−1.1±2.3	−0.9±2.8	−1.4±3.1	−0.3±2.8	−0.5±2.5	−0.5±2.4
踝关节外旋活动度（°）	4.5±2.4	5.1±3.2	4.6±2.2	30.3±4.5	31.9±3.8	30.7±3.3

♯SG 足球鞋与 TF 足球鞋相比，差异有统计学意义，$P<0.05$。

(二) 地面反作用力测试结果

1. 地面反作用力变化

本研究记录受试者分别穿着三双足球鞋进行直线加速动作和侧切动作过程右足接触测力台开始到右足蹬离测力台结束的三维地面反作用力变化(表4-8)。其中,受试者穿着三双足球鞋直线加速跑右腿支撑期过程中,峰值地面反作用力水平方向合力差异无统计学意义。侧切动作右腿支撑期过程中,受试者穿着SG足球鞋的峰值地面反作用力垂直分力显著大于穿着TF足球鞋的峰值地面反作用力垂直分力,$P=0.033$;穿着SG足球鞋的地面反作用力垂直负荷加载率也显著性大于穿着TF足球鞋的地面反作用力垂直负荷加载率,$P=0.028$;从峰值地面反作用力水平合力这一指标来看,受试者穿着SG足球鞋的峰值地面反作用力水平合力显著大于穿着TF足球鞋的峰值地面反作用力水平合力,$P=0.011$;受试者穿着SG足球鞋的峰值地面作用力水平方向合力加载率显著性大于AG足球鞋($P=0.034$)和TF足球鞋($P=0.013$)。

表4-8 直线加速跑和侧切动作地面反作用力变化(均数±标准差)

参数	直线加速跑 SG	直线加速跑 AG	直线加速跑 TF	侧切 SG	侧切 AG	侧切 TF
峰值地面反作用力垂直分力(PVF)(BW)	2.37±0.18	2.34±0.22	2.31±0.25	2.48±0.27#	2.43±0.31	2.39±0.24
地面反作用力垂直负荷加载率(VALR)(BW/s)	98.5±23.6	95.7±24.1	92.1±18.4	123.5±31.1#	118.6±27.4	114.7±25.3
峰值地面反作用力水平方向合力(PHF)(BW)	0.20±0.06	0.19±0.08	0.18±0.06	1.09±0.12#	1.04±0.06	0.98±0.09
峰值地面反作用力水平方向合力加载率(PHFR)(BW/s)	13.1±1.8	12.5±2.2	12.8±2.4	28.6±2.5#&	24.8±2.1	22.1±1.9

\#SG足球鞋与TF足球鞋相比,差异有统计学意义,$P<0.05$。
&SG足球鞋与AG足球鞋相比,差异有统计学意义,$P<0.05$。

2. 抓地系数变化

受试者穿着三双足球鞋进行侧切动作的抓地系数变化如图4-39所示,图中阴影部分表示从支撑期的10%到支撑期的90%这一时间段,本研究计算三双足球鞋在侧切动作过程中的平均抓地系数即是选取这一时间段的抓地系数取平均值,原因是在支撑期的开始阶段即触地期及支撑期的结束阶段即蹬离期,抓地系数的值非常不稳定,因此选取这一段时间内的抓地系数值进行计算并取平均值(表4-9)。经计算得出,受试者穿着SG足球鞋进行侧切动作的平均抓地系数为2.26±0.24,穿着AG足球鞋进行侧切动作的平均抓地系数为2.21±0.27,穿着TF足球鞋进行侧切动作的平均抓地系数为2.09±0.33;穿着SG足球鞋进行侧切动作支撑期的平均抓地系数值要显著性高于穿着AG足球鞋和TF足球鞋的平均抓地系数值。

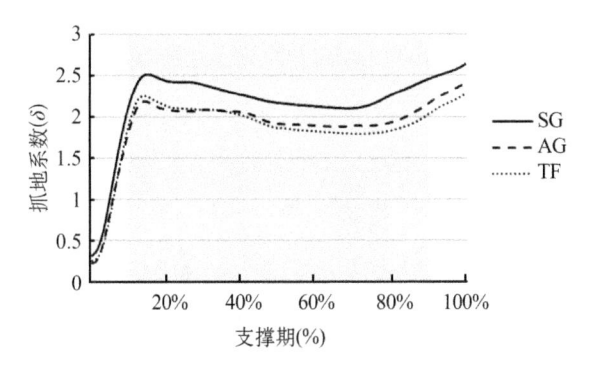

图4-39 45°侧切动作支撑期内的平均抓地系数变化

表4-9 侧切动作支撑期平均抓地系数(均数±标准差)

参数	SG足球鞋	AG足球鞋	TF足球鞋
平均抓地系数	2.34±0.12[&,#]	2.21±0.15	2.20±0.11

& SG足球鞋与AG足球鞋相比,差异有统计学意义,$P<0.05$。
# SG足球鞋与TF足球鞋相比,差异有统计学意义,$P<0.05$。

(三)足底压力测试结果

足底压力测试与运动学和地面反作用力测试同步进行,足底压力测试采用Novel鞋垫式足底压力测试系统,测试过程中记录受试者在直线加速跑和侧切动作过程中右腿落在Kistler测力台的时刻,数据处理时主要分析右腿落在测力台上的支撑期的足底压力数据,以保证足底压力数据与运动学和地面反作用力数据的同步一致性。本研究主要选取直线加速跑和侧切动作中足底各分区的峰值压强和压力时间积分这两个指标进行比较。为了详细分析受试者穿着不同鞋钉构造足球鞋进行直线加速跑和侧切动作时对于足底压力分布特征的影响,本研究中足底压力的数据处理统计时将鞋垫依据足部解剖结构划分为七个区域,包括后跟(H)、中足(MF)、前足内侧(MFF)、前足中部(CFF)、前足外侧(LFF)、蹈趾(BT)和其他脚趾(OT)区域。本研究直线加速跑右腿支撑期过程中峰值压强和压力时间积分的差异主要集中在H区域,侧切动作右腿支撑期过程中的峰值压强和压力时间积分的差异主要集中在H区域和MFF区域。结合足底各分区的峰值压强和压力时间积分特征探究不同鞋钉构造足球鞋对于这些指标的影响。

1. 峰值压强

受试者分别穿着 SG、AG、TF 足球鞋进行直线加速跑的足底各分区峰值压强特点如图 4-40 所示,直线加速跑的峰值压强差异主要体现在 H 区域,其中受试者穿着 SG 足球鞋进行直线加速跑时的 H 区域峰值压强为 (323.7 ± 46.5) kPa 显著性大于穿着 TF 足球鞋的 H 区域峰值压强 (292.6 ± 36.7) kPa,$P=0.024$;受试者穿着三双足球鞋进行直线加速跑右腿支撑期中足和前足各区域的峰值压强值差异无统计学意义。

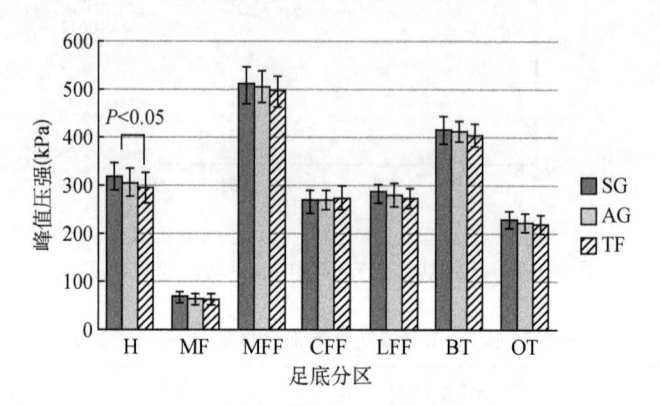

图 4-40　直线加速跑足底各分区峰值压强

受试者分别穿着 SG、AG、TF 足球鞋进行侧切动作足底各分区的峰值压强特点如图 4-41 所示,侧切动作与直线加速跑动作不同,峰值压强的差异主要体现在 H 和 MFF 区域。其中受试者穿着 SG 足球鞋进行侧切动作右腿支撑期过程 H 区域的峰值压强为 (400.3 ± 44.6) kPa,显著性大于穿着 TF 足球鞋进行侧切动作右腿支撑期足后跟区域峰值压强 (379.7 ± 43.3) kPa,$P=0.031$,受试者穿着 AG 足球鞋进行侧切动作右腿支撑期过程 H 区域峰值压强为 $(394.8\pm$

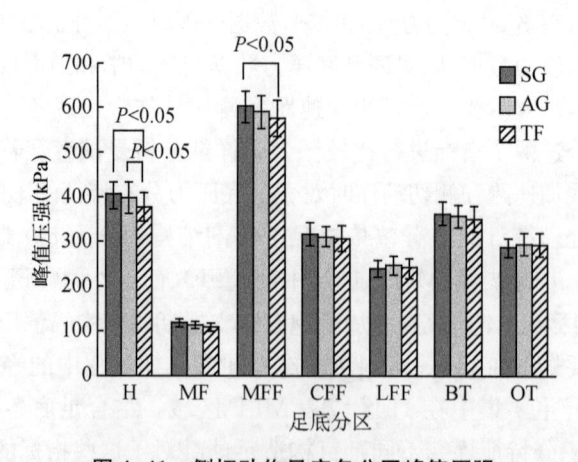

图 4-41　侧切动作足底各分区峰值压强

45.9)kPa,显著性大于穿着 TF 足球鞋进行侧切动作右腿支撑期 H 区域峰值压强(379.7±43.3)kPa,$P=0.038$。同时,MFF 区域的峰值压强也存在显著性差异,受试者穿着 SG 足球鞋进行侧切动作右腿支撑期过程 MFF 区域的峰值压强为(605.3±81.7)kPa,显著性大于穿着 TF 足球鞋进行侧切动作右腿支撑期 MFF 区域的峰值压强(578.5±66.3)kPa,$P=0.019$。

2. 压力时间积分

受试者分别穿着 SG、AG、TF 足球鞋进行直线加速跑动作右腿支撑期足底各分区的压力时间积分如图 4-42 所示,直线加速跑足底各分区压力时间积分的差异主要体现在 H 区域。其中,受试者穿着 SG 足球鞋进行直线加速跑右腿支撑期过程 H 区域的压力时间积分为(42.9±5.4)N·s,显著性大于穿着 TF 足球鞋进行直线加速跑右腿支撑期过程 H 区域的压力时间积分(38.6±4.6)N·s,$P=0.041$;受试者穿着三双足球鞋进行直线加速跑右腿支撑期中足和前足各区域的压力时间积分差异无统计学意义。

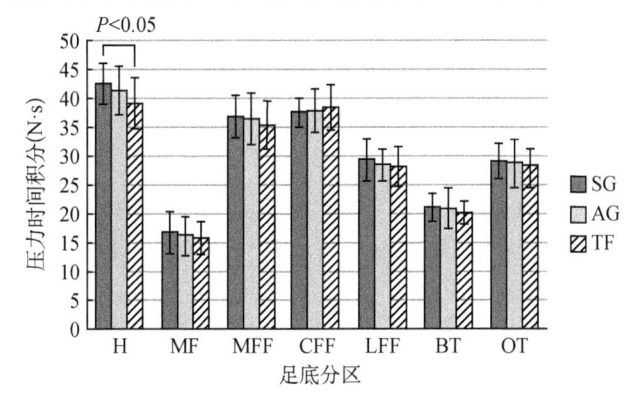

图 4-42 直线加速跑足底各分区压力时间积分

受试者分别穿着 SG、AG、TF 足球鞋进行侧切动作右腿支撑期过程足底各分区的压力时间积分如图 4-43 所示,侧切动作与直线加速跑动作不同,压力时间积分的差异主要体现在 H 区域和 MFF 区域。其中,受试者穿着 SG 足球鞋进行侧切动作右腿支撑期过程 H 区域的压力时间积分为(77.6±8.2)N·s,显著性大于穿着 TF 足球鞋进行侧切动作右腿支撑期过程 H 区域的压力时间积分(72.4±7.7)N·s,$P=0.033$;受试者穿着 AG 足球鞋进行侧切动作右腿支撑期过程 H 区域的压力时间积分为(76.9±6.8)N·s,显著性大于穿着 TF 足球鞋进行侧切动作右腿支撑期过程 H 区域的压力时间积分(72.4±7.7)N·s,$P=0.042$;侧切动作右腿支撑期过程足底的 MFF 区域也出现显著性差异变化,受试者穿着 SG 足球鞋进行侧切动作右腿支撑期过程中 MFF 区域的压力时间积分为(49.3±5.4)N·s,显著性大于穿着 TF 足球鞋进行侧切动作右腿支撑期 MFF 区域压力时间积分(46.1±4.3)N·s,$P=0.027$;侧切动作右腿支撑期过程足底其他分区的压力时间积分差异无统计学意义。

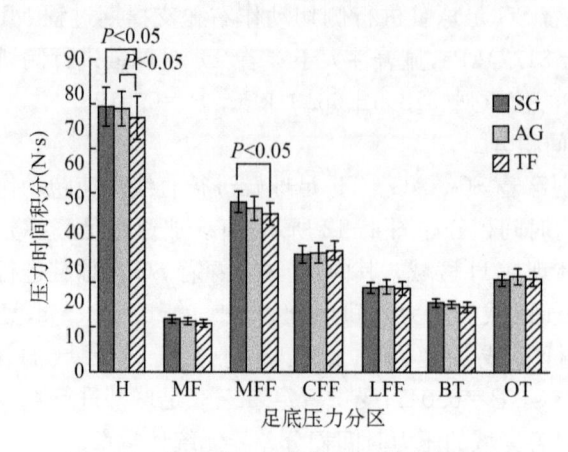

图 4-43 侧切动作足底各分区压力时间积分

四、不同鞋钉构造足球鞋研究分析

本研究旨在探讨不同草坪下不同鞋钉构造足球鞋对足球运动员进行特征动作的下肢生物力学表现和非接触性运动损伤风险。具体研究目的包括:①分析 SG、AG 和 TF 足球鞋在自然草皮和人工草皮条件下进行直线加速跑和 45°左侧切动作时的下肢生物力学表现的差异;②探讨不同鞋钉构造与草坪类型之间的交互作用,对足球运动员特征动作的影响进行深入分析。本研究选取了 14 名专业男性足球运动员作为受试者,分别穿戴 SG、AG 和 TF 足球鞋,在自然草皮和人工草皮条件下执行直线加速跑和 45°左侧切动作。使用 Vicon 三维红外运动分析系统和 Kistler 三维测力台采集下肢运动学数据及地面反作用力数据。

通过研究发现,在直线加速跑和 45°侧切动作中,在人工草皮上着 SG 足球鞋的膝关节峰值屈曲角度和屈曲活动度显著高于在自然草皮上着 TF 足球鞋和在人工草皮上着 TF 足球鞋。在自然草皮上着 SG 足球鞋和在人工草皮上着 SG 足球鞋的地面反作用力垂直负荷加载率明显超过在自然草皮上着 TF 足球鞋和在人工草皮上着 TF 足球鞋,且鞋钉和草皮之间存在显著交互作用。在 45°侧切动作中,在人工草皮上着 SG 足球鞋和在自然草皮上着 TF 足球鞋的平均抓地系数值最小,鞋钉和草皮之间也呈现显著交互作用。综合研究结果,SG 足球鞋在人工草皮情况下可能导致膝关节屈曲角度和屈曲活动度增加,有利于减缓地面冲击力,但可能提高运动疲劳程度,增加非接触性运动损伤风险。

此外，SG足球鞋在人工草皮上较高的地面反作用力垂直负荷加载率可能增加胫骨疲劳性骨折、跟腱炎等损伤的风险。因此，在选择足球鞋时应考虑鞋钉设计与草坪类型之间的匹配，以减少运动员遭受非接触性运动损伤的可能性。

本章参考文献

第五章

儿童青少年运动功能与专项鞋具

••• 引言

　　儿童鞋具的设计与选择对于促进儿童青少年的健康发展和运动表现至关重要，本章中我们将深入探讨足下奥秘的多个维度。首先，关注儿童青少年足形态发育与生物力学功能，我们解开足部结构与生物力学微妙关系的谜团，为青少年鞋具设计提供理论支持。其次，聚焦于儿童青少年跑步运动表现与碳板跑鞋的交汇点，揭示碳板技术在优化跑步表现中的潜力，从科技创新到生物力学的角度全面探讨。最后，深入研究儿童青少年跳绳运动表现与专项鞋具的关联性，通过生物力学分析追求最佳设计，旨在提高技能水平同时确保足部充分防护。这一章的全面研究旨在为儿童青少年及其相关人群提供深刻见解，助力他们在运动发展关键时期对鞋具的选择做出明智决策，促进全面的运动体验和健康发展。

第一节
儿童青少年足形发育与生物力学功能

一、儿童青少年足形发育与生物力学功能的研究进展

儿童青少年足形发育和功能完善贯穿整个未成年时期,其足形态、结构与运动功能并非成年人足的等比例缩放。儿童足无论结构还是功能均与成年足有很大差异,如儿童中足部位存在脂肪垫组织,在肌骨系统适应直立步态前,可避免儿童足底压力过载。儿童时期扁平足会影响动作技能发展,导致步态模式及下肢力线出现不利调整。然而在幼儿阶段即发育早期,扁平足则是一种生理过渡现象,足部形态和功能的快速发育始于儿童独立行走能力形成之后。足部三维形态和结构参数对指导儿童鞋具设计具有重要价值,如鞋具合脚性和舒适性的前提是鞋腔与足形态的契合。部分研究结合儿童足静态三维形态测量参数指导鞋楦设计,在提升鞋具舒适度方面取得了较好效果。Cheng 等对 2 829 名中国儿童正常负载和空载下的静态足形进行测量,结果显示正常负载和空载下的足长和足宽分别为 2.5~3.4 mm、2.1~4.4 mm。Mauch 等 2008 年依据儿童足静态三维形态测量指导不同地域的儿童鞋具设计。然而,足在运动过程中的动态结构及功能特征无法通过静态的足形参数预测。鞋具设计同样需要考虑儿童足运动过程中的形态结构变化及运动功能需求,兼顾合脚性及功能性,并考虑儿童足生长发育规律。

从运动特征及功能角度出发,研究发现儿童在 3 岁左右已基本形成以后足着地、双臂交替摆动等为特征的成熟步态模式。随着儿童年龄的进一步增长,其步态呈现出步速及步长增加、单支撑期延长、步频下降等特征。研究对 438 名 1~10 岁儿童步态时空参数进行纵向追踪研究发现,儿童步速和步长在 1~4 岁阶段逐渐增加,5~10 岁阶段保持稳定。相较成年群体,儿童重心较高,肌肉含量占体重比例偏低,神经系统发育不成熟且姿态控制能力较弱,因此在走、跑等动作的稳定性即运动效率较低。有学者建议儿童发育及步行早期应以裸足为主,或着极柔软的鞋具,降低其对足部的束缚及足功能发育的影响,并认为该方式能增强儿童足部小肌群力量,提升足底正向感觉输入反馈。随着儿童年龄的增长,鞋具能为较大强度的体力活动提供必要的保护。儿童足的持续发

育及可塑性使得儿童鞋具的保护性、合脚性和功能性更加重要。鞋具设计的调整可能直接影响儿童足形态结构发展和功能成熟，并可能导致一系列形态及功能代偿。例如，有研究显示，儿童鞋头空间不足及束缚过紧会导致蹞外翻畸形概率增加，对足部健康长期发展产生不良影响。儿童足纵弓 6 岁之前发育最快，之前趋于平缓，有研究认为，儿童 6 岁之前的着鞋习惯可能对其正常足纵弓形成产生影响。一项对 7～9 岁儿童足纵弓发育与鞋具相关性的纵向追踪研究显示，使用鞋面封闭及束缚较紧的鞋具与内侧足纵弓降低呈正相关，患扁平足风险增大。

儿童青少年足在不同生长发育阶段的形态、功能，裸足/着鞋运动习惯及下肢运动生物力学特征对设计满足儿童青少年特殊功能需求的鞋具有重要指导价值。现有研究已采用纵向追踪、横断面等研究设计，结合三维足形态测量系统、动作捕捉、三维测力及足底压力参数采集等手段，获取儿童青少年下肢及足部在发育过程中的静/动态足形和裸足/着鞋运动功能特征，为儿童青少年鞋具设计提供建议。本章节将聚焦"儿童青少年足部形态"及"儿童青少年下肢运动功能"两条主线，沿着"儿童青少年足形发育及功能特征→儿童青少年裸足运动生物力学特征→儿童青少年裸足/着鞋运动生物力学特征对比→儿童青少年着鞋运动生物力学特征"的研究脉络，层层递进，总结梳理儿童青少年足形发育特征及下肢运动生物力学功能，为儿童青少年鞋具设计提供启示。

二、儿童青少年足形发育与生物力学功能的研究方法

（一）文献检索策略

本章节研究遵循 PRISMA 指南标准，为保证检索文献的全面性，检索外文数据库包括 PubMed、EBSCO、SPORTDiscus、Web of Science 和 Scopus 等，中文数据库包括中国知网、维普及万方。文献检索时间范围为 2000 年 1 月 1 日至 2020 年 4 月 1 日。选取的英文关键词包括以下 3 组：①"Child（Children）" AND "Adolescent" AND "Teenager" AND "Juvenile" AND "Morphology" OR "Shape" OR "Function"；②"Child（Children）" AND "Adolescent" AND "Teenager" AND "Juvenile" AND "Gait" OR "Walking（walk）" OR "Jogging（jog）" OR "Running（run）" OR "Shoe" OR "Footwear"；③"Child（Children）" AND "Adolescent" AND "Teenager" AND "Juvenile" AND "Biomechanic" OR "Kinematic" OR "Kinetic" OR "Plantar pressure" OR "Electromyography" OR "Lower Extremity（limb）" OR "Hip" OR "Knee" OR "Ankle" OR "Foot"。选取的中文关键词包括以下 3 组：①"儿童"并含"青少年（少年）"，或含"足形（型）"，或含"功能"；②"儿童"并含"青少年（少年）"，或含"步态"，或含"步行

(走)"，或含"慢跑"，或含"跑步"，或含"鞋"；③"儿童"并含"青少年（少年）"，或含"生物力学"，或含"运动学"，或含"动力学"，或含"足底压力"，或含"肌电"，或含"下肢（腿）"，或含"髋"，或含"膝"，或含"踝"，或含"足"。使用布尔逻辑词"AND""OR"对上述检索词运用布尔运算进行组合检索。在"where my words occur"（检索词出现位置）选项下，选择"anywhere in the article"（文中任何一处），对PubMed、Web of Science等外文数据库进行全域检索。检索流程如图5-1所示。

```
文献鉴定:
  [PubMed、EBSCO、SPORTDiscus数据库获得：862篇]  [Web of Science、Scopus数据库获得：723篇]  [中国知网、维普、万方数据库获得：35篇]
                                         ↓
文献去重:
  [导入文献管理软件，去重后获得研究文献：576篇]
                                         ↓
文献筛选:
  [获得研究文献：576篇]
                                         ↓ 阅读题目、摘要及部分全文 去除文献：494篇
文献合格:
  [获得合格准入全文：82篇]
                                         ↓ 阅读全文，基于纳入标准及排除标准去除文献：42篇
文献计入:
  [最终计入：40篇研究文献]
```

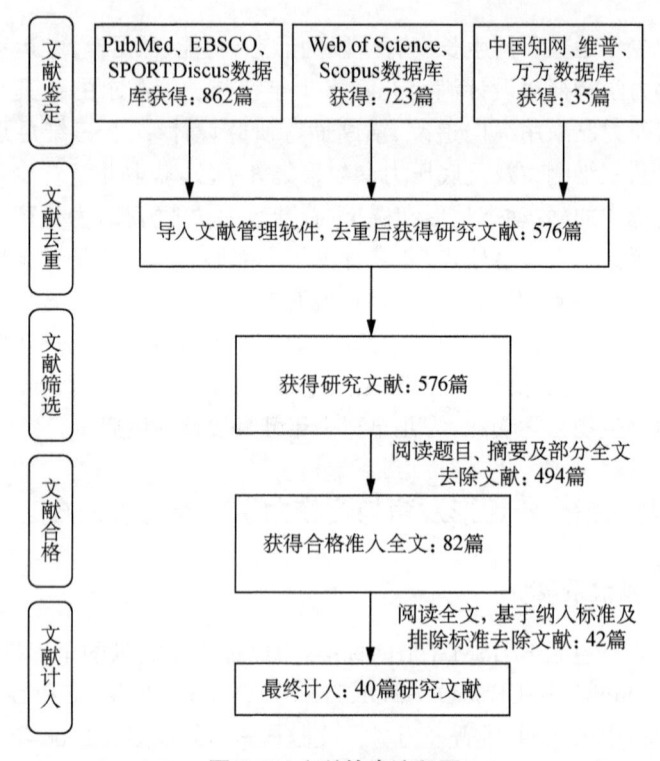

图 5-1　文献检索流程图

（二）纳入/排除标准

检索文献资料的纳入标准如下：①世界卫生组织将儿童期确定为年龄在1~9周岁之间，将青少年期确定为年龄在10~19周岁之间，因此纳入文献受试者的年龄范围均应在1~19周岁之间；②纳入文献均为探索、实验类研究；③纳入文献应包含统计学分析。检索的文献资料依据下述标准进行剔除：①会议论文、综述论文、通讯评论、预印未发表论文、研究方法类论文等；②纳入文献受试者年龄大于19周岁或不满1周岁；③纳入文献研究结果仅有定性结果，不包含

定量研究结果；④个案/个例研究。

(三) 研究信息提取

通过上述数据库检索得到的所有研究文献均由同一名研究人员下载并导入文献管理软件 Endnote X9(Clarivate Analytics)版本，首先进行重复文献剔除。两名研究人员独立阅读去重后文献的标题和摘要，对每项文献给出独立评价意见。如果文献标题及摘要信息显示不充分，则获取全文进行评价。如两名研究人员出现分歧，则由第三名研究人员进行评估并达成共识。纳入文献的提取信息包括：第一作者、发表年份、研究对象（受试者）所在国家、样本特征、研究设计、选取指标、主要研究结果等部分。

(四) 研究质量评价

由 27 个问题构成的 Downs & Black 量表被用于评价随机和非随机研究，其有效性已得到证实。结合筛选文献实际情况及前人研究，将该量表进行精简改良为 14 个问题，总得分为 15 分，除第 10 题得分为 0 分或 1 分、2 分以外，剩余 13 个问题的得分为 0 分或 1 分，其中 0 分表示未报告/不符合，1 分或 2 分表示报告/符合，第 10 题中的 1 分介于两者之间。由两名研究人员独立使用该量表对纳入研究进行打分，不一致的意见由第三名研究人员进行处理并达成一致。定义各项研究总得分在 13～15 分之间为非常好，9～12 分为好，6～8 分为一般，小于 6 分为差。采用非加权科恩卡帕系数（unweighted Cohen's Kappa coefficient）报告评分者信度，如表 5-1 所示。由于各项研究在统计方法，被试对象之间的异质性较大，因此未使用元分析。

三、儿童青少年足形发育与生物力学功能的研究结果

(一) 纳入文献基本情况

经上述关键词输入数据库进行检索，共检索到 1 620 篇研究文献，其中 PubMed、EBSCO、SPORTDiscus 数据库 862 篇，Web of Science、Scopus 数据库 723 篇，中国知网、万方、维普数据库 35 篇。经文献管理软件去重得到研究文献 576 篇，经两名研究人员阅读题目、摘要及部分全文，并与第三名研究人员讨论达成共识筛选得到研究文献 82 篇，经 3 条纳入标准及 4 条排除标准筛选后最终获得研究文献 40 篇，包含全文，均为英文研究文献，文献筛选流程如图 5-1 所示。

表 5-1 改良版 Downs & Black 研究质量指数评价结果

纳入研究 40 项	1	2	3ᵐ	4	报告 6	7	10ᵐ	11ᵐ	外部真实性 13ᵐ	14	内部真实性 18	20	选择性偏倚 23	把握度 27ᵐ	总得分（占比）
儿童足形发育及功能特征（11 项）															
Aibast(2017)	1	1	0	1	1	0	2	1	1	1	1	1	1	0	11(73%)
Barisch-Fritz(2014)	1	1	1	1	0	1	2	0	1	0	1	1	1	0	12(80%)
Bosch(2010)	1	1	0	1	0	1	2	1	1	1	1	1	1	1	12(80%)
Echarri(2003)	1	1	1	1	1	1	1	0	1	1	1	1	1	1	13(87%)
Hollander(2017)	1	1	0	1	1	1	2	1	1	1	1	1	0	0	12(80%)
Klein(2009)	1	1	0	0	1	1	1	1	1	1	1	1	1	0	11(73%)
Mauch(2008)	1	1	1	0	1	0	1	0	1	1	1	1	1	1	11(73%)
Müller(2012)	0	1	1	1	1	0	0	1	1	1	1	1	1	0	10(67%)
Tong(2016)	1	1	0	1	1	1	2	0	1	0	1	1	1	1	12(80%)
Unger(2004)	1	1	0	1	0	0	2	0	1	0	0	1	0	0	8(53%)
Waseda(2014)	1	1	1	1	1	1	2	0	1	1	1	1	1	1	12(80%)
儿童裸足运动生物力学特征（16 项）															
Dixon(2013)	1	1	0	1	0	1	2	1	1	0	1	0	1	0	10(67%)
Dusing(2007)	1	0	1	1	1	0	2	0	0	1	1	1	0	1	9(60%)
Guffey(2016)	1	1	0	1	0	1	2	1	1	1	1	0	1	0	11(73%)
Hamme(2015)	1	1	1	1	0	1	0	1	1	1	1	1	1	1	12(80%)
Hillman(2009)	1	1	1	1	1	1	1	0	1	1	1	1	1	0	12(80%)
Hollander(2018a)	1	1	1	1	0	1	2	1	1	1	1	1	1	1	14(93%)

(续表)

纳入研究 40 项	1	2	3[m]	报告 4	6	7	10[m]	11[m]	外部真实性 13[m]	14	内部真实性 18	20	选择性偏倚 23	把握度 27[m]	总得分(占比)
Holm(2009)	1	0	0	1	1	1	2	0	0	0	1	0	1	0	8(53%)
Lai(2014)	1	1	1	1	1	1	2	0	1	1	1	1	1	0	13(87%)
Lye(2016)	1	1	0	1	1	1	2	1	1	1	1	1	0	0	12(80%)
Phethean(2012)	1	1	1	1	0	1	2	1	1	1	1	1	0	0	12(80%)
Rosenbaum(2013)	1	1	1	1	1	1	1	1	1	0	0	1	1	0	13(87%)
Rozumalski(2015)	1	1	1	0	1	0	2	0	1	1	1	1	1	1	12(80%)
Schwartz(2008)	1	1	1	1	1	1	1	1	1	1	1	1	1	0	13(87%)
Stansfield(2006)	1	1	0	1	1	1	1	0	1	0	1	0	1	0	10(67%)
Thevenon(2015)	1	1	1	1	1	1	2	0	1	1	1	1	1	0	13(87%)
Zeininger(2018)	1	1	1	0	1	1	2	1	1	1	1	0	0	1	12(80%)
裸足/着鞋运动生物力学特征对比(9 项)															
Moreno-Hernandez(2010)	1	1	1	1	1	0	2	1	1	0	1	1	1	0	11(73%)
Hollander(2014)	1	1	1	1	1	0	1	0	1	0	0	1	1	0	10(67%)
Hollander(2018b)	1	1	1	1	1	1	1	0	1	1	1	1	0	1	12(80%)
Kung(2015)	1	0	1	0	1	0	2	1	1	1	1	0	1	0	10(67%)
Latorre-Román(2018)	1	1	1	1	1	1	2	1	1	1	1	1	1	0	14(93%)
Lieberman(2010)	1	1	1	1	1	1	2	1	1	1	1	1	0	0	14(93%)
Lythgo(2009)	1	1	1	1	1	1	2	0	1	1	1	1	1	1	13(87%)
Wegener(2015)	1	1	1	1	1	1	2	0	0	0	1	1	1	0	12(80%)
Wolf(2008)	1	0	1	1	1	0	0	0	1	1	0	0	0	0	7(47%)

(续表)

纳入研究 40 项	报告							外部真实性		内部真实性		选择性偏倚	把握度	总得分(占比)
	1	2	3[m]	4	6	7	10[m]	11[m]	13[m]	14	18	20	23	27[m]	
着鞋运动生物力学特征（4 项）															
Buckland(2014)	1	1	1	1	0	1	2	1	1	0	1	1	1	1	13(87%)
Forrest(2012)	1	1	1	1	1	1	1	0	1	1	1	1	1	0	12(80%)
Herbaut(2017)	1	1	0	1	1	1	2	0	0	1	1	1	1	0	11(73%)
Hillstrom(2013)	1	1	1	1	0	1	2	0	1	0	1	1	0	0	10(67%)
非加权科恩卡帕系数	1.00	1.00	1.00	1.00	0.65	1.00	1.00	0.67	0.67	1.00	1.00	1.00	0.67	0.65	ICC=0.97
评估一致性（%）	100.0	100.0	100.0	100.0	100.0	100.0	92.9	100.0	100.0	100.0	100.0	100.0	92.9	100.0	/

注：表头中，1 代表研究目标清晰度；2 代表测量方法表述清晰度；3 代表受试者信息展示清晰度；4 代表主要发现描述清晰度；6 代表数据报告分布及置信区间；7 代表是否报告实际检测概率值；10 代表实际报告未检测效应的统计功效是否足够，表示在 Downs & Black 量表基础上修改后的指标；11 代表受试者选取是否有代表性；13 代表单盲实验设计；14 代表干预措施介入；18 代表统计方法是否恰当；20 代表是否有足够的统计功效检测主要结果之间的重要差异；23 代表受试者是否随机分组；27 代表研究样本量是否足够。ICC, 组内相关系数。m 指 modified, 表示在 Downs & Black 量表基础上修改后的指标。

(二) 纳入文献特征评述

在本节纳入的 40 篇研究文献中,依据研究主题,报告儿童青少年足形发育及功能特征的研究文献 11 篇,报告儿童青少年裸足运动生物力学功能的研究文献 16 篇,报告儿童青少年裸足/着鞋运动生物力学功能对比的研究文献 9 篇,报告儿童青少年着鞋运动生物力学功能的研究文献 4 篇,如表 5-2~表 5-5 所示。根据研究对象来源地区划分,来自欧洲的研究为 18 项,其中德国 8 项,英国 4 项,法国 3 项,西班牙、奥地利、挪威各 1 项。来自北美洲的研究 8 项,均来自美国。来自亚洲的研究 3 项,中国、新加坡、日本各 1 项;来自非洲的研究占纳入文献的 3 项,肯尼亚 2 项,刚果 1 项;来自大洋洲的研究 4 项,澳大利亚 3 项,新西兰 1 项;来自南美洲的研究 1 项,为墨西哥。研究对象来自 2 个不同国家和地区的研究 3 项,其中研究对象来自南非和德国的 2 项,来自德国和澳大利亚的 1 项。2000~2007 年、2008~2014 年、2015~2020 年发表的研究分别占纳入总文献的 10%、53%、37%。

(三) 纳入文献质量评估

两名研究人员独立使用改良版 Downs & Black 评价量表打分,显示该改良版本的研究质量评价量表具有较高的可重复性和可靠性,其中两名研究人员的一致性水平≥92.9%,非加权科恩卡帕系数≥0.65,组内相关系数(ICC)为 0.97,如表 5-1 所示。研究的主要失分项为第 11 项"受试者选取是否有代表性"和第 27 项"研究样本量是否足够"。纳入文献的总体质量较高,90% 以上研究文献的评价等级为"好"和"非常好"。

四、儿童青少年足形发育与生物力学功能的结果评价

(一) 儿童青少年足形发育及功能特征研究

儿童足形发育及功能特征相关研究关键信息如表 5-2 所示。该综述纳入的研究文献中,共有 11 项研究关注儿童青少年的足形发育及功能特征。基于纳入文献研究特征,该部分研究的关键提取信息包括:第一作者(年份)、研究对象的国别、样本量、性别、年龄、裸足/着鞋习惯、研究设计、足形态/功能参数提取及主要研究结果。研究选取的受试者年龄跨度为 1~18 岁,共涉及 25 314 名研究对象,其中习惯着鞋(HS)的研究对象为 24 128 名,占 95.3%,习惯裸足(HB)的研究对象为 1 186 名,占 4.7%。8 项研究以 HS 儿童青少年为研究对象,3 项研究对比 HS 和 HB 儿童青少年足形及功能特征。以 HS 为研究对象的 8 项研究中,纵向追踪研究占 6 项,横断面研究占 2 项。3 项对比 HS 和 HB

表 5-2 儿童足形发育及功能特征相关研究关键信息提取

第一作者（年份）	研究对象的国别	样本量	性别及人数	年龄（岁）	裸足／着鞋习惯及人数	研究设计	足形态／功能参数提取	主要研究结果
Aibast (2017)	肯尼亚	99	男 47	12~18（均数±标准差为 15.1±1.4）	组 1：HB/HS 组 2：HB/HS	组 1：对比 HB/HS 足弓特征、足部肌力及下肢损伤率 组 2：对比 HB/HS 跟骨刚度、跟腱长度及体力活动水平	形态：舟骨高度 功能：足弓特征、足部肌力、跟骨刚度、跟腱长度、下肢损伤率、体力活动水平	与 HS 相比，HB 足部肌力↑（$P<0.01$），足舟骨高度↑（$P<0.05$），跟骨刚度↑（$P<0.01$），跟腱力臂长度↓（$P<0.01$）；HB 下肢损伤率为 8%；HS 下肢损伤率为 61%；HB 体力活动水平为每天（60±26）分钟，HS 体力活动水平为每天（31±13）分钟
Barisch-Fritz (2014)	德国	2 554	男 1 269	6~16（均数±标准差为 10.6±2.5）	均为 HS	使用 DynaScan 4D 扫描仪纵向追踪儿童足发育过程中静态及动态步行的足部形变特征	形态：足背高度、足长、足宽、足趾角度比值（踇指度／第五趾度）	随着儿童青少年年龄的增长，足部形态学特征发生改变，主要体现在足宽↑、足周度↑和足趾角比值↑
Bosch (2010)	德国	36	男 16	(1.2±0.1)~(10.2±0.2)	均为 HS	连续 9 年纵向追踪研究儿童足发育及足底载荷分布特征	形态：足长、AI 功能：步行足底压力分布特征	9 年成长发育期，全足峰值压强↑190%，全足峰值力↑20%，中足峰值压力↓63%，足长↑90%，AI↓49%

(续表)

第一作者（年份）	研究对象的国别	样本量	性别及人数	年龄（岁）	裸足/着鞋习惯及人数	研究设计	足形态/功能参数提取	主要研究结果
Echarri (2003)	刚果	1 851	男 945	3～12	HB组:732 HS组:1 119	测量刚果HB与HS儿童足印的形态学特征，并探索足印形态与穿鞋习惯的相关性	形态:足印角度@、Chippaux-Smirak指数%、AI	3～4岁,足弓较低,呈平足形态,随年龄↑,AI↑,足弓抬高;HS组平足率↑,男孩平足率↑
Hollander (2017)	南非、德国	810	HB组:男 193 HS组:男 212	6～18(均数±标准差为 11.99±3.33)	HB组:385 HS组:425	测量不同年龄段来自南非的HB组和来自德国的HS组儿童青少年足形参数特征	形态:足长、足宽、AHI、踇趾角度、动态AI	与HS相比,HB AHI↑(P<0.001),踇趾角度↓(P=0.001);HB在 6～10 岁和 14～18 岁年龄段足长↑(P<0.001),在 6～10 年龄段,足宽↑(P<0.001),在 10～14 岁年龄段,动态 AI↓(P<0.001)
Klein (2009)	奥地利	858	男 439	3～7	均为 HS	测量儿童踇趾角度、足长度和儿童室内用鞋鞋腔内长度、踇趾角度大于 4°定为踇外翻风险增大	形态:足长、踇趾角度	仅有 23.9%儿童足的踇趾角度小于 4°,14.2%儿童足的踇趾角度大于 10°;88.8%的儿童室内用鞋鞋腔纵向长度不足,69.4%儿童室外用鞋鞋腔纵向长度不足;儿童鞋鞋腔纵向长度与踇趾角度显著相关,鞋腔纵向长度↓,踇趾角度↑

(续表)

第一作者（年份）	研究对象的国别	样本量	性别及人数	年龄（岁）	裸足/着鞋习惯及人数	研究设计	足形态/功能参数提取	主要研究结果
Mauch (2008)	德国、澳大利亚	1 010	德国:男224 澳大利亚:男224	3~12	均为HS	分别测量德国与澳大利亚小学年龄儿童足形特征，探讨对儿童鞋设计的影响	形态:足长、前掌宽度、前掌围度、足背高度、足印角度®、Chippaux-Smirak指数%	同年龄德国儿童，足长↑，足背高度↓；同年龄澳大利亚儿童前掌宽度↑
Müller (2012)	德国	7 788	男3 738	1~13	均为HS	纵向追踪测量1~13岁儿童每年的足形特征及足底步行压力载荷分布特征	形态:足长、足宽、AI、足底接触面积 功能:全足/前足/中足FTI及PP	随着年龄↑，1岁足长 (13.1±0.8)cm↑到13岁 (5.7±0.4)cm↑，足宽 (24.4±1.5)cm↑，AI 由1岁 0.32±0.6 cm，AI由1岁 0.32±0.04↓到5岁 0.21±0.13，并在此后趋于稳定
Tong (2016)	新加坡	111	男52	7~9	均为HS	纵向追踪测试7~9岁儿童足内侧纵弓发育的年龄特征，以及鞋具对足内侧纵弓发育的影响	形态:AI 功能:中足PP及PF	儿童AI在7~9岁年龄段保持稳定；男孩随着年龄↑，AI↓(足弓抬高)；在平均6.9岁年龄时，男孩相比女孩，AI↑(足弓低)；习惯穿着封闭鞋面鞋具儿童 AI↑，习惯穿着拖鞋的儿童中足PP↑

(续表)

第一作者（年份）	研究对象的国别	样本量	性别及人数	年龄（岁）	裸足/着鞋习惯及人数	研究设计	足形态/功能参数提取	主要研究结果
Unger (2004)	德国	42	男 20	1~2	均为 HS	纵向追踪测量1~2岁婴儿足形态性别差异特征并以3个月为测量周期	形态：中足宽度、足形指数、AI，全足接触地时功能：全足接触面积时间 PF、FTI	与女孩相比，男孩中足宽度↑，足形指数↑，AI↑，表示足弓高度↓
Waseda (2014)	日本	10 155	男 5 311	6~18	均为 HS	纵向追踪测量6~18岁每年青少年足形特征，探究足长、足弓生长发育规律	形态：足长，足弓高度，足舟骨高度，AHI	男孩足长发育持续到14岁，女孩持续到13岁；6~18岁，AHI呈正态分布，且无性别差异；男孩足弓从11岁抬高到13岁，女孩足弓从10岁抬高到12岁；男孩足部发育持续到16岁，女孩持续到14岁

注：HB，习惯裸足；HS，习惯着鞋；PP，峰值压强；PF，峰值压力；FTI，压力时间积分；AHI，足弓高度指数（足弓高度/足长）；AI，足弓指数（足中部接触面积/全足接触面积）。

@足印角度，以足弓内侧最凹点作切线，连接足内侧第一跖骨与足跟处作直线，切线与直线的夹角即定义为足印角度。

% Chippaux-Smirak 指数，足内侧纵弓最窄处长度与足前掌最宽处长度的比值。

249

儿童青少年的研究文献均为横断面研究设计。

该部分11项研究涉及的足部形态学指标主要涉及以下几类：①足长；②足宽，包括前掌宽度、中足宽度；③足围，包括跖骨围、兜跟围；④足弓，包括足弓高度、舟骨高度、足弓高度指数（足背高度/足长）、足弓指数（中足接触面积/全足接触面积）、足印角度（以足弓内侧最凹点作切线，连接足内侧第一跖骨与足跟处作直线，切线与直线的夹角）、Chippaux-Smirak指数（足内侧纵弓最窄处长度与前掌最宽处长度的比值）；⑤足趾角度，包括𝆺趾角度和足趾角度比值（𝆺趾角度/第五趾角度）；⑥足形指数，足宽/足长。在3项对比HS及HB儿童青少年的研究中，其中1项研究涉及部分功能指标，包括足部肌力、跟骨刚度、跟腱力臂长度、下肢损伤率、体力活动水平。8项关注HS儿童青少年的研究中，有4项纳入功能相关指标，主要为自选速度步行时的足底压力参数，包括足底各分区的峰值压力（PF）、峰值压强（PP）、压力时间积分（FTI）等。

以HS儿童青少年为研究对象的8项文献中，6项纵向追踪按照所测量的不同足形发育指标及儿童青少年年龄分布，发现儿童青少年足形发育特征如下：①1～2岁阶段，男孩相比女孩，中足更宽，足弓更低，足形指数偏大。②1～13岁阶段，足长平均增长约90%，足宽平均增长约56%，足弓指数在1～10岁期间下降较快，降幅约50%，提示1～10岁儿童足弓逐步发育抬高；其中7～9岁年龄阶段，男孩比女孩足弓指数高，提示该年龄范围男孩足弓相比女孩低。③6～18岁年龄段，足长、足宽及足围等指标增大，男孩足长发育持续到14岁左右，女孩持续到13岁左右；男孩足弓从11岁到13岁明显抬高，女孩足弓从10岁到12岁明显抬高；男孩足部整体发育持续到16岁，女孩足部整体发育持续到14岁。同时发现随着鞋具使用和儿童青少年年龄增长，足趾角度比值增大，1项横断面研究提示3～7岁儿童的室内用鞋和室外用鞋的纵向长度均不足，使儿童𝆺趾角度增大，增加𝆺外翻风险，影响足形态及功能发育。另1项横断面研究显示不同地域儿童足形特征存在差异，主要体现在足长、前掌宽度及足背高度等方面。从足部功能角度，1～10岁儿童经过9年生长发育时期，全足峰值压强平均增加190%，中足峰值压强平均下降63%，全足峰值力平均增加20%。

对比HS和HB儿童青少年足形发育及功能特征的3项研究，HB研究对象均来自非洲，分别为肯尼亚、刚果和南非。与HS相比，HB儿童青少年在不同年龄阶段呈现以下特点：①3～12岁，HB组足弓较高，扁平足发生率较低；②6～18岁，足弓高度指数较大，𝆺趾角度较小；其中6～10岁时，HB组足长、足宽均显著大于HS组；10～14岁时，HB组步态支撑期的动态足弓指数较HS组小；14～18岁时，HB组的足长大于HS组；③12～18岁，从足部形态学特征看，HB组足舟骨高度显著高于HS组；从足功能角度，HB组呈现出足部肌力上升、跟骨刚度增加、下肢损伤率较低，以及体力活动水平高的特点。

（二）儿童青少年裸足运动生物力学功能研究

儿童青少年裸足运动生物力学功能相关研究的关键信息提取如表 5-3 所示。该部分共纳入 16 篇文献，主要探讨儿童裸足状态下的运动生物力学特征，选取动作涉及步行、跑步及转弯步态。裸足步行动作研究 13 项，其中自选步速研究 11 项，控制步速研究 2 项。裸足跑步动作研究 2 项，转弯步态研究 1 项。该部分研究提取的关键信息包括：第一作者（发表年份）、研究对象的国别、样本量、性别、年龄、研究设计、运动生物力学参数提取和研究结果。提取的运动生物力学参数包括时空参数、运动学参数、动力学参数、足底压力参数、表面肌电信号参数及少部分衍生定义参数。研究共涉及研究对象 1 889 名，研究对象绝大部分来自欧洲和美国，1 项研究来自中国，研究对象均为 HS 儿童青少年，年龄跨度为 1～18 岁。13 项研究裸足步行动作的研究中，2 项采用纵向追踪研究设计。

11 项研究涉及儿童青少年裸足步态的时空参数，相关指标包括步速（跑速）、步长、跨步长、步宽、步频、支撑期时间（stance time，ST）、双支撑期时间（double stance time，DST）、步数等。儿童青少年裸足步态时空参数显示出以下特征：①1～10 岁，随年龄上升，绝对步长与跨步长增大，步频降低；②6～12 岁，纵向追踪研究发现，随年龄增长，绝对步长增大（约 15%），1 项研究发现 7～11 岁标准化步长（绝对步长/身高）随年龄增加呈上升趋势，另 1 项研究则发现 7～12 岁标准化步长无显著改变；随年龄增加，步行比（walk ratio，WR）（步长^2/步速）增大，提示步行比可以作为衡量儿童步态成熟特征的参数。从儿童青少年裸足步态的运动学参数角度，共有 8 项研究涉及运动学分析，选取的运动学参数指标包括下肢髋、膝、踝关节步态周期及支撑期，矢状面、冠状面、水平面的运动轨迹，峰值角度、谷值角度、活动度，髋、膝、踝关节及足矢状面触地角度，步向角，足底压力中心线（COP）轨迹等。儿童青少年裸足运动学参数在不同发育阶段表现出以下特征：①2～4 岁，学步阶段，触地模式多为全足触地模式，随步行经验增加和年龄增长，逐渐转变为后足着地模式，COP 逐渐后移，向跟骨正下方移动；②5～16 岁，正常步行时足外展步向角平均为 5.3°，步向角外展提示步行时足外旋，且被发现与前足冲量增加呈正相关；③4～17 岁，下肢髋、膝、踝关节运动学参数随步速改变出现适应性调整，已有研究建立不同步速的下肢运动学参数数据库，提供正常运动学参数参考范围。

动力学和足底压力参数采集与分析一定程度上揭示儿童青少年步态的力学特征，探索下肢/足底在不同发育时期，不同步速和支撑期不同阶段（触地期、支撑中期及蹬离期等）的力学表现和机制。其中动力学参数包括支撑期三维地

表 5-3 儿童裸足运动生物力学特征相关研究关键信息提取

第一作者(发表年份)	研究对象的国别	样本量	性别及人数	年龄（岁）	研究设计	运动生物力学参数提取	研究结果
Dixon (2013)	英国	17	男 5	10~16	测试儿童直角转弯不同步态策略（跨步式/旋转式）的时空参数及下肢运动学参数特征	时空参数：步速，步长，步宽，ST 运动学参数：下肢髋，膝，踝，足部小关节三维运动学	与直线步态相比，转弯步态步速↓($P<0.03$)，步长↓，触地时间↑($P<0.01$)，步宽↑($P<0.05$)；转弯步态下肢运动学参数差异主要体现在冠状面及水平面($P<0.03$)
Dusing (2007)	美国	438	男 242	1~10	采用 GAIT Rite 步态测量系统构建 1~10 岁儿童每个年龄段自选步速的时空参数样本数据库	时空参数：步速，步长，步频，跨步长，DST	随着年龄上升，步频↓，步长↑，跨步长↑；7岁以下儿童自选步速范围为(82.05±25.28)cm/s 到(133.63±15.44)cm/s
Guffey (2016)	美国	84	未知性别	2~5	采用 GAIT Rite 步态测量系统采集幼儿自选步速步行时空参数，结合儿科平衡量表评价步态平衡得分；构建基于 PCA 的多元回归模型，探索步态时空参数对幼儿平衡控制的影响	形态参数：腿长 时空参数：步速，步长，ST，DST，步频 步态平衡参数：儿科平衡量表	幼儿年龄、腿长、步频、ST、DST 与平衡量表得分呈显著线性相关；PCA 及多元回归模型显示：年龄是影响步态平衡的首要因素，其次是步长、步频及腿长
Hamme (2015)	法国	106	未知性别	1~7	采集 1~7 岁儿童自选步速步态的生物力学参数，结合最小二乘法预	时空参数：步速 运动学参数：下肢髋，膝，踝关节步态周	构建基于 106 名儿童的步态生物力学参数数据库，提出步态参数与年龄、步速和年

252

(续表)

第一作者（发表年份）	研究对象的国别	样本量	性别及人数	年龄（岁）	研究设计	运动生物力学参数提取	研究结果
Hamme (2015)	法国	106	未知性别	1~7	测回归系数，构建年龄和步速预测步态生物力学参数的回归方程	肌肉峰值，谷值及活动度 动力学参数：三维GRF，髋、膝、踝关节功率	龄-步速交互作用的回归预测方程。拟合显示线性峰值对步态参数曲线拟合精度较高，可使用该回归方程预测 1~7 岁儿童正常步态生物力学参数
Hillman (2009)	英国	33	男 13	7~11	纵向追踪儿童连续 5 年生长发育期步态时空参数、发育特征，验证步行比参数，衡量步态成熟的可靠性	时空参数：经身高标准化后的步速，步长、步频及步行比	标准化步长及步行比随年龄增长呈上升趋势，步行比可以作为衡量儿童步态成熟特征的稳定参数
Hollander (2018a)	德国	101	男 55	10~14	构建健康儿童动态 AI 与跑步下肢运动生物力学参数的相关性	形态参数：动态 AI 时空参数：跑速，步长，步频，ST 运动学参数：髋，膝，踝关节触地角度，RFS 占比，步向角 动力学参数：GRF，VALR，膝关节峰值伸膝及外展力矩，峰值伸髋及踮屈力矩	动态 AI 与后足着地占比无显著相关关系（$P=0.072$）；仅发现步向角与动态 AI 存在显著相关关系，同时伴随低足弓与足外旋

253

(续表)

第一作者(发表年份)	研究对象的国别	样本量	性别及人数	年龄（岁）	研究设计	运动生物力学参数提取	研究结果
Holm (2009)	挪威	360	男 181	7～12	构建健康儿童自选步速时空参数数据库，评估年龄及性别对步行时空参数的影响	时空参数：绝对步长、标准化步长（绝对步长/身高）、步频	从 7～12 岁，绝对步长 ↑15%，标准化步长无增长
Lai (2014)	中国	77	男 45	5～16	采用 RScan 足底压力平板采集步行足底压力分布特征，探索足底压力分布及足底压力分布、性别的相关性	运动学参数：步向角；足底压力参数：前足内外侧及足跟压力、压强及冲量分布特征	步向角平均外展角度为 5.3°；外展的步向角与前足区域较高冲量呈正相关（$r=0.158$，$P=0.012$），与中足冲量呈负相关（$r=-0.273$，$P=0.001$）；步向角与性别及年龄不相关
Lye (2016)	澳大利亚	32	未知性别	6～13	采用三维步态分析，探索儿童不同发育时期不同速度走、跑蹬离期及摆动早期推进策略，预测步态成熟及下肢能量回归特征	动力学参数：蹬离期踝关节功率峰值（peak A2）、摆动早期髋关节功率峰值（peak H3）；定义参数：蹬离策略值（PS）为 peak A2/（peak A2 + peak H3），表示踝关节蹬离期做功占比	与自选速度步行相比，快走与快跑 PS 均值 ↓（$P<0.001$）。慢跑 PS 无显著变化（$P=0.054$）；仅在快走时，PS 随年龄改变；年长儿童快走时 peak A2 ↑，peak H3 ↓
Phethean (2012)	英国	98	男 43	4～7	采用横断面研究设计，探究儿童体重、BMI 及性别 BW、BMI	身体测量参数：BW、BMI	BW 与 BMI 与足底压力参数呈中等程度相关性（$r\approx 0.48$，

(续表)

第一作者（发表年份）	研究对象的国别	样本量	性别及人数	年龄（岁）	研究设计	运动生物力学参数提取	研究结果
Phethean (2012)	英国	98	男 43	4~7	研究性别对正常步行足底压力特征的影响	足底压力参数：足跟、中足内外侧、第一到五跖骨区域、拇趾 9 个区域的 PP 及 PTI	$P<0.05$；足底压力参数无性别差异（$P<0.05$）；4~7 岁儿童足底压力参数无须对 BW 及 BMI 进行标准化处理
Rosenbaum (2013)	德国	20	性别未知	6~10	研究慢速、常速及快速三种不同步速下的足底压力分布特征	足底压力参数：全足及 10 个细分区域的触地时间、PP、PF、FTI	随步速↑，触地时间↓，足跟前足内侧、中部 PP 及 FTI↓，中足及前足外侧 PP↓、PF↓、FTI↓
Rozumalski (2015)	美国	24	男 16	6~18（均数±标准差为 11.7±3.6）	对比儿童在跑台和普通地面慢跑的运动学、GRF 及 sEMG 特征，进行定性及定量描述	时空参数：步长、步频、跑速 运动学参数：下肢髋、膝、踝关节矢状面运动特征 动力学特征：髋、膝、踝矢状面力矩及功率 表面肌电：股直肌、股二头肌内侧头、股外侧肌、胫骨前肌、腓肠肌信号特征	踝关节运动轨迹变化在整个支撑期相似，跑台跑步踝关节摆动期背屈程度↓，动力学参数差异较大，跑台水平制动数值↑、伸膝力矩峰值↓、跖屈力矩峰值↑、髋关节功率↓、跑合肌电信号振幅↑
Schwartz (2008)	美国	83	男 48	4~17	构建儿童最慢到最快 5 种不同步速的时空参数、	时空参数：步长、步频、步速、ST	构建了不同步行速度范围的步态生物力学参数数据库；发

255

(续表)

第一作者（发表年份）	研究对象的国别	样本量	性别及人数	年龄（岁）	研究设计	运动生物力学参数提取	研究结果
Schwartz (2008)	美国	83	男 48	4~17	下肢三维运动学、动力学及 sEMG 参数数据库	运动学参数：下肢髋、膝、踝三维运动特征；动力学参数：三维 GRF，髋、膝、踝关节三维力矩及功率；表面肌电：股直肌、股二头肌内外侧头、胫骨前肌、腓肠肌内侧头信号特征	呈现随步速变化，下肢运动学、动力学及肌电信号特征均出现调整及适应性改变；提供了儿童步态动力学参数正常值参考范围
Stansfield (2006)	英国	16	未知性别	7~12	对儿童进行连续5年的追踪研究，对步速与步态运动学和动力学参数之间的关系进行线性回归分析，通过步速预测儿童步态参数特征	时空参数：步长、步频、步速；运动学参数：骨盆或髋、膝、踝关节矢状面运动特征；动力学参数：髋、膝、踝关节矢状面力矩及功率	构建了正常儿童步速与步态生物力学参数之间的线性回归模型，通过步速预测正常步态参数具有一定的准确性，需注意步速需在正常范围之内，步速过大或过小都会影响模型预测准确性
Thevenon (2015)	法国	382	男 228	6~12	健康儿童的标准步态参数集在不同国家/人种之间存在显著差异。该研究旨在为法国儿童建立步态参考数据库	时空参数：步速、步数、步频、步长、跨步长、步宽、ST、DST	6~12岁法国儿童的步态时空参数特征与其他国家出现差异；随年龄增大，步速/步长参数在110~130 cm时空参数身高范围内呈比例↑；的儿童超过130 cm后趋于稳定；超重儿童的ST和DST↑

256

续表

第一作者（发表年份）	研究对象的国别	样本量	性别及人数	年龄（岁）	研究设计	运动生物力学参数提取	研究结果
Zeininger (2018)	美国	18	未知性别	2~4	研究幼儿学步阶段着地模式及跟骨负荷，测量幼儿足部触地角度，确定儿童足触地时COP相对于跟骨的位置，以及GRF的方向和大小	运动学参数：触地周期关节及足部矢状面运动学特征，COP轨迹动力学参数：三维GRF	儿童早期学步时，着地模式为全足着地，GRF垂直及合力相对值↑，COP相对跟骨位置靠前；随着行经验增加，转变为后足着地模式，GRF相对值↓，COP位于跟骨正下方

注：ST，支撑期时间；DST，双支撑期时间；PCA，主成分分析；AI，足弓指数（足中部接触面积/全足接触面积）；BMI，身体质量指数；PP，峰值压强；PTI，压强时间积分；FTI，压力时间积分；GRF，地面反作用力；sEMG，表面肌电信号；COP，足底压力中心。

面反作用力、垂直负荷增长率(VLR)、下肢髋/膝/踝三维力矩、功率及能量学做功特征。足底压力参数包括足底各分区的接触面积、峰值力、峰值压强、压力时间积分等。儿童青少年裸足步态的动力学参数表现出以下特征：①2~4岁，学步阶段、学步早期的标准化地面反作用力垂直分力及合力较学步后期大，随着步态成熟及触地模式转变为后足着地，标准化地面反作用力合力下降；②6~13岁，逆向动力学计算蹬离期踝关节功率峰值(peak A2)、摆动早期髋关节功率峰值(peak H3)，定义蹬离策略值(propulsion strategy, PS) = peak A2/(peak A2+peak H3)，与自选速度步行与跑步相比，PS仅在快走时出现改变，并呈现随年龄增长而增大的趋势，提示相比跑步，快走动作可能需要神经控制系统更高的成熟度；③6~18岁，跑台相比地面跑步，水平制动地面反作用力增大，伸髋力矩增大，伸膝力矩降低，提示儿童青少年跑台跑步时，髋关节做功增加，膝关节做功降低。足底压力参数在4~7岁儿童阶段，显示出与体重及BMI呈中等程度正相关，该年龄段足底压力无性别差异，且无须对体重进行标准化处理。下肢股直肌和股二头肌等表面肌电信号随步速改变也出现适应性调整，且跑台跑步时肌电振幅值大于地面跑步，提示儿童青少年跑台裸足运动时下肢部分肌群募集兴奋程度较高，能耗增加。

(三) 儿童青少年裸足与着鞋对比运动生物力学研究

本节所纳入的文献中，共9项研究对比儿童青少年在裸足及着鞋状态下的运动生物力学特征，研究文献关键信息提取如表5-4所示。研究共包含3 172名研究对象，年龄跨度为3~18岁，其中2项研究纳入HB受试者，分别来自南非与肯尼亚。该部分研究同时涉及HB/HS受试者及着鞋状态，因此该部分研究提取的关键信息包括第一作者(发表年份)、研究对象的国别、样本量、性别、年龄、鞋具特征、HB/HS、研究设计、运动生物力学参数提取、研究结果。5项研究关注跑步状态下HB/HS运动生物力学特征；4项研究聚焦正常步行。5项研究报告鞋具特征，包含极简跑鞋/常规缓震跑鞋、不同品牌的儿童运动鞋、日常穿着鞋具/特制易弯折轻便鞋具。研究均采用横断面设计，选取的运动生物力学指标参数包括：①形态学参数，包括支撑期足内侧纵弓长度相对值变化；②时空参数，包括步长、步宽、步频、步速(跑速)、步数；③运动学参数，包括髋、膝、踝、距下关节三维角度及活动度，足触地角度/模式，第一跖趾关节矢状面活动度；④动力学参数，包括地面反作用力第一、二峰值，髋、膝、踝关节支撑期内三维角冲量，力矩，功率及能量学特征。

4项步行动作的儿童青少年HB/HS运动生物力学特征对比研究中，研究对象均为HS人群。2项研究对鞋具特征描述详细，1项研究限定鞋具范围为跑鞋或常规运动鞋，1项研究未交代鞋具类型。4项研究均未控制步行速度，采

表 5-4　儿童青少年 HB/HS 对比运动生物力学研究关键信息提取

第一作者（发表年份）	研究对象的国别	样本量	性别及人数	年龄（岁）	鞋具特征	HB/HS	研究设计	运动生物力学参数提取	研究结果
Moreno-Hernandez (2010)	墨西哥	120	男 61	6～13	未知类型	HS	丰富墨西哥儿童步态数据库，研究儿童年龄、性别、着鞋对步行时空参数的影响	时空参数：步数、步速、步频、步长、跨步长、ST 及摆动期占比	着鞋走：步行步速↑、跨步长/步长↑、ST↑，步频↓，摆动期占比↓
Hollander (2014)	德国	36	男 14	6～9	极简跑鞋/普通缓震跑鞋	HS	探究青春期前儿童裸足及穿着不同鞋具在不同跑速下的跑步生物力学特征	时空参数：步长、步宽、步频；运动学参数：膝踝关节矢状面运动学特征、后足着地角度、后足着地角占比；动力学参数：GRF 第一、二峰值	裸足跑：相比普通跑鞋，踝关节着地角度↓5.97°(8 km/h)，↓6.18°(10 km/h)；相比极简跑鞋，踝跑关节着地角度↓1.94°(8 km/h)，↓1.38°(10 km/h)。着鞋跑：GRF 第一、二峰值↑，步长↑，步频↑，后足着地占比↑
Hollander (2018b)	南非、德国	南非：288 德国：390	男 339	6～18	未知类型	南非：HB 德国：HS	探究着鞋习惯对儿童青少年跑步着地模式的生物力学影响；测量 HB 及 HS 组儿童跑步触地模式	运动学参数：高速摄像捕捉足着地模式、触地角度判断足触地模式（后足着地/非后足着地）	HB/HS 显著影响儿童跑步触地模式，相比青春期前的 HS 儿童，HB 儿童裸足和着鞋跑步时使用后足着地比例↑（$P<0.001$）

(续表)

第一作者（发表年份）	研究对象的国别	样本量	性别及人数	年龄（岁）	鞋具特征	HB/HS	研究设计	运动生物力学参数提取	研究结果
Kung (2015)	新西兰	13	男 9	8~13（均数±标准差为 10.2±1.4）	New Balance (KJ553TLY 型号）儿童运动鞋	HS	探究裸足与着鞋对儿童正常步速[（0.96±0.14）m/s]下肢关节运动学及动力学特征的影响	运动学参数：髋、膝、踝、距下关节支撑期矢状面、冠状面、水平面角度峰值；动力学参数：髋、膝、踝关节支撑期矢状面、冠状面、水平面角冲量、力矩、功率及能量学特征	着鞋走：屈髋↑，踝背屈↑，距下关节内翻↑；屈髋力矩↑，伸髋角冲量↑，伸髋、伸膝释放能量↑。裸足走：伸髋↑，踝跖屈↑，距下关节外翻↑，伸髋角冲量↑，距下关节内翻力矩↑，踝跖屈释放能量↑
Latorre-Román (2018)	西班牙	1 356	男 673	3~6	未知类型	HS	探究学龄前儿童 HB/HS 及性别对跑步时足着地模式及足触地时冠状面及水平面运动学特征的影响	运动学参数：足触地模式（后足着地/中足着地/前足着地）使用率，足触地时刻的内外翻及内外旋程度	裸足跑：RFS 使用率相比着鞋跑显著↓（男：44.2% vs. 34.7%；女：48.5% vs. 36.1%）；学龄前儿童，性别对足触地方式及触地时足内外翻活动度无影响

260

(续表)

第一作者（发表年份）	研究对象的国别	样本量	性别及人数	年龄（岁）	鞋具特征	HB/HS	研究设计	运动生物力学参数提取	研究结果
Lieberman (2010)	肯尼亚	HB: 16 HS: 17	HB: 男 8; HS: 男 10	HB 均数±标准差: 13.5±1.4 HS 均数±标准差: 15.0±0.8	未知类型	HB/HS	分别采集 HB 及 HS 组肯尼亚儿童在裸足及着鞋状态下跑步的运动生物力学特征	时空参数：跑速 运动学参数：足踝关节及膝关节矢状面着地角度	HB 组裸足跑速大于 HS 组裸足及着鞋跑速；相比 HS 组，HB 组裸足跑，足踝矢状面触地角度显著↓，膝关节触地屈曲角度显著↑
Lythgo (2009)	澳大利亚	898	男 462	5~13	跑鞋或常规运动鞋	HS	探究学龄期儿童 HB/HS 步行的时空参数及步向角随年龄变化特征	时空参数：步速、步频、步长、步宽、ST、DST 运动学参数：步向角	着鞋走：步长↑5.5 cm，步跨长↑11.1 cm，步宽↑0.5 cm，步向角↓3.9°，步频↓0.1°，步/分，ST↑0.8%，DST↑1.6%
Wegener (2015)	澳大利亚	20	未知性别	8~12	ASCIS Gel Kanbarra GS 型号儿童运动鞋	HS	对比儿童 HB/HS 步行和跑步步态的时空参数和运动学参数	时空参数：步速、ST、步长 运动学参数：第一跖趾关节（仅矢状面）、中足及踝关节的三维关节角度及活动度	着鞋走/跑：步长↑、步行（$P<0.001$）。第一跖趾关节活动范围从 36.0° 减少至 10.7°，跑步从 31.5° 减少至 12.6°；步行支撑期中足矢状面活动度从 22.5° 减少至 6.2°，跑步时从 27.4° 减少至 9.6°

(续表)

第一作者（发表年份）	研究对象的国别	样本量	性别及人数	年龄（岁）	鞋具特征	HB/HS	研究设计	运动生物力学参数提取	研究结果
Wolf (2008)	德国	18	男 10	6~10	常规儿童鞋&，易弯折轻便儿童鞋%	HS	探究儿童在裸足、穿着常规儿童鞋具及易弯折轻便鞋具步行的足部运动学特征	形态学参数：支撑期足内侧纵弓长度相对值变化 运动学参数：踝关节及第一跖趾活动度	穿着常规儿童鞋具：步行时踝关节活动度 (26.6°) 相比裸足 (22.5°)↑（$P<0.001$）；蹬离时第一跖趾关节屈曲↓；足内侧纵弓长度 (5.9%) 相比裸足 (9.9%)↓

注：HB，习惯裸足；HS，习惯着鞋；ST，支撑期时间；DST，双支撑期时间；GRF，地面反作用力。

@ 单只重量 246 g，掌跟差 10 mm（后跟高度 23 mm），中底材料为 EVA，中底邵氏 C 硬度的均数±标准差为 55±3，后跟有 GEL 缓震凝胶（硅/聚氨酯复合材料）和碳橡胶外底。

& 普通儿童鞋具，单只重量为 245 g，鞋跟厚度 14 mm，前掌厚度 3 cm。

% 特制柔软儿童鞋具，单只重量为 158 g，无掌跟差，剖面厚度 1.5 cm。

集受试者自选舒适速度步行的参数。1篇纳入文献从足弓形态学角度发现,着鞋步行蹬离时足内侧纵弓长度小于裸足。从HB/HS步行对比的运动生物力学参数角度,发现下列特点:①2项研究涉及时空参数特征:相较着鞋,裸足步行时的步长减小、跨步长减小、步宽减小、步速降低、步频升高,支撑期及双支撑期占比减小;②3项研究涉及运动学特征:相较着鞋,HB步行时屈髋、屈膝、踝关节背屈及距下关节内翻峰值角度显著减小,踝关节活动度降低,步向角增大;③1项研究涉及动力学特征:着鞋步行时踝关节峰值背屈力矩增大,伸髋、伸膝角冲量及支撑后期做正功(释放能量)增大;HB步行时踝关节峰值跖屈力矩增大,踝关节支撑后期跖屈做正功(释放能量)增大(图5-2)。研究结果提示,HS儿童在应激裸足步行状态下,出现了一系列运动生物力学参数的适应性调整,步长、步宽、步速降低结合踝关节背屈程度及活动度下降可能是由于缺乏鞋具保护的一种代偿适应行为,以避免冲击力增大和相关损伤风险。动力学研究结果发现HB步行时踝关节跖屈做正功贡献提升,伴随蹬离时第一跖趾关节屈曲增大及足内侧纵弓长度的增大,提示相比HS,HB步行可增加足部小关节活动范围,增大足部小肌群的募集程度,且研究显示,易弯折鞋具相比常规鞋具步行时更接近裸足状态。

对比HB/HS跑步运动生物力学特征的5项研究,其中3项研究对象均为HS人群,2项研究同时包含HB和HS人群,1项研究在控制跑速条件下进行,2项研究描述鞋具特征。对比HB/HS儿童青少年跑步运动生物力学特征的研究包含时空参数及运动学参数,HB组裸足跑速大于HS组在裸足和着鞋状态下的跑速,足/踝触地角度及触地模式是HB组与HS组跑步时出现主要调整的运动学参数。1项研究对比来自南非的HB组和来自德国的HS组,发现HB组无论裸足还是着鞋跑步,使用后足着地模式的比例都要高于HS组。另1项研究的HB和HS组均来自肯尼亚,研究结果显示HB组裸足跑时足踝触地角度降低,倾向于非后足着地模式。

对比HS人群分别在裸足及着鞋下的运动生物力学特征如图5-2所示,研究对象分别来自德国、西班牙与澳大利亚,年龄跨度为3~12岁。1项对1356名3~6岁学龄前HS儿童研究显示,裸足跑时后足着地频率相比着鞋跑显著下降,该年龄段性别对触地方式无影响。1项对6~9岁青春期前HS儿童研究发现,裸足跑步相比着普通跑鞋,步长、步频均降低,踝关节触地角度降低,倾向于全足着地模式,穿着极简跑鞋同样可以显著降低踝关节触地角度,同时发现地面反作用力第一、二峰值降低。HS儿童青少年在裸足跑步时着地模式的转变,步长、步频的减小结合地面反作用力冲击峰值的下降,同样可认为是一种应激状态下的保护机制,相比于HB人群,HS人群在即刻转变为裸足运动时,下肢运动生物力学参数会产生代偿性调整,作为一种保护策略,避免冲击损伤的发生。对 8~12 岁 HS 儿童青少年足部小关节运动学参数研究发现,裸足运动可显著增大中足关节及第一跖趾关节在跑步支撑期的活动度,提示着鞋运动一定程度限制了足部小关节的活动范围,抑制足部分功能。

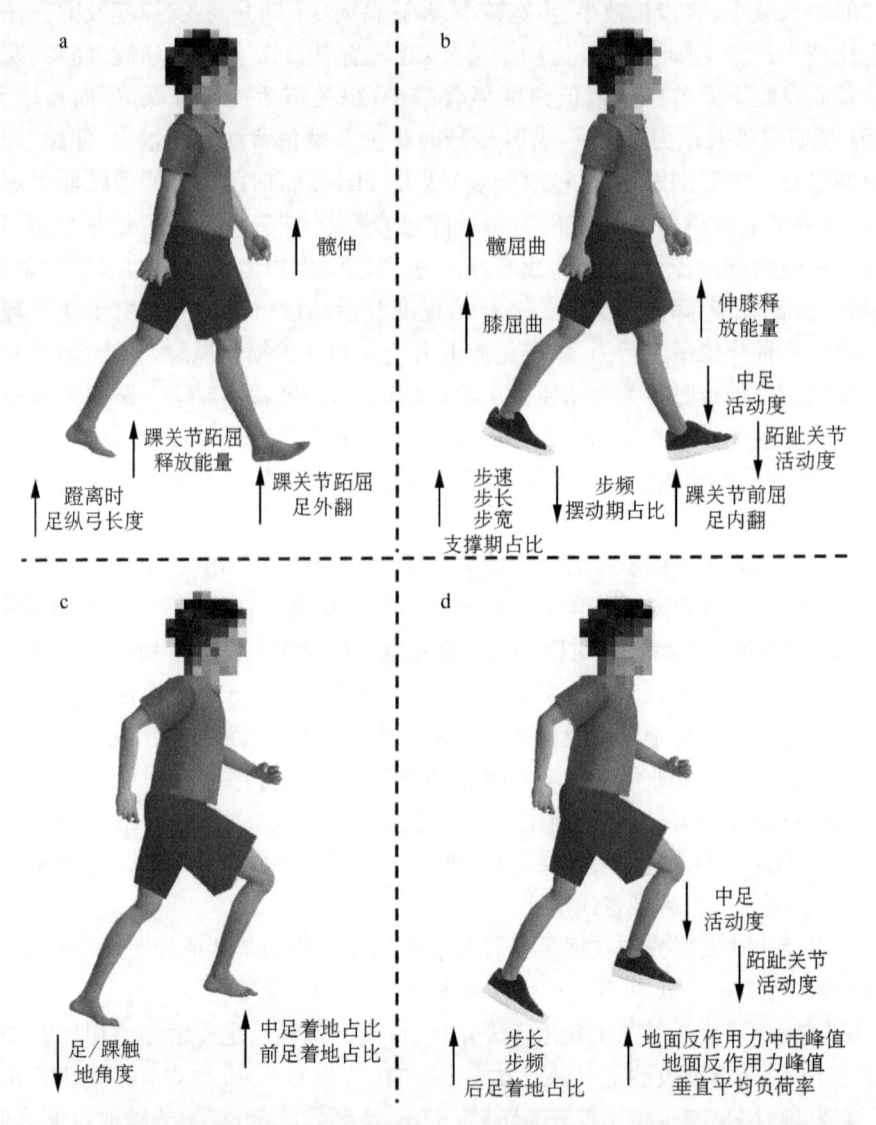

图 5-2　儿童青少年裸足步行(a)与着鞋步行(b);裸足跑步(c)与着鞋跑步(d)的运动生物力学参数特征对比示意图

(四) 儿童青少年着鞋运动生物力学功能研究

本文所纳入的文献中,共有 4 项研究关注儿童穿着不同鞋具的运动生物力学表现,共涉及 75 名研究对象,年龄跨度为 1~13 岁,其中 3 项研究来自美国,1 项来自法国。该部分研究提取的关键信息包括第一作者(发表年份)、研究对象的国别、样本量、性别、年龄、鞋具特征、研究设计、关键生物力学参数提取及研究结果(表 5-5)。其中,不同鞋具特征包括扭转刚度、缓震、回弹等。4 项研究选取的运动生物力学参数如下。①时空参数:步长、步宽、步速(跑速)、支撑期时间。②运动学参数:足触地角度,膝、踝关节矢状面、冠状面触地时刻及峰值角度。③动力学参数:地面反作用力冲击峰值,地面反作用力峰值,地面反作用力平均值,垂直负荷增长率,膝、踝关节矢状面力矩,功率,以及关节做功情况。④足底压力参数:足底各分区峰值压强。2 项关注鞋具扭转刚度影响研究的研究对象均为 1~2 岁学步期儿童,采集穿着不同扭转刚度鞋具步行的时空参数及足底压力参数特征。研究结果显示,穿着扭转刚度最小鞋具时步宽增加,支撑期时间降低,跌倒次数降低,提示学步时期儿童鞋具扭转刚度降低可以提升步行稳定性。同时发现穿着扭转刚度最小鞋具时的足底压强峰值反而最高,类似裸足状态的足底压力特征。推测外部力学反馈增加可提升儿童足部本体感觉输入,对学步期儿童的步态习得是有利的。

运动鞋随着使用时间的延长会导致鞋材老化,缓震及回弹性能衰减等问题。研究显示,9~12 岁儿童青少年穿着使用 4 个月后的运动鞋相比全新运动鞋,会造成跑步时足触地冲击力及垂直负荷增长率增大,膝关节支撑期峰值屈曲及踝关节峰值背屈角度降低,膝/踝关节吸收能量做负功下降。儿童青少年穿着使用 4 个月的运动鞋跑步可能会增大冲击损伤风险,但膝/踝关节支撑期峰值屈曲及背屈角度降低伴随吸收能量下降,提示穿着使用过的鞋具可降低膝/踝关节载荷,降低膝/踝周围肌群拉伸损伤风险。1 项研究显示 11~13 岁青少年(女性)穿着相同尺码成人运动鞋跑步时的垂直负荷增长率低于穿着儿童跑鞋,提示儿童鞋具后跟处的缓震性能可能偏低。

五、儿童青少年足形发育与生物力学功能的相互关系

(一) 儿童青少年足发育及足形特征

儿童足生长发育过程是复杂的内部生物学因素和外部应力刺激共同作用的结果,其中外部因素包括鞋具和运动界面等。穿着鞋具对儿童足的保护作用是毋庸置疑的,但学界对长期使用鞋具是否会影响儿童足发育和足形特征,以及这种影响的利弊还有争议。结合前文综述结果,现有研究显示鞋具对儿童青少年足形的影响大多体现在足内侧纵弓及足趾部位。Echarri 和 Forriol 分别采集分析 1 851 名 3~12 周岁 HB 和 HS 刚果儿童的二维静态足印,发现着鞋习惯对足形参数影响较小。早在 1992 年,Rao 和 Joseph 通过对 2 300 名 4~

表 5-5 儿童青少年着运动鞋运动生物力学特征相关研究关键信息提取

第一作者（发表年份）	研究对象的国别	样本量	性别及人数	年龄（岁）	鞋具特征	研究设计	关键生物力学参数提取	研究结果
Buckland (2014)	美国	25	男 17	1~2	扭转刚度不同的 4 种系带运动鞋#	探究婴儿学步过程穿着不同抗扭转程度运动鞋对步态时空参数及稳定特征的影响	时空参数：步长、步宽、ST、步速稳定特征：跌倒次数统计	相比扭转刚度较大鞋具，着扭转刚度最小鞋具步行时 ST↓($P<0.001$)，步宽↑($P=0.028$)，跌倒次数降低；步速、步长与稳定特征在不同扭转刚度鞋具之间差异无统计学意义
Forrest (2012)	美国	10	男 0	11~13	Nike 全掌气垫 Pegasus+25 型号儿童&及成人%缓震跑鞋，无动作控制功能	探究同样尺码、型号的儿童跑鞋和成人跑鞋对儿童跑步 GRF 特征的影响	时空参数：ST 动力学参数：GRF 冲击峰值，GRF 峰值，GRF 平均值，VALR	女孩穿着同样尺码的成人跑鞋跑步时，VALR↓($P=0.009$)；GRF 冲击峰值，GRF 峰值与 ST 在相同尺码的儿童及成人跑鞋跑步时差异无统计学意义
Herbaut (2017)	法国	14	男 14	9~12	全新运动鞋®，使用 4 个月后的同款老化运动鞋®	研究运动鞋老化及性能衰减对儿童跑步下肢生物力学参数的影响	时空参数：ST、跑速足触地角度，膝、踝关节触地时刻，反峰值矢状面冠状面角度动力学参数：GRF 冲击峰值，VALR，膝、踝关节力矩，关节功率，以及做功值	使用 4 个月老化运动鞋底硬度↑16%，能量回归效率↓18%；穿着老化运动鞋跑步支撑早期 VALR↑23%（$P=0.016$），膝关节峰值背屈↓，膝关节与踝关节支撑期内吸收能量分别↓12% 与↓11%（$P=0.029$）与（$P=0.010$）

(续表)

第一作者（发表年份）	研究对象的国别	样本量	性别及人数	年龄（岁）	鞋具特征	研究设计	关键生物力学参数提取	研究结果
Hillstrom (2013)	美国	26	未知性别	1～2	扭转刚度不同的4种儿童学步鞋具	使用鞋垫式足底压力测量系统测试学步期儿童穿着不同扭转刚度鞋具时的足底压力特征	足底压力参数：足底压力分区（足跟外侧、中足外侧、足跟内侧、中足内侧、第一到第五趾骨、第一足趾、第二足趾、第三至第五足趾）的峰值压强	学步期儿童穿着扭转刚度最小鞋具时足底压强峰值最高，随着鞋具扭转刚度↑，儿童步行时足底扭转刚度峰值压强↓

注：ST，支撑期时间；GRF，地面反作用力；VALR，垂直平均负荷率。
#扭转刚度数值使用 Instron 测试仪获得，扭转刚度不容易发生形变。
&.该儿童跑鞋机械测试冲击载荷加速度为(24.24±0.004)g，冲击力峰值为(2 020.77±0.239)N，能量回弹率为 47.64%±0.38%。
％该成人跑鞋机械测试冲击载荷加速度为(22.64±0.390)g，冲击力峰值为(1 886.69±32.58)N，能量回弹率为 40.05%±2.19%。
ⓑ该全新运动鞋橡胶外底厚度 5 mm，EVA 中底足跟处厚度 17 mm，中底跖骨头处厚度 5 mm，EVA 鞋垫厚度 4 mm。
@使用 4 个月后的同款运动鞋相比全新运动鞋。

13周岁儿童的静态足印特征分析后发现,长期穿着鞋头完全闭合鞋具儿童的扁平足发生率最高,而 HB 儿童的扁平足发生率最低。Aibast 等对 99 名 12~18 周岁 HB 和 HS 肯尼亚青少年的静态足舟骨高度测量发现,HB 青少年的足舟骨平均高度显著高于 HS 组,即 HS 青少年足弓平均高度比 HB 组降低。上述研究结果的分歧可能是由于二维足形和静态采集方法的局限性导致的,但也在一定程度上反映出长期使用鞋具的习惯对儿童足形影响方面的争议。

Hollander 等对来自南非的 385 名 HB 和来自德国的 425 名 HS 儿童青少年跑步时的足弓高度指数、动态足弓指数及踇趾角度测量发现,HB 组足弓高度指数上升,动态足弓指数下降,提示静态足弓相比 HS 组高。同时 HB 组运动中的动态足弓较高,提示裸足运动习惯有助于保持足弓正常形态,有利于提高足弓功能。HB 组踇趾角度下降(踇趾呈自然内收形态)有助于踇趾抓地功能提升。研究对澳大利亚 86 名学龄前和 419 名小学儿童,以及相同数量、年龄、性别、身高和 BMI 的德国儿童进行三维足形测量后发现,德国儿童足显示出更长和更扁平(足弓更低)的特征。对肯尼亚 HS 及 HB 儿童青少年足部肌力及体力活动水平研究发现,HB 儿童青少年的足部肌力相对更强,日均体力活动时间更长,体力活动水平相对 HS 儿童青少年高。

HS 儿童青少年随年龄增长,足长、足宽、足围稳步增长,足弓指数降低伴随足舟骨抬高,足弓高度指数增长提示足弓逐步发育形成,10~13 岁是儿童足弓发育的敏感期,男孩足部发育成熟年龄(16 岁)晚于女孩(14 岁)。长期鞋具束缚或穿着不合脚鞋具会影响儿童青少年足弓及前足发育,增大扁平足及踇外翻风险。对儿童青少年足形发育特征的纵向追踪研究提示在儿童鞋具研发过程中,需根据不同足形特征的发育敏感年龄阶段及时调整鞋楦设计,以适应儿童足部生长发育规律。儿童青少年的裸足运动习惯对正常足弓形成较为有利,并且由于缺少鞋具束缚,表现出足长、足宽增加、踇趾角度减小的一系列足部形态学适应,HB 群体足部肌力和跟骨刚度增加等一系列功能适应与足部形态学调整相辅相成,提高足对外界环境适应性,并降低足相关损伤风险。

(二)儿童青少年下肢及足部运动生物力学功能

儿童青少年足发育过程中,长期鞋具束缚或穿着不合适的鞋具会影响足的形态、功能及长期足部健康。深入理解足-鞋-地相互作用的生物力学关系,着鞋习惯对足部功能的长期影响有助于解释儿童足可能产生的形态及功能障碍机制,为研发合适、健康的功能性鞋具提供指导。Wegener 等综述及荟萃分析研究显示,2~15 周岁之间的 HS 儿童在着鞋步行时的步速、步长/跨步长、支撑期及双支撑期占比均大于裸足步行,但步频下降。这一荟萃分析结果也得到后续研究的支持,一项对 656 名 5~13 周岁 HS 儿童青少年着鞋和裸足步态分析的研究结果显示,着鞋状态下的步速、步长/跨步长显著大于裸足状态,但步频降低。即使在跑台控制相同步行速度时,着鞋步长也大于裸足。但以上研究结果在幼儿学步阶段则并不成立,推测可能由于幼儿期多以裸足状态为主,尚未形成对鞋具的适应机制及成熟的步态模式。

HS 儿童青少年的裸足运动生物力学特征随年龄、步速、运动界面等因素的改变出现适应性调整。时空参数显示出随年龄增长,裸足步行的绝对步长、跨步长增大,步频降低;在 7~11 岁阶段,相对步长研究结果出现争议,推测可能是受样本量及研究地域的影响。HS 儿童青少年在裸足运动时,下肢运动学参数表现为足踝在矢状面的触地角度降低,足触地模式倾向于全足着地。裸足步行时步向角的增大与前足冲量增加显著相关,同时与跑步时足支撑期的动态足弓指数增大显著相关,伴随足弓降低与足外旋,提示儿童青少年裸足步行步向角与足弓形态功能有一定相关性,步向角增大超过正常范围,可能会增加足外翻和外旋趋势,并可能导致足弓形态和功能的损害。动力学研究结果提示快走动作的完成相比跑步可能需要更高的神经系统成熟程度,足底压力和表面肌电信号显示出随步速改变的适应性调整,其中足底压力参数在 4~7 岁范围无性别差异,且无须进行标准化处理,提示该年龄阶段儿童体重增长较慢,对鞋具缓震功能需求较低。

相比裸足,报道显示着鞋步行会限制中足环节的三维活动度,尤其对中足矢状面的活动度限制可高达 72%。Wegener 等推测,着鞋对中足活动度的限制会影响足部分正常功能,降低能量回归效率。着鞋除影响运动学参数,对儿童下肢肌肉活动度也有一定影响。研究显示,儿童着鞋运动时胫骨前肌活动度增加,推测一方面是由于相比裸足状态,需克服鞋具重量做功,另一方面着鞋时足本体感受输入降低,为更好廓清地面障碍,采用增加足触地角度的方式来防止跌倒损伤。有研究发现,穿着普通鞋具跑步时足触地角度大于穿着极简鞋具和裸足,也进一步佐证了上述推论。以上研究设计均为 HS 儿童青少年在急性转变为裸足运动状态下的应激运动生物力学反馈。HB 儿童青少年由于对裸足运动状态的适应,无论着鞋和裸足下的跑速均大于 HS 组,提示长期裸足运动习惯可能增强儿童青少年运动能力。现有研究在 HB 组跑步足触地模式方面研究结果的不一致,可能是由于研究对象所在地域、年龄、样本量等不同导致。HS 儿童青少年急性转变为裸足运动状态时,会出现步长、步频降低,足踝触地角度减小,着地模式倾向于非后足着地,地面反作用力冲击峰值降低等一系列运动生物力学参数的适应性调整,这种代偿性保护策略可能是一种保护机制,会在一定程度上减少足部及下肢冲击损伤的发生。穿着极简鞋具可降低鞋具对足运动功能的束缚,增加足部小关节活动度,因此可作为 HS 儿童青少年的裸足训练装备。

长期以来,关于儿童鞋具相关参数中的材料硬度和扭转刚度选取等问题一直是富有争议的。一项选取 14 名儿童青少年的小样本量研究显示,随运动鞋的老化和鞋底硬度增加,跑步时垂直冲击力的增长率显著高于穿着全新运动鞋,增幅达 23%。目前,儿童鞋具硬度及刚度设计指导相关的实证研究极少,一项对 26 名学步期儿童研究显示,穿着最柔软、扭转刚度最低鞋具表现出步宽增大,支撑期时间降低。而对 18 名年龄较大的儿童[(8.2±0.7)岁]研究显示,穿着柔软、扭转刚度较低、较轻的鞋具对步态时空参数无影响。研究发现,儿童穿着柔软和扭转刚度低的鞋具,足前掌宽度增加。以上研究提示,扭转刚度低的柔软鞋具对儿童足的抑制程度低,尤其是对足形态及功能发育,容易受到外力干扰的幼儿和学步期儿童穿着扭转刚度小的鞋具有助于提升步行稳定性。儿童鞋具尤其是幼儿鞋具设计应遵循"保护大于功能"的原则,增加足底力学刺激正向反馈,提升学步期足本体感受输入,有利于足部功能健康发育。

(三) 研究局限和未来展望

儿童与青少年分属两个年龄群体,在发育特征、体力活动水平等方面存在差异,本研究同时将儿童和青少年群体纳入分析,可能对研究结果的系统性和独立性产生一定影响。鞋具对儿童青少年足发育和功能影响的研究范围较广,但多数研究受到研究方法的限制。部分儿童青少年足形相关测量研究虽然选取的样本量较大,但由于缺乏对不同地域、种族因素及其相互作用复杂性的探讨,因此考虑人种、环境等因素,在更大范围内通过合理抽样进行有代表性的足形分析是需要进一步探索的研究问题。另外,选取的足部形态学指标多为二维测量,指标结构较为单一,对鞋具实际研发设计过程的指导价值不强。部分研究结果出现争议,如 HB 儿童青少年跑步时的足触地模式方面,需注意的是,当前针对成年 HB 群体跑步触地模式也存在一定争议,建议后续研究考虑地域、人种、运动习惯、环境等因素,增加样本量,进一步挖掘运动模式调整背后的生物力学机制,提升研究结果可信度。

儿童青少年的着鞋习惯是否会导致足纵弓高度下降、扁平足风险升高及部分足功能抑制,需要后续进行大样本量、静态动态足形测量结合及长期追踪研究确定。儿童青少年裸足习惯对足形特征、运动生物力学功能及体力活动的影响仍需进一步研究。现有研究已证实鞋具参数改变会调整儿童青少年下肢运动生物力学参数,但这种调整是否会对长期的足部健康和运动功能产生影响也需要进行长期跟踪研究。降低儿童鞋具扭转刚度及硬度是否会影响儿童尤其是幼儿足形发育及功能,鞋具缓震性能的降低是否会造成儿童青少年足跟疼痛或相关冲击,使拉伸损伤风险增大,还需要结合大样本量的流行病学研究,避免测量误差及偏倚风险。对发育过程中足形与功能,以及足-鞋交互作用的深入探讨能够为研发设计符合儿童青少年足形发育特征及运动需求的健康产品提供依据。

本研究从儿童青少年的足形发育及下肢运动生物力学功能视角,探索儿童青少年足形发育的一般规律,HB/HS及鞋具因素对足形特征与下肢运动生物力学功能的持续影响。研究发现,儿童青少年不同足形特征有对应的发育敏感时期,需及时调整鞋楦设计,以适应其足部生长发育规律。鞋具束缚会限制足部小关节活动度,抑制足部分功能,并对足形发育特征产生影响。裸足运动或穿着扭转刚度低的极简鞋具可能有利于儿童正常足弓形态和功能发育,降低𝜆外翻风险,提升足部肌力及体力活动水平,但针对儿童青少年群体裸足或模拟裸足运动的安全性、有效性仍需结合大样本量的流行病学研究进一步确定。未来研究应探讨不同地域、人种、环境下的儿童青少年裸足/着鞋运动状态和裸足/着鞋习惯对下肢运动生物力学功能的调整,基于大样本长期追踪研究,揭示不同鞋具特征对儿童青少年足形特征及下肢运动生物力学功能的影响,为研发设计符合儿童青少年足部发育规律和运动功能的健康鞋具提供支撑依据。

第二节
青少年跑步运动表现与碳板跑鞋

一、青少年跑步运动表现与碳板跑鞋的研究进展

跑步因其实用性和经济性成为最受欢迎的体育运动之一。参与跑步的人数呈逐年递增趋势,其中不乏青少年跑者的参与。近期,碳板跑鞋也逐渐应用于青少年跑者群体。通过碳板的加持增加跑鞋的纵向抗弯刚度(LBS),可能会引起人体一系列跑步生物力学变化。Ortega等指出跑鞋LBS增加对跖趾关节和踝关节的生物力学表现影响最大。例如,跖趾关节跖屈角度减小,地面反作用力的作用点向前移动,下肢关节矢状面地面反作用力的力臂增加等。人体运动学和动力学的特征变化可能会影响跑步经济性和能量消耗。关于碳板跑鞋在跑步经济性方面的研究出现了不同的结果,因其中机制还没有完全了解,所以本研究未将跑步经济性因素纳入在内。以往研究显示,通过降低跑步时跖趾关节屈曲,增加鞋具LBS可能有降低跖骨负荷、预防跖骨应力过载的作用,鞋具的LBS调整可能对运动表现和损伤风险产生影响。早期研究聚焦足部能量学,

而近期研究则聚焦在改变足部压力中心运动和踝关节传动比的重要性方面。研究表明,鞋具 LBS 的最优化可能会帮助跑者提升运动表现。

肌骨等生物组织的力学特性也会影响跑步时的生物力学表现及能量消耗。Nudel 等研究发现影响青少年跑步的因素与其最大摄氧量下的血乳酸水平、骨龄成熟度和身体协调性有关。青少年正处于生长发育关键期,在关节软骨、骨骺处纵向生长较快,长骨增粗增宽。在青少年快速发育期间,骨骼生长速度可能会超过肌肉和肌腱的延长速度,出现"不匹配"现象。成年跑者的左右下肢力量基本对称,腘绳肌与股四头肌在下肢肌肉占比更高。与成人相比,青少年跑者肌肉力量较弱,关节松弛程度与肌腱柔韧性通常更高。具有碳板加持、LBS 提升的跑鞋可能会在一定程度上稳定青少年跑步姿态。但是,碳板材质因素也可能会增大青少年跑者着地冲击,对跑步技术和肌骨发育尚未成熟的青少年跑者来说,可能造成损伤风险的增大。以往研究多关注成年跑者,而针对青少年跑者的研究较少,在使用不同 LBS 跑鞋进行跑步训练时,青少年的下肢生物力学调整机制仍不清楚。

随着青少年跑者人数增加和运动水平提升,对跑鞋的功能性需求也越来越高。因此,本研究尝试在 3 种抗弯刚度跑鞋条件下,测试青少年跑者跑步支撑期的运动学与动力学参数,探究青少年跑者在不同抗弯刚度跑鞋条件的下肢生物力学变化,以期用科学的运动生物力学研究为青少年跑鞋设计优化提供支撑。

二、青少年跑步运动表现与碳板跑鞋的研究方法

(一)研究对象

招募有一定跑步训练基础的青少年跑者 10 名,鞋码要求为 41 欧码,右侧为优势侧,且近 3 年内均不存在下肢神经-肌肉-骨骼损伤史。运用 G*Power 计算本次实验所需的样本量;同时,根据 Traiperm 等提出青少年跑者选取"13 周岁且 1 周内进行跑步训练的里程不低于 16 km"的要求,将受试者范围要求为 13 周岁左右,近 2 年来一直在接受规范的有氧训练,且在近 1 个月内进行超过 70 km 的跑步训练。实验前,受试者的父母或监护人已被完全告知研究目的、实验要求和过程,并为实验对象签署了知情同意书。受试者年龄、身高、体重基本情况的数据描述性分析结果为年龄(13.5 ± 0.6)岁、身高(166.3 ± 1.9)cm、体重(50.8 ± 3.1)kg、足长(25.4 ± 0.2)cm。

(二)跑鞋纵向抗弯刚度

选取跑鞋如表 5-6 所示,通过 3 点弯曲测试,测量了该鞋具弯曲形变对应

的抗弯载荷,由此计算 LBS 均值范围,换算为鞋具抗弯力矩。通过测量得出鞋具 LBS 的具体数值为 5.0 N·m/rad(低刚度鞋)、6.3 N·m/rad(中刚度鞋)和 8.6 N·m/rad(高刚度鞋)。除添加碳板导致跑鞋 LBS 不同外,跑鞋的其他构造如大底构造与材料、鞋面和鞋带设计等保持完全一致。

表 5-6 实验跑鞋一览表

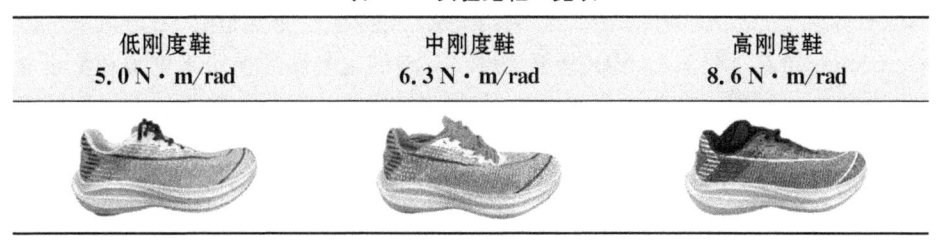

低刚度鞋	中刚度鞋	高刚度鞋
5.0 N·m/rad	6.3 N·m/rad	8.6 N·m/rad

(三) 实验方法

使用 Vicon MX 运动分析系统(Oxford Metrics Ltd.,英国牛津),捕获三维反光标记点轨迹坐标,该系统包含 8 个摄像头,采样频率为 200 Hz。根据人体体表标志点放置 14 mm 的反射标记,如图 5-3 所示。使用 600 mm×400 mm AMTI 三维测力台(AMTI,美国马萨诸塞州沃特敦)以 1 000 Hz 的采样频率同步收集跑步支撑期地面反作用力参数。

图 5-3 下肢运动学模型

受试者首先进行 10 分钟热身跑并适应实验环境。随后要求受试者以 3.3 m/s 的速度进行实验测试。使用 Brower 计时设备[Brower Timing System,Draper(德雷珀市),UT(犹他州),US]记录跑步速度,该设备位于距测力台中心 1.2 m 处。要求受试者跑姿自然,支撑期内右足完全踏在测力台范围内,且与设定速度的误差在5%以内视为一次成功的采集,每位受试者采集不少于8次成功数据。

(四) 数据处理与分析

本研究重点分析跑步支撑期,即右后足着地到右足趾离地这一时期。Vicon Nexus软件生成c3d文件,导入至Visual 3D人体建模仿真软件(c-motion Inc, Germantown(日耳曼敦),MD(马里兰州),US)的定制函数模块来处理和量化踝关节、膝关节和髋关节跑步支撑期的运动学变量。运动学数据通过10 Hz四阶0相位低通巴特沃斯滤波器进行滤波,用于标记轨迹的去噪过程。关节角度(踝关节、髋关节、膝关节和跖趾关节)使用矢状面万向角进行计算。标准逆向动力学方法用于计算关节力矩和关节功率,同时计算关节做功,关节动力学数据均根据受试者的体重进行标准化。通过Matlab 2019b(The MathWorks,美国马萨诸塞州纳蒂克)将关节运动学和动力学参数标准化为101个数据点。

(五) 统计学方法

应用SPSS 26.0软件处理数据,实验所得数据均采用均数±标准差表示,采用单因素重复测量方差分析法,事后检验采用Bonferroni法进行比较,$P<0.05$定义为差异有统计学意义。

三、青少年跑步运动表现与碳板跑鞋的研究结果

(一) 运动学研究结果

3种LBS下肢矢状面各关节活动度(ROM)测试结果如表5-7和图5-4所示。髋关节:Greenhouse & Geisser的校正结果显示不同LBS鞋具的关节活动度差异具有统计学意义($F=70.523$, $P<0.05$);事后检验结果显示,两两比较,低刚度鞋与中刚度鞋差异有统计学意义($P<0.001$);低刚度鞋与高刚度鞋差异有统计学意义($P<0.001$)。低刚度鞋与中刚度鞋的95%置信区间为6.68°~10.66°;低刚度鞋与高刚度鞋的95%置信区间为5.42°~11.08°。跖趾关节:整体分析知,经球形检验后整体分析在关节活动度上差异无统计学意义($F=10.540$, $P>0.05$);事后检验结果显示,两两比较,低刚度鞋与高刚度鞋差异有统计学意义($P=0.01$);中刚度鞋和高刚度鞋差异有统计学意义($P=0.001$)。低刚度鞋与高刚度鞋的95%置信区间为2.80°~21.21°;中刚度鞋和高刚度鞋的95%置信区间为6.94°~26.69°。

表 5-7　3 种 LBS 下肢各关节矢状面活动度(均数±标准差)　　　单位：°

关节	低刚度鞋	中刚度鞋	高刚度鞋
髋	42.69±3.52^{bc}	33.66±1.02^a	33.78±2.16^a
膝	29.60±8.10	30.41±6.30	32.19±6.57
踝	44.37±3.17	43.13±3.27	42.11±3.59
跖趾	54.14±7.01^c	58.94±7.69^c	37.79±7.09^{ab}

a 与低刚度鞋相比差异有统计学意义。
b 与中刚度鞋相比差异有统计学意义。
c 与高刚度鞋相比差异有统计学意义。

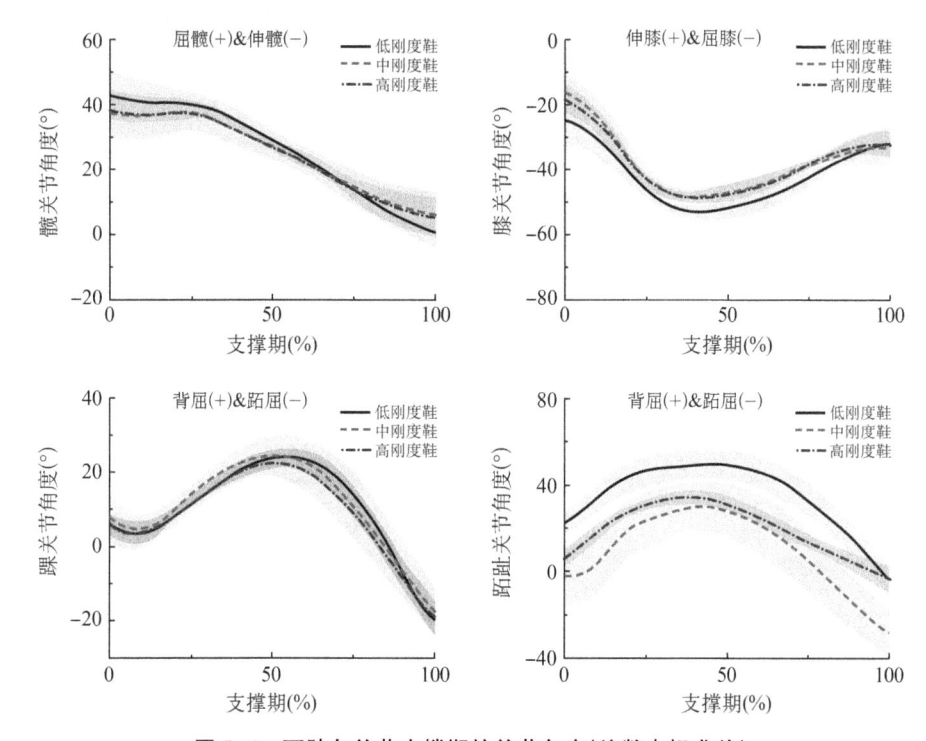

图 5-4　下肢各关节支撑期的关节角度(均数±标准差)

"+"和"-"仅表示在运动面内的相对于静态位置的运动趋势，余同

(二) 动力学研究结果

3 种抗弯刚度条件下肢各关节矢状面峰值力矩测试结果如表 5-8 和图 5-5 所示。髋关节：整体分析知，经球形检验后，髋关节峰值力矩差异无统计学意义($F=10.160$，$P>0.05$)；事后检验结果显示，两两比较，低刚度鞋与中刚度鞋差异有统计学意义($P=0.022$)；低刚度鞋与高刚度鞋差异有统计学意义($P=0.001$)。低刚度鞋与中刚度鞋的 95% 置信区间为 0.05~0.69 N·m/kg；

低刚度鞋与高刚度鞋的95%置信区间为0.18~0.72 N·m/kg。踝关节:经球形检验后,整体分析在踝关节上的峰值力矩上差异无统计学意义($F=14.255$,$P>0.05$);事后检验结果显示,两两比较,低刚度鞋与高刚度鞋差异有统计学意义($P<0.001$);中刚度鞋和高刚度鞋差异有统计学意义($P=0.042$)。低刚度鞋与高刚度鞋的95%置信区间为0.18~0.47 N·m/kg;中刚度鞋和高刚度鞋的95%置信区间为0~0.30 N·m/kg。跖趾关节:Greenhouse & Geisser的校正结果显示不同的LBS鞋具在跖趾关节峰值力矩上的差异有统计学意义($F=27.708$,$P<0.05$);事后检验结果显示,两两比较,低刚度鞋与中刚度鞋差异有统计学意义($P=0.01$);低刚度鞋与高刚度鞋差异有统计学意义($P<0.001$);中刚度鞋和高刚度鞋差异有统计学意义($P=0.034$)。低刚度鞋与中刚度鞋的95%置信区间为0.13~0.48 N·m/kg;低刚度鞋与高刚度鞋的95%置信区间为0.42~0.76 N·m/kg;中刚度鞋和高刚度鞋的95%置信区间为0.02~0.56 N·m/kg。

表5-8　3种LBS下肢各关节矢状面峰值力矩(均数±标准差)

单位:N·m/kg

关节	低刚度鞋	中刚度鞋	高刚度鞋
髋	3.55±0.46[bc]	3.19±0.32[a]	3.10±0.29[a]
膝	1.77±0.34	1.85±0.27	1.77±0.21
踝	3.33±0.35[c]	3.16±0.54[c]	3.01±0.46[ab]
跖趾	−0.41±0.06[bc]	−0.38±0.08[ac]	−0.34±0.04[ab]

a 与低刚度鞋相比差异有统计学意义。
b 与中刚度鞋相比差异有统计学意义。
c 与高刚度鞋相比差异有统计学意义。

3种抗弯刚度条件下肢各关节矢状面上的关节能量学做功参数结果如表5-9、表5-10和图5-6所示。髋关节:经球形检验后,整体分析髋关节做正功时差异无统计学意义($F=171.842$,$P>0.05$);事后检验结果显示,两两比较,低刚度鞋与中刚度鞋差异有统计学意义($P<0.001$);低刚度鞋与高刚度鞋差异有统计学意义($P<0.001$)。低刚度鞋与中刚度鞋的95%置信区间为1.19~1.74 J/kg;低刚度鞋与高刚度鞋的95%置信区间为1.18~1.65 J/kg。膝关节:Greenhouse & Geisser的校正结果显示不同LBS鞋具下膝关节做正功时的差异有统计学意义($F=31.398$,$P<0.05$);事后检验结果显示,两两比较,低刚度鞋与中刚度鞋差异有统计学意义($P<0.001$);低刚度鞋与高刚度鞋差异有统计学意义($P<0.001$)。低刚度鞋与中刚度鞋的95%置信区间为0.05~0.11 J/kg;低刚度鞋与高刚度鞋的95%置信区间为0.03~0.10 J/kg。踝关节Greenhouse & Geisser的校正结果显示不同LBS鞋具下踝关节做正功

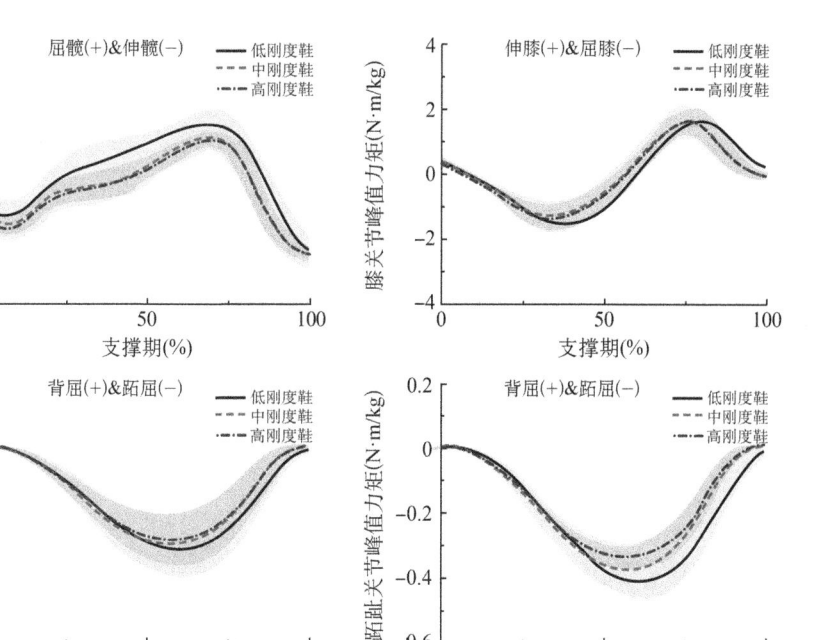

图 5-5　下肢各关节支撑期的峰值力矩(均数±标准差)

时差异有统计学意义($F=22.735$，$P<0.05$)；事后检验结果显示，两两比较，低刚度鞋与中刚度鞋差异有统计学意义($P<0.001$)；低刚度鞋与高刚度鞋差异有统计学意义($P=0.001$)。低刚度鞋与中刚度鞋的95%置信区间为0.21~0.54 J/kg；低刚度鞋与高刚度鞋的95%置信区间为0.17~0.62 J/kg。

表 5-9　3种LBS下肢各关节矢状面做正功(均数±标准差)　　　　单位：J/kg

关节	低刚度鞋	中刚度鞋	高刚度鞋
髋	3.01±0.47[bc]	2.66±0.36[a]	2.63±0.28[a]
膝	0.11±0.06[bc]	0.08±0.02[a]	0.06±0.02[a]
踝	1.01±0.25[bc]	1.26±0.15[a]	1.37±0.18[a]
跖趾	1.30±0.16	1.26±0.16	1.23±0.23

a 与低刚度鞋相比差异有统计学意义。
b 与中刚度鞋相比差异有统计学意义。
c 与高刚度鞋相比差异有统计学意义。

表 5-10　3 种 LBS 下肢各关节矢状面做负功(均数±标准差)　　　单位:J/kg

关节	低刚度鞋	中刚度鞋	高刚度鞋
髋	0.07±0.03^{bc}	0.06±0.02^{a}	0.03±0.01^{a}
膝	0.85±0.34^{b}	0.76±0.23^{ac}	0.82±0.32
踝	0.46±0.15^{bc}	0.62±0.17^{a}	0.67±0.10^{a}
跖趾	0.73±0.19	0.70±0.20	0.68±0.07

a 与低刚度鞋相比差异有统计学意义。
b 与中刚度鞋相比差异有统计学意义。
c 与高刚度鞋相比差异有统计学意义。

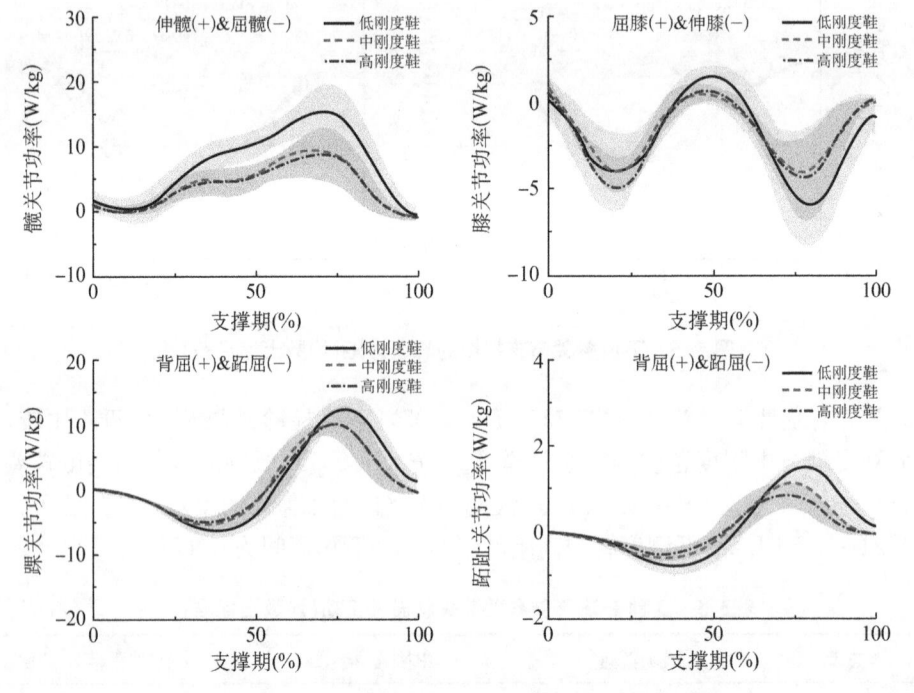

图 5-6　下肢各关节支撑期的关节功率(均数±标准差)

髋关节 Greenhouse & Geisser 的校正结果显示不同 LBS 鞋具髋关节做负功时差异有统计学意义($F=17.619$，$P<0.05$);事后检验结果显示,低刚度鞋与中刚度鞋差异有统计学意义($P=0.006$);低刚度鞋与高刚度鞋差异有统计学意义($P=0.01$)。低刚度鞋与中刚度鞋的 95% 置信区间为 0.02~0.08 J/kg;低刚度鞋与高刚度鞋的 95% 置信区间为 0.01~0.08 J/kg。膝关节:经球形检验后,整体分析在膝关节做负功时差异无统计学意义($F=17.930$，$P>0.05$);事后检验结果显示,两两比较,低刚度鞋与中刚度鞋差异有统计学意义($P<0.001$);中刚度鞋与高刚度鞋差异有统计学意义($P=0.001$)。低刚度鞋与中刚

度鞋的 95% 置信区间为 0.11～0.38 J/kg;中刚度鞋与高刚度鞋的 95% 置信区间为 0.09～0.35 J/kg。踝关节:经球形检验后,整体分析在踝关节做负功时差异无统计学意义($F=25.968$,$P>0.05$);事后检验结果显示,两两比较,低刚度鞋与中刚度鞋差异有统计学意义($P<0.001$);低刚度鞋与高刚度鞋差异有统计学意义($P<0.001$)。低刚度鞋与中刚度鞋的 95% 置信区间为 0.06～0.18 J/kg;低刚度鞋与高刚度鞋的 95% 置信区间为 0.11～0.26 J/kg。实验室恒定跑速下,穿着低刚度、中刚度和高刚度跑鞋下肢关节做正功及负功总量差异无统计学意义,经与受试者体重标准化后,穿着低刚度跑鞋下肢各关节正负功总量为 (7.54±0.44)J/kg,穿着中刚度跑鞋下肢各关节正负功总量为(7.40±0.38)J/kg,穿着高刚度跑鞋下肢各关节正负功总量为(7.49±0.41)J/kg。

进一步计算下肢各关节的做功贡献占比(各关节做功/下肢关节总功×100%),穿着低刚度跑鞋跖趾关节做正功占比为 1.72%±0.67%,穿着中刚度跑鞋跖趾关节做正功占比为 1.68%±0.26%,穿着高刚度跑鞋跖趾关节做正功占比为 1.68%±0.33%。穿着低刚度跑鞋跖趾关节做负功占比为 0.97%±0.31%,穿着中刚度跑鞋跖趾关节做负功占比为 0.95%±0.45%,穿着高刚度跑鞋跖趾关节做负功占比为 0.91%±0.28%。穿着低刚度跑鞋踝关节做正功占比(13.40%±1.83%)相比于高刚度跑鞋显著降低(18.29%±1.26%),$P=0.002$。恒定跑速下,相比于穿着较高刚度跑鞋,较低刚度的跑鞋能够降低踝关节做正功比例,而跖趾关节做功比例差异无统计学意义。从以上结果可发现跑鞋 LBS 调整后,下肢不同关节做功分布发生了调整和转移。

四、跑鞋纵向抗弯刚度调整对青少年下肢生物力学影响

本研究为探究跑鞋 LBS 调整对青少年跑者下肢生物力学的影响,穿着不同碳板刚度的跑鞋完成跑步动作时,在支撑期内,跖趾关节的活动度与峰值力矩发生改变。有研究发现鞋中底硬度的改变会导致青少年在跑步时髋关节角度变小(57.60°±10.88°～51.50°±11.38°),这与本研究实验结果相匹配。Beltran 等学者研究发现老年跑者在鞋类 LBS 改变时,髋关节峰值力矩减小。同样,以往研究表明髋关节在鞋具抗弯刚度改变后做正功比率也会明显下降(19.05%±7.61%～18.02%±6.98%)。虽然研究的人群不同,但与本研究得出的结果趋势相同,有一定的参考意义。在膝关节做负功比率方面,上述研究(6.80%±4.43%～7.23%±4.01%)与本研究结果不符。结果表明,随着 LBS 增加,青少年跑者髋关节屈髋的做功增加。这可能是因为青少年屈髋肌群(如股直肌、髂肌、腰大肌等)肌力不足,在 LBS 增加后,鞋具本身的回弹性能不足,需要屈髋肌群做更多功来维持原先的屈髋水平,以维持刚度改变对跑步姿态的影响。

研究发现随着跑鞋 LBS(低刚度、中刚度、高刚度)的提升,下肢做正功比率由近端关节向远端关节调整分布。以往研究与此次研究的结果一致,膝关节做功时可能会因 LBS 增加而增加(做正功比率:16.52%±4.48%~17.85%±4.93%;做负功比率:44.49%±10.10%~46.23%±9.35%)。以此为参考,研究发现在青少年跑者群体中,跑步支撑期时膝关节会减少做正功,这可能是由于 LBS 增加,关节做功重新分配。但研究发现,青少年跑者在穿着中刚度(6.3 N·m/rad)鞋时,膝关节做负功减小;在穿着高刚度(8.6 N·m/rad)鞋时,膝关节做负功又回到之前水平。这可能是因为在某合适的刚度范围内,增加了关节的传动作用。以往研究发现,LBS 的增加会导致关节杠杆臂转移到下肢更靠远端的位置,使得膝关节在伸膝时做功更小。有研究表明,高 LBS 的鞋具缓冲性能可能较弱,需要更大的膝关节屈曲程度作为代偿,所以在穿着高LBS 跑鞋时,膝关节伸膝的做功又恢复到之前的水平。证明如同笔者推测:青少年跑者群体在低刚度(5.0 N·m/rad)鞋与中刚度(6.3 N·m/rad)鞋之间可能存在较为适宜的 LBS,而高刚度(8.6 N·m/rad)鞋的 LBS 可能不适宜青少年跑者群体,可能影响下肢部分关节应力增大,肌肉与关节做功增加,相关运动损伤风险可能升高。

研究发现,青少年跑者在穿着 LBS 增大的中刚度(6.3 N·m/rad)鞋和高刚度(8.6 N·m/rad)鞋时,踝关节背屈增大,峰值力矩减小。这与之前研究显示的增加 LBS 会减小儿童在跑步时踝关节的背屈角度最大值[(39.64°±1.17°)~(41.42°±9.50°)]不一致。合理推测可能是因为青少年跑者相关肌群(胫骨前肌、腓肠肌和比目鱼肌等)未发育成熟,关节的柔韧度与松弛程度较成年人高,跑姿尚未固定,可塑性较强,踝关节在鞋具 LBS 增加后适应性地调整了背屈的角度。峰值力矩的减小与前人研究结果吻合度较高,减小了踝关节的内旋,可能会在一定程度上适应背屈角度的改变而降低踝关节受伤的风险。但同时以往的研究发现踝关节受限可能会导致小腿肌群更易疲劳,结合本研究发现,在低刚度和中刚度之间或许存在适宜青少年跑者的跑鞋 LBS 范围,可能使踝关节更少受限并且有利于青少年跑者下肢肌群的发展,降低运动损伤的风险。

Stefanyshyn 等在研究中发现,由于跑鞋 LBS 增加(0.04~0.38 N·m/rad),跖趾关节弯曲刚度增加,可减少在该关节处的能量损失,从而相应地提高运动表现。以往研究表明,在达到最大屈曲程度时跖趾关节刚度随中底刚度的增加而增加(6.26~37.60 N·m/rad),可以说明在鞋具 LBS 增加时,跖趾关节的屈伸活动度减小。在跖趾关节做正功峰值时刻,着 LBS 较高鞋具者的跖趾关节跖屈力矩更高,与本研究结果相吻合。但有研究发现跖趾关节跖屈角度减小会增大其他关节的活动来代偿跖趾关节的运动。研究表明,随着鞋具 LBS 上升,穿着低刚度鞋具时跖趾关节做正功差异无统计学意义,但高刚度鞋具踝关节正功随刚度上升而增加。这说明在鞋具LBS改变时,部分关节可能会出现代偿性调整以补偿跖趾关节的能量缺失。研究结果显示,青少年跑者可能难以驱动高LBS鞋具,且跑鞋LBS增加也可能导致踝关节代偿和跟腱负荷增大。结合研究结果分析,鞋具的LBS还需在一定范围内限制跖趾关节的峰值力矩,以取得更好的运动表现,并降低相应的运动损伤风险。

本研究仅针对3种不同LBS跑鞋进行研究,可能存在一定局限性。未来实验设计可选取更多梯度变化LBS,将下肢关节不同运动平面的运动学与动力学参数考虑在内,量化分析适宜青少年跑者的跑鞋LBS范围,提高青少年跑者运动表现,降低跑步运动损伤风险。

随着跑鞋LBS增加,青少年跑者的伸髋角度和峰值力矩减小,髋关节做功降低。踝关节跖屈角度减小伴随做功增大,跖趾关节屈曲活动度和峰值力矩减小。研究结果显示,恒定跑速下,跑者穿着不同LBS鞋具的下肢关节做功总量差异无统计学意义,但在不同LBS条件下出现了下肢关节做功的重新分布。研究推测跑鞋LBS在 $5.0 \sim 6.3 \text{ N} \cdot \text{m/rad}$ 之间可能存在有利于青少年跑者跑步表现的LBS范围。相关研究结果可为青少年跑鞋在LBS参数的选取与优化方面提供参考依据。

第三节
青少年跳绳运动表现与专项鞋具

一、青少年跳绳运动表现与专项鞋具研究进展

作为一种方便、低成本且极具益处的运动方式,跳绳受到全球各年龄层人群的青睐。因为能在狭小空间内进行,跳绳已经成为很多人有氧运动的习惯性选择。许多研究表明,跳绳运动对于提高心肺功能、肌力、协调性、耐力、灵活性、骨骼健康及平衡能力具有积极影响。尤其是对于青少年而言,跳绳是备受欢迎的运动方式。许多学校将跳绳纳入学生体育活动的一部分,在亚洲每年都有数百万的学生参与其中。考虑到青少年正处于身体发育的关键时期,我们应该关注并促进他们的健康成长。多项研究表明,跳绳对于青少年的身体和心理发展都有积极的影响。然而,如果跳绳动作不正确或者内容安排不合理,也可能会对身体造成伤害。因此,我们需要进一步研究跳绳对于青少年的影响,提

高运动训练的科学性,并提供更为全面的指导和建议以确保他们获得最大的健康益处。

跳绳有多种不同类型,其中最常见的方式就是并腿跳和交替跳。并腿跳是双脚同时起跳落地,而交替跳则是双脚交替起跳和落地,它们的共同特点都是进行连续的低高度垂直跳跃。虽然跳绳对青少年的身体素质和形态发育有益,但不同的跳绳方式也会对身体产生不同的影响。因为周期性跳跃带来的冲击力会对下肢关节造成负荷,增加肌腱病、胫骨内侧应力综合征和应力性骨折的风险。因此,人体在落地时通常会通过髋关节、膝关节和踝关节的屈曲,缓解落地时对身体的冲击力,并在落地和起跳瞬间处于主动提踵状态以发挥足纵弓的缓冲功能,使下肢关节做功由近端关节向远端关节分散。

根据已经发表的研究数据,不同的跳绳方式会表现出不同的落地模式。因此,在跳绳过程中应该选择适合的动作,以便有效降低受伤风险。赵庆蓉等总结了多种跳绳运动在运动学和动力学方面的差异,结果表明快速并腿跳可以锻炼踝关节的快速收缩能力及髋关节和膝关节的稳定性,慢速并腿跳表现出了较低的地面反作用力,因而运动损伤风险较小,可作为大众健身的首选。而在进行交替跳时,会表现出较大的关节活动度和重心位移,并且似乎会表现出更高的受伤风险。

青少年的肌肉骨骼发育尚不完善,运动控制能力也有待提高。分析不同跳绳方式(并腿跳和交替跳)的下肢生物力学差异可能有助于提高训练效果或降低受伤风险。因此,本研究使用 OpenSim 肌肉骨骼建模技术分析了两种跳绳方式在矢状面和额状面上髋、膝、踝关节的运动学和动力学的特征差异,旨在为提高训练效果或降低受伤风险提供依据。

二、青少年跳绳运动表现与专项鞋具研究方法

(一) 研究对象

本研究共招募了 20 名男性青少年受试者,年龄(12.50 ± 0.81)岁,身高(169.30 ± 2.49)cm,体重(49.70 ± 2.72)kg。招募的受试者要求具备至少一年的跳绳训练经验,并能熟练掌握并腿跳和交替跳。所有受试者在参与测试前 6 个月内未曾遭受下肢运动损伤,测试时身体状况均良好,且没有任何肌肉骨骼系统及相关疾病史。实验前,受试者的父母或监护人已被完全告知研究目的、实验要求和过程,并为实验对象签署了知情同意书。

(二) 实验设备

Vicon 三维动作捕捉系统用于捕获受试者的跳绳运动数据,该系统由 8 台

采集频率为 200 Hz 的 MX-T 系列摄像机和 1 个采集频率为 1 000 Hz 的 AMTI 三维测力台组成。测试过程中,8 台摄像机用于捕捉受试者身上标记点在运动过程中的空间位置信息,AMTI 测力台用于同步采集地面反作用力数据。使用无线 Delsys EMG 测试系统以 1 000 Hz 的频率同步采集内侧腓肠肌、外侧腓肠肌、胫骨前肌、股直肌、半腱肌和髂腰肌的 EMG 信号,且部分用于模型验证。

(三) 实验流程

在这项研究中,受试者在实验前穿着由测试人员统一提供的紧身衣,并进行了 5 分钟的自由跳绳以进行热身。由经验丰富的实验人员用双层胶带将球形标记点(直径 12 mm)贴在受试者的紧身衣和皮肤上,它们是根据基于所使用的 OpenSim2392 肌肉骨骼模型标记点位置放置的(图 5-7)。

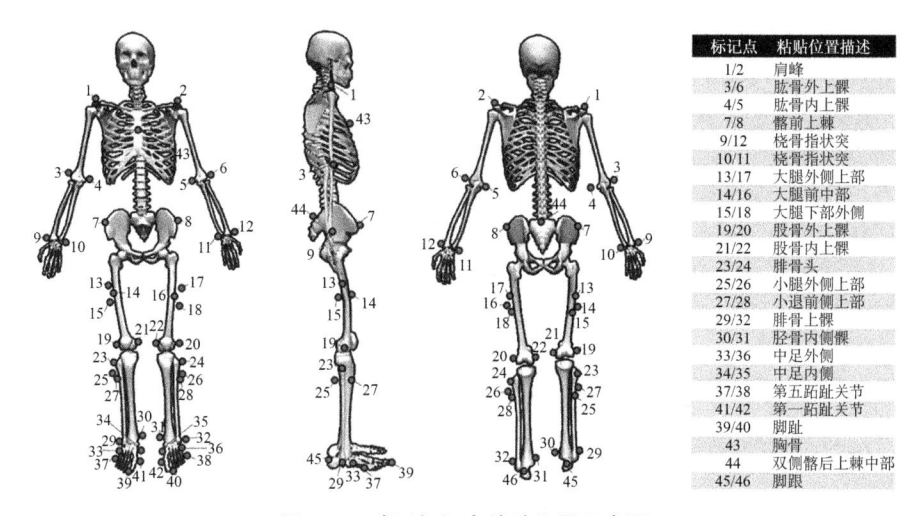

标记点	粘贴位置描述
1/2	肩峰
3/6	肱骨外上髁
4/5	肱骨内上髁
7/8	髂前上棘
9/12	桡骨指状突
10/11	桡骨指状突
13/17	大腿外侧上部
14/16	大腿前中部
15/18	大腿下部外侧
19/20	股骨外上髁
21/22	股骨内上髁
23/24	腓骨头
25/26	小腿外侧上部
27/28	小退前侧上部
29/32	腓骨上髁
30/31	胫骨内侧髁
33/36	中足外侧
34/35	中足内侧
37/38	第五跖趾关节
41/42	第一跖趾关节
39/40	脚趾
43	胸骨
44	双侧髂后上棘中部
45/46	脚跟

图 5-7 球形标记点粘贴位置示意图

实验前,每位受试者均穿着统一提供的同款运动鞋,并使用统一指定的考试用跳绳(绳长根据到主题的合适长度)进行自由跳绳热身活动(包括上肢、下肢和核心的动态拉伸和小负荷锻炼)以适应实验环境、跳绳、衣服和鞋子。热身结束后,由经验丰富的测试人员在受试者身体和衣服的特定部位贴上标记点。

静态动作捕捉实验结束后,受试者选择舒适的频率开始进行跳绳测试,测试时受试者进行并腿跳和交替跳的顺序是随机的。收到开始信号后,受试者连续进行 10 次以上的跳绳动作作为一组,随后进行 2 分钟的休息以确保完全恢复。每种跳绳动作都采集 10 组成功的数据,每一组都截取连续跳绳中的一次落地阶段作为分析对象。这 10 组跳绳数据中所获得的所有变量在测试后会被进行平均处理。成功的数据定义为受试者以自认为稳定的状态完成跳绳动作,并且由测试人员观察并判断有没有出现动作变形或脚部踏出测力台的情况。并且采集过程中,测试人员需要保证至少有两个摄像头可以在整个动作过程中捕捉反光标记,从而确保准确性。

(四) 数据收集和处理

从跳绳触地时刻到起跳结束,对髋、膝和踝关节三维运动学数据和动力学数据进行处理分析。使用 Vicon Nexus 对采集到的数据进行初步处理。通过自编的 MATLAB v2017a 程序(The MathWorks,美国马萨诸塞州纳蒂克)使用 12 Hz 和 60 Hz 对标记点和地面反作用力的轨迹数据进行滤波,随后将轨迹和地面反作用力数据进行转换和处理(将 c3d 格式文件转换为可用于 OpenSim 输入的 trc 和 mot 格式)。

如图 5-8 所示,OpenSim 工作流程按照公布的方案进行,首先运行 OpenSim 的缩放工具以匹配实标记点的轨迹和地面反作用力数据,最终缩放结果需要使标记的实验点和虚拟标记点之间的均方根误差小于 0.02 m,最大误差小于 0.04 m。使用逆向运动学算法计算关节角度,通过残差缩减算法减少运动学和地面反作用力之间的不一致。然后,使用逆向动力学算法计算关节力矩,运行静态优化计算肌肉激活程度和肌力。此外,通过除以体重,将获得的地面反作用力关节力矩数据进行标准化处理。

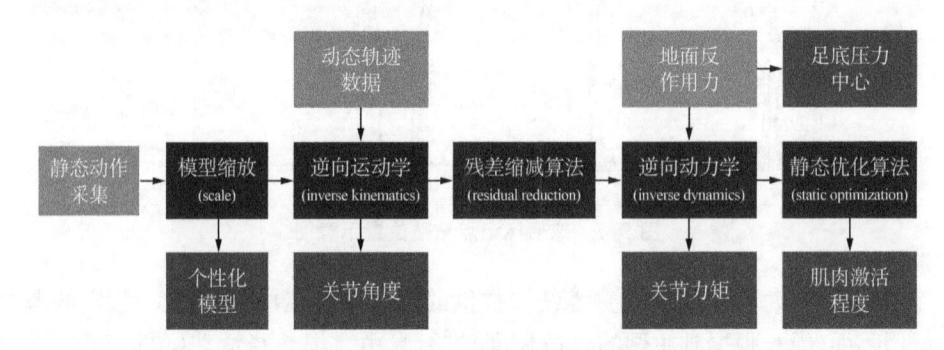

图 5-8 OpenSim 肌骨模型数据计算流程

使用 EMG works 分析软件(Delsys,美国波士顿)对收集到的肌电数据进行过滤和平滑,并计算均方根振幅(RMS)。具体步骤如下:①对 EMG 数据应用去均值操作;②使用滤波工具对小于 10 Hz 和大于 500 Hz 的信号进行带通滤波;③对肌电信号进行全波整流处理;④以 0.1 秒的时间窗口计算触地阶段 EMG 信号的 RMS;⑤以目标肌肉在最大等长收缩时的表面肌电信号为分母,对肌电信号进行标准化处理。

(五) 统计分析

计算髋、膝、踝关节矢状面和冠状面角度与活动度、足底压力中心活动轨迹及活动范围,髋、膝、踝关节矢状面和冠状面力矩、肌肉激活程度的均数(±标准差)和中位数(±最小值、最大值)。在进行数据的统计分析前,使用Shapiro-Wilk 检验对各指标数据是否符合高斯正态分布进行检验。如满足正态分布,在统计分析软件 IBM SPSS Statistics(version 26,SPSS AG,瑞士苏黎世)中采用配对样本 t 检验分析并腿跳和交替跳的各个指标均值之间的差异,如不满足正态分布的数据则使用中位数。显著性水平设置为 $P<0.05$。

三、青少年跳绳运动表现与专项鞋具研究结果

(一) 关节角度

并腿跳和交替跳两种跳绳方式在动作的落地与起跳阶段的髋、膝、踝关节的峰值角度及关节活动度(ROM)数据如表 5-11 所示,跳绳着陆和起跳过程中足底压力中心偏移如图 5-9 所示。结果表明,受试者进行交替跳时的踝关节峰值背屈角度($P<0.01$)、膝关节的峰值屈曲角度($P<0.01$)、膝关节峰值内收角度($P<0.01$)显著大于并腿跳,受试者进行并腿跳时的髋关节峰值外展角显著大于交替跳($P<0.05$)。受试者的髋关节($P<0.01$)、膝关节($P<0.01$)和踝关节($P<0.01$)的 ROM 在进行交替跳时显著大于并腿跳。此外,两种跳绳方式在足底压力中心偏移趋势上较为相似,并且前后方向和横向偏移距离差异无统计学意义($P>0.05$)。

表 5-11 并腿跳和交替跳在触地阶段的髋、膝、踝关节峰值角度和关节活动度(均数±标准差)

指标			并腿跳	交替跳
髋关节(°)	屈曲/伸展	max	22.25±4.50**	23.95±6.53
		min	19.01±3.55**	16.05±5.36
		ROM	4.25±1.65**	7.85±4.28
	内收/外展	max	−7.18±3.57**	−4.01±3.62
		min	−9.20±5.20*	−7.86±3.65
		ROM	2.05±1.05**	4.10±2.80
膝关节(°)	屈曲/伸展	max	−26.25±4.25	−27.74±4.93
		min	−35.90±4.15**	−39.20±3.28
		ROM	8.56±3.64**	11.85±4.32

(续表)

指标			并腿跳	交替跳
膝关节(°)	内收/外展	max	8.00±4.15**	11.05±5.08
		min	4.76±3.62	6.45±3.85
		ROM	2.30±1.25**	3.45±1.65
踝关节(°)	背屈/跖屈	max	10.10±5.35**	12.62±7.62
		min	−10.78±6.00	−10.90±7.14
		ROM	22.00±6.35**	24.53±7.14
	内收/外展	max	0.57±9.35	1.55±12.00
		min	−2.25±9.85	−2.25±15.54
		ROM	2.83±1.67**	4.85±3.26

注：max,最大值；min,最小值；ROM,关节活动度。
* 并腿跳和交替跳在该指标上差异有统计学意义，即 $P<0.05$。
** 并腿跳和交替跳在该指标上差异有统计学意义，即 $P<0.01$。

图 5-9 的彩图

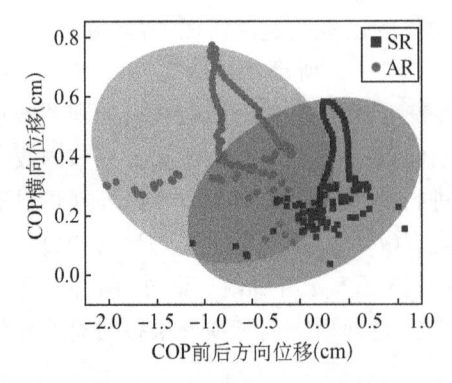

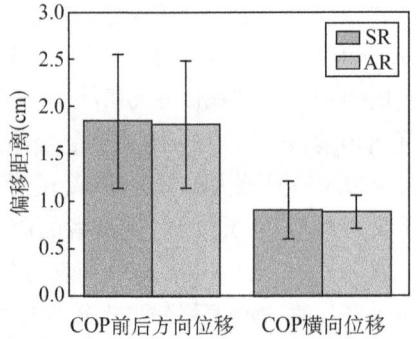

图 5-9 足底压力中心(COP)偏移轨迹及足底压力中心在前后方向和横向的偏移距离
SR,并腿跳；AR,交替跳

两种跳绳动作的关节角度随时间变化的曲线如图 5-10 所示。并腿跳期间髋关节的屈曲角度在跳绳着陆阶段的 21%～71% 显著大于交替跳期间（$P<0.05$），并且几乎整个触地过程中（2%～90%）并腿跳的髋关节外展角度始终大于交替跳（$P<0.05$）。交替跳的膝关节伸展角度在触地 33%～67% 阶段显著大于并腿跳（$P<0.05$），内收角度在触地阶段的（0%～42%）也显著大于并腿跳（$P<0.05$）。

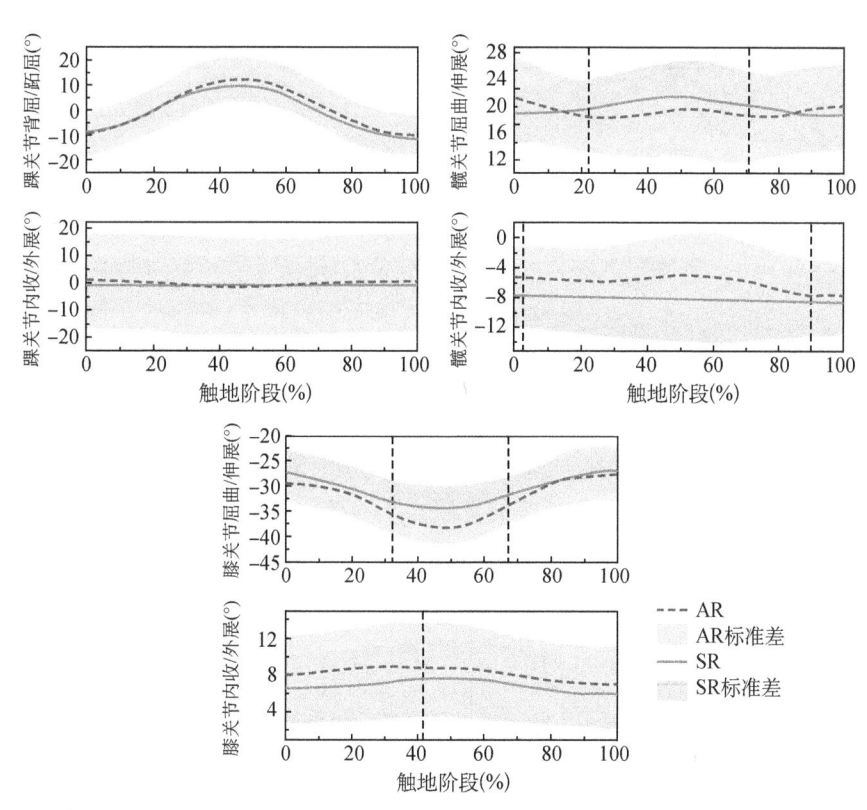

图 5-10 两种跳绳动作的关节角度随时间变化的曲线(竖虚线间范围表示并腿跳和交替跳之间差异有统计学意义,即 $P<0.05$)

SR,并腿跳;AR,交替跳

(二) 关节力矩和地面反作用力

并腿跳和交替跳两种跳绳方式在动作的落地和起跳阶段的髋关节、膝关节和踝关节峰值力矩如表 5-12 所示。结果表明,受试者在进行交替跳时踝关节的峰值伸展力矩($P<0.01$)、膝关节的峰值伸展力矩($P<0.01$)、膝关节峰值外展力矩($P<0.01$)和髋关节峰值外展力矩($P<0.01$)显著高于并腿跳($P<0.01$)。此外,受试者进行交替跳时表现出了更大的垂直地面反作用力($P<0.05$)。

表 5-12 并腿跳和交替跳在触地阶段的髋、膝、踝关节角度的峰值力矩(均数±标准差)

指标		并腿跳	交替跳
髋关节	屈曲/伸展	0.54±0.22**	0.78±0.23
(N·m/kg)	内收/外展	−0.25±0.15**	−1.02±0.22

(续表)

指标		并腿跳	交替跳
膝关节 (N·m/kg)	屈曲/伸展	0.68±0.53**	1.20±0.76
	内收/外展	−0.21±0.13**	−0.85±0.17
踝关节 (N·m/kg)	背屈/跖屈	−1.68±0.44**	−2.36±0.42
	内收/外展	0.19±0.08	0.18±0.09
垂直地面反作用力(N/kg)		17.36±2.28*	22.52±2.38

* 并腿跳和交替跳在该指标上差异有统计学意义,即 $P<0.05$。
** 并腿跳和交替跳在该指标上差异有统计学意义,即 $P<0.01$。

图 5-11 显示了两种跳绳动作的关节力矩随时间变化的曲线。受试者进行交替跳期间(21%～79%)踝关节的背屈力矩显著大于并腿跳($P<0.05$),并且踝关节的内收力矩在72%～81%期间显著小于并腿跳($P<0.05$)。受试者进行交替跳期间的髋屈曲力矩(38%～61%)、髋关节屈曲力矩(70%～94%)和髋

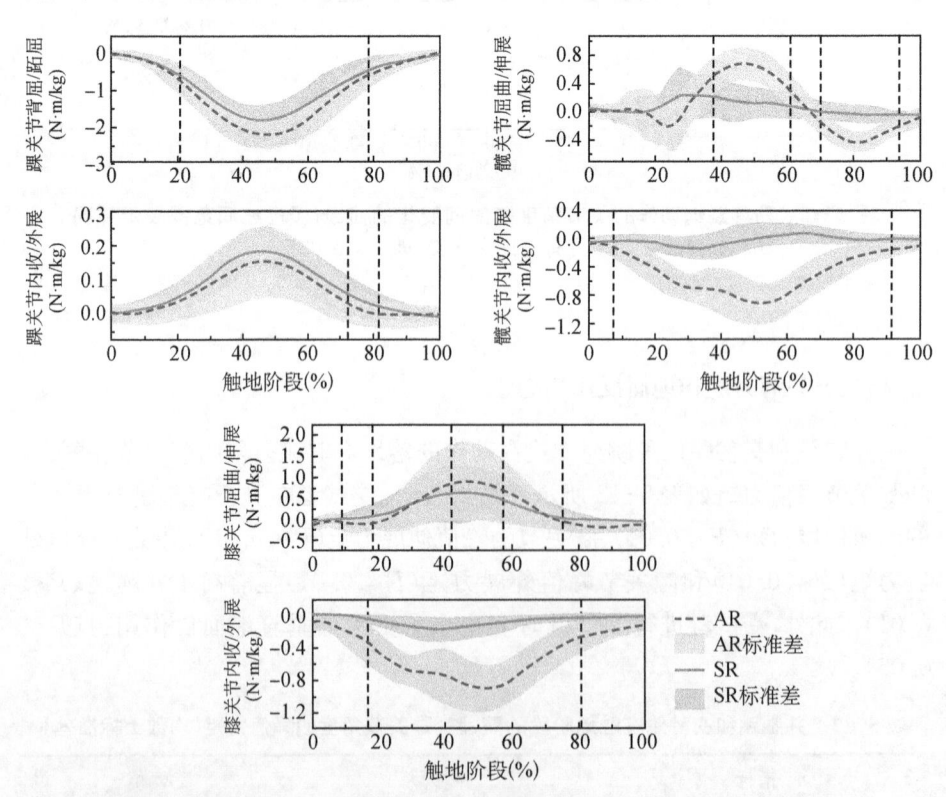

图 5-11 两种跳绳动作的关节力矩随时间变化的曲线(竖虚线间范围表示并腿跳和交替跳之间存在统计学意义上的显著差异,即 $P<0.05$)

SR,并腿跳;AR,交替跳

关节内收力矩(7%~92%)在触地阶段显著大于并腿跳($P<0.05$)。此外,受试者进行交替跳期间,膝关节伸展力矩(9%~19%、41%~57%、75%~100%)和内收(18%~81%)力矩在整个跳跃过程中显著高于并腿跳。

(三) 表面肌电

受试者在进行并腿跳和交替跳时,在跳绳的下肢触地和起跳阶段下肢各肌肉的肌电信号归一化均方根振幅如表5-13所示。结果表明,受试者在进行并腿跳时,胫骨前肌($P<0.01$)和外侧腓肠肌($P<0.01$)的肌电信号归一化均方根振幅显著高于交替跳。但受试者进行并腿跳期间髂腰肌($P<0.01$)和半腱肌($P<0.05$)的肌电信号归一化均方根振幅显著低于交替跳。受试者在进行并腿跳和交替跳时其他两块肌肉的肌电信号归一化均方根振幅结果上差异无统计学意义($P>0.05$)。

表 5-13 并腿跳和交替跳在触地阶段下肢肌肉的肌电信号归一化均方根振幅(均数±标准差)

单位:$\mu V/kg$

指标	并腿跳	交替跳
胫骨前肌	14.35±5.54**	5.58±3.16
内侧腓肠肌	41.60±8.46	40.03±9.86
外侧腓肠肌	34.29±7.80**	23.50±5.24
髂腰肌	25.00±8.97**	54.40±11.26
股直肌	5.68±6.60	9.75±5.53
半腱肌	37.45±8.55*	53.58±7.63

* 并腿跳和交替跳在该指标上差异有统计学意义,即$P<0.05$。
** 并腿跳和交替跳在该指标上差异有统计学意义,即$P<0.01$。

四、不同跳绳方式对青少年下肢生物力学特征的影响

跳绳要求连续地垂直纵跳,而青少年的骨骼富含有机物,具有良好弹性和较低硬度,更易发生弯曲。因此,在科学合理地安排运动负荷并使用运动辅助器材的前提下,本研究旨在比较分析青少年并腿跳和交替跳下肢生物力学差异,以增进对于跳绳运动生物力学适应规律的认识,并为相关训练提供指导。

良好的着地姿势是提高运动成绩和预防运动损伤的有效手段。据研究表明,运动时髋关节和膝关节过于僵硬不仅会减少能量的吸收,还会增加膝关节与伸肌的力矩比和膝关节与伸肌的能量吸收比,减弱对冲击力的缓冲效果,从而增加青少年运动受伤的风险。而落地过程中髋、膝、踝关节适当的屈曲是减

轻地面反作用力对身体影响的一种常见方法，因此并腿跳过程中较大的髋关节屈曲角度可能有助于降低受伤的风险。研究还发现，在整个触地阶段，交替跳组的膝关节和踝关节活动度明显大于并腿跳组。交替跳的这种运动模式可以通过延长着陆时的缓冲距离和降低地面反应载荷的速率来降低膝关节与踝关节的受伤风险。

高冲击着地会给下肢带来更大的负荷，增加受伤的可能性。良好的落地姿势不仅是良好运动技能的体现，也是预防下肢损伤的有效手段。这项研究的关节力矩和地面反作用力结果显示，跳绳时，交替跳的垂直地面反作用力峰值显著大于并腿跳，并且受试者进行交替跳时表现出了更大的膝关节的伸展力矩。有证据表明，较高的膝关节伸展力矩可能会带来更大的髌股间接触力，进而加剧髌股平面长期暴露于过度重复应力的风险。此外，我们还发现，交替跳期间的膝关节内收力矩显著较大，这可能会导致膝关节内侧副韧带、内侧髌骨韧带和膝关节 ACL 被动拉伸以限制膝关节过度外展。随着膝关节内收力矩逐渐增加，内侧副韧带和 ACL 牵拉应变也逐渐增大。由于跳绳需要在较短时间进行连续的垂直跳跃，体重较重或膝关节稳定性较差的人群在长时间的交替跳活动中可能会积累膝关节负荷，从而增加潜在的受伤风险。

在落地过程中，人体通常通过主动激活部分肌肉来减缓地面反作用力对身体的冲击，以减轻下肢的负荷。例如，在触地阶段双脚未着地前，主动对跖屈肌进行预激活可能会增加对冲击的吸收能力。在这项研究中，受试者在进行并腿跳时，小腿肌群肌电激活水平高于交替跳。而在进行交替跳时，膝关节屈伸肌群、髂腰肌和半腱肌的肌电激活水平则显著高于并腿跳。因此，我们推测，在交替跳动作触地阶段后期的蹬伸阶段，主要是利用髋关节和膝关节的伸展将下肢抬离地面，而并腿跳动作可能会更多调用小腿三头肌。

总体而言，相较于交替跳，青少年在进行并腿跳时采用矢状面的髋、膝、踝关节屈曲缓冲策略能够更有效地吸收能量，并且交替跳在冠状面上还表现出了更大的膝关节外翻角度。因此，我们推测青少年使用交替跳时下肢损伤风险可能高于并腿跳。这与 Chow 等的研究结果不一致，但这种差异可能与受试者年龄有关。在 Chow 等的研究中，受试者年龄平均为 23.5 岁，而我们的研究对象是平均年龄为 12.5 岁的青少年。通常来说，成人的体重更重，落地时会产生更大的地面反作用力，并且成人下肢肌肉更为发达，对动作和关节角度的控制能力比青少年更强。此外，我们的研究发现，并腿跳倾向于使用小腿肌群，而交替跳更倾向于使用大腿肌群。

然而，本研究仍存在一些局限性，在未来的研究中需要继续关注。首先，我们的研究样本未涵盖女性青少年，因此，未来的研究需要纳入更多女性受试者以更好地评估跳绳的生物力学效应。其次，本实验仅限于研究跳绳时下肢的缓冲策略,未考虑上肢运动对下肢生物力学的影响。根据 Shimokochi 等及其团队的研究,跳绳过程中身体前倾可以减少因为膝关节接触力和股四头肌肌力引起的前向剪切力。因此,未来的研究还应该进一步分析跳绳过程中上肢躯干的生物力学效应,以填补本研究的不足。

本章参考文献